"十三五"高等教育医药院校规划教材/多媒体融合创新教材

供临床医学类、护理学类（含助产）、医学技术类、预防医学、检验医学、药学等专业使用

生物化学基础

SHENGWU
HUAXUE JICHU

主编◎刘　彬

U0340548

郑州大学出版社

图书在版编目(CIP)数据

生物化学基础/刘彬主编. —郑州:郑州大学出版社,
2017.11(2023.7 重印)
　ISBN 978-7-5645-4899-5

　Ⅰ.①生…　Ⅱ.①刘…　Ⅲ.①生物化学-教材
Ⅳ.①Q5

中国版本图书馆 CIP 数据核字（2017）第 264409 号

郑州大学出版社出版发行
郑州市大学路 40 号　　　　　　　　邮政编码:450052
出版人:孙保营　　　　　　　　　　发行电话:0371-66966070
全国新华书店经销
新乡市豫北印务有限公司印制
开本:850 mm×1 168 mm　1/16
印张:21.75
字数:525 千字
版次:2017 年 11 月第 1 版　　　　印次:2023 年 7 月第 3 次印刷

书号:ISBN 978-7-5645-4899-5　　　　定价:49.00 元
本书如有印装质量问题,由本社负责调换

作者名单

主　编　刘　彬

副主编　王　辉　王小引　席守民
　　　　燕晓雯　张贵星

编　委　(按姓氏笔画排序)
　　　　王　辉(黄河科技学院)
　　　　王小引(新乡医学院)
　　　　刘　彬(河南大学)
　　　　张贵星(郑州大学)
　　　　金　戈(郑州大学)
　　　　赵春澎(新乡医学院)
　　　　耿慧霞(河南大学)
　　　　席守民(河南科技大学)
　　　　燕晓雯(宁夏大学)

秘　书　梁红霞

"十三五"高等教育医药院校规划教材/ 多媒体融合创新教材

建设单位

（以单位名称首字拼音排序）

安徽医科大学	济宁医学院
安徽中医药大学	嘉应学院
蚌埠医学院	井冈山大学
承德医学院	九江学院
大理学院	南华大学
赣南医学院	平顶山学院
广东医科大学	山西医科大学
广州医科大学	陕西中医药大学
贵阳中医学院	邵阳学院
贵州医科大学	泰山医学院
桂林医学院	西安医学院
河南大学	新乡医学院
河南大学民生学院	新乡医学院三全学院
河南广播电视大学	徐州医科大学
河南科技大学	许昌学院医学院
河南理工大学	延安大学
河南中医药大学	延边大学
湖南医药学院	右江民族医学院
黄河科技学院	郑州大学
江汉大学	郑州工业应用技术学院
吉林医药学院	

前　言

　　生物化学是医学教育的重要基础课程之一,为适应高等职业教育发展的需要,我们组织全国生物化学领域教育、科研一线优秀专家编写了这本《生物化学基础》教材。本教材内容涵盖了医学生物化学的基本概念和基本知识,在部分章节中适当加入大分子生物学、细胞生物学内容,以保证知识体系的完整性,有利于教材使用者更全面地认识生命科学的相关内容。

　　本教材共18章,包括五部分内容。第一部分从第一章到第四章,为生物大分子的结构与功能及维生素与微量元素内容;第二部分从第五章到第八章,内容包括遗传信息的传递与调控;第三部分从第九章到第十四章,内容包括物质代谢与调节;第四部分从第十五章到第十六章,选择一些与临床医学密切相关的生物化学内容;第五部分从第十七章到第十八章,主要是与细胞生物学及相关临床热点问题联系紧密的内容,包括细胞增殖与细胞凋亡的分子机制、癌基因、抑癌基因和生长因子。根据各位编委近年教学实践并借鉴近期新版生物化学教材的经验,本教材将遗传信息的传递与调控内容提前到生物大分子的结构与功能内容后进行介绍,符合知识的连贯性,有利于学生对这部分内容的整体把握和认识。

　　作为护理学及其他相关医学专业本科教育的教材,本书十分重视基础理论与临床医学结合的编写原则。同时考虑21世纪分子生物学、细胞生物学的飞速发展及其逐步在临床工作中的应用,在分子生物学技术、细胞增殖与细胞凋亡分子机制和临床相关生物化学方面酌情扩展了内容,力求达到突出基本概念、基本知识,重视理论与临床实践相结合和反映学科发展最新进展的编写要求。

　　本教材由河南大学护理与健康学院梁红霞老师担任编委会秘书,全程负责编写过程中的具体工作。教材编写得到郑州大学出版社和河南大学护理与健康学院的鼎力支持与关心,在此表示衷心感谢。由于我们学识水平和编写经验所限,本教材肯定存在缺点及不当之处,敬请同行专家、广大师生和读者批评指正。

编者

2017 年 5 月

目 录

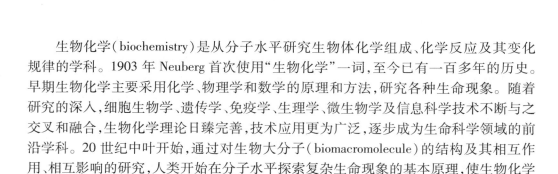

绪 论

　　生物化学(biochemistry)是从分子水平研究生物体化学组成、化学反应及其变化规律的学科。1903 年 Neuberg 首次使用"生物化学"一词,至今已有一百多年的历史。早期生物化学主要采用化学、物理学和数学的原理和方法,研究各种生命现象。随着研究的深入,细胞生物学、遗传学、免疫学、生理学、微生物学及信息科学技术不断与之交叉和融合,生物化学理论日臻完善,技术应用更为广泛,逐步成为生命科学领域的前沿学科。20 世纪中叶开始,通过对生物大分子(biomacromolecule)的结构及其相互作用、相互影响的研究,人类开始在分子水平探索复杂生命现象的基本原理,使生物化学学科进入分子生物学(molecular biology)的研究领域。

　　生物化学的研究历史分为叙述生物化学阶段、动态生物化学阶段以及目前所处的分子生物学时期。叙述生物化学阶段是 18 世纪中期到 19 世纪末的生物化学初级阶段,此阶段对糖类、脂类和氨基酸的性质进行了较为系统的研究,发现了核酸,并提出了生物催化剂等重要概念。20 世纪初生物化学进入动态生物化学阶段。利用化学分析技术和核素示踪技术,研究人员基本确定生物体主要物质的代谢途径,尤其是提出三羧酸循环和 ATP 的作用,使人类更深刻地认识生物能的产生和转化。此阶段成功地将脲酶等多种酶蛋白质分离并结晶,证明了酶的蛋白质性质,并发现了必需氨基酸、必需脂肪酸、维生素以及多种重要的微量元素等。分子生物学主要以核酸和蛋白质等生物大分子为研究对象,研究其结构以及在遗传和细胞信息传递中的作用,特别是对遗传、生殖、生长和发育等基本生命特征的分子机制进行探讨。一般认为,1953 年 J. D. Watson 和 F. H. Crick 提出的 DNA 双螺旋结构模型标志着分子生物学时期的开始。由此带动了以遗传信息传递中心法则为主线的深入研究,逐步揭示了 DNA 复制、RNA 转录、蛋白质生物合成及其调控过程和分子机制。这一时期的众多分子生物学技术的建立,对整个生命科学领域产生了巨大的影响。诸如分子杂交技术、重组 DNA 技术、聚合酶链反应(PCR)技术等,有力推动生命活动分子机制研究的快速进步,使人类逐步获得对生物体主动改造的能力。20 世纪末开始实施的人类基因组计划(human genome project)通过描述人类基因组 DNA 序列的各种特征,为进一步研究人类基因结构、功能及其调控奠定了基础,将为人类的健康和疾病的研究带来根本性的变革。

　　生物化学理论和技术广泛渗透到医学学科的各个领域,成为基础医学的主干课程之一。分子生物学与生理学、病理学、药理学、微生物学、免疫学等基础医学学科以及临床各学科交叉与渗透,逐渐形成了一些新兴的前沿学科,如分子病毒学、分子病理学、分子药理学和分子免疫学等,促进了医学科学的快速发展。

一、生物化学的研究内容

生物体是由物质构成的。生物化学的研究目的是认识生物体构成物质的组成、排列和变化规律,主要内容包括生物体的化学组成、分子结构和功能、遗传信息的储存传递和表达、物质代谢及代谢调节、细胞信号转导的化学本质等。医学相关专业的生物化学内容还包括某些组织器官的代谢特点以及与临床医学相关的生物化学和分子生物学技术。生物化学的基础内容可概括为以下几个方面。

(一)生物体的化学组成、分子结构和功能

构成生物体的化学物质种类繁多,包括无机物、有机小分子和生物大分子。无机物主要是水、钠、钾、钙、镁、磷、氯等,是生物体正常结构和功能所必需的。有机小分子化合物主要包括有机胺、有机酸、核苷酸、氨基酸、维生素、单糖等,与机体物质代谢、能量代谢和细胞信号转导等密切相关。生物体的化学元素组成中,碳、氢、氧和氮四种元素占活细胞元素含量的99%以上。以这四种元素为主,可构成30种称为构件分子(building block molecules)的小分子化合物。构件分子数量少,结构相对简单,但按照不同数量和比例则构成种类极为庞大、结构复杂的生物大分子。因此,生物大分子都是由基本组成单位即构件分子构成的多聚体,这是生物大分子结构的基本规律。例如,由核苷酸作为构件分子通过磷酸二酯键连接形成的核酸分子,由20种L-α-氨基酸作为构件分子通过肽键连接形成的蛋白质分子,由单糖聚合形成的多糖以及由脂肪酸组成的多种脂类化合物等。生物大分子的重要特征之一是具有信息功能,也被称为生物信息分子。

生物大分子作为生物机体的结构组成成分,在体内组装成更大的复合体,进一步依次装配成亚细胞结构、细胞、组织、器官、系统,最后成为能体现生命活动的生物体。更重要的是,不同的生物大分子所体现出来的特定的功能是由生物大分子的结构所决定的,包括生物大分子的一级结构和空间结构。不仅如此,生物大分子之间的相互作用对其功能的影响也日益受到人们的重视。例如,蛋白质与蛋白质的相互作用在细胞信号转导中的重要作用,蛋白质与蛋白质、蛋白质与核酸、核酸与核酸的相互作用在基因表达调控中发挥着决定性作用。生物大分子之间的相互识别和相互作用是生物信息分子功能的重要体现,也是当今生物化学研究的热点之一。

(二)基因信息的贮存、传递、表达及其调控

生物体有别于非生命物质的突出特征是具有繁殖和遗传能力,生物体繁衍过程也是遗传信息代代相传的过程。承载人类遗传信息的主要物质基础是DNA,基因是DNA分子中可表达的功能片段。在人的个体发育过程中,从受精卵的形成到个体发育成熟,伴随着无数次细胞分裂增殖活动,而每一次的细胞分裂都包含着细胞核内遗传物质的复制、遗传信息的传递和表达。机体通过基因信息的表达和调控,可根据需要合成各种各样生理功能的蛋白质,广泛参与生长、发育、遗传、变异、衰老和死亡等生命过程。DNA的复制、RNA的转录和蛋白质生物合成过程的分子机制不断被揭示,为生命之谜的破解奠定了坚实的基础。在此基础上发展起来的诸如DNA重组、转基因、基因剔除、新基因克隆、人类基因组及功能基因组研究等相关技术,不但加快了生物化

学与分子生物学领域的研究进展,也有力带动了生物学和医学学科的发展,使不同学科的研究人员能够将研究工作深入到分子水平,更凸显出基因信息研究在生命科学中的重要地位。

(三)物质代谢及其调节

组成生物体的物质不断进行有规律的化学变化,使体内的物质成分不断新旧更替,这一过程称之为新陈代谢(metabolism)或物质代谢。物质代谢是生物体不同于非生命体的另一基本特征。生物体一方面与外界环境进行物质交换,同时在体内完成各种代谢过程,维持内环境的相对稳定,一旦这些化学反应停止,生命即告终结。糖、脂肪、蛋白质等物质通过消化吸收进入体内可作为机体生长、发育、修补和繁殖的原料,进行合成代谢,也可作为机体生命活动所需的能源,进行分解代谢,释放出能量供机体生命活动的需要。有关物质代谢、能量代谢和代谢调节规律的内容是医学相关专业生物化学课程的主要内容。

机体的物质代谢是在一系列调控中有序进行的。机体处在持续变化的内外环境中,要维持体内复杂的代谢途径有序进行,需要有精确的调控机制。体内外各种刺激通过神经体液途径作用于细胞,调节代谢途径中的关键酶的活性或含量,以适应机体内外环境的变化。一旦物质代谢调控失常,物质代谢发生紊乱,可导致疾病发生。物质代谢调节的种类、方式、过程十分复杂,并涉及细胞内信号传导系统,是现代生物化学与分子生物学研究的重要领域之一。

二、生物化学与医学

生物化学学科的形成和发展始终与医学的发展密切相关,并相互促进。早期生物化学的许多重要发现均来自一些疾病病因的探讨和重要营养物质作用机制的研究,如必需氨基酸、必需脂肪酸和多种维生素的发现等。随着完整生物化学学科体系的建立,生物化学逐步成为必修的医学基础课程,在医学教育和研究中发挥愈来愈重要的作用。

生物化学是从分子水平认识生命现象和生命活动规律的学科,是探索生命本质的一个重要层次。只有在分子水平深入认识生命物质的变化规律,才能进一步理解各种生命现象的本质。随着基础医学研究不断向分子水平的深入,医学各学科面临的许多亟待解决的重大理论和临床问题,须应用生物化学与分子生物学理论和技术加以解决。伴随新理论和新知识的不断涌现,许多基础医学学科内容与生物化学相互渗透,出现了大量以生物化学与分子生物学理论和技术为基础的学科交叉内容。

生物化学与临床也有着紧密的联系。运用生物化学的理论和技术,使临床各学科能够从分子水平研究各种疾病的发病机制以及预防、诊断和治疗手段,推动临床学科的发展。近年来生物化学研究领域的迅速发展,大大加深了人们对恶性肿瘤、心脑血管疾病、神经系统疾病、代谢性疾病、免疫性疾病等重大疾病本质的认识,并由此产生了大量用于诊断和治疗的新的技术和方法。

近年来,分子生物学研究推动了一大批新理论、新概念和新技术的产生,如基因组学、蛋白质组学、RNA 组学、基因芯片的应用、蛋白质芯片的应用等,PCR 技术和重组DNA 技术生产的蛋白质或多肽药物也已在临床广泛应用。这些理论和技术的应用,使疾病的诊断达到了前所未有的高特异性、高灵敏度并更加简便快捷。相信应用生物化学与分子生物学技术,尤其是与疾病相关的基因克隆、基因诊断和基因治疗等方面的研究,将使未来的临床医学获得新的突破。20世纪末开始实施的人类基因组计划是生命科学领域有史以来最庞大的全球性研究计划,是人类生命科学历史上的里程碑。它揭示了人类遗传学图谱的基本特点,将为人类的健康和疾病的研究带来根本性的变革。在此基础上,以基因编码蛋白质的结构与功能为重点之一的功能基因组学研究已迅速展开。由于蛋白质具有更为复杂的三维结构,所以确定人类所有蛋白质结构与功能比测定人类基因组序列更具挑战性,研究成果可能从根本上阐明生命活动的遗传学基础,为基因诊断、基因治疗和基因工程药物开发开辟广阔的发展前景。

（刘　彬）

第一章
蛋白质的结构与功能

蛋白质(protein)是由氨基酸组成的一类生物大分子,与核酸等其他生物大分子共同构成生命的物质基础。生物体内蛋白质的种类繁多,单细胞的大肠杆菌就含有3000 余种。人体蛋白质种类多达 10 万余种,是细胞中含量最丰富的高分子化合物。各种蛋白质都有其特定的结构和功能,蛋白质具有众多生物活性的基础就是其结构的多样性。要了解蛋白质的功能及其在生命活动中的重要性,须从认识它的结构入手。

第一节　蛋白质的分子组成

一、蛋白质的元素组成

元素分析结果表明,从动植物组织提取的各种蛋白质分子都含有碳(50% ~ 55%)、氢(6% ~ 8%)、氧(19% ~ 24%)、氮(13% ~ 19%)、硫(0 ~ 4%)。除此之外,有些蛋白质还含有少量磷、硒或金属元素铁、铜、锌、锰、钴、钼等,个别蛋白质还含有碘。蛋白质的含氮量十分接近,平均约为 16%,此值常用于测定生物样品中蛋白质的含量。动植物组织内的含氮物质以蛋白质为主,其他物质含氮很少且不均衡。因此,只要测出样品中含氮量(g),就可以按下式推算出样品中蛋白质的大致含量。

每克样品中含氮量(g)×6.25×100 = 100 g 样品中蛋白质含量。

二、组成蛋白质的基本单位——氨基酸

蛋白质的基本组成单位为氨基酸(amino acid)。蛋白质经酸、碱或蛋白酶水解,可以得到 20 种氨基酸。

(一)氨基酸的结构特点

蛋白质水解所得到的氨基酸都是 α-氨基酸(脯氨酸为 α-亚氨基酸),即氨基酸的 α 碳原子上都连接一个羧基和一个氨基,R 称为氨基酸的侧链基团,不同的氨基酸的侧链基团不同。氨基酸的结构通式如下:

$$R-CH-COOH$$
$$|$$
$$NH_2$$

除了甘氨酸之外，其他氨基酸的 α 碳原子都是不对称碳原子（手性碳原子），与其相连的 4 个原子或基团各不相同，故具有旋光异构性，存在 D-型和 L-型两种异构体，天然蛋白质的氨基酸均为 L-型。

$$
\begin{array}{ccc}
& COOH & \\
H_2N & -C- & H \\
& | & \\
& R &
\end{array}
\qquad\qquad
\begin{array}{ccc}
& COOH & \\
H & -C- & NH_2 \\
& | & \\
& R &
\end{array}
$$

L-α-氨基酸　　　　　　　　　　　　D-α-氨基酸

（二）氨基酸的分类

自然界存在的氨基酸约有 300 种，参与合成蛋白质的氨基酸只有 20 种，根据侧链基团的结构和理化性质可分为 5 类：①非极性脂肪族氨基酸；②极性中性氨基酸；③芳香族氨基酸；④酸性氨基酸；⑤碱性氨基酸（表 1-1）。

表 1-1　组成蛋白质的 20 种编码氨基酸

结构式	中文名	英文名	缩写	符号	等电点（pI）
1. 非极性脂肪族氨基酸					
$H-CHCOO^-$　NH_3^+	甘氨酸	glycine	Gly	G	5.97
$CH_3-CHCOO^-$　NH_3^+	丙氨酸	alanine	Ala	A	6.00
$CH_3-CH-CHCOO^-$　CH_3　NH_3^+	缬氨酸	valine	Val	V	5.96
$CH_3-CH-CH_2-CHCOO^-$　CH_3　NH_3^+	亮氨酸	leucine	Leu	L	5.98
$CH_3-CH_2-CH-CHCOO^-$　CH_3　NH_3^+	异亮氨酸	isoleucine	Ile	I	6.02
CH_2环状结构 $CHCOO^-$　NH_2^+	脯氨酸	proline	Pro	P	6.30
2. 极性中性氨基酸					
$HO-CH_2-CHCOO^-$　NH_3^+	丝氨酸	serine	Ser	S	5.68
$HS-CH_2-CHCOO^-$　NH_3^+	半胱氨酸	cysteine	Cys	C	5.07

续表 1-1

结构式	中文名	英文名	缩写	符号	等电点(pI)
$CH_3SCH_2CH_2-\underset{NH_3^+}{CHCOO^-}$	甲硫氨酸	methionine	Met	M	5.74
$\underset{H_2N}{\overset{O}{\parallel}}C-CH_2-\underset{NH_3^+}{CHCOO^-}$	天冬酰胺	asparagine	Asn	N	5.41
$\underset{H_2N}{\overset{O}{\parallel}}CCH_2CH_2-\underset{NH_3^+}{CHCOO^-}$	谷氨酰胺	glutamine	Gln	Q	5.65
$HO-CH_2-\underset{CH_3\ NH_3^+}{CHCOO^-}$	苏氨酸	threonine	Thr	T	5.60

3.芳香族氨基酸

结构式	中文名	英文名	缩写	符号	等电点(pI)
$\bigcirc-CH_2-\underset{NH_3^+}{CHCOO^-}$	苯丙氨酸	phenylalanine	Phe	F	5.48
$HO-\bigcirc-CH_2-\underset{NH_3^+}{CHCOO^-}$	酪氨酸	tyrosine	Tyr	Y	5.66
$CH_2-\underset{NH_3^+}{CHCOO^-}$	色氨酸	tryptophan	Trp	W	5.89

4.酸性氨基酸

结构式	中文名	英文名	缩写	符号	等电点(pI)
$HOOCCH_2CH_2-\underset{NH_3^+}{CHCOO^-}$	谷氨酸	glutamic acid	Glu	E	3.22
$HOOC-CH_2-\underset{NH_3^+}{CHCOO^-}$	天冬氨酸	aspartic acid	Asp	D	2.77

5.碱性氨基酸

结构式	中文名	英文名	缩写	符号	等电点(pI)
$NH_2CH_2CH_2CH_2CH_2-\underset{NH_3^+}{CHCOO^-}$	赖氨酸	lysine	Lys	K	9.74
$\underset{NH}{\overset{}{NH_2C}}NHCH_2CH_2CH_2-\underset{NH_3^+}{CHCOO^-}$	精氨酸	arginine	Arg	R	10.76
$HC=C-CH_2-\underset{NH_3^+}{CHCOO^-}$（组氨酸环）	组氨酸	histidine	His	H	7.59

一般而言,非极性脂肪族氨基酸在水溶液中的溶解度小于极性中性氨基酸;芳香

族氨基酸中苯基的疏水性较强,酚基和吲哚基在一定条件下可解离;酸性氨基酸的侧链都含有羧基;而碱性氨基酸的侧链分别含有氨基、胍基或咪唑基。

此外,20 种氨基酸中脯氨酸和半胱氨酸结构较为特殊,脯氨酸应属亚氨基酸,N 在杂环中移动的自由度受限制,但其亚氨基仍能与另一羧基形成肽键。脯氨酸在蛋白质合成加工时可被修饰成羟脯氨酸;半胱氨酸巯基失去质子的倾向较其他氨基酸为大,其极性最强;2 个半胱氨酸通过脱氢后可以二硫键相结合,形成胱氨酸。蛋白质中有不少半胱氨酸以胱氨酸形式存在。

除上述 20 种氨基酸外,蛋白质分子中还有一些修饰氨基酸,如羟赖氨酸、羟脯氨酸、焦谷氨酸、碘代酪氨酸等,是在蛋白质合成过程中或合成后由相应氨基酸经酶促加工、修饰而成的。

(三) 氨基酸的理化性质

1. 两性解离与等电点　氨基酸既含有碱性的氨基($-NH_2$),又含有酸性的羧基($-COOH$),能在酸性溶液中与质子(H^+)结合而成阳离子($-NH_3^+$),也能在碱性溶液中与 OH^- 结合,失去质子而变为阴离子($-COO^-$),所以它是两性电解质,具有两性解离的特性。氨基酸在溶液中解离既带正电荷又带负电荷的状态,称为两性离子(zwitterion)。在一定 pH 值的溶液中,氨基酸解离阳离子和阴离子的程度及趋势相等,净电荷为零,在电场中既不向阴极移动,也不向阳极移动,此时溶液的 pH 值称为该氨基酸的等电点(isoelectric point,pI)。

$$
\begin{array}{ccc}
 & R-\underset{\underset{NH_2}{|}}{CH}-COOH & \\
 & \Updownarrow & \\
R-\underset{\underset{NH_3^+}{|}}{CH}-COOH \;\underset{+H^+}{\overset{+OH^-}{\rightleftharpoons}}\; & R-\underset{\underset{NH_3^+}{|}}{CH}-COO^- & \;\underset{+H^+}{\overset{+OH^-}{\rightleftharpoons}}\; R-\underset{\underset{NH_2}{|}}{CH}-COO^-
\end{array}
$$

阳离子　　　　　　　氨基酸的两性离子　　　　　阴离子
pH<pI　　　　　　　　pH=pI　　　　　　　　pH>pI

氨基酸的两性解离和等电点

2. 氨基酸的紫外吸收性质　色氨酸、酪氨酸和苯丙氨酸在 280 nm 波长附近具有最大的光吸收峰。大多数蛋白质含有酪氨酸、色氨酸残基,所以测定蛋白质溶液 280 nm 的光吸收值,是测定溶液中蛋白质含量的一种迅速简便方法。

3. 茚三酮反应(ninhydrin reaction)　α-氨基酸与水合茚三酮于加热条件下生成一种称为罗曼染料的蓝紫色化合物,同时释放出 CO_2 和 $RCHO$,生成蓝紫色化合物的颜色深浅及释放出 CO_2 的多少,均可用于氨基酸的定性及定量测定。

$$2 \text{（水合茚三酮）} + R-\underset{\underset{NH_2}{|}}{CH}-COOH \xrightarrow{\triangle} \text{（罗曼紫化合物）}$$

水合茚三酮

$+RCHO+CO_2\uparrow+H^+$

三、氨基酸与多肽

在蛋白质分子中,氨基酸之间通过肽键相连。氨基酸通过肽键连接起来形成的化合物称为肽(peptide)。如甘氨酸与丝氨酸脱水缩合生成甘氨酰丝氨酸。

$$H_2N-CH_2-COOH+H_2N-\underset{\underset{CH_2OH}{|}}{CH}-COOH \xrightarrow{-H_2O} H_2N-CH_2-\underset{\text{肽键}}{[CO-NH]}-\underset{\underset{CH_2OH}{|}}{CH}-COOH$$

甘氨酸　　　　　　丝氨酸　　　　　　　　　　甘氨酰丝氨酸

由两个氨基酸缩合成的肽称为二肽,三个氨基酸缩合成三肽,其余以此类推。通常将十肽以下者称为寡肽,十肽以上者称为多肽。多肽分子中的氨基酸相互衔接,形成长链,称为多肽链(polypeptide chain)。肽链中氨基酸分子因脱水缩合而基团不全,称为氨基酸残基(residue)。可见,多肽链的主键是肽键,由肽键连接各氨基酸残基形成的长链骨架,即……C_α—CO—NH—C_α……结构称多肽主链,而连接于 C_α 上的各氨基酸残基的 R 基团又称为多肽侧链。

每条多肽链都有 2 个游离末端,游离 α-氨基的一端称氨基末端或 N-端,游离 α-羧基的一端称为羧基末端或 C-端。在书写某肽时,规定 N-端在左,C-端在右,从左至右依次将各氨基酸的中文或英文缩写符号列出。每条多肽链中氨基酸残基顺序编号都从 N-端开始,肽的命名也是从 N-端开始指向 C-端的。

在生物体内,氨基酸通过肽键连接,除了合成蛋白质多肽链外,还能合成一些具有调节功能的小分子肽,称为生物活性肽。如从 N-端到 C-端依次由谷氨酸、半胱氨酸和甘氨酸缩合成的三肽称为谷氨酰半胱氨酰甘氨酸,简称谷胱甘肽(glutathione;GSH,SH 表示分子中的自由巯基)。GSH 是一种不典型的三肽,谷氨酸通过 γ-羧基与半胱氨酸的 α-氨基形成肽键,故称 γ-谷胱甘肽。GSH 通过功能基团巯基参与细胞的氧化还原作用,清除氧化剂,保护某些蛋白质的活性巯基不被氧化。

$$H_2N-\underset{\underset{COOH}{|}}{CH}-CH_2-CH_2-\underset{\underset{O}{\|}}{C}-\underset{\underset{H}{|}}{N}-\underset{\underset{CH_2}{|}{\overset{SH}{|}}}{CH}-\underset{\underset{O}{\|}}{C}-\underset{\overset{H}{|}}{N}-CH_2-COOH$$

谷胱甘肽(GSH)

生物活性肽也是传递细胞之间信息的重要信息分子,在调节代谢、生长、发育、繁殖等生命活动中起重要作用。活性肽中最小的是三肽,如下丘脑分泌的促甲状腺素释放激素是三肽,神经垂体分泌的抗利尿激素和催产素是九肽,腺垂体分泌的促肾上腺皮质激素是 39 肽。

第二节　蛋白质的分子结构

蛋白质是由许多氨基酸通过肽键相连形成的生物大分子。蛋白质分子结构分成一级、二级、三级、四级结构四个层次,后三者统称高级结构或空间构象(conformation)。蛋白质的空间结构涵盖了蛋白质分子中的每一原子在三维空间的相对位置,是蛋白质特有性质和功能的结构基础。

一、蛋白质的一级结构

蛋白质分子中氨基酸的排列顺序称为蛋白质的一级结构(primary structure)。一级结构是蛋白质分子的基本结构。维系蛋白质一级结构的主要化学键为肽键,有些蛋白质分子的一级结构中尚含有二硫键,是由两个半胱氨酸残基的巯基(—SH)脱氢缩合形成的。

1954 年英国生物化学家 Sanger 报道了胰岛素(insulin)的一级结构(图 1-1),这是世界上第一个被确定一级结构的蛋白质。胰岛素是由胰岛 β 细胞分泌的一种激素,分子量为 5773,由 A、B 两条多肽链组成,A 链有 21 个氨基酸残基,B 链有 30 个氨基酸残基,A、B 两链通过 2 个链间二硫键相连,A 链本身第 6 及 11 位 2 个半胱氨酸残基形成 1 个链内二硫键。

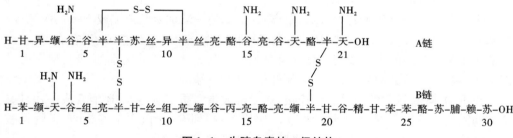

图 1-1　牛胰岛素的一级结构

1960 年 Moore 和 Stein 测出了牛胰核糖核酸酶的一级结构,该酶由 1 条多肽链组成,含 124 个氨基酸残基,链内有 4 个二硫键。迄今已有 10 万余种蛋白质氨基酸序列已经被测定而进入数据库。已经测得氨基酸序列的最大蛋白质是肌巨蛋白,由 1 条多肽链构成,含有约 2.7 万个氨基酸残基,分子量高达 300 万。

蛋白质的基本结构都是多肽链,由于所含氨基酸总数、各种氨基酸所占比例、氨基酸在肽链中的排列顺序不同,形成了结构多种多样、功能各异的蛋白质。蛋白质一级结构的研究,是在分子水平上阐述蛋白质结构与其功能关系的基础。

二、蛋白质的空间结构

蛋白质的空间结构是指蛋白质分子内各原子围绕某些共价键的旋转而形成的各

种空间排布及相互关系,也称为蛋白质的构象。各种蛋白质的分子形状、理化特性和生物学活性主要取决于它特定的空间结构。

(一)蛋白质的二级结构

蛋白质的二级结构(secondary structure)是指多肽主链原子的局部空间排列,不涉及氨基酸残基侧链的构象。在已测定的蛋白质中均有二级结构的存在。

肽链中的肽键键长为 0.132 nm,短于 C_α—N 单键的 0.147 nm,长于普通 C=N 双键的 0.123 nm,故肽键具有部分双键的性质,不能自由旋转。肽键中的 C、O、N、H 四个原子和与它们相邻的两个 α 碳原子都处在同一个平面上,称肽键平面(图 1-2),这一刚性平面构成一个肽单元。在肽键平面中只有 C_α—C 和 C_α—N 之间的单键能够旋转,旋转角度的大小决定了两个肽键平面之间的关系。因此,肽键平面随 α-碳原子两侧单键的旋转而构成的排布是主链各种构象的结构基础。

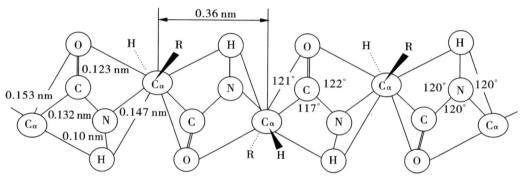

图 1-2 肽键平面示意图

1951 年,Linus Pauling 和 Robort Corey 根据 X 衍射图提出了两种多肽链中主链原子的周期性结构,称为 α-螺旋和 β-折叠,它们是蛋白质二级结构的主要形式。

1. α-螺旋 α-螺旋(alpha-helix)是指多肽链中肽键平面通过 α-碳原子的相对旋转,沿长轴方向按规律盘绕形成的一种紧密螺旋盘曲构象(图 1-3),其结构特点如下:①多肽链主链以肽键平面为单位,以 α-碳原子为转折点,形成右手螺旋样结构。②每螺旋圈包含 3.6 个氨基酸残基,每个残基跨距为 0.15 nm,螺旋上升一圈的高度(螺距)为 0.54 nm。③相邻螺旋之间通过肽键上的酰基氧(C=O)与亚氨基(—NH—)间形成氢键以保持螺旋结构稳定。氢键方向与螺旋中心轴大致平行。④各氨基酸残基的 R 基团均伸向螺旋外侧。R 基团的大小、形状、性质及所带电荷状态对 α-螺旋的形成及稳定有影响。基团较大的 R 基团集中时,由于空间位阻作用,妨碍螺旋的形成;带相同电荷的 R 基团集中时,由于电荷的相斥作用,不利于螺旋的形成。

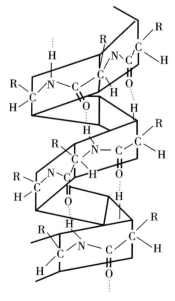

图 1-3 α-螺旋结构

α-螺旋是人们对蛋白质结构所提出的第一种折叠类型,是球状蛋白质构象中最常见的存在形式,第一个被阐明空间结构的肌红蛋白几乎完全由 α-螺旋构成。

2.β-折叠　β-折叠(beta-pleated)是蛋白质多肽主链的另一种有规律的构象,为一种比较伸展、呈锯齿状的肽链结构(图1-4)。其结构特点如下:①多肽链呈伸展状态,相邻肽键平面之间折叠成锯齿状的结构,两平面间夹角为110°。R 基团交错伸向锯齿状结构的上下方。②两段以上的 β-折叠结构平行排布,它们之间靠链间肽键的

C＝O 与—NH—形成氢键相连。氢键的方向与折叠的长轴垂直,是维持该构象的主要次级键。③若两条肽链走向相同,即 N-、C-端的方向一致称为顺向平行;反之,称为逆向平行结构。

β-折叠一般与结构蛋白的空间构象有关,也存在于某些球状蛋白质的空间构象中。如天然丝心蛋白同时具有 β-折叠和 α-螺旋,溶菌酶等球状蛋白也存在 β-折叠构象。

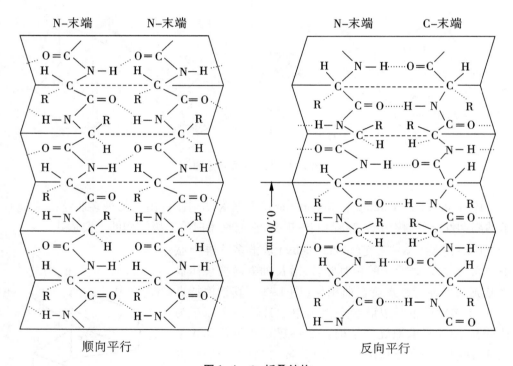

图1-4　β-折叠结构

3.β-转角　球状蛋白质分子中,多肽主链常会出现180°的回折,在这种回折角处就是 β-转角(sheet beta-turn)。β-转角通常由 4 个连续的氨基酸残基构成,由第一个残基的 C＝O 与第四个残基的—NH—形成氢键,以维持该构象的稳定(图1-5)。

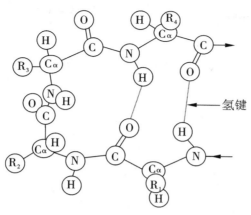

图1-5　β-转角结构

4.不规则卷曲　不规则卷曲(random coil)指多肽链中除以上几种比较规则的构象外,其余没有确定规律性的那部分肽链构象。

各种蛋白质依其一级结构特点在其多肽链的不同区段可形成不同的二级结构。如牛胰核糖核酸酶分子中有几段α-螺旋及反平行的β-折叠层结构(用箭头表示),也有β-转角和几处不规则卷曲(图1-6)。

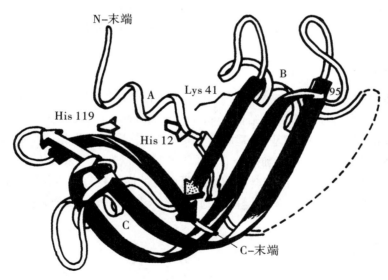

图1-6　牛胰核糖核酸酶的二级结构

(二)蛋白质的三级结构

蛋白质的三级结构(tertiary structure)指每一条多肽链内所有原子的空间排布,是在二级结构的基础上,进一步折叠盘曲构成的。分子量较大的蛋白质在形成三级结构时,肽链中某些局部的二级结构汇集在一起,形成发挥生物学功能的特定区域,称为结构域(domain)。这种结构域大多呈"口袋""洞穴"或"裂缝"状,某些辅基就镶嵌在其中(如血红蛋白分子中的血红素),或者是酶的活性中心、受体分子的配体结合部位等,成为功能活性部位。稳定三级结构的因素主要是各种非共价键,包括疏水作用力、氢键、盐键、范德瓦耳斯力(Van der Waals force,曾称"范德华力")等。其中疏水作用力是维持蛋白质三级结构最主要的稳定力,疏水基团因疏水作用力而聚向分子的内部,而亲水基团则多分布在分子表面,因此天然蛋白质分子多是亲水的,有些蛋白质分子中还有二硫键参与三级结构的稳定(图1-7)。

蛋白质的三级结构是由一级结构决定的,每种蛋白质依据其氨基酸排列顺序,构成独特的三级结构。由一条多肽链构成的蛋白质,具有三级结构才具有生物学活性。

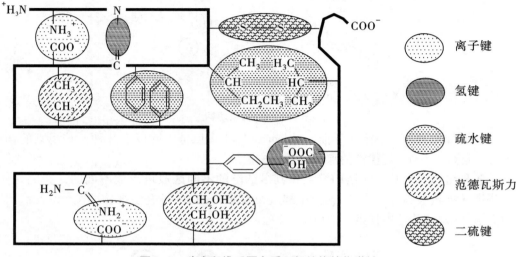

图1-7 稳定和维系蛋白质三级结构的化学键

(三)蛋白质的四级结构

许多蛋白质分子由两条或两条以上具有三级结构的多肽链,通过非共价键聚合而组成,这种结构称为蛋白质四级结构(quarternary structure)。具有四级结构的蛋白质的每条多肽链被称为一个亚基,亚基的结构可以相同,也可以不相同。如血红蛋白为$\alpha_2\beta_2$四聚体,即含两个α亚基和两个β亚基(图1-8)。在一定条件下,这种蛋白质分子可解离成单个亚基,亚基的聚合或解聚对蛋白质的活性具有调节作用。有些蛋白质如胰岛素,由两条肽链组成,但肽链间通过共价键(如二硫键)相连,这种结构不属于四级结构。

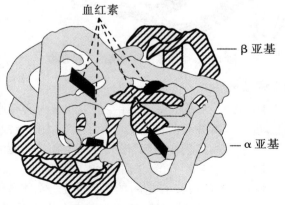

图1-8 血红蛋白分子的四级结构

第三节　蛋白质结构与功能的关系

不同的蛋白质,由于结构不同而具有不同的理化性质和生物学功能。蛋白质的生物学功能由蛋白质分子的天然构象所决定。无论一级结构还是空间结构发生改变,都可能影响蛋白质的生物学功能。

一、蛋白质一级结构与功能的关系

蛋白质分子的空间构象取决于多肽链中氨基酸的种类和排列顺序。一级结构相似的蛋白质,其空间构象和功能也相似。不同哺乳类动物的胰岛素分子都含有 A、B 两条链,一级结构只有极少的氨基酸差别,分子中二硫键的配对位置和空间构象也极其相似,因而它们都具有调节糖代谢的生理功能,表1-2 为不同生物体胰岛素分子的氨基酸差异。

表 1-2　胰岛素分子中氨基酸残基的差异部分

胰岛素	氨基酸残基的差异部分			
	A_5	A_6	A_{10}	A_{30}
人	苏氨酸	丝氨酸	异亮氨酸	苏氨酸
猪	苏氨酸	丝氨酸	异亮氨酸	丙氨酸
狗	苏氨酸	丝氨酸	异亮氨酸	丙氨酸
兔	苏氨酸	丝氨酸	异亮氨酸	丝氨酸
牛	丙氨酸	丝氨酸	缬氨酸	丙氨酸
羊	丙氨酸	甘氨酸	缬氨酸	丙氨酸
马	苏氨酸	甘氨酸	异亮氨酸	丙氨酸

在蛋白质一级结构中,处于特殊部位的氨基酸残基,即使一个氨基酸不同,也会影响蛋白质的功能。将胰岛素分子中 A 链 N-端的第一个氨基酸残基切去,其活性仅存 2%～10%,如再将第 2～4 位氨基酸残基切去,则活性完全丧失。说明这些氨基酸残基对于胰岛素的活性是必需的。镰刀状红细胞性贫血是一种遗传性疾病。由于基因突变的原因,患者血红蛋白分子 β-链 N-端第 6 位氨基酸残基由谷氨酸变为缬氨酸,造成血红蛋白分子空间结构呈压缩性改变,易相互聚集成条索状,导致红细胞变形呈镰刀状,输氧功能下降,细胞脆弱易溶血。这种由基因突变导致蛋白质分子氨基酸序列异常的疾病称为分子病。

二、蛋白质空间结构与功能的关系

蛋白质的生物学功能与其特定的空间构象密切相关,蛋白质的空间构象是生物学功能的基础。核糖核酸酶在尿素和 β-巯基乙醇的作用下,二硫键断裂,酶的空间结构改变,酶的催化活性丧失。透析除去尿素和 β-巯基乙醇后,二硫键恢复,酶的空间结构恢复,催化活性亦随之恢复(图1-9)。

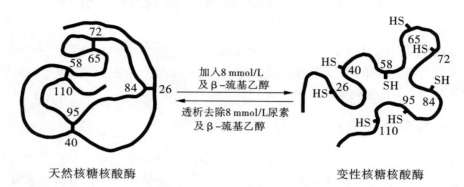

天然核糖核酸酶　　　　　　　　　　　　　变性核糖核酸酶

加入8 mmol/L 及 β-巯基乙醇

透析去除8 mmol/L尿素 及 β-巯基乙醇

图1-9　核糖核酸酶变性与复性

在生物体内,一些小分子物质特异地与蛋白质分子的某个部位结合,导致该蛋白质的构象和功能发生改变,这种现象称为蛋白质的变构效应。蛋白质的变构效应在生物体内普遍存在,对物质代谢和某些生理功能的调节都十分重要,如血红蛋白的携氧功能、酶活性的变构调节等。

血红蛋白是最早发现的具有变构效应的蛋白质。血红蛋白是由两个 α-亚基和两个 β-亚基构成的四聚体,每个亚基结合一分子血红素。血红蛋白分子四个亚基之间以盐键相连,构成蛋白质的四级结构。

血红蛋白运输 O_2 的作用是通过对 O_2 的结合与释放来实现的。研究发现,血红蛋白有两种能够互变的天然构象,一种为紧密型(T 型),另一种为松弛型(R 型)。T 型对 O_2 的亲和力低,不易与 O_2 结合;R 型则相反,与 O_2 的亲和力高,易于结合 O_2。一旦血红蛋白分子中的一个亚基与 O_2 结合,该亚基构象就会发生改变,并引起其他三个亚基的构象相继发生变化,使血红蛋白的构型由 T 型变为 R 型,易于和氧结合,这种效应有利于血红蛋白在氧分压高的肺部迅速与 O_2 结合。在正常人体内,除了 O_2 作为效应剂对血红蛋白功能进行调节外,还有 2,3-二磷酸甘油酸、CO_2 及 H^+ 等也是血红蛋白的变构效应剂,它们与 R 型血红蛋白结合后,促进血红蛋白由 R 型构象转变为 T 型,在氧分压低的组织中,迅速释放氧以完成血红蛋白的生理功能。

新合成的蛋白质多肽链需要正确折叠加工才能形成天然构象,获得生物学功能。若蛋白质的折叠错误导致构象发生改变,尽管其一级结构不变,仍可影响其功能,严重时可导致疾病发生,称为蛋白质构象病。有些蛋白质错误折叠后相互聚集,常形成抗蛋白水解酶的淀粉样纤维沉淀,产生毒性而致病,表现为蛋白质淀粉样纤维沉淀的病理改变。这类疾病包括人纹状体脊髓变性病、老年痴呆症、亨庭顿舞蹈症、疯牛病等。

第四节　蛋白质的理化性质及分类

一、蛋白质的理化性质

（一）蛋白质的两性解离与等电点

蛋白质是由氨基酸组成的,其分子中除多肽链两端的游离 α-氨基和 α-羧基外,侧链上尚有一些可解离的 R 基团,如谷氨酸及天冬氨酸残基中的羧基、赖氨酸的氨基、精氨酸的胍基、组氨酸的咪唑基、酪氨酸的酚羟基和半胱氨酸的巯基等。由于蛋白质分子中既含有能解离出 H^+ 的酸性基团(如—COOH),又含有能结合 H^+ 的碱性基团(如—NH_2),因此蛋白质分子为两性电解质。蛋白质在溶液中的解离状态受溶液 pH 值的影响。当溶液处于某一 pH 值,蛋白质分子解离成阳离子和阴离子的趋势相等,即净电荷为零、呈两性离子状态,此时溶液的 pH 值称为该蛋白质的等电点(pI)。蛋白质分子的解离状态可用下式表示。

$$
\underset{\substack{\text{正离子}\\(\text{pH}<\text{pI})}}{P\overset{NH_3^+}{\underset{COOH}{}}}
\underset{H^+}{\overset{OH^-}{\rightleftharpoons}}
\underset{\substack{\text{两性离子}\\(\text{pH}=\text{pI})}}{P\overset{NH_3^+}{\underset{COO^-}{}}}
\underset{H^+}{\overset{OH^-}{\rightleftharpoons}}
\underset{\substack{\text{负离子}\\(\text{pH}>\text{pI})}}{P\overset{NH_2}{\underset{COO^-}{}}}
$$

各种蛋白质的一级结构不同,所含酸性基团、碱性基团的数目不同,pI 也各不相同,因此在相同 pH 值环境下,所带净电荷的性质(正或负)及电荷量也不同。利用这一特性,可通过电泳方法分离、纯化混合蛋白质。电泳是指带电粒子在电场中向相反电极移动的现象。蛋白质分子在电场中移动的速度和方向,取决于它所带电荷的性质、数目及蛋白质分子的大小和形状。带电荷少、分子大的泳动速度慢;反之,则泳动速度快。

（二）蛋白质的胶体性质

蛋白质是高分子化合物,分子量多为 1 万~10 万,球状蛋白质的颗粒大小在 1 ~ 100 nm,已达胶粒范围,故蛋白质有胶体性质。蛋白质分子量大,不能透过半透膜。当蛋白质溶液中混杂有小分子物质时,可将此溶液放入半透膜做成的透析袋内,置于蒸馏水或适宜的缓冲液中,小分子杂质即从袋中逸出,大分子蛋白质则留于袋内,使蛋白质得以纯化,这种用半透膜来纯化蛋白质的方法称为透析。

蛋白质大多能溶于水或稀盐溶液。水溶性蛋白质分子大多呈球状,分子中疏水基团聚合在分子内部,亲水基团多位于分子表面,与周围水分子产生水合作用,使蛋白质分子表面有多层水分子包围,形成比较稳定的水化膜,将蛋白质颗粒彼此隔开。蛋白质分子表面的部分亲水基团能够解离,使蛋白质分子表面带有一定量的电荷。带有相同电荷的蛋白质分子相互排斥,防止蛋白质颗粒聚集。蛋白质表面的水化膜和电荷的排斥作用是维持蛋白质水溶性的主要因素,能够保证蛋白质分子分散在水中,成为稳

笔记栏

定的亲水胶体。当去掉其水化膜,中和其电荷时,蛋白质就可从溶液中沉淀出来(图1-10)。

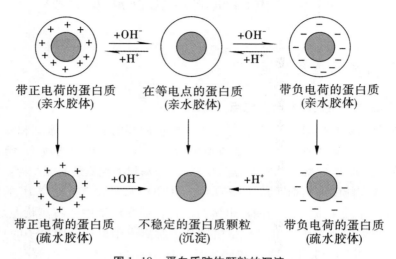

图 1-10　蛋白质胶体颗粒的沉淀

+和-分别代表正和负电荷,颗粒外层代表水化层

在一定的溶剂中的蛋白质,经超速离心,可以发生沉降。单位力场中的沉降速度即为沉降系数(S)。沉降系数与蛋白质分子量的大小、分子形状、密度以及溶剂密度的高低有关,分子量大、颗粒紧密,沉降系数也大,故利用超速离心法可以分离纯化蛋白质,也可以测定蛋白质的分子量。有些大分子物质即以沉降系数来命名。如 30S 核糖体小亚基、5S rRNA 等。

(三)蛋白质的变性、沉淀与凝固

在某些物理或化学因素作用下,蛋白质的空间构象破坏,导致其理化性质的改变和生物活性的丧失,称为蛋白质的变性。一般认为蛋白质的变性主要是非共价键和二硫键的破坏,不涉及一级结构的改变。蛋白质变性后,溶解度降低,黏度增加,结晶能力消失,生物活性丧失,易被蛋白酶水解。造成蛋白质变性的因素有多种,常见的有加热、有机溶剂(如乙醇等)、强酸、强碱、重金属离子及生物碱试剂等。医学上常应用变性作用来消毒及灭菌。防止蛋白质变性也是有效保存蛋白质制剂(如疫苗等)的必要条件。蛋白质经强酸、强碱作用发生变性后,仍能溶解于强酸或强碱中,若将 pH 值调至等电点,则蛋白质立即结成絮状的不溶解物,此絮状物仍可溶解于强酸或强碱中。如再加热则絮状物可变成比较坚固的凝块,此凝块不再溶于强酸或强碱中,这种现象称为蛋白质的凝固作用。

(四)蛋白质的紫外吸收性质

蛋白质分子含有酪氨酸及色氨酸残基,这些氨基酸的侧链基团具有紫外光吸收能力,最大吸收峰在 280 nm 处,故利用此特性测定 280 nm 处的光吸收值常用于蛋白质含量的测定。

(五)蛋白质的呈色反应

蛋白质分子中的肽键及侧链上的某些基团可以与有关试剂反应,呈现一定的颜色,这些反应常被用于蛋白质的定性、定量分析。

1. 双缩脲反应 双缩脲反应(biuret reaction)指含有多个肽键的蛋白质和肽在碱性溶液中加热,可与 Cu^{2+} 作用生成紫红色内络盐。此反应除用于蛋白质、多肽的定量测定外,由于氨基酸不呈现此反应,还可用于检查蛋白质水解程度。

2. 茚三酮反应 在 pH 值 5~7 的溶液中,蛋白质分子中的游离 α-氨基能与茚三酮反应生成紫蓝色化合物,可用于蛋白质的定性、定量分析。

3. Folin-酚试剂反应 蛋白质分子中酪氨酸残基在碱性条件下能与酚试剂(磷钨酸与磷钼酸)反应生成蓝色化合物。该反应的灵敏度比双缩脲反应高 100 倍。

二、蛋白质的分类

(一)按组成分类

根据蛋白质分子的组成特点,可将蛋白质分为单纯蛋白质和结合蛋白质两大类。

1. 单纯蛋白质 分子组成中,除氨基酸外再无别的组分的蛋白质称为单纯蛋白质。

2. 结合蛋白质 结合蛋白质由蛋白质和其他化合物(非蛋白质部分)结合而成,被结合的其他化合物称为辅基。按辅基的不同,结合蛋白质又可分为糖蛋白、核蛋白、脂蛋白、磷蛋白、金属蛋白及色蛋白等(表1-3)。

表1-3 蛋白质按化学组成分类

类别	辅基	举例
单纯蛋白质		清蛋白、球蛋白、精蛋白、组蛋白、硬蛋白、谷蛋白
结合蛋白质		
糖蛋白	糖类	黏蛋白、血型糖蛋白、免疫球蛋白
核蛋白	核酸	病毒核蛋白、染色体核蛋白
脂蛋白	脂类	乳糜微粒、低密度脂蛋白
磷蛋白	磷酸	酪蛋白、卵黄磷蛋白
金属蛋白	金属离子	铁蛋白、铜蓝蛋白
色蛋白	色素	血红蛋白、肌红蛋白、细胞色素

(二)按分子形状分类

根据分子形状的不同,可将蛋白质分为球状蛋白质和纤维状蛋白质两大类。

1. 球状蛋白质 这类蛋白质分子的长轴与短轴相差不多,整个分子盘曲呈球状或椭球状。生物界多数蛋白质属球状蛋白,一般为可溶性,有特异生物活性,如胰岛素、血红蛋白、酶、免疫球蛋白,以及多种细胞质中的蛋白质。

2. 纤维状蛋白质 这类蛋白质分子的长轴与短轴相差悬殊,一般长轴比短轴长5倍以上。分子的构象呈长纤维形,多由几条肽链绞合成麻花状的长纤维,且大多难溶于水。所构成的长纤维具有韧性,如毛发、指甲中的角蛋白,皮肤、骨、牙和结缔组织中的胶原蛋白和弹性蛋白等,多属结构蛋白质,起支持作用,更新慢。

小 结

　　蛋白质是生命的物质基础,在体内分布广泛,含量丰富,种类繁多,每一种蛋白质都有其特有的生物学功能。蛋白质的基本组成单位是氨基酸,构成蛋白质的氨基酸有20种。氨基酸通过肽键相连而成肽。小于10个氨基酸残基组成的肽称为寡肽,超过10个氨基酸残基组成的肽称为多肽。蛋白质的分子结构可概括为一级、二级、三级和四级结构。一级结构是指肽链中的氨基酸排列顺序,维系一级结构的化学键主要是肽键,二级、三级和四级结构属于蛋白质的空间构象。蛋白质二级结构是指蛋白质主链原子的局部空间排列,不涉及氨基酸残基的侧链构象。二级结构的主要类型为α-螺旋、β-折叠、β-转角和不规则卷曲,主要以氢键维持其稳定性。三级结构是指多肽链主链和侧链的全部原子或基团的空间排布位置。维系三级结构的形成和稳定的主要是非共价键。某些蛋白质的三级结构中,存在两个或两个以上具有二级结构的肽段所形成的具有特定生物学功能的区域,称为结构域。四级结构是指蛋白质亚基之间的缔合,主要由非共价键维系。

　　生物体内存在数万种蛋白质,各有其特定的结构和生物学功能。一级结构是空间构象的基础,也是功能的基础。蛋白质的一级结构的改变影响蛋白质功能。

　　蛋白质属于两性电解质,当溶液的pH等于其pI时,蛋白质呈兼性离子状态。蛋白质是生物大分子,以稳定的亲水胶体状态存在于溶液中,当破坏其水化膜、中和其表面电荷时,蛋白质就可从溶液中沉淀出来。此外,蛋白质还具有高分子性质,如变性、沉淀、凝固及其呈色反应性质。蛋白质在波长280 nm处有最大吸收峰,据此可测定溶液中的蛋白质含量。

　　根据蛋白质的分子组成,可将蛋白质分为单纯蛋白质和结合蛋白质。根据蛋白质分子的形状,可分成球状蛋白质和纤维状蛋白质。

(席守民)

思考题

1. 试述蛋白质一、二、三、四级结构及其维持键。
2. 结合血红蛋白的空间结构,说明蛋白质的空间结构与功能的关系。
3. 什么是蛋白质的变性? 引起变性的因素有哪些? 举例说明蛋白质变性的临床应用。
4. 蛋白质的理化性质如何? 如何利用这些理化性质进行蛋白质的分离与纯化?

第二章

核酸的结构与功能

1868 年,瑞士青年外科医生 Fridrich Miescher 从脓细胞核中分离出一类含磷量很高的酸性化合物,此物质后来被称为核酸(nucleic acid)。自然界中存在的核酸有两类,即脱氧核糖核酸(deoxyribonucleic acid,DNA)和核糖核酸(ribonucleic acid,RNA)。DNA 存在于细胞核和线粒体内,是遗传信息的贮存和携带者;RNA 存在于细胞核和细胞质内,参与细胞内遗传信息的表达。某些病毒只含有 DNA 或 RNA,所以 RNA 也可作为遗传信息的载体。核酸与蛋白质一样,都是生命活动中重要的生物大分子,在生命活动过程中发挥着重要的功能。

第一节 核酸的化学组成及一级结构

一、核酸的分子组成

核酸由 C、H、O、N 和 P 元素组成,其构件分子是核苷酸(nucleotide)。核苷酸还可以进一步降解为核苷和磷酸,核苷再进一步分解生成含氮碱基(base)和戊糖。所以,核酸由核苷酸组成,核苷酸由碱基、戊糖与磷酸组成。

(一)碱基

核酸中的碱基是嘌呤(purine)与嘧啶(pyrimidine)两类含氮杂环化合物的衍生物。嘌呤类有腺嘌呤(adenine,A)和鸟嘌呤(guanine,G),嘧啶类有胞嘧啶(cytosine,C)、胸腺嘧啶(thymine,T)和尿嘧啶(uracil,U)(图 2-1)。DNA 分子中含有 A、G、C、T,RNA 分子中含有 A、G、C、U。除了这五种碱基之外,原核生物及真核生物的 DNA 和 RNA 中还含有一些微量的稀有碱基(rare base)。稀有碱基的种类很多,大多数都是甲基化衍生物(表 2-1),在生物体内具有重要的生理功能。

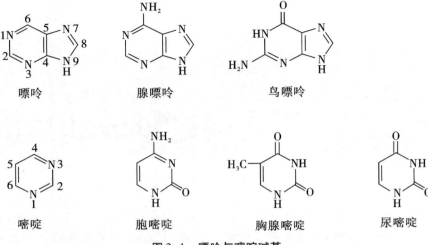

图2-1　嘌呤与嘧啶碱基

表2-1　核酸中的部分稀有碱基

	DNA	RNA
嘌呤	7-甲基鸟嘌呤（m^7G）	N^6-甲基腺嘌呤（m^6A）
	N^6-甲基腺嘌呤（m^6A）	N^6, N^6-二甲基腺嘌呤
		7-甲基鸟嘌呤
嘧啶	5-甲基胞嘧啶（m^5C）	假尿嘧啶（ψ）
	5-羟甲基胞嘧啶（hm^5C）	双氢尿嘧啶（DHU）

（二）戊糖

核酸中所含的糖是五碳糖，即戊糖，均为β-呋喃糖。RNA分子中的戊糖在第2位碳上含氧，称为β-D-核糖（ribose）；DNA分子中的戊糖在第2位碳上不含氧，称为β-D-2-脱氧核糖（deoxyribose）（图2-2）。

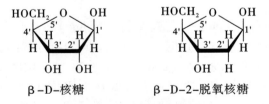

β-D-核糖　　　β-D-2-脱氧核糖

图2-2　两种核糖的结构

（三）核苷

核苷是碱基与戊糖以糖苷键相连接所形成的化合物。其中，戊糖的第1位碳原子分别与嘌呤碱的第9位氮原子、嘧啶碱的第1位氮原子相连接。核糖与碱基形成的化合物称为核糖核苷，简称核苷（ribonucleoside）；脱氧核糖与碱基形成的化合物称为脱氧核糖核苷，简称脱氧核苷（deoxyribonucleoside）（图2-3、表2-2）。核苷的命名是在核苷的前面加上碱基的名字,如腺嘌呤核苷(简称腺苷)、胞嘧啶脱氧核苷(简称脱氧胞苷)等,依此类推。为区别于碱基中的各原子的编号,核糖和脱氧核糖中的碳原子标号上加"′",如 C-1′、C-2′等。

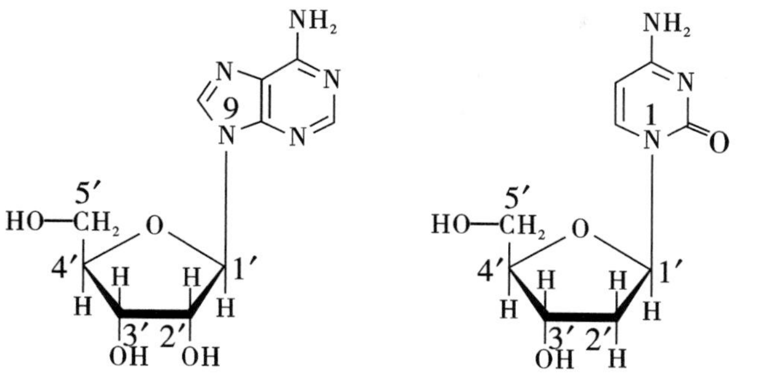

腺嘌呤核苷(腺苷)　　　　　胞嘧啶脱氧核苷(脱氧胞苷)

图 2-3　核苷与脱氧核苷

表 2-2　构成核酸的碱基、核苷与相应核苷酸的代号

	碱基 base	核苷 ribonucleoside	5′-核苷酸 ribonucleotide
RNA	腺嘌呤 adenine,A	腺苷 adenosine	腺苷酸 AMP,adenosine monophosphate
	鸟嘌呤 guanine,G	鸟苷 guanosine	鸟苷酸 GMP,guanosine monophosphate
	胞嘧啶 cytosine,C	胞苷 cytidine	胞苷酸 CMP,cytidine monophosphate
	尿嘧啶 uracil,U	尿苷 uridine	尿苷酸 UMP,uridine monophosphate
DNA	腺嘌呤 adenine,A	脱氧腺苷 deoxyadenosine	5′-脱氧腺苷酸 dAMP,deoxyadenosine 5′-monophosphate
	鸟嘌呤 guanine,G	脱氧鸟苷 deoxyguanosine	5′-脱氧鸟苷酸 dGMP,deoxyguanosine 5′-monophosphate
	胞嘧啶 cytosine,C	脱氧胞苷 deoxycytidine	5′-脱氧胞苷酸 dCMP,deoxycytidine 5′-monophosphate
	胸腺嘧啶 thymine,T	脱氧胸苷 deoxythymidine	5′-脱氧胸腺苷酸 dTMP,deoxythymidine 5′-monophosphate

(四)核苷酸

核苷(脱氧核苷)中戊糖的自由羟基与磷酸通过酯键相连接构成核苷酸(脱氧核苷酸)。理论上戊糖的所有游离羟基均可与磷酸形成酯键,但生物体内多数核苷酸的磷酸是连接在核糖或脱氧核糖的 C-5′上,形成 5′-核苷酸(5′-脱氧核苷酸)。含有 1 个磷酸基团的核苷酸称为核苷一磷酸(NMP),有 2 个磷酸基团的核苷酸称为核苷二磷酸(NDP),有 3 个磷酸基团的核苷酸称为核苷三磷酸(NTP)(图 2-4)。如 AMP 是腺苷一磷酸,GDP 是鸟苷二磷酸,CTP 是胞苷三磷酸,以此类推。值得注意的是核苷二磷酸和核苷三磷酸中磷酸连接方式不同于核苷一磷酸,除磷酸酯键外还有酐键。

笔记栏

磷酸酐键水解时释放出较大的能量，又称高能磷酸键。

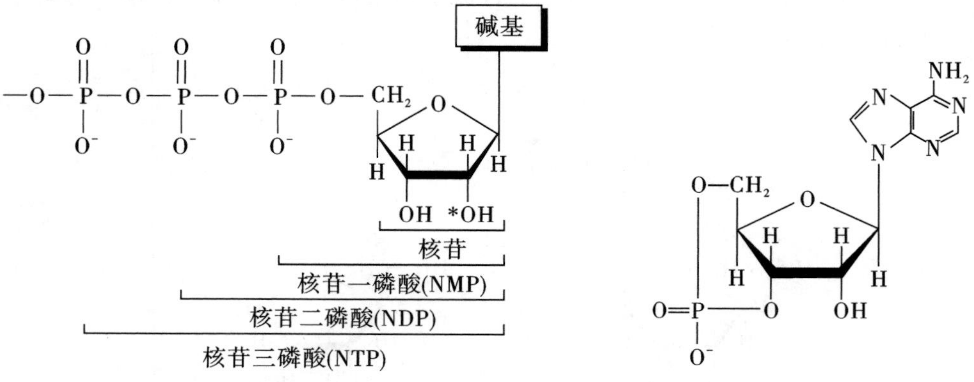

*脱氧核糖此处无氧原子

环腺苷酸(3′,5′-cAMP)

图 2-4　核苷酸与环腺苷酸的结构

核苷酸除构成核酸外，在体内具有许多重要的生理功能。如 ATP 是体内能量的直接来源和利用形式，在代谢中发挥重要的作用，GTP、UTP、CTP 均可提供能量；ATP、GTP、CTP、UTP 等可激活许多化合物生成代谢上活泼的物质，如 UDP-葡萄糖(UDPG)、CDP-二酯酰甘油、S-腺苷蛋氨酸(SAM)、3′-磷酸腺苷-5′-磷酰硫酸(PAPS)等；许多辅酶成分中含有核苷酸，如腺苷酸是 NAD^+、FAD、辅酶 A 等的组成成分；某些核苷酸及其衍生物参与物质代谢和基因表达的调节过程，如环腺苷酸(cAMP)与环鸟苷酸(cGMP)是细胞内信号转导过程中重要的第二信使。

二、核酸的一级结构

核酸分子是由许多核苷酸分子连接而成的。尽管核酸分子之间存在差异，但分子中的各个核苷酸之间的连接方式完全一样，如图 2-5A 所示，DNA 分子都是通过前一个脱氧核苷酸的 3′-羟基与后一个分子的 5′-磷酸缩合生成 3′,5′-磷酸二酯键而彼此相连，构成一个没有分支的线性大分子。RNA 的各个核苷酸之间也是通过 3′,5′-磷酸二酯键连接的。

核酸一级结构是指核酸分子中核苷酸的排列顺序。由于核苷酸之间的差别仅是其碱基的不同，所以核酸分子中碱基的排列顺序就代表了核苷酸的排列顺序。每条核酸链具有两个不同的末端，戊糖 5′位带有游离磷酸基的叫 5′-末端，3′位带有游离羟基的叫 3′-末端。这样核酸分子就有了方向性，按照通行规则，以 5′→3′方向为正向。图 2-5B 显示了 DNA 单链的结构及从繁到简的表示方式，书写时将 5′-末端写在左侧(头)，3′-末端写在右侧(尾)。

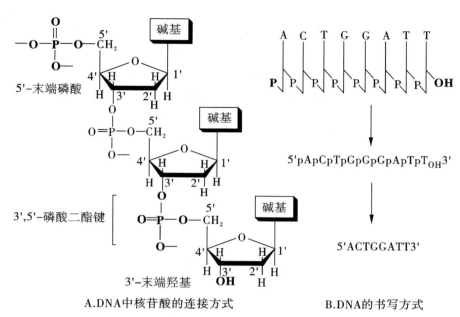

A.DNA中核苷酸的连接方式　　　　B.DNA的书写方式

图2-5　DNA中核苷酸的连接方式和书写方式

第二节　DNA的结构与功能

一、DNA的二级结构——双螺旋结构模型

20世纪40年代,Erwin Chargaff等人采用薄层层析和紫外吸收分析等技术研究DNA分子的碱基成分,提出著名的Chargaff规则,发现了DNA分子碱基组成的某些规律:①嘌呤碱与嘧啶碱的摩尔数总是相等,即A+G＝T+C,且A＝T,G＝C;②不同生物种属的DNA碱基组成不同;③同一个体的不同器官、不同组织的DNA具有相同的碱基组成。1952年R.Franklin获得了DNA的高质量X衍射照片,显示出DNA是双链螺旋形分子。1953年Watson和Crick两位青年科学家提出了著名的DNA双螺旋模型,确立了DNA的二级结构。DNA双螺旋结构模型的提出为生物体DNA功能的研究奠定了科学基础,推动了生命科学与现代分子生物学的发展,为揭示生物界遗传性状世代相传的分子奥秘做出了划时代的贡献,为此两人获得1962年诺贝尔化学奖。

DNA双螺旋结构模型的要点是:

(1)DNA分子是由两条方向相反的平行核苷酸链围绕同一中心轴构成的双螺旋结构(图2-6)。一条链的走向是5′→3′,另一条链是3′→5′。两条核苷酸链都是右手螺旋。

(2)在两条链中,磷酸与脱氧核糖链位于螺旋的外侧。脱氧核糖平面与碱基平面垂直,碱基位于螺旋的内侧。螺旋表面形成大沟(major groove)与小沟(minor groove)。这些沟状结构与蛋白质、DNA之间的相互识别有关。

（3）双螺旋的直径为 2 nm，碱基平面与螺旋的纵轴垂直。相邻碱基堆砌的距离为 0.34 nm，其旋转的夹角为 36°，所以每 10.5 个核苷酸旋转一周，每一螺距为 3.54 nm。

（4）两条多核苷酸链通过碱基之间形成的氢键联系在一起。一条核苷酸链的腺嘌呤与另一条核苷酸链的胸腺嘧啶之间形成 2 个氢键，而鸟嘌呤与胞嘧啶之间形成 3 个氢键。这种 A–T、G–C 配对的规律称为碱基互补规则。DNA 双螺旋结构的横向稳定性靠两条链间的氢键维系，纵向稳定性则靠碱基平面间的疏水性堆砌力维持。

碱基互补规则不但很好地预测和解释了 DNA 半保留复制假说，而且在遗传信息的"转录"与"翻译"过程中起着关键的作用。

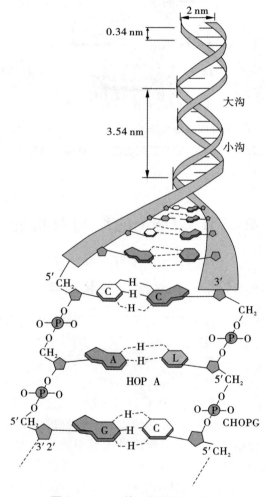

图 2-6　DNA 的二级结构示意图

Watson 与 Crick 提出的 DNA 模型是在相对湿度 92%、从生理盐水溶液中提取的 DNA 纤维的构象，称 B 型构象。天然 DNA 的结构不是一成不变的，改变溶液的离子强度和相对湿度，DNA 螺旋结构沟的深浅、螺距、旋转都会发生改变。当相对湿度是 72% 时为 A 型构象，两者的一些结构参数有很大差别。1979 年 Alexander Rich 等人在研究人工合成的 CGCGCG 的晶体结构时，意外发现这种合成的 DNA 是左手螺旋。后来证明这种结构天然也有存在,人们称之为 Z-DNA(图 2-7)。Z-DNA 可能参与基因表达的调控。

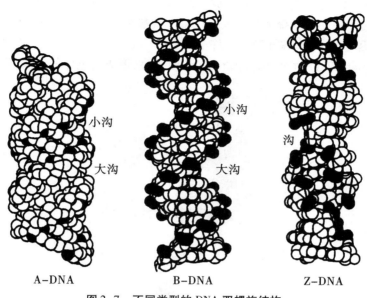

图 2-7　不同类型的 DNA 双螺旋结构

二、DNA 的超螺旋结构

生物界的 DNA 分子十分巨大,不同物种的 DNA 分子大小和复杂程度相差很大。一般来说,生物进化程度越高,DNA 分子越大。在很小的细胞核内要容纳如此长度的 DNA 分子,要求其形成紧密折叠旋转结构。因此,DNA 在形成双螺旋结构的基础上,在细胞内进一步折叠成为超级结构。

原核生物、线粒体、叶绿体中的 DNA 是共价封闭的环状双螺旋,这种环状双螺旋结构还需再螺旋化形成超螺旋(supercoil)(图 2-8)。若使 DNA 双螺旋右旋变紧,则形成正超螺旋;若使 DNA 双螺旋变松,则形成负超螺旋。自然界以负超螺旋为主。

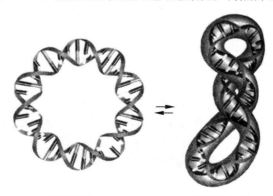

环状结构　　　　　　　超螺旋结构

图 2-8　DNA 的环状结构与超螺旋结构

真核生物染色体 DNA 是线性双螺旋结构,染色质 DNA 与组蛋白组成核小体(nucleosome)。核小体是染色体的基本组成单位,其直径为 11 nm,厚为 5.5 nm。由各两分子的组蛋白 H_2A、H_2B、H_3 和 H_4 形成八聚体,构成核小体的核心部分,DNA 分子的 146 个碱基对盘绕在此八聚体核心上,另 54 个碱基对与组蛋白 H_1 结合,将各核小体核心颗粒连接起来,形成串珠样结构。许多核小体形成的串珠样线性结构再进一步盘曲成直径为 30 nm 的纤维状结构,再经几次卷曲折叠,形成染色体的结构(图 2-9)。

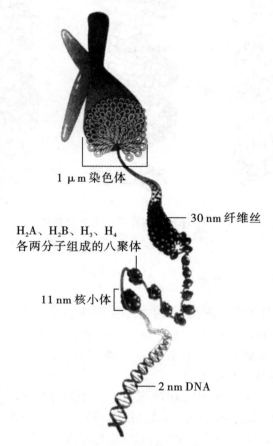

1 μm 染色体

30 nm 纤维丝

H_2A、H_2B、H_3、H_4 各两分子组成的八聚体

11 nm 核小体

2 nm DNA

图 2-9　核小体及染色体的结构示意图

三、DNA 的功能

DNA 是生物遗传信息的携带者,是遗传信息复制的模板和基因转录的模板,是生命遗传的物质基础。基因是 DNA 分子中的某一区段,经过转录、翻译可以指导参与生命活动的各种蛋白质和与之相关的各种 RNA 的有序合成。一个生物体的全部 DNA 序列称为基因组,包含了所有基因片段和所有非编码序列。人的基因组由大约 3.0×10^9 bp 组成,具有基因数目近 3 万个。

第二节 RNA 的结构与功能

RNA 在生命活动中具有重要作用。RNA 的分子量较小,由数十个至数千个核苷酸组成。RNA 是单链核酸分子,但可以通过链内碱基配对形成局部双螺旋结构和更高级的三级结构。RNA 的种类、大小、结构多种多样,其功能也各不相同(表 2-3)。

表 2-3 动物细胞内主要 RNA 的分布与功能

	细胞核与细胞质	线粒体	功能
核糖体 RNA	rRNA	mt rRNA	核糖体的组成成分
信使 RNA	mRNA	mt mRNA	蛋白质合成的模板
转运 RNA	tRNA	mt tRNA	转运氨基酸
不均一核 RNA	hnRNA		成熟 mRNA 的前体
小核 RNA	snRNA		参与 hnRNA 的剪接、转运
小核仁 RNA	snoRNA		参与 rRNA 的加工和修饰
小胞质 RNA	scRNA/7L-RNA		蛋白质在内质网定位合成的信号识别体的组成成分

一、信使 RNA

信使 RNA(messenger RNA,mRNA)是蛋白质合成的模板,占总 RNA 的 2%~3%。细胞核内 DNA 的碱基顺序,按照碱基互补原则,转录合成 mRNA 分子,并转移到细胞质。在细胞质再以 mRNA 为模板,指导蛋白质的生物合成。mRNA 的核苷酸序列决定合成相应蛋白质的氨基酸排列顺序。mRNA 分子上每 3 个核苷酸为一组,决定肽链上的某一个氨基酸,这些 3 个一组的核苷酸顺序称为三联体密码(triplet code)。mRNA 种类繁多,半衰期很短,从几分钟到数小时不等。

细胞核内初合成的是不均一核 RNA(heterogeneous nuclear RNA,hnRNA),其分子量比成熟的 mRNA 大,是 mRNA 前体。hnRNA 经剪接加工转变为成熟的 mRNA,并移位到细胞质。mRNA 的结构特点如下。

(1)大多数真核 mRNA 的 5′-端在转录后均加上一个 7-甲基鸟苷二磷酸基,而第 1 个核苷酸的 C-2′位甲基化,形成的 $m^7GpppNm$ 结构称为帽子结构(cap sequence)(图2-10)。mRNA 的帽子结构可保护 mRNA 免受核酸酶从 5′端的降解作用,并在翻译起始中具有促进核糖体与 mRNA 的结合、加速翻译起始速度的作用。

(2)绝大多数真核 mRNA 的 3′-端有 30~200 个腺苷酸的尾巴,3′-端尾巴是在转录后逐个添加上去的,其作用在于增加 mRNA 的稳定性和维持其翻译活性。原核生物的 mRNA 未发现这种特殊的首、尾结构。

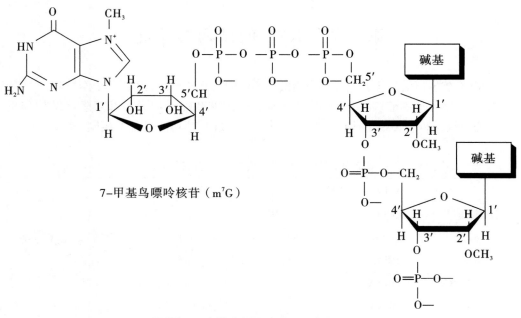

7-甲基鸟嘌呤核苷（m⁷G）

图 2-10　真核生物 mRNA 5′-端帽子结构

二、转运 RNA

　　转运 RNA(transfer RNA,tRNA)是由 70～90 个核苷酸组成的一类小分子 RNA,约占细胞总 RNA 的 15%,是蛋白质合成过程中的氨基酸载体,具有选择性运输氨基酸的作用。细胞内 tRNA 的种类很多,每一种氨基酸都有其相应的一种或几种 tRNA。不同 tRNA 特异地与相应氨基酸结合,然后转运氨基酸到核糖体合成蛋白质。tRNA 的结构特点如下:

　　(1)tRNA 分子中含有较多的稀有碱基,每一分子常含有 7～15 个稀有碱基,包括双氢尿嘧啶(DHU)、假尿嘧啶(ψ,pseudouridine)、次黄嘌呤(I)和甲基化的嘌呤(如 mG、mA)等(图 2-11)。

假尿嘧啶(Ψ)　　　次黄嘌呤(I)　　　双氢尿嘧啶(DHU)　　　甲基化的鸟嘌呤(mG)

图 2-11　tRNA 中的稀有碱基

　　(2)组成 tRNA 的几十个核苷酸中,局部片段由于碱基互补而形成双螺旋区,非互补区则形成环状结构,进而形成一种茎-环结构。整个 tRNA 的二级结构呈现三叶草结构(图2-12a)。tRNA 都有 4 个螺旋区、3 个环和 1 个可变环。4 个螺旋区构成 4 个臂,其中直接与氨基酸结合的臂叫氨基酸臂。被激活的氨基酸就连接于此 3′C–C–A–OH 末端核糖的 3′或 2′–OH 上。

(3)tRNA 中的 3 个环分别是 DHU 环、TψC 环和反密码子环(anticodon loop)。其中反密码子环由 7 个核苷酸组成,环中部为反密码子,由 3 个碱基组成。次黄嘌呤核苷酸常出现在反密码子中。携带不同氨基酸的 tRNA 有其特异的反密码子,与 mRNA 上相应的密码子互补。

(4)tRNA 的三级结构呈倒 L 形(图2-12b),一端为氨基酸臂,另一端为反密码子环。L 形的拐角处是 DHU 环和 TψC 环。各环的核苷酸序列差别较大,这是各种 tRNA 特异性所在。

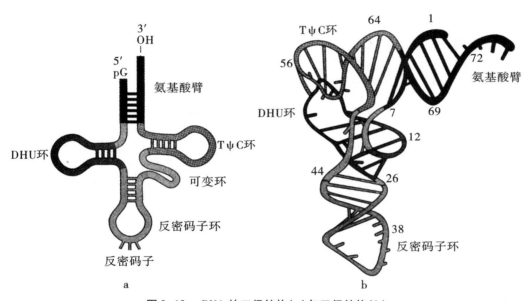

图 2-12　tRNA 的二级结构(a)与三级结构(b)

三、核糖体 RNA

核糖体 RNA(ribosomal RNA,rRNA)是细胞内含量最多的 RNA,占细胞总 RNA 的 80%以上。rRNA 与蛋白质结合形成的核糖体是蛋白质合成的场所。原核生物含有 3 种 rRNA,其中 23S 与 5S rRNA 存在于大亚基,16S rRNA 存在于小亚基。真核生物含有 4 种 rRNA,其中 28S、5.8S 和 5S rRNA 存在于大亚基,小亚基只含有 18S rRNA 一种。

各种 rRNA 的碱基组成无一定比率,不同来源的 rRNA 的碱基组成差别很大。除 5S rRNA 外,其他的 rRNA 均含有少量稀有碱基,主要是假尿嘧啶(Ψ)和各种基本碱基的甲基化衍生物。图 2-13 所示为真核生物 18S rRNA 的二级结构。

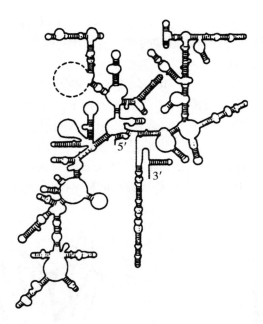

图 2-13　真核生物 18S rRNA 的二级结构

四、其他 RNA

真核细胞核内存在一类碱基数小于 300 的小分子 RNA，称为小核 RNA（small nuclear RNA，snRNA）。在哺乳动物细胞核内至少发现 10 种 snRNA，由于尿嘧啶含量较高，故命名为 U。U1、U2、U4、U5 和 U6 位于细胞核内，参与 mRNA 的剪切、加工。U3 主要存在于核仁，与 rRNA 的加工有关。snRNA 不单独存在，常与多种特异的蛋白质结合在一起，形成小分子核内核蛋白颗粒（small nuclear ribonuleoprotein particle，snRNP）。snRNP 在 mRNA 的剪接过程中起重要作用。

第四节　核酸的理化性质

一、核酸的一般理化性质

核酸是线性的大分子，若将人的二倍体细胞 DNA 展开成一直线，可长达 1.7 m。由于 DNA 分子细长，在溶液中的黏度很高。RNA 分子比 DNA 短，在溶液中的黏度低于 DNA。核酸分子中的碱基含有共轭双键，故有吸收紫外线的性质，最大吸收峰在 260 nm 附近。在实验室常利用核酸的这一特性对核酸溶液进行定量分析。

二、DNA 的变性、复性

DNA 双螺旋结构的稳定性主要靠互补碱基之间的氢键和碱基平面间的疏水性堆砌力来维持。DNA 变性是指在某些物理和化学因素的作用下，DNA 双螺旋结构的互补碱基之间的氢键发生断裂，双螺旋 DNA 分子被解开成单链的过程。引起 DNA 变性的因素有加热和化学物质的作用,如有机溶剂、酸、碱、尿素和酰胺等。DNA 的变性可使其理化性质发生一系列改变,如黏度下降和紫外吸收值增加等。监测 DNA 变性最常用的指标是在 260 nm 处吸光度的变化。

在实验室实施 DNA 变性的常用方法是加热。加热时,DNA 双链发生解离,在 260 nm 处的紫外吸收值增高,此种现象称为增色效应(hyperchromic effect)。DNA 的热变性是爆发性的,像结晶的熔化一样,只在很狭窄的温度范围内进行。若以 A_{260} 对温度做图(图 2-14),所得的曲线称为解链曲线,呈 S 形。通常将解链曲线的中点称为熔点或解链温度(melting temperature,T_m)。T_m 是 DNA 双链解开 50% 时的环境温度。DNA 的 T_m 值主要与 DNA 分子中碱基的组成有关,G+C 含量越高,T_m 值越大。这是因为 G 与 C 之间三条氢键,而 A 与 T 之间两条氢键,解开 G 与 C 之间的氢键要消耗更多的能量。

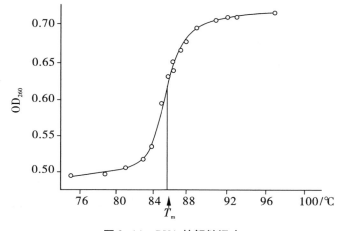

图 2-14　DNA 的解链温度

DNA 的变性是可逆的。热变性后温度缓慢下降时,解开的两条链可再重新缔合形成双螺旋,这一过程称为 DNA 的复性(renaturation)或退火(annealing)。除去化学物质的作用也可以使变性的 DNA 复性,如碱变性后用酸中和至中性。

三、DNA 的复性与分子杂交

不同来源的 DNA 变性后,在一起进行复性,只要核酸分子的核苷酸序列含有可以形成碱基互补的片段,彼此间就可以形成局部双链,即所谓杂化双链(heteroduplex),这一过程称为杂交(hybridization)。单链 DNA 与 RNA 也可以形成 DNA-RNA 杂交双链。DNA 变性与复性的原理在分子生物学中已被广泛地应用(图 2-15)。

图 2-15　核酸分子杂交原理示意图

小　结

　　核酸包括脱氧核糖核酸（DNA）和核糖核酸（RNA）两类。DNA 存在于细胞核和线粒体内，是遗传信息的贮存和携带者；RNA 存在于细胞核和细胞质内，参与细胞内遗传信息的表达。DNA 和 RNA 都是由核苷酸组成的线性多聚生物信息分子。核苷酸由碱基、戊糖和磷酸组成。碱基与戊糖通过糖苷键连接在一起形成核苷，核苷与磷酸基团通过酯键连接在一起形成核苷酸。DNA 由含有 A、G、C 和 T 的脱氧核糖核苷酸组成，而 RNA 由含有 A、G、C 和 U 的核糖核苷酸组成。核酸一级结构是指核酸分子中核苷酸的排列顺序，维系一级结构的化学键是 3′,5′-磷酸二酯键。

　　DNA 的二级结构是由两条方向相反的平行核苷酸链围绕同一中心轴构成的双螺旋结构。在两条链中，磷酸与脱氧核糖链位于螺旋的外侧，碱基位于螺旋的内侧，两条链通过碱基之间形成的氢键联系在一起。一条链的腺嘌呤与另一条链的胸腺嘧啶之间形成氢键，而鸟嘌呤与胞嘧啶之间形成氢键，这种 A-T、G-C 配对的规律称为碱基互补规则。DNA 双螺旋结构的横向稳定性靠两条链间的氢键维系，纵向稳定性则靠碱基平面间的疏水性堆砌力维持。

　　RNA 包括 mRNA、tRNA、rRNA 及其他非编码 RNA。mRNA 是蛋白质生物合成的模板。tRNA 在蛋白质合成过程中作为活化氨基酸的运载体。rRNA 与核糖体蛋白组成核糖体，核糖体是蛋白质生物合成的场所。

　　核苷酸和核酸具有紫外吸收的特性，在波长 260 nm 处有最大吸收峰。DNA 变性是指在某些物理和化学因素的作用下，DNA 双螺旋结构的互补碱基之间的氢键发生断裂，双螺旋 DNA 分子被解开成单链的过程。在实验室实施 DNA 变性的常用方法是加热。DNA 的热变性是在很狭窄的温度范围内进行的，若以 A_{260} 对温度做图，所得的曲线称为解链曲线，通常将解链曲线的中点称为熔点或解链温度（T_m）。DNA 的变性是可逆的。热变性后温度缓慢下降时，解开的两条链可再重新缔合形成双螺旋，这一过程称为 DNA 的复性或退火。不同来源的 DNA 变性后，在一起进行复性，只要核酸分子的核苷酸序列含有可以形成碱基互补的片段，彼此间就可以形成局部双链，这一过程称为杂交。

（席守民）

思考题

1. 核酸彻底水解后可得到哪些成分？DNA 与 RNA 的水解产物有何不同？
2. 简述 DNA 双螺旋结构要点。
3. RNA 主要有哪几类？简述其结构特点和生物学功能。

第三章

维生素与微量元素

维生素（vitamin）是维持机体健康所必需的一类有机化合物。这类物质既不是构成机体组织的原料，也不是能量的来源，但在调节物质代谢、促进生长发育和维持生理功能等方面发挥重要作用。由于这类物质在人体内不能合成或合成量不足，必须经常由食物供给。虽然需要量很少（常以毫克或微克计算），但如果长期缺乏，就会导致维生素缺乏症。有些维生素过量摄入也可能造成中毒。不同的维生素具有不同的化学结构和生物学功能，按照溶解性的不同，将维生素分为两大类，即脂溶性维生素（lipid-soluble vitamin）和水溶性维生素（water-soluble vitamin）。脂溶性维生素包括维生素 A、维生素 D、维生素 E、维生素 K；水溶性维生素包括 B 族维生素和维生素 C，B 族维生素有维生素 B_1、维生素 B_2、维生素 PP、维生素 B_6、维生素 B_{12}、泛酸、叶酸和生物素等。

组成人体的元素，按照含量不同，可以分为常量元素（macro element）和微量元素（trace element）两大类。凡含量占人体总重量万分之一以上的，称为常量元素，主要有碳、氢、氧、氮、钠、钾、氯、钙、硫、磷、镁等元素。占人体总重量万分之一以下，或每日需要量在 100 mg 以下的元素称为微量元素。目前公认的人体必需的微量元素主要有铁、铜、锌、碘、锰、硒、氟、钼、钴、铬、镍、钒、锶、锡等元素，绝大多数为金属元素。微量元素主要来自食物，参与构成酶的活性中心或辅酶，参与体内物质的运输，参与激素和维生素的合成等。

第一节 脂溶性维生素

脂溶性维生素包括维生素 A、维生素 D、维生素 K、维生素 E（图 3-1），均为非极性疏水的异戊二烯的衍生物，不溶于水，溶于脂肪及有机溶剂。由于它们是非极性分子，其消化、吸收、储存、转运等过程与脂质物质密切相关，吸收的脂溶性维生素在血液中也需与脂蛋白及某些特殊结合蛋白特异结合而运输。当胆道梗阻、胆汁酸盐缺乏或长期腹泻造成脂质吸收不良时，脂溶性维生素的吸收也会明显减少，甚至引起缺乏症；脂溶性维生素可在体内大量贮存，主要贮存于肝，当摄入量超过机体需要量时，可发生中毒。

图 3-1　脂溶性维生素的结构

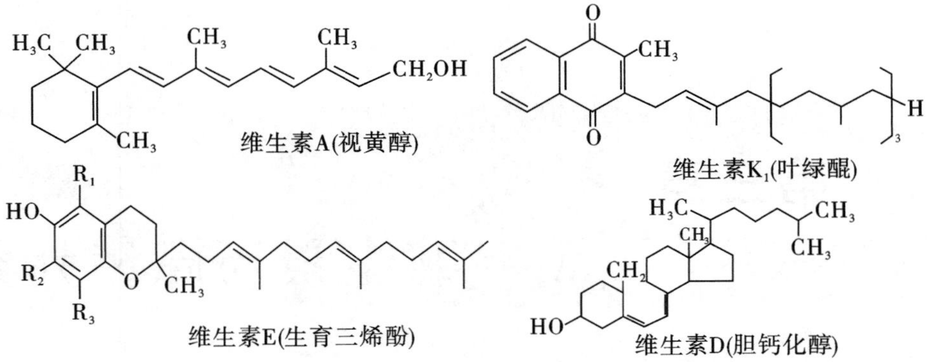

一、维生素 A

（一）化学本质及性质

维生素 A(vitamin A)是含有 β-白芷酮环的多聚异戊二烯类复合物,含有四个共轭双键,黄色片状结晶体。通常以视黄醇酯(retinol ester)的形式存在。由于人体或哺乳动物缺乏维生素 A 时易出现干眼病,故又称为抗干眼病维生素。视黄醇(retinol)、视黄醛(retinal)和视黄酸(retinoic acid)是维生素 A 的活性形式。天然的维生素 A 包括维生素 A_1 和维生素 A_2 两种形式,维生素 A_1 又称视黄醇,维生素 A_2 又称 3-脱氢视黄醇。由于维生素 A_2 的活性比较低,通常所说的维生素 A 是指维生素 A_1。

维生素 A 主要存在于动物性食物中,如肝、蛋黄、肉类、乳制品、鱼肝油等。植物中不存在维生素 A,但含有被称为维生素 A 原的多种胡萝卜素,以 β-胡萝卜素(β-carotene)最为重要。在体内,在 β-胡萝卜素 15,15'-双氧酶(双加氧酶)催化下,β-胡萝卜素转变为两分子的视黄醛,视黄醛在视黄醛还原酶的作用下还原为视黄醇。动物性食物中的维生素 A 多以视黄醇的脂肪酸酯形式存在,在小肠内水解为视黄醇,进入小肠黏膜上皮细胞内与脂肪酸结合成酯,然后以乳糜微粒的形式通过淋巴吸收进入体内。肝为储存维生素 A 的主要场所。当机体需要时,再释放入血。血浆中的维生素 A 是非酯化型的,与视黄醇结合蛋白(retinol binding protein,RBP)以及血浆前清蛋白(prealbumin,PA)结合,生成 R-RBP-PA 复合物而转运至各组织。在细胞内,视黄醇与细胞视黄醇结合蛋白(cellular retinal binding protein,CRBP)结合。

（二）生理功能与缺乏症

1. 参与构成视网膜感光物质,维持正常视觉功能　眼的光感受器是视网膜中的杆状细胞和锥状细胞。人视网膜锥状细胞内富含视红质、视青质及视蓝质,可以感受强光;人视网膜杆状细胞内富含视紫红质,可以感受弱光或暗光。视杆细胞内的全反视黄醇在异构酶的作用下生成 11-顺视黄醇,进一步氧化为 11-顺视黄醛。11-顺视黄醛与视蛋白(opsin)构成视紫红质。当视紫红质感光时,11-顺视黄醛变构转变为全反视黄醛,并与视蛋白分离,产生神经冲动,经传导至大脑后产生视觉。全反视黄醛可进一步还原为全反视黄醇,完成视循环(图 3-2)。

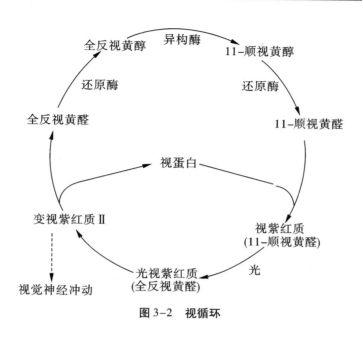

图 3-2　视循环

在维生素 A 缺乏时，11-顺视黄醛得不到足够的补充，视杆细胞视紫红质合成减少，对弱光敏感性降低，暗适应时间延长，严重时会发生"夜盲症"。

2. 维持上皮组织的正常生长和完整性　维生素 A 可参与糖蛋白的合成，对于上皮组织的正常生长和健全完整性十分重要。维生素 A 缺乏可导致上皮组织基底层增生变厚，细胞分裂加快、张力原纤维合成增多，表面层发生细胞变扁、不规则、干燥等变化，其中以眼、呼吸道、消化道、尿道和生殖道的上皮受影响最为显著。维生素 A 缺乏时眼结膜黏液分泌细胞受损或角化，泪腺萎缩，泪液分泌减少，角膜干燥，称为干眼病（xerophthalmia），所以维生素 A 也称为抗干眼病维生素。

3. 促进生长发育与维持生殖功能　维生素 A 可能参与类固醇激素的合成，影响细胞的增殖、分化并调控相关蛋白质的合成。动物缺乏维生素 A 时，明显出现生长停滞。维生素 A 缺乏还可引起形成黄体酮前体所需要的酶的活性降低，使肾上腺、生殖腺及胎盘中类固醇的产生减少，可能是影响生殖功能的原因。

4. 其他　维生素 A 和胡萝卜素是有效的抗氧化剂，能够有效地捕获活性氧，起到清除自由基和防止脂质过氧化的作用。维生素 A 及其衍生物可抑制肿瘤生长，流行病学调查已经表明，维生素 A 的摄入与癌症的发生呈负相关。维生素 A 及其代谢中间产物具有诱导肿瘤细胞分化和凋亡的作用，可增加癌细胞对化疗药物的敏感性。

5. 需要量与中毒　正常成人每日维生素 A 生理需要量 2600 ~ 3300 国际单位（IU）。1 IU 维生素 A＝0.3 μg 视黄醇。虽然维生素 A 有许多重要的生理功能，但摄入过量则可引起中毒，早期表现为皮肤干燥、瘙痒、烦躁、厌食、毛发枯干易脱，严重者可造成肝细胞坏死、纤维化和肝硬化等不可恢复的损伤以及头痛、恶心、共济失调等中枢神经系统症状。

二、维生素 D

(一)化学本质及性质

维生素 D(vitamin D)为固醇类衍生物,又称抗佝偻病维生素。目前认为,维生素 D 也是一种类固醇激素。维生素 D 的最重要的成员是维生素 D_2(麦角钙化醇,ergocalciferol)和维生素 D_3(胆钙化醇,cholecalciferol)。维生素 D 可从植物性食品和动物性食品中摄入。植物性食品中的麦角固醇(由啤酒酵母、香菇等分离),经过紫外线的照射可以转变为能够被人体吸收的维生素 D_2;动物性食品中的维生素 D_3 主要来自动物性食物如肝、鱼油、蛋黄和奶制品中,以鱼肝油含量最丰富。人体内的维生素 D 来自于胆固醇的代谢,胆固醇首先转化为 7-脱氢胆固醇,储存在皮肤,在日光或紫外线照射下转变为维生素 D_3,因而称 7-脱氢胆固醇为维生素 D_3 原。

无论是内源性维生素 D_3,还是外源性维生素 D_2 和维生素 D_3,均需经体内进一步代谢才具有生物活性。血浆中的维生素 D 结合蛋白(DBP)与进入血液中的维生素 D_3 结合,运输维生素 D_3 至肝,在肝细胞微粒体 25-羟化酶的催化下,维生素 D_3 被羟化生成 25-羟维生素 D_3(25-OH-D_3)。25-OH-D_3 不仅是维生素 D_3 在肝中的储存形式,也是血浆中维生素 D_3 的主要存在形式。25-OH-D_3 经血液运输到肾,在肾小管上皮细胞线粒体 1α 羟化酶作用下转化为 1,25 二羟维生素 D_3[1,25-$(OH)_2$-D_3],即维生素 D_3 的活性形式(图 3-3)。1,25-$(OH)_2$-D_3 作为激素,经过血液运输至靶细胞发挥对钙磷代谢等的调节作用。

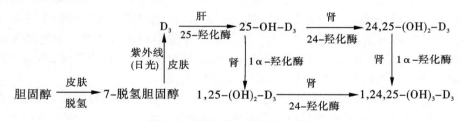

图 3-3 维生素 D_3 在体内的转变

(二)生理功能与缺乏症

1,25-$(OH)_2$-D_3 的生理功能是调节钙磷的代谢,促进新骨的生成和钙化。1,25-$(OH)_2$-D_3 可以促进小肠对钙和磷的吸收,提高血钙和血磷浓度,促进新骨生成和钙化。儿童缺乏维生素 D 时,可患佝偻病,成人缺乏可引起软骨病,老年人易骨质疏松。1,25-$(OH)_2$-D_3 还可以影响细胞的分化。皮肤、大肠、乳腺、前列腺、骨骼肌、心、脑、胰岛 β 细胞、单核细胞、活化的 T 和 B 淋巴细胞等都存在维生素 D 的受体,1,25-$(OH)_2$-D_3 能够调节这些组织细胞的分化。

由于维生素 D 是脂溶性的,肾对它的排泄率较低,容易在体内逐渐蓄积。若长期每日摄入维生素 D 超过 125 μg,会引起维生素 D_3 的中毒,表现为厌食、头痛、恶心、表皮脱屑瘙痒、高钙血症、高钙尿症、软组织钙化,甚者肾功能受损。

三、维生素 E

(一)化学本质及性质

维生素 E 的化学本质为苯骈二氢吡喃的衍生物。主要有生育酚和生育三烯酚两类共 8 种化合物，即 α、β、γ、δ 生育酚和 α、β、γ、δ 三烯生育酚，α-生育酚是自然界中分布最广泛、含量最丰富、活性最高的维生素 E 形式。天然维生素 E 主要存在于植物油、油性种子和麦芽中。在体内，维生素 E 主要存在于细胞膜、血浆脂蛋白和脂库中。

(二)生理功能与缺乏症

1. 与动物生殖有关　维生素 E 缺乏时会出现生殖器官发育受损，孕育异常。临床上维生素 E 常用于治疗先兆流产和习惯性流产，对防治男性不育症也有一定帮助。但人类尚未发现因维生素 E 缺乏引起的不育症。

2. 抗氧化作用　维生素 E 是体内最重要的脂溶性抗氧化剂，主要对抗生物膜上脂质过氧化所产生的自由基，保护生物膜的结构与功能。维生素 E 还可与硒协同通过谷胱甘肽过氧化物酶发挥抗氧化作用。

3. 促进血红素合成　维生素 E 能提高血红素合成过程中的关键酶 δ-氨基-γ-酮戊酸(ALA)合酶及 ALA 脱水酶的活性，促进血红素的合成。新生儿缺乏维生素 E 可引起贫血，所以孕妇、哺乳期的妇女及新生儿应注意补充维生素 E。

4. 调节基因表达　维生素 E 具有调节基因表达和信号转导过程的作用，可以调节生育酚的摄取和降解相关的基因、脂质摄取与动脉粥样硬化的相关基因、表达细胞外基质蛋白的某些基因、细胞黏附与炎症相关基因以及细胞信号系统和细胞周期调节的相关基因等。因此，维生素 E 在抗炎、维持免疫功能和抑制细胞增殖等方面具有一定作用。维生素 E 可以降低血浆低密度脂蛋白的水平，在预防冠状动脉粥样硬化性心脏病、预防肿瘤及延缓衰老等方面有一定的作用。

四、维生素 K

(一)化学本质及性质

维生素 K 是 2-甲基-1,4-萘醌的衍生物，因具有促进血液凝固的功能，故又称凝血维生素。在自然界中维生素 K 主要以维生素 K_1 和维生素 K_2 两种形式存在，是天然存在的维生素。维生素 K_1 又称叶绿醌(phylloquinone)，主要存在于深绿色蔬菜和植物油中；维生素 K_2 是肠道细菌的产物。维生素 K_3 是人工合成的。

(二)生理功能与缺乏症

1. 维生素 K 是凝血因子合成所必需的辅酶　在凝血因子 Ⅱ、Ⅶ、Ⅸ、Ⅹ 和天然抗凝血蛋白 C、S、Z 由无活性前体转变为活性形式的过程中，需要一种微粒体 γ-羧化酶催化，将这些凝血因子氨基末端的特定谷氨酸残基羧化成 γ-羧基谷氨酸残基，维生素 K 是这种 γ-羧化酶的辅助因子。因此，维生素 K 在维持体内凝血因子 Ⅱ、Ⅶ、Ⅸ、Ⅹ 等的活性，保证凝血机制正常方面具有重要作用。维生素 K 缺乏的主要表现是凝血机制障碍。

2. 对骨代谢具有重要作用　骨钙蛋白和骨基质 γ-羧基谷氨酸蛋白均是维生素 K

依赖蛋白。细胞及动物实验发现维生素 K 能促进成骨过程,抑制骨吸收,并在临床应用于骨质疏松症的治疗。

　　成人每日对维生素 K 的需要量为 60 ~ 80 μg。由于维生素 K 在食物中分布广泛且人体内肠道细菌也可以合成,故成人一般不易缺乏。由于维生素 K 不能通过胎盘,胎儿出生后肠道中又无细菌,所以新生儿有可能出现维生素 K 缺乏现象。

第二节　水溶性维生素

　　水溶性维生素包括 B 族维生素和维生素 C(图 3-4),在体内主要构成酶的辅助因子。水溶性维生素需要从食物中摄取,溶于水易随尿液排出,在体内不易储存,故供给不足时往往会导致缺乏症。

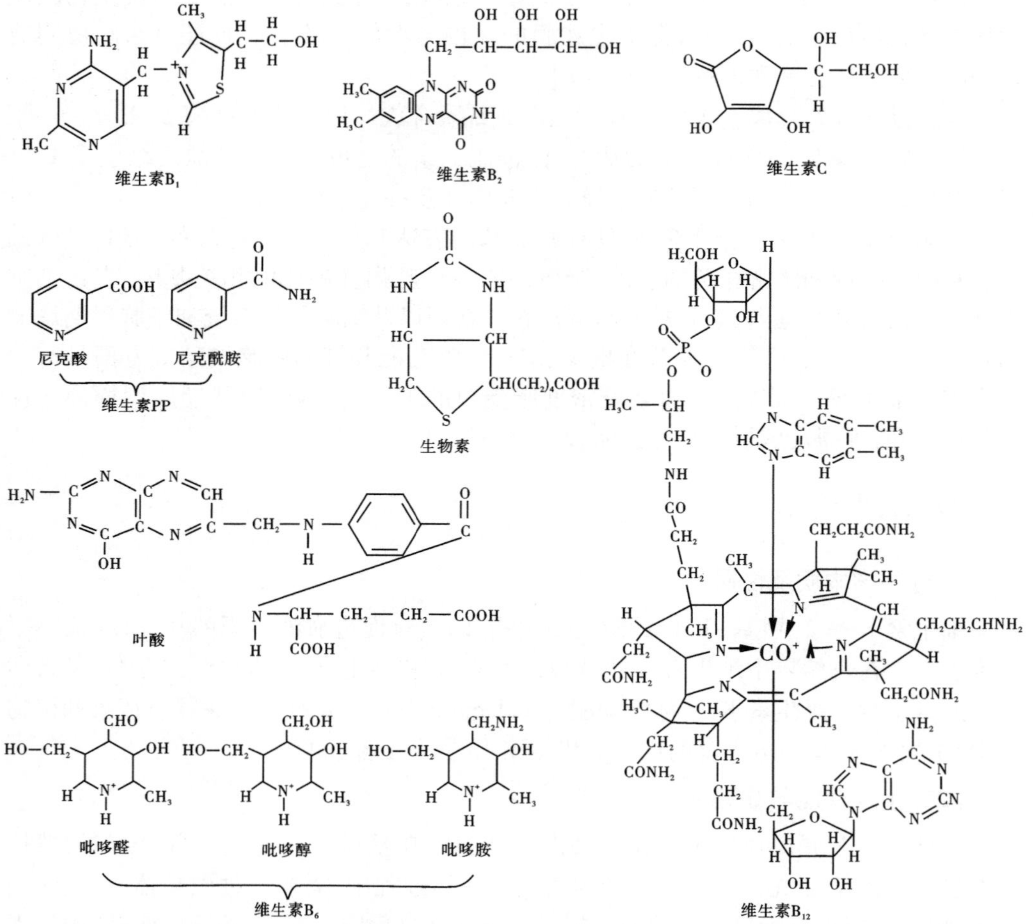

维生素B₁　　维生素B₂　　维生素C

尼克酸　尼克酰胺　维生素PP　　生物素

叶酸

吡哆醛　　吡哆醇　　吡哆胺　　维生素B₆　　维生素B₁₂

图 3-4　水溶性维生素的结构

一、维生素 B₁

（一）化学本质及性质

维生素 B_1 又称硫胺素（thiamine），广泛分布于动植物中，以种子的外皮和胚芽含量最多，米糠、麦麸、黄豆、酵母及瘦肉含量丰富。硫胺素可在机体的肝和脑组织中经硫胺素焦磷酸激酶催化生成焦磷酸硫胺素（TPP）。TPP 是体内维生素 B_1 的活性形式，约占体内硫胺素总量的 80%。

（二）生理功能与缺乏症

维生素 B_1 作为体内脱氢酶系的辅酶，在物质代谢中发挥重要作用。TPP 是 α-酮戊二酸脱氢酶复合体的辅酶，参与线粒体内丙酮酸、α-酮戊二酸及支链氨基酸的氧化脱羧反应；TPP 也是磷酸戊糖途径中转酮醇酶的辅酶，参与转糖醛基反应。当维生素 B_1 缺乏时，TPP 合成不足，丙酮酸的氧化脱羧发生障碍，糖的氧化利用受阻，能量生成不足，血中丙酮酸和乳酸堆积。在正常情况下，神经组织的能量主要由糖的氧化分解供给，当维生素 B_1 缺乏时，影响神经组织的能量供应，加上丙酮酸及乳酸等在神经组织中的堆积，易出现手足麻木、四肢无力等多发性周围神经炎的症状，严重者可发生心搏加快、心脏扩大和心力衰竭等，临床上称为脚气病（beriberi）。因此又称维生素 B_1 为抗脚气病维生素。

维生素 B_1 还具有抑制胆碱酯酶对乙酰胆碱的水解作用，乙酰胆碱有增加胃肠蠕动、促进消化液分泌的作用。故维生素 B_1 缺乏时，乙酰胆碱水解加速，使神经传导障碍，出现胃肠蠕动减慢、消化液分泌减少、食欲缺乏、消化不良等消化系统症状。

正常成人维生素 B_1 的每日需要量为 1.0～1.5 mg。维生素 B_1 缺乏多见于以大米为主食的地区，膳食中维生素 B_1 含量不足为常见原因。另外，吸收障碍和需要量增加也可导致维生素 B_1 的缺乏。

二、维生素 B₂

（一）化学本质及性质

维生素 B_2 又称核黄素（riboflavin）。自然界中分布甚广，在动物肝、豆类、肉类、奶及奶制品中维生素 B_2 的含量丰富。维生素 B_2 被吸收后在小肠黏膜的黄素激酶作用下，转变为黄素单核苷酸（flavin mononucleotide，FMN），后者在焦磷酸化酶的催化下可生成黄素腺嘌呤二核苷酸（flavin adenine dinucleotide，FAD），FMN 和 FAD 为其活性形式。

（二）生理功能与缺乏症

维生素 B_2 分子中异咯嗪上第 1、10 位 N 存在活泼的共轭双键，既可接受氢，又可释放氢。在人体内以 FAD 和 FMN 两种形式存在的维生素 B_2 参与氧化还原反应，起到递氢的作用，是一些重要氧化还原酶的辅基，如琥珀酸脱氢酶、黄嘌呤氧化酶及 NADH 脱氢酶等，参与生物氧化、三羧酸循环和脱氨基作用等重要的代谢过程。

正常成人维生素 B_2 的每日需要量为 1.2～1.5 mg。摄入不足会影响多种物质的代谢过程,临床主要表现为唇炎、舌炎、口角炎、皮炎、阴囊炎、眼睑炎、畏光等。缺乏的主要原因是膳食供应不足。

三、维生素PP

(一)化学本质及性质

维生素PP又称抗癞皮病因子,包括烟酸(nicotinic acid)和烟酰胺(nicotinamide),均为吡啶衍生物,二者在体内可以互相转化。维生素PP在自然界分布广泛,肉类、肝、谷物、花生及酵母中含量丰富。食物中的维生素PP以烟酰胺腺嘌呤二核苷酸(NAD^+)和(或)烟酰胺腺嘌呤二核苷酸磷酸($NADP^+$)形式存在,进入小肠被水解为维生素PP并被吸收。运输到组织细胞后,再合成NAD^+或$NADP^+$,即辅酶Ⅰ和辅酶Ⅱ,这是维生素PP在体内的活性形式。

(二)生理功能与缺乏症

NAD^+和$NADP^+$作为不需氧脱氢酶的辅酶,在酶促氧化还原反应中起递氢体的作用,参与糖酵解、三羧酸循环、磷酸戊糖途径及其他物质的一些重要代谢途径。

维生素PP缺乏表现出的皮炎、腹泻、痴呆等典型症状,称为癞皮病(pellagra)。过量服用烟酸(每日1~6 g)会引起血管扩张、脸颊潮红、痤疮及胃肠不适等症状。抗结核药物异烟肼与维生素PP结构相似,二者有拮抗作用,因而服用此类抗结核药物时,应注意维生素PP的及时补充。

四、维生素 B_6

(一)化学本质及性质

维生素B_6包括吡哆醇(pyridoxine)、吡哆醛(pyridoxal)和吡哆胺(pyridoxamine)三种,均为吡啶衍生物,在体内以磷酸酯的形式存在,其活化形式是磷酸吡哆醛和磷酸吡哆胺,两者可相互转化。维生素B_6广泛存在于动、植物食品中。

(二)生理功能与缺乏症

磷酸吡哆醛是体内多种酶的辅酶,参与氨基酸代谢中脱氨基、转氨基及脱羧基作用。磷酸吡哆醛是谷氨酸脱羧酶的辅酶,谷氨酸脱羧酶催化谷氨酸脱羧生成中枢神经系统的抑制性神经递质γ-氨基丁酸。临床上常用维生素B_6治疗小儿高热惊厥和妊娠呕吐等。磷酸吡哆醛还是δ-氨基-γ-酮戊酸(ALA)合酶的辅酶,而ALA合酶是血红素合成的限速酶。故维生素B_6缺乏可能导致血红素合成障碍,表现为低血色素小细胞性贫血。

人类尚未发现维生素B_6缺乏的典型病例。但维生素B_6与其他水溶性维生素不同,过量服用时可引起中毒。抗结核药物异烟肼可以与吡哆醛缩合为异烟腙,使其失去辅酶的活性。因此,在服用异烟肼时,应适当补充维生素B_6。

五、泛酸

(一)化学本质及性质

泛酸(pantothenic acid)也称为维生素B_5,又称遍多酸,广泛存在于自然界,尤以动物组织、谷物及豆类中含量丰富。泛酸在肠道被吸收后,经过磷酸化并获得巯基乙胺而生成4-磷酸泛酰巯基乙胺。4-磷酸泛酰巯基乙胺是辅酶A和酰基载体蛋白(acyl carrier protein,ACP)的组成部分。

(二)生理功能与缺乏症

辅酶A和ACP是泛酸在体内的活性形式,参与酰基转移反应。辅酶A是酰基转移酶的辅酶,广泛参与糖、脂、蛋白质的代谢及肝的生物转化作用。ACP参与脂肪酸的生物合成过程,也参与乙酰胆碱、胆固醇、卟啉、类固醇激素的合成过程。

泛酸缺乏症很少见,泛酸缺乏早期易疲劳,可引发胃肠功能障碍,严重时可出现消化不良、精神萎靡不振、疲倦无力、四肢麻木及共济失调等症状。

六、生物素

(一)化学本质及性质

生物素(biotin)又称维生素H、维生素B_7或辅酶R等。肝、肾、蛋类、酵母、牛奶、花生、鱼类及啤酒中含量较多,生物素是体内多种羧化酶的辅基。

(二)生理功能与缺乏症

生物素参与体内多种羧化酶催化的羧化反应,如丙酮酸羧化酶、乙酰辅酶A羧化酶、丙酰辅酶A羧化酶等,是糖代谢和脂代谢所必需的。除此之外,已发现生物素广泛参与细胞信号转导和基因表达调控,还可使组蛋白生物素化,进而影响细胞周期、转录和DNA损伤修复等。生物素对某些微生物如酵母菌、细菌等的生长有强烈的促进作用,在微生物制药工业,用发酵法生产维生素时常需在培养基中加入生物素。

生物素成人每日需要量为$100 \sim 200 \mu g$。生物素来源广泛,人体肠道细菌也可合成,很少出现缺乏症。但是,新鲜鸡蛋清中有一种抗生物素蛋白,生物素与之结合后不能被吸收。此外,长期使用抗生素可抑制肠道细菌生长,也可造成生物素缺乏,表现为恶心、食欲缺乏、疲乏、皮炎和脱屑性红皮病等。

七、叶酸

(一)化学本质及性质

叶酸(folic acid,FA)又名蝶酰谷氨酸(pteroylglutamic acid,PGA),绿叶蔬菜和水果中叶酸含量丰富,由于在绿叶中含量十分丰富,因而命名为叶酸。动物细胞不能合成叶酸,需由膳食供应。四氢叶酸(tetrahydrofolic acid,FH_4)是叶酸在体内的活性形式,FH_4是叶酸在二氢叶酸还原酶催化下加氢还原生成的。

(二)生理功能与缺乏症

FH_4是机体一碳单位的载体。参与体内许多物质的生物合成,如嘌呤、嘧啶、胆碱等,在核酸和蛋白质代谢中有重要作用。叶酸缺乏时,核苷酸合成代谢障碍,DNA合成原料不足,细胞增殖受到抑制,对增殖速度较快的骨髓造血系统影响最明显。造血细胞合成DNA不足,分裂速度降低,细胞体积增大,表现为巨幼红细胞贫血。

食物中叶酸含量丰富,如肉类、水果及蔬菜中含量较多,一般很少发生缺乏症。孕妇及哺乳期应适当补充叶酸。口服避孕药或抗惊厥药物能干扰叶酸的吸收及代谢,长期服用此类药物时应考虑补充叶酸。

八、维生素 B_{12}

(一)化学本质及性质

维生素 B_{12} 又名钴胺素,结构中含有金属钴离子,是唯一含金属元素的维生素。体内存在多种形式的维生素 B_{12}。如 5′-脱氧腺苷钴胺素、甲基钴胺素、羟钴胺素和氰钴胺素,其中甲基钴胺素及 5′-脱氧腺苷钴胺素是其活性形式,也是血液中存在的主要形式。自然界只有微生物能合成维生素 B_{12},动物体内的维生素 B_{12} 直接或间接来自于微生物,以肝含量最多。

(二)生理功能与缺乏症

维生素 B_{12} 参与体内一碳单位的代谢,是 $N^5-CH_3-FH_4$ 转甲基酶的辅酶,能催化同型半胱氨酸甲基化生成甲硫氨酸。维生素 B_{12} 缺乏时,$N^5-CH_3-FH_4$ 的甲基不能转移,不但引起甲硫氨酸合成受阻,而且影响四氢叶酸的再生,使组织中游离四氢叶酸含量减少,一碳单位代谢受阻,影响嘌呤、嘧啶的合成,最终导致核酸合成障碍,影响细胞分裂,表现为巨幼红细胞性贫血。维生素 B_{12} 以辅酶的形式还参与了其他多种代谢过程。缺乏维生素 B_{12} 会造成脂肪酸的合成障碍,影响脂质髓鞘质的转换,引起髓鞘质变性退化,进而造成进行性脱髓鞘。

维生素 B_{12} 广泛存在于动物性食品中,正常人每日维生素 B_{12} 需要量为 2 ~ 5 μg。正常膳食者很少发生缺乏症,偶见于严重吸收障碍患者和长期素食者。

九、维生素 C

(一)化学本质及性质

维生素 C 呈酸性,可预防坏血病,故称 L-抗坏血酸(ascorbic acid),是一种含有 6 个碳原子的酸性多羟基化合物,其 C_2 和 C_3 羟基容易氧化脱氢,故具有较强的还原性。维生素 C 有 L-型和 D-型两种异构体,只有 L-型的具有生理功能。维生素 C 为无色片状结晶,味酸,易被热、光和某些金属离子(Cu^{2+}、Fe^{3+})破坏。

维生素 C 广泛存在于新鲜蔬菜及水果中,尤其是橙子、番茄、辣椒及鲜枣含量最多。人类、其他灵长类、豚鼠等动物体内不能合成维生素 C,必须由食物供给。

(二)生理功能与缺乏症

维生素 C 是羟化酶的辅酶,参与体内各种羟化反应,如芳香族氨基酸苯丙氨酸的代谢、蛋白质翻译后修饰过程中脯氨酸和赖氨酸残基的羟化、胆汁酸及肾上腺皮质激素合成过程中胆固醇的羟化、合成肉碱等。维生素 C 作为抗氧化剂直接参与机体氧化还原反应,保护巯基,使巯基酶的—SH 维持还原状态;使红细胞中的高铁血红蛋白(MHb)还原为血红蛋白(Hb),恢复其运输氧的能力;使 Fe^{3+} 还原为 Fe^{2+},利于食物中铁的吸收;影响组织细胞内活性氧敏感的信号转导系统,以调节细胞功能和基因表达,促进细胞分化。维生素 C 还具有促进免疫球蛋白合成,增强机体免疫力的作用。

维生素 C 是胶原蛋白形成过程中所必需的物质,有助于维持细胞间质的完整,严重缺乏时可引起胶原蛋白合成不足,毛细血管的通透性和脆性增加,易破裂出血,牙龈腐烂,牙齿松动、骨折以及创伤不易愈合等,临床上将这些维生素 C 缺乏的表现称为坏血病。维生素 C 缺乏还可影响胆固醇的转化,导致体内胆固醇增加,是动脉粥样硬化的危险因素之一。

我国建议成人维生素 C 每日需要量为 60 mg。正常状态下体内有维生素 C 的储存,相应缺乏症状在维生素 C 缺乏 3~4 个月才能出现。

十、硫辛酸

(一)化学本质及性质

硫辛酸的结构是 6,8-二硫辛酸,能还原为二氢硫辛酸,为硫辛酸乙酰转移酶的辅酶,在丙酮酸脱氢酶复合体和 α-酮戊二酸脱氢酶复合体中催化酰基的产生和转移。

(二)生理功能与缺乏症

硫辛酸含有双硫五元环结构,具有显著的亲电子性和与自由基反应的能力,因此具有抗氧化性。硫辛酸的巯基很容易进行氧化还原反应,可保护巯基酶免受重金属离子的毒害。此外,硫辛酸具有抗脂肪肝和降低血浆胆固醇的作用。硫辛酸在自然界分布广泛,肝和酵母细胞中含量尤为丰富。在食物中硫辛酸常和维生素 B_1 同时存在。人体可以合成。目前,尚未发现人类有硫辛酸的缺乏症。

第三节　微量元素

一、铁

铁是体内含量最多的一种微量元素。正常成人体内铁的总量为 4~5 g,女性稍低于男性。铁是血红蛋白、肌红蛋白、过氧化物酶、过氧化氢酶、细胞色素类、铁硫中心等的重要组成成分,在体内主要存在于铁卟啉化合物和其他含铁化合物中。人体铁的来源包括食物中的铁和体内血红蛋白分解释放出的铁。动物性食物含铁丰富,如血、肝、瘦肉等。红细胞衰老所释放的血红蛋白铁并不排出体外,而以铁蛋白的形式在体内贮存,一旦需要可重新用于合成血红蛋白、肌红蛋白及其他含铁卟啉结构的物质。食物中的铁主要以 Fe^{2+} 的形式在十二指肠和空肠上端吸收,而 Fe^{3+} 很难被吸收。因此,胃酸、维生素 C、谷胱甘肽等还原物质能将 Fe^{3+} 还原为 Fe^{2+},可促进铁的吸收。某些氨基酸、柠檬酸、苹果酸和胆汁酸等可与铁离子形成络合物,有利于铁的吸收。植酸、草酸和鞣酸等可与铁形成不溶性铁盐而阻碍铁的吸收。从肠道吸收入血的 Fe^{2+} 在血浆铜蓝蛋白催化下被氧化为 Fe^{3+},与血浆运铁蛋白结合而运输,运铁蛋白是铁在血液中的运输形式。

铁的缺乏引起的缺铁性贫血,表现为小细胞低色素性贫血。未成年人缺铁还会引起生长发育迟缓、免疫功能低下,出现易感染易疲劳等症状。过量摄入的铁多半以血铁黄素的形式沉积在单核吞噬系统或某些组织的实质性细胞中,造成组织损伤。

二、碘

成人每日需要量为 100 ~ 300 μg。食物碘主要来源于海盐和海产品(如海带、紫菜等)。食物中的碘在肠道经还原为碘离子吸收,进入血液后与球蛋白结合,运输至全身各组织利用。正常成人体内碘的含量为 30 ~ 50 mg,大部分集中于甲状腺中,甲状腺中的碘占全身碘量的 30%,骨骼肌组织次之。

碘在人体内的主要作用是参与甲状腺激素的合成。成人缺碘可引起甲状腺肿大,称地方性甲状腺肿。胎儿及婴幼儿缺碘则可导致发育停滞、智力低下,甚至痴呆,称为呆小病(又称克汀病)。人体摄入过多的碘,也将造成甲状腺不同程度的肿大,甚至诱发甲状腺功能亢进。另外,碘还具有抗氧化作用。

三、铜

成人体内含铜量 80 ~ 110 mg,主要分布在肌肉、肝、肾、脑和心等器官。人体每日铜的需要量为 1 ~ 3 mg。铜主要在十二指肠吸收。铜是体内多种酶的辅基,如细胞色素氧化酶、赖氨酸氧化酶、酪氨酸酶、单胺氧化酶、多巴胺 β-羟化酶、超氧化物歧化酶等。

缺铜的特征性表现是小细胞低色素性贫血、白细胞减少、出血性血管改变、骨脱盐、高胆固醇血症以及某些神经系统疾患。

四、锌

成人体内含锌 1.5 ~ 2.5 g,普遍存在于全身各组织中。成人每日锌需要量为15 ~ 20 mg。许多天然食物中均含有锌,如贝壳、扁豆、坚果、麦胚、牡蛎、泥鳅、肉、蛋、动物内脏等。锌的吸收部位在小肠,血液中的锌与清蛋白或运铁蛋白结合而运输,与金属硫蛋白结合而储存,主要经大便排泄,其次为尿、汗、乳汁。

锌参与人体内许多含锌金属酶的组成,已知的含锌酶有 200 多种,如脱氢酶、DNA聚合酶、碱性磷酸酶、碳酸酐酶、超氧化物歧化酶等,参与体内多种物质的代谢。锌参与构成的锌指模体在基因表达调控中有重要作用。锌也是胰岛素合成所需要的元素。创伤的愈合修复过程也需要锌参与。

缺锌可导致多方面功能障碍,表现为消化功能紊乱、生长发育滞后、免疫力降低等。少儿缺锌可出现性成熟推迟,性器官、第二性征发育不全和睾丸萎缩等。

五、钴

人体对钴的最低需要量为每日 1 μg。食物中钴含量较高的有甜菜、卷心菜、洋葱、萝卜、菠菜、番茄、无花果、荞麦和谷类等,来自食物的钴需在肠道中经细菌合成维生素 B_{12} 后才能被吸收利用,在体内钴也主要以维生素 B_{12} 的形式发挥作用。钴主要通过尿液排出,少部分由肠、汗、头发等途径排出,一般不在体内蓄积,很少有钴蓄积的现象发生。

钴缺乏可致维生素 B_{12} 缺乏,而维生素 B_{12} 缺乏可引起巨幼红细胞性贫血等疾病。

六、锰

锰在人体内的量为 12 ~ 20 mg,分布在身体各种组织和体液中,以肝、胰、肾和骨组织含量最高。成人每日需要 2 ~ 5 mg。锰在自然界分布广泛,谷类、坚果、叶菜类中含量较多,茶叶内锰含量最丰富。食物中的锰在小肠吸收,吸收的锰大部分在血浆中与 γ-球蛋白和清蛋白结合而运输,少量与运铁蛋白结合。锰主要经胆汁排出,少量随胰液排出,尿中排泄很少。

体内锰主要参与多种酶的构成,如线粒体中丙酮酸羧化酶、精氨酸酶、锰超氧化物歧化酶、RNA 聚合酶等,也作为一部分酶的激活剂起作用。锰参与体内重要的代谢途径,在骨骼生长、造血过程、免疫功能等方面都有一定作用。

锰的缺乏较少见。过量摄入可出现中毒症状,可引起慢性神经系统中毒,表现为锥体外系的功能障碍,并可引起眼球集合能力减弱、眼球震颤、睑裂扩大等。锰可抑制呼吸链中复合物 I 和 ATP 酶的活性,造成氧自由基的过量产生。

七、硒

人体内硒含量为 14 ~ 21 mg,成人日需要量为 20 ~ 50 μg。海洋生物、肝、肾、肉类及谷类食物是硒的常见来源。血液中硒与 α 和 β 球蛋白结合,小部分与极低密度脂蛋白结合而运输,硒主要随尿及汗液排泄。人体内硒以硒代半胱氨酸的形式参与体内多种含硒蛋白的组成,如谷胱甘肽过氧化物酶、硒蛋白 P、硫氧化还原蛋白还原酶等。

研究发现硒与多种疾病的发生有关,如克山病、大骨节病、糖尿病、心血管疾病、神经变性疾病、某些癌症等均与缺硒有关。硒作为多种细胞内调节氧化还原酶的组成成分,具有抗氧化作用,膳食硒的摄入量低可能增加多种恶性肿瘤的发病率。

硒摄入过量也会引起中毒症状,如周围性神经炎、疲乏无力、脱发、指甲脱落、恶心、呕吐、生长迟缓及生育力降低等。

八、氟

人体内氟含量为 2 ~ 6 g,其中 90% 存在于骨及牙中。氟的生理需要量每日 0.5 ~ 1.0 mg。氟在血液中与球蛋白结合,小部分以氟化物形式运输,从尿中排出。

氟的主要功能是增强骨骼和牙齿结构的稳定性,促进骨骼和牙齿的健康。氟能与羟磷灰石吸附,取代其羟基形成氟磷灰石,使牙齿更加坚硬,防止龋齿的发生。缺氟易出现骨质疏松、骨折、牙釉质受损易碎等症状。氟过多主要见于高氟地区居民,主要表现为氟斑牙、氟骨症和白内障等,并可影响肾上腺、生殖腺等多种器官的功能。

九、铬

人体含铬量约 6 mg,每日需要量约 75 μg。整粒的谷类、豆类、海藻类、啤酒酵母、肉和乳制品等是铬的最好来源。铬是铬调素(chromodulin)的组成成分,铬调素通过促进胰岛素与相应受体的结合,增强胰岛素的生物学效应。

铬缺乏主要表现在降低胰岛素的功效,造成葡萄糖耐量受损,血清胆固醇和血糖上升。机体的生长发育也需要铬,缺铬可出现生长发育减缓现象。铬中毒主要侵害皮肤和呼吸道,出现皮肤黏膜的刺激和腐蚀作用,严重者发生急性肾功能衰竭。

小 结

维生素是维持机体健康所必需的一类有机化合物,在调节物质代谢、促进生长发育和维持生理功能等方面发挥重要作用。由于这类物质在人体内不能合成或合成量不足,必须经常由食物供给。虽然需要量很少,但如果长期缺乏,就会导致维生素缺乏症。按照溶解性的不同,将维生素分为两大类,即脂溶性维生素和水溶性维生素。脂溶性维生素包括维生素A、维生素D、维生素E、维生素K;水溶性维生素包括B族维生素和维生素C,B族维生素有维生素B_1、维生素B_2、维生素PP、维生素B_6、维生素B_{12}、泛酸、叶酸和生物素等。

维生素A通常以视黄醇酯的形式存在,主要参与构成视网膜感光物质,维持正常视觉功能。维生素A缺乏时,视杆细胞视紫红质合成减少,对弱光敏感性降低,暗适应时间延长,严重时会发生"夜盲症"。维生素D又称抗佝偻病维生素,在体内的活性形式是1,25-二羟维生素D_3,其主要生理功能是调节钙磷的代谢,促进新骨的生成和钙化。儿童缺乏维生素D时,可患佝偻病。维生素E主要有生育酚和生育三烯酚两类化合物,与动物生殖有关,维生素E缺乏时会出现生殖器官发育受损,孕育异常。维生素E也是体内最重要的脂溶性抗氧化剂,主要对抗生物膜上脂质过氧化所产生的自由基,保护生物膜的结构与功能。维生素K又称凝血维生素,是凝血因子合成所必需的辅酶,维生素K缺乏的主要表现是凝血机制障碍。

水溶性维生素在体内主要构成酶的辅助因子。水溶性维生素易随尿液排出,在体内不易储存,供给不足时往往会导致缺乏症。维生素B_1又称硫胺素,在机体的肝和脑组织中经硫胺素焦磷酸激酶催化生成焦磷酸硫胺素(TPP),TPP是体内维生素B_1的活性形式。TPP是α-酮酸脱氢酶复合体的辅酶,参与线粒体内丙酮酸、α-酮戊二酸及支链氨基酸的氧化脱羧反应。维生素B_1缺乏时,影响神经组织的能量供应,加上丙酮酸及乳酸等在神经组织中的堆积,易出现多发性周围神经炎和心力衰竭等症状,称为脚气病,维生素B_1又称为抗脚气病维生素。维生素B_2又称核黄素,体内活性形式是FMN和FAD,是一些重要氧化还原酶的辅基,参与生物氧化、三羧酸循环和脱氨基作用等重要的代谢过程。维生素PP又称抗癞皮病因子,包括烟酸和烟酰胺,在体内的活性形式是NAD^+和$NADP^+$,作为不需氧脱氢酶的辅酶,在酶促氧化还原反应中起递氢体的作用,参与糖酵解、三羧酸循环、磷酸戊糖途径及其他物质的一些重要代谢途径。维生素PP缺乏表现出的皮炎、腹泻、痴呆等典型症状,称为癞皮病。维生素B_6的活化形式是磷酸吡哆醛和磷酸吡哆胺,是体内多种酶的辅酶,参与氨基酸代谢中脱氨基、转氨基及脱羧基作用。磷酸吡哆醛是谷氨酸脱羧酶的辅酶,谷氨酸脱羧酶催化谷氨酸脱羧生成中枢神经系统的抑制性神经递质γ-氨基丁酸。临床上常用维生素B_6治疗小儿高热惊厥和妊娠呕吐等。泛酸也称为维生素B_5,又称遍多酸。辅酶A和酰基载体蛋白是泛酸在体内的活性形式。辅酶A是酰基转移酶的辅酶,广泛参与糖、脂、蛋白质的代谢及肝的生物转化作用。生物素又称维生素H、维生素B_7或辅酶R等,参与体内多种羧化酶催化的羧化反应,是糖代谢和脂代谢所必需的。叶酸又名蝶酰谷氨酸,在体内的活性形式是四氢叶酸(FH_4),FH_4是机体一碳单位的载体,参与体内许多物质的生物合成。叶酸缺乏时,核苷酸合成代谢障碍,造血细胞合成 DNA 不足,分裂速度降低,细胞体积增大,表现为巨幼红细胞贫血。维生素 B_{12} 又名钴胺素,参与体内一碳单位的代谢,是 $N^5–CH_3–FH_4$ 转甲基酶的辅酶。维生素 B_{12} 缺乏时,$N^5–CH_3–FH_4$ 的甲基不能转移,影响四氢叶酸的再生,使组织中游离四氢叶酸含量减少,一碳单位代谢受阻,导致核酸合成障碍,细胞分裂过程被阻断,表现为巨幼红细胞性贫血。维生素 C 又称 L-抗坏血酸,广泛存在于新鲜蔬菜及水果中。维生素 C 是羟化酶的辅酶,参与体内各种羟化反应。维生素 C 作为抗氧化剂直接参与机体氧化还原反应,保护巯基,使巯基酶的—SH 维持还原状态。维生素 C 也是胶原蛋白形成过程中所必需的物质,有助于维持细胞间质的完整,严重缺乏时可引起胶原蛋白合成不足,毛细血管的通透性和脆性增加,易破裂出血。临床上维生素 C 缺乏的表现称为坏血病。硫辛酸是硫辛酸乙酰转移酶的辅酶,在丙酮酸脱氢酶复合体和 α-酮戊二酸脱氢酶复合体中催化酰基的产生和转移。

组成人体的元素,按照含量不同分为常量元素和微量元素两大类。凡含量占人体总重量万分之一以上的,称为常量元素,主要有碳、氢、氧、氮、钠、钾、氯、钙、硫、磷、镁等元素。占人体总重量万分之一以下,或每日需要量在 100 mg 以下的元素称为微量元素。目前公认的人体必需的微量元素主要有铁、铜、锌、碘、锰、硒、氟、钼、钴、铬、镍、钒、锶、锡等元素,绝大多数为金属元素。微量元素主要来自食物,主要作为蛋白质、酶、激素、维生素等的结构成分,参与体内物质代谢和运输。微量元素的摄入不足可导致相应的缺乏症。

(王小引)

 思考题

1. 脂溶性维生素有哪几种?请简述其作用机制。

2. 各种水溶性维生素参与构成的辅酶是什么?在代谢中具有哪些作用?

3. 从代谢角度分析巨幼红细胞贫血的发病机制及其与维生素缺乏的关系。

4. 什么是微量元素?简述其发挥生理功能的主要形式和机制。

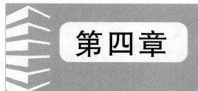

第四章

酶

1926年，Summer从刀豆中分离获得了脲酶结晶，首次证明酶（enzyme, E）的化学本质为蛋白质。此后科学家们陆续发现了2000余种酶，均证明酶的化学本质是蛋白质。至今，人类对酶的特性、结构及其作用机制有了深入的认识。酶是由活细胞产生的，对特异底物起高效催化作用的蛋白质。酶所催化的化学反应称为酶促反应。在酶促反应中被酶催化的物质称为底物（substrate, S），经酶催化所产生的物质称为产物（product, P），酶所具有的催化能力称为酶的"活性"，如果酶丧失催化能力称为酶失活。

第一节　酶的分子结构与功能

一、酶的分子组成

根据酶的化学组成成分不同，分为单纯酶（simple enzyme）和结合酶（conjugated enzyme）两类。

（一）单纯酶

单纯酶是仅由氨基酸构成的单纯蛋白质，催化活性由蛋白质结构决定。例如淀粉酶、脂肪酶、脲酶、核酸酶等。

（二）结合酶

结合酶由蛋白质部分和非蛋白质部分组成，蛋白质部分称为酶蛋白（apoenzyme），非蛋白质部分称为辅助因子（cofactor），酶蛋白与辅助因子结合在一起称为全酶（holoenzyme）。酶蛋白主要决定酶促反应的特异性，辅助因子起传递电子、转移基团作用，决定酶促反应的性质。酶蛋白和辅助因子单独存在时均无催化活性，只有构成全酶才具有催化作用。辅助因子按其与酶蛋白结合程度不同分为辅酶（coenzyme）和辅基（prosthetic group）。辅酶与酶蛋白结合疏松，用透析或超滤方法可将其除去。在酶促反应中，辅酶主要参与质子或基因转移。辅基与酶蛋白结合紧密，不能用透析或超滤方法将其除去。辅助因子多为金属离子和小分子有机化合物。其中作为辅助因子的有机化合物多为B族维生素的衍生物，在酶促反应中起着传递氢、转移基团（如酰基、氨基、甲基等)的作用(表4-1)。

表4-1　部分辅酶或辅基在酶促反应中的作用

辅酶或辅基	转移的基团	维生素
焦硫酸硫胺素(TPP)	醛基	维生素 B_1
黄素单核苷酸(FMN)	氢原子	维生素 B_2
黄素腺嘌呤二核苷酸(FAD)	氢原子	维生素 B_2
烟酰胺腺嘌呤二核苷酸(NAD^+,辅酶 I)	H^+、电子	维生素 PP
烟酰胺腺嘌呤二核苷酸磷酸($NADP^+$,辅酶 II)	H^+、电子	维生素 PP
磷酸吡哆醛	氨基	维生素 B_6
辅酶 A(CoA)	酰基	泛酸
生物素	二氧化碳	生物素
四氢叶酸(FH_4)	一碳单位	叶酸
辅酶 B_{12}	氢原子、烷基	维生素 B_{12}

金属离子作为辅助因子的主要作用是维持酶分子的特定空间构象,参与电子的传递,在酶与底物间起连接作用,中和阴离子、降低反应中的静电斥力等。有的金属离子与酶蛋白结合紧密,提取过程中不易分离,这些酶称为金属酶(metalloenzyme),如羧基肽酶(含 Zn^{2+})、碱性磷酸酶(含 Mg^{2+})、谷胱甘肽过氧化物酶(含 Se^{2+})等;有的金属离子虽为酶的活性所必需,但与酶的结合是可逆的,称为金属激活酶,如己糖激酶(含 Mg^{2+})、蛋白激酶(含 Mg^{2+}、Mn^{2+})、细胞色素氧化酶(含 Cu^{2+})等。

二、酶的活性中心与必需基团

酶是具有一定空间结构的蛋白质,与其他蛋白质不同的是酶分子中形成了特殊的活性中心。酶的活性中心(active center)或活性部位(active site)是酶分子执行催化功能的部位,是酶分子与底物特异性结合并催化底物转变为产物的具有特定空间结构的区域。酶分子中有许多化学基团,如—NH_2、—COOH、—SH、—OH 等,其中与酶的活性密切相关的基团称为酶的必需基团(essential group)。常见的必需基团包括组氨酸残基的咪唑基、丝氨酸和苏氨酸残基的羟基、半胱氨酸残基的巯基以及酸性氨基酸残基的羧基等。其中能够识别底物并与之特异结合,形成酶-底物复合物的必需基团称为结合基团(binding group);催化底物发生反应,进而转化为产物的必需基团称为催化基团(catalytic group)。有些基团虽然不直接参加酶活性中心的组成,却为维持活性中心空间构象所必需,这些基团称为酶活性中心外的必需基团(图4-1)。

酶分子中的必需基团在一级结构上可能相距很远,但在空间结构中相互靠近,共同组成酶的活性中心。不同酶分子空间结构不同,活性中心各异,催化作用各不相同。具有相同或相近活性中心的酶催化作用可相同或极为相似。酶的活性中心一旦被其他物质占据或空间结构被破坏,酶则丧失催化活性。

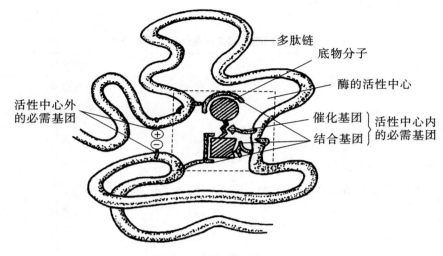

图 4-1 酶的活性中心示意图

第二节 酶促反应的特点与机制

酶作为生物催化剂具有一般催化剂的共性,微量的催化剂就能发挥较大的催化作用,其质和量在化学反应前后不发生变化;只能催化热力学上允许的化学反应;只能加速化学反应的进程,而不能改变反应的平衡点。

由于酶的化学本质是蛋白质,酶促反应具有与一般催化剂所不同的反应特点。

一、酶促反应的特点

(一)高度的催化效率

酶对底物具有极高的催化效率。对于同一化学反应,酶的催化效率通常比非催化反应高 $10^8 \sim 10^{20}$ 倍,比一般催化剂高 $10^7 \sim 10^{13}$ 倍。蔗糖酶催化蔗糖水解的速度是 H^+ 催化作用的 2.5×10^{12} 倍,脲酶催化尿素水解的速度是 H^+ 催化作用的 7×10^{12} 倍。

酶和一般催化剂都能降低反应所需的活化能,但酶比一般化学催化剂降低活化能的作用要大得多,故表现为酶作用的高度催化效率(图 4-2)。

(二)高度的特异性

与一般催化剂不同,酶对催化的底物具有较严格的选择性,一种酶通常只能作用于一种或一类底物,或一定的化学键,催化一定的化学反应并生成一定的产物,称为酶的特异性或专一性(specificity)。酶的特异性可分为三种类型。

1. 绝对特异性 一种酶只能催化一种底物发生一种化学反应,酶对底物的这种严格选择性称为绝对特异性。例如脲酶只能催化尿素水解,而对尿素的衍生物甲基尿素无催化作用。

2. 相对特异性 一种酶可催化一类底物或一种化学键发生化学反应,酶对底物分子这种不太严格的选择性称为相对特异性。例如,蔗糖酶不仅催化蔗糖水解,也可催化水解棉籽糖中的同一种糖苷键。

3.立体异构特异性　一种酶仅对底物的一种立体异构体具有催化作用,对其他构型不起作用,酶的这种选择性称为立体异构特异性。L-乳酸脱氢酶只催化 L-型乳酸脱氢转变为丙酮酸,而对 D-型乳酸没有催化作用。α-淀粉酶只能水解淀粉中的 α-1,4 糖苷键,而不能水解纤维素中的 β-1,4 糖苷键。

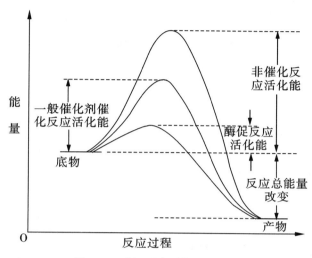

图 4-2　酶促反应活化能的改变

(三)酶活性和酶含量的可调节性

正常情况下,物质代谢处于错综复杂、有条不紊的动态平衡中,对代谢过程中酶活性和酶含量的调节是维持这种平衡的重要环节。通过各种调节方式改变酶的催化活性和酶的含量,使体内物质代谢受到精确调控,以适应体内外环境的不断变化。

(四)酶活性的不稳定性

酶的化学本质是蛋白质,任何导致蛋白质变性的因素都可使酶蛋白变性而失去催化活性。因此,酶促反应一般在常温、常压和接近中性条件下进行。

二、酶催化作用机制

(一)酶-底物复合物的形成与诱导契合作用

1958 年, D. E. Koshland 提出酶－底物结合的诱导契合假说 (induced – fit hypothesis)。该假说认为,酶在发挥催化作用前先与底物结合,这种结合不是锁与钥匙之间的机械关系,而是在酶与底物相互接近时,两者在结构上相互诱导、变形并相互适应,进而相互结合成酶-底物复合物(图4-3),在此基础上,酶催化底物转变成产物并释放出酶。酶的构象改变有利于酶与底物分子的结合,而底物分子在酶的诱导下转变为不稳定的过渡态,易受酶的催化攻击而转变为产物。酶-底物复合物的形成,使反应途径发生改变,大幅度降低酶促反应所需的活化能,反应速度加快。

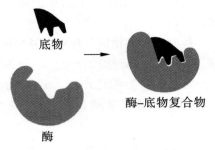

图4-3　诱导契合假说简图

$$E+S \Longrightarrow ES \longrightarrow E+P$$

（二）邻近效应与定向排列

在两个以上底物参加的反应中,底物之间必须以正确的方向相互碰撞,才有可能发生反应。酶在反应中将诸底物结合到酶的活性中心,使它们相互接近并形成有利于反应的正确定向关系。这种邻近效应与定向排列实际上将分子间的反应变成类似于分子内的反应,使反应效率得到提高(图4-4)。

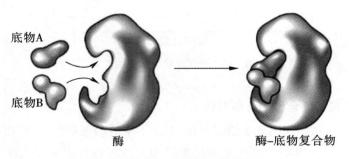

图4-4　酶与底物的邻近效应与定向排列

（三）多元催化

酶的活性中心含多种功能基团,具有不同的解离常数,可以同时对底物进行多种催化反应,这种多功能基团的协同作用可极大地提高酶的催化效能。

（四）表面效应

酶的活性中心多为疏水性"口袋"状。疏水环境可排除水分子对酶和底物功能基团的干扰,防止在底物与酶之间形成水化膜,有利于酶与底物的密切接触。

应该指出,一种酶的催化反应不仅限于上述某一种因素,而常常是多种催化作用的综合机制,这是酶促反应高效率的重要原因。

第三节　影响酶促反应速度的因素

影响酶促反应速度的因素包括酶浓度、底物浓度、pH 值、温度、抑制剂、激活剂等。

在研究某一因素对酶促反应速度的影响时,应保持反应体系中的其他因素不变。

一、底物浓度对反应速度的影响

在酶浓度及其他条件不变的前提下,底物浓度[S]与反应速度V的关系可用矩形双曲线表示(图4-5)。在[S]很低时,随[S]的增高而加快,呈一级反应。而当[S]进一步增高时,加快的趋势变缓。当[S]升高到一定程度时,酶的活性中心被底物饱和,不再随[S]升高而加快,这时的v称为最大反应速度(V_{max})。此时,反应可视为零级反应。

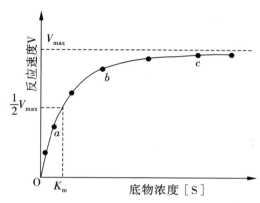

图4-5 底物浓度对酶促反应速度的影响

(一)米氏方程式

酶促反应速度与底物浓度之间的关系,反映了酶-底物复合物的形成与产物生成的过程。1902年Victor Henri提出了酶-底物中间复合物学说,认为酶促反应过程中首先酶(E)与底物(S)结合生成酶-底物复合物(ES),然后ES分解生成产物(P)及释放出游离的酶。

$$E+S \rightleftharpoons ES \longrightarrow P+E$$

为了解释酶促反应中底物浓度和反应速度的关系,1913年Leonor Michaelis和Maud L. Menten根据酶-底物中间复合物学说,将[S]对v做图的矩形双曲线加以数学处理,得出了单底物[S]与v的数学关系式,即米-曼氏方程式,简称米氏方程(Michaelis equation)。

$$V=\frac{v_{max}[S]}{K_m+[S]}$$

其中V是在不同[S]时的反应速度,V_{max}为酶促反应的最大反应速度,K_m为米氏常数(Michaelis constant),[S]为底物浓度。当[S]<<K_m时,方程式中分母[S]可以忽略不计,则$V=\frac{V_{max}}{K_m}$,v与[S]成正比。当[S]>>K_m时,方程式中K_m可以忽略不计,则$v=V_{max}$,反应速度为最大反应速度。

(二)K_m与V_{max}的意义

(1)当v等于V_{max}的一半时,$K_m=$[S],即K_m值等于酶促反应速度为最大反应速度一半时的底物浓度。

（2）K_m值是酶的特征性常数，K_m值与酶的结构、底物结构和反应环境的温度、pH值和离子强度有关，而与酶的浓度无关。

（3）K_m值可以近似地表示酶与底物的亲和力。K_m值越大，酶与底物的亲和力越小；K_m值越小，酶与底物的亲和力越大，这表示不需要很高的底物浓度便可达到最大反应速度。多底物反应的酶，对不同底物的K_m值也不相同，以K_m值最小者作为该酶作用的最适底物。

（4）V_{max}是酶完全被底物饱和时的反应速度。当所有酶均与底物形成 ES 时，反应速度达到最大。如果酶的总浓度已知，可用V_{max}计算酶的转换数。酶的转换数指当酶被底物充分饱和时，单位时间内每个酶分子催化底物转变成产物的分子数。酶的转换数可用来表示酶的催化效率。

二、酶浓度对反应速度的影响

在酶促反应体系中，在底物浓度达到使酶饱和的情况下，酶促反应速度 V 与酶的浓度[E]呈正比关系（图 4-6）。

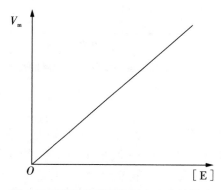

图 4-6　酶浓度对酶促反应速度的影响

三、温度对反应速度的影响

一般化学反应速度都随着温度的升高而加快，因为温度升高增加反应分子的能量，酶和底物间的碰撞概率变大，化学反应速度变快。由于酶是蛋白质，升高温度也增加了酶变性的机会。当温度升高到 60 ℃以上时，大多数酶开始变性；80 ℃时，多数酶的变性已不可逆。所以温度升高超过一定数值后，酶变性的因素占优势，反应速度变慢，形成倒 U 形曲线（图 4-7）。综合这两种因素，在此曲线顶点所代表的温度，反应速度最大，称为酶的最适温度（optimum temperature）。温血动物组织中酶的最适温度多在 35～40 ℃。

高温使酶蛋白结构受到破坏而变性失活，这种失活是无法恢复的，可以利用高温来灭菌。低温使酶的活性受到抑制，但低温一般不破坏酶结构，温度回升后，酶的活性可以恢复。临床上采用低温麻醉的方法，可以延长组织细胞对缺氧的耐受时间，这也是低温保存生物制品、菌种的原理。

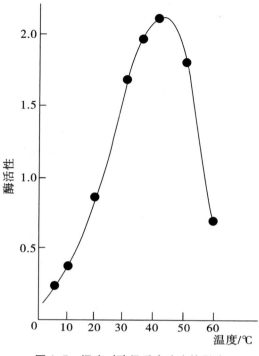

图4-7 温度对酶促反应速度的影响

四、pH 值对反应速度的影响

酶分子中的许多极性基团,在不同 pH 值条件下解离状态不同,活性中心的某些必需基团只在某一解离状态时,才容易与底物结合或具有最大催化活性。具有解离基团的底物和辅酶的解离状态也受 pH 值的影响。此外,pH 值还可影响酶活性中心的空间构象,从而影响酶的催化活性。因此,pH 值的改变显著影响酶的催化活性(图4-8)。酶催化活性最高时反应体系的 pH 值称为酶的最适 pH(optimum pH)。

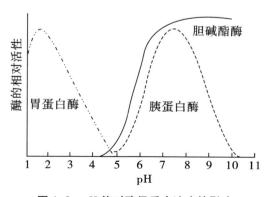

图4-8 pH 值对酶促反应速度的影响

最适 pH 不是酶的特征性常数,受底物浓度、缓冲液的种类与浓度、酶的纯度等因素的影响。溶液的 pH 值高于或低于最适 pH,酶的活性下降,远离最适 pH 时甚至可以导致酶变性失活。不同的酶具有不同的最适 pH。动物体内大多数酶的最适 pH 接近于中性,少数酶的最适 pH 偏离中性较远,如肝精氨酸酶的最适 pH 在 9.8 左右,胃蛋白酶的最适 pH 在 1.8 左右。

五、抑制剂对反应速度的影响

凡能够使酶活性降低但不引起酶蛋白变性的物质称为酶的抑制剂(inhibitor)。抑制剂可与酶活性中心或活性中心外的必需基团结合,抑制酶的活性。根据抑制剂与酶结合的紧密程度不同,酶的抑制作用分为不可逆性抑制和可逆性抑制两类。

(一)不可逆性抑制作用

抑制剂与酶活性中心的必需基团以共价键结合,使酶的活性丧失,不能用透析、超滤等方法除去,这种抑制作用称为不可逆性抑制。曾经广泛使用的有机磷农药如敌敌畏、美曲膦酯(敌百虫)等有机磷化合物可与胆碱酯酶的丝氨酸羟基共价结合,使酶失去活性。临床上应用胆碱酯酶复活剂解磷定治疗有机磷农药中毒,解磷定能与失活的磷酰化胆碱酯酶的磷酰基结合,把磷酰基从胆碱酯酶置换出去,羟基游离出来,解除有机磷对胆碱酯酶的抑制作用,使酶恢复活性。

$$\underset{\text{有机磷化合物 \quad 羟基酶}}{\begin{array}{c}RO \\ | \\ RO\end{array} \overset{O}{\underset{|}{P}} - X + HO-酶} \longrightarrow \underset{\text{失活的酶 \quad 酸}}{\begin{array}{c}RO \\ | \\ RO\end{array} \overset{O}{\underset{|}{P}} - O-酶 + HX}$$

一些重金属离子,如 Hg^{2+}、Ag^+、Pb^{2+}、As^{3+} 可与酶分子的巯基共价结合,使酶失活。路易士气(一种化学毒气)是一种含砷的化合物,通过抑制体内巯基酶的活性,引起中毒。应用二巯丙醇(british anti-lewisite,BAL)或二巯丁二钠可解除这类抑制剂对巯基酶的抑制。

$$\underset{\text{路易士气 \qquad 巯基酶}}{\begin{array}{c}Cl \\ | \\ As-CH=CHCl \\ | \\ Cl\end{array} + E\overset{SH}{\underset{SH}{\diagup}}} \longrightarrow \underset{\text{失活的酶 \qquad 酸}}{E\overset{S}{\underset{S}{\diagup}}As-CH=CHCl + 2HCl}$$

$$\underset{\text{失活的酶 \qquad BAL}}{E\overset{S}{\underset{S}{\diagup}}As-CH=CHCl + \begin{array}{c}CH_2-SH \\ | \\ CH-SH \\ | \\ CH_2-OH\end{array}} \longrightarrow \underset{\text{巯基酶 \qquad BAL与砷化合物的复合物}}{E\overset{SH}{\underset{SH}{\diagup}} + \begin{array}{c}CH_2-S \\ | \qquad \diagdown \\ CH-S \qquad As-CH=CHCl \\ | \qquad \diagup \\ CH_2-OH\end{array}}$$

(二)可逆性抑制作用

这类抑制剂通过非共价键与酶或酶-底物复合物可逆性结合,使酶的活性降低或丧失,可以用透析、超滤或稀释等方法除去而使酶活性得到恢复,称为可逆性抑制。可逆性抑制作用分为三种类型。

1.竞争性抑制 竞争性抑制剂与底物结构相似,能够与底物竞争结合酶的活性中心,阻碍酶与底物结合,这种抑制作用称为竞争性抑制(competitive inhibition)。竞争性抑制的反应过程是:

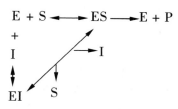

竞争性抑制剂与酶的结合是可逆的,抑制剂对酶的抑制作用取决于抑制剂与酶的亲和力,以及抑制剂与底物的相对浓度。在有抑制剂存在的酶促反应体系中,若增加抑制剂浓度,将减少 ES 复合物的生成,则促进 EI 复合物的生成;若增加底物浓度,促进 EI 复合物的解离,增加 ES 复合物的生成。在足够高的底物浓度下,抑制剂对酶的作用相对显得微不足道,仍可达到没有抑制剂时的 V_{max},但由于抑制剂的干扰,达到 V_{max} 一半时的底物浓度也增加了,即 K_m 值增大,酶与底物的亲和力下降。

丙二酸是琥珀酸脱氢酶的竞争性抑制剂。琥珀酸脱氢酶催化琥珀酸脱氢生成延胡索酸,丙二酸与琥珀酸的结构相似,可以竞争性结合琥珀酸脱氢酶的活性中心,抑制琥珀酸脱氢酶的活性。

琥珀酸 ⟷(琥珀酸脱氢酶)(FAD → FADH$_2$) 延胡索酸

$$\begin{array}{cc} \text{COOH} & \\ | & \text{COOH} \\ \text{CH}_2 & | \\ | & \text{CH}_2 \\ \text{CH}_2 & | \\ | & \text{COOH} \\ \text{COOH} & \text{丙二酸} \end{array}$$

四氢叶酸是细菌核酸合成所必需的物质,合成四氢叶酸的原料包括对氨基苯甲酸(PABA)、谷氨酸和二氢蝶呤,在二氢叶酸合成酶的催化下生成二氢叶酸,然后在二氢叶酸还原酶的催化下生成四氢叶酸。磺胺类药物的分子结构与对氨基苯甲酸相似,是二氢叶酸合成酶的竞争性抑制剂,能抑制二氢叶酸的合成,造成细菌的核酸合成障碍,无法生长和繁殖。人类能直接利用食物中的叶酸,在还原酶的催化下转变为四氢叶酸,故核酸的合成不受磺胺类药物的干扰。

H_2N —⟨ ⟩— COOH
PABA

H_2N —⟨ ⟩— SO_2NHR
磺胺药

2. 非竞争性抑制 非竞争性抑制剂与酶的活性中心外的必需基团结合,不影响酶与底物的结合,酶和底物的结合也不影响酶与抑制剂的结合,底物与抑制剂之间无竞争关系,但生成的酶-底物-抑制剂(ESI)复合物不能释放出产物,这种抑制作用称为非竞争性抑制(non-competitive inhibition)。

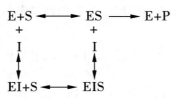

非竞争性抑制的强弱取决于抑制剂的浓度,这种抑制剂不影响酶与底物的亲和力,故 K_m 值会保持不变。但由于抑制剂与酶的结合形成 ESI 复合物,减少了具有活性的酶分子总量,且不能通过增加底物浓度减弱抑制或消除,故 V_{max} 降低。亮氨酸对精氨酸酶的抑制和麦芽糖对 α 淀粉酶的抑制属于非竞争性抑制作用。

3. 反竞争性抑制　反竞争性抑制剂只能与酶和底物形成的中间产物(ES)结合成 ESI 三元复合物。而 ESI 不能分解成产物,酶活性被抑制。反竞争性抑制剂存在时,不仅不排斥 E 和 S 的结合,反而增加了二者的亲和力,这种抑制作用称为反竞争性抑制(uncompetitive inhibition)。此时 V_{max} 和 K_m 值都会减小。苯丙氨酸对胎盘性碱性磷酸酶的抑制属于反竞争性抑制。

$$E+S \longrightarrow ES \longrightarrow E+P$$
$$+$$
$$I \longleftarrow ESI$$

六、激活剂对反应速度的影响

使酶由无活性变为有活性或使酶活性增加的物质称为酶的激活剂(activator)。对酶促反应不可缺少的激活剂称为必需激活剂。非必需激活剂是指激活剂不存在时,酶仍具有一定活性。激活剂大多为金属离子,如 Mg^{2+}、K^+、Mn^{2+} 等;少数为阴离子,例如 Cl^-。也有小分子有机物激活剂,如半胱氨酸、谷胱甘肽等。

第四节　酶的调节

酶促反应具有可调节性,是酶作为生物催化剂最基本的特点之一。通过酶的调节,代谢反应可适应内外环境的不断变化和生理的需要,保证体内复杂的代谢过程有序进行。

体内许多物质代谢常由一系列连续的酶促反应来完成,这些连续的酶促反应过程称为代谢途径。在调节酶的催化反应时,并不需要代谢途径所有酶的活性都发生改变,只需要调节其中一个或几个关键酶的作用,就可控制整个代谢途径的反应速度或方向。改变酶的活性或含量是体内酶调节的主要方式。

一、酶活性的调节

酶活性的调节是酶功能调节的最重要方式之一,酶普遍存在于各种组织细胞中,是通过改变酶的结构来调节酶的催化活性,可得到快速调节的效果。

(一)变构调节

有些酶除了结合底物的部位(活性中心)以外,还有一个或几个调节部位。代谢物分子可与酶的调节部位可逆结合,引起酶的构象变化,从而改变酶的活性,这种调节称为酶的变构调节。能进行变构调节的代谢物分子称为变构效应剂,其中使酶活性增高的效应剂称为变构激活剂,使酶活性降低的效应剂称为变构抑制剂。酶分子上结合变构效应剂的部位称为变构部位或调节部位,受变构调节的酶称为变构酶。

变构酶通常由多个亚基组成,与底物结合的催化部位和与变构效应剂结合的调节部位可在不同的亚基,也可在同一亚基的不同部位。变构酶常常在代谢通路的开端,或代谢通路的分支点,是激素调节物质代谢的重要靶点。

(二)共价修饰调节

酶的共价修饰(covalent modification)调节又称化学修饰(chemical modification)调节,指酶蛋白在其他酶的催化下,与一些化学基团可逆性共价结合,从而影响酶的活性。在共价修饰过程中,酶表现出无活性(或低活性)与有活性(或高活性)两种形式的互变。酶的共价修饰有磷酸化与去磷酸化、乙酰化与去乙酰基化、甲基化与去甲基化、腺苷化与去腺苷化等方式。其中磷酸化和去磷酸化最常见。共价修饰通过酶促反应完成,需要消耗 ATP,作用快,效率高,是体内快速调节的一种重要方式。

二、酶含量的调节

通过改变细胞内酶的含量调节物质代谢过程的调节方式称为酶含量调节。酶含量调节主要通过改变酶蛋白的合成和降解速度进行调控,消耗 ATP 多,所需时间长,属于慢速调节。

(一)酶蛋白合成的诱导与阻遏

酶蛋白合成涉及转录、转录后加工、翻译、翻译后加工等一系列过程,这些环节都可以对酶蛋白合成进行调节,但主要是在转录环节。在某些因素作用下,酶蛋白基因转录增强,酶的合成量增加的现象称为诱导作用(induction)。酶的一些底物、产物、激素、生长因子及某些药物可以诱导某些酶的合成,称为诱导剂。在转录水平抑制酶蛋白基因表达,减少细胞内酶的合成,称为阻遏作用(repression)。在转录水平减少酶生物合成的物质称为辅阻遏剂(co-repressor),辅阻遏剂与阻遏蛋白结合,影响基因转录。酶基因被诱导表达后,需经过转录、翻译和加工修饰等过程,才能发挥效应,一般需要几小时或更长时间。但酶被诱导合成后,即使去除诱导因素,酶的活性仍然持续存在,直到该酶被降解或被抑制。因此,与酶活性的调节相比,酶合成的诱导与阻遏是一种缓慢而长效的调节。例如,胰岛素可诱导 HMG-CoA 还原酶的表达,促进体内胆固醇合成,而胆固醇则阻遏 HMG-CoA 还原酶的合成。糖皮质激素可诱导磷酸烯醇式丙酮酸羧激酶的合成,促进糖异生。镇静催眠类药物苯巴比妥可诱导肝微粒体单加氧酶合成。

(二)酶降解的调控

通过调节酶分子的降解能够实现对细胞内酶含量的调节。酶的降解与一般蛋白质降解途径相同,主要包括溶酶体蛋白质降解途径和非溶酶体蛋白质降解途径。溶酶体蛋白质降解途径是由溶酶体内的组织蛋白酶催化分解一些膜结合蛋白、长半衰期蛋白和某些受损的细胞器;非溶酶体蛋白质降解途径又称泛素-蛋白酶体降解系统,在细胞质中对待降解蛋白质进行泛素标记,然后被蛋白酶体识别并进行水解。

三、酶原与酶原激活

某些酶在细胞内合成或初分泌时无催化活性,但在一定条件下能转化成有活性的酶,这种无活性的酶的前体称为酶原(zymogen)。酶原转化成有活性的酶称为酶原激活(zymogen activation)。酶原激活实际上是酶的活性中心形成或暴露的过程。如胰蛋白酶原由胰腺分泌进入小肠后,在肠激酶作用下,从肽链的 N-端裂解下来一段六肽,致使酶分子构象改变,形成活性中心后才具备了生物活性,成为胰蛋白酶,参与食物中的蛋白质的消化(图4-9)。正常情况下血液中的凝血酶也以酶原形式存在,不具备活性,保证血液的正常循环而不会导致凝血。在血管破损后,凝血酶原才会被激活,参与凝血作用。酶原这种酶的特殊存在形式,是对机体的一种保护作用。

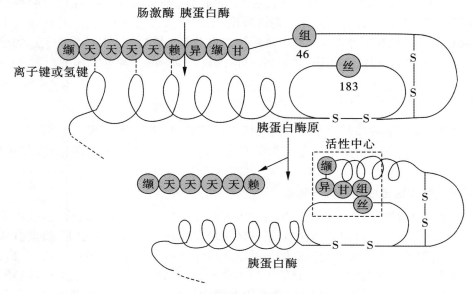

图4-9 胰蛋白酶原激活示意图

四、同工酶

同工酶(isoenzyme)是指催化相同的化学反应,但酶蛋白的分子结构、理化性质及免疫学性质均不相同的一组酶。同工酶虽然在一级结构上存在差异,但其活性中心的空间构象可能相同或相似,故可以催化相同的化学反应。此类酶存在于生物体的同一种属或同一个体的不同组织或同一细胞的不同亚细胞结构中,在医学检验上具有重要作用。

目前已发现的同工酶有百余种,其中乳酸脱氢酶(lactate dehydrogenase,LDH)是由 H(心肌型)亚基和 M(骨骼肌型)亚基构成的四聚体酶,这两种亚基以不同的比例组成 5 种同工酶(图 4-10):$LDH_1(H_4)$、$LDH_2(H_3M)$、$LDH_3(H_2M_2)$、$LDH_4(HM_3)$、$LDH_5(M_4)$。这 5 种酶对同一底物具有不同的 K_m 值。

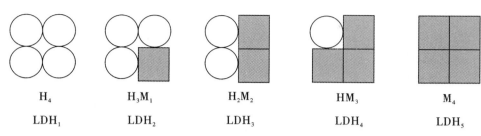

图 4-10　乳酸脱氢酶 5 种同工酶亚基构成

LDH 同工酶在各组织器官中的含量和分布比例不同(表 4-2),当某组织发生疾病时,该组织特异的同工酶释放入血,临床上可通过检测同工酶活性、分析同工酶谱帮助疾病诊断。

表 4-2　人体各组织器官中 LDH 同工酶谱(活性%)

组织器官	LDH_1	LDH_2	LDH_3	LDH_4	LDH_5
心肌	73	24	3	0	0
肾	43	44	12	1	0
肝	2	4	11	27	56
骨骼肌	0	0	5	16	79
红细胞	43	44	12	1	0
血清	27	34.7	20.9	11.7	5.7

肌酸激酶(creatinekinase,CK)是由脑型(B 型)和肌型(M 型)亚基组成的二聚体酶。脑中含有 CK_1(BB 型),心肌中含有 CK_2(MB 型),骨骼肌中含有 CK_3(MM 型)。因此检测血清中 CK 的含量及同工酶谱有助于心肌梗死的早期诊断。

第五节　酶的分类与命名

一、酶的分类

根据酶催化的反应类型,将酶分为六大类。

(一)氧化还原酶类

催化氧化还原反应的酶,包括催化传递电子、氢以及需氧参加反应的酶。如乳酸脱氢酶、细胞色素氧化酶、过氧化氢酶等。

(二)转移酶类

催化底物之间基团转移或交换的酶。如氨基转移酶、甲基转移酶、乙酰基转移酶、转硫酶和激酶等。

(三)水解酶类

催化底物发生水解反应的酶。如淀粉酶、蛋白酶、磷酸酶等。

（四）裂合酶类

催化从底物移去一个化学基团并形成双键的反应或其逆反应的酶。如醛缩酶、脱羧酶、水化酶、脱水酶等。

（五）异构酶类

催化分子内部基团的位置互变、几何或光学异构体互变，以及醛酮互变的酶。如磷酸丙糖异构酶、表构酶、变位酶、消旋酶等。

（六）合成酶类

催化两种底物形成一种产物并同时偶联有高能键水解或释能的酶。如谷氨酰胺合成酶、氨基酰–tRNA 合成酶、DNA 连接酶等。

二、酶的命名

酶的命名分为习惯命名法和系统命名法，酶的传统命名常用习惯命名法。许多酶依据其所催化的底物命名，如淀粉酶、蛋白酶、磷酸酶等，有些酶则以其催化的底物和反应类型进行命名，如乳酸脱氢酶、丙氨酸氨基转移酶等。这种命名方法简便，但常出现命名混乱现象，有些酶的名称不能说明酶促反应的本质。为了克服习惯命名法的弊端，国际生物化学与分子生物学学会以酶的分类为依据，于 1961 年提出了酶的系统命名法。系统命名法规定每一种酶均有一个系统名称，它标明酶的所有底物与反应性质。底物名称之间用"："隔开。每种酶的分类编号都由四组数字组成，数字前冠以 EC（enzyme commission）。编号中的第一组数字表示该酶属于六大类中的哪一类，第二组数字表示该酶属于哪一亚类，第三组数字表示亚–亚类，第四组数字是该酶在亚–亚类中的排序。这种命名法虽然合理，但比较烦琐，许多酶的名称过长和过于复杂，使用不方便。为此，国际酶学委员会又从每种酶的习惯命名中选定一个简便实用的推荐名称（表4–3）。

表4–3　某些酶的命名与分类

酶的分类	系统名称	编号	催化的化学反应	推荐名称
氧化还原酶类	L–乳酸：NAD^+–氧化还原酶	EC1.1.1.27	L–乳酸+NAD^+⇌丙酮酸+NADH+H^+	L–乳酸脱氢酶
转移酶类	L–天冬氨酸：α–酮戊二酸氨基转移酶	EC2.6.1.1	L–天冬氨酸+α–酮戊二酸⇌草酰乙酸+L–谷氨酸	天冬氨酸氨基转移酶
水解酶类	L–精氨酸咪基水解酶	EC3.5.3.1	L–精氨酸+H_2O⇌L–鸟氨酸+尿素	精氨酸酶
裂合酶类	酮糖–1–磷酸裂解酶	EC4.1.2.7	D–甘油醛–3–磷酸⇌磷酸二羟丙酮+醛	醛缩酶
异构酶类	D–甘油醛–3–磷酸醛–酮异构酶	EC5.3.1.1	D–葡萄糖–6–磷酸⇌D–果糖–6–磷酸	磷酸丙糖异构酶
合成酶类	L–谷氨酸：氨连接酶	EC6.3.1.2	L–谷氨酸+ATP+NH_3⇌L–谷氨酰胺+ADP+Pi	谷氨酰胺合成酶

第六节　酶与医学的关系

一切生命活动都依靠生物体的正常代谢过程来维持,酶在其中发挥关键作用。体内酶在结构、数量、功能上的异常,都会影响代谢的正常进行,导致相应疾病的发生。因此,对酶的检测和研究,在探讨疾病的发病机制、疾病防治和诊断方面都具有重要意义。

一、酶与疾病的发生

酶的先天性缺陷是先天性疾病的重要病因之一。现已发现的 140 多种先天性代谢缺陷,多由酶的遗传性缺陷所致。例如,酪氨酸酶缺乏引起白化病;苯丙氨酸羟化酶缺乏使苯丙氨酸和苯丙酮酸在体内堆积,引起苯丙酮酸尿症;肝细胞中葡萄糖-6-磷酸酶缺陷,可引起Ⅰa型糖原贮积症。一些疾病可引起酶活性或量的异常,这些异常又可导致病情进一步加重。一些疾病过程往往伴随炎症的发生,炎症细胞释放的多种蛋白水解酶,可进一步对组织造成破坏和损伤。酶的活性也受到多种有毒物质的抑制,有机磷杀虫剂是胆碱酯酶的抑制剂,在体内引起乙酰胆碱堆积而导致有机磷中毒;重金属离子与含巯基的酶结合后使酶失活;氰化物及 CO 中毒抑制细胞色素氧化酶,均造成严重后果。

二、酶与疾病的诊断

某些器官组织细胞损伤时,细胞内某些酶释放入体液,使体液中该酶含量增高;或因病变导致细胞合成酶的能力减弱,而使体液中某种酶活性降低。因此,对血、尿等体液及人体分泌物中某些酶活性的测定,可以反映某些组织器官的病变情况,有助于疾病的诊断。如急性肝炎时,血清中丙氨酸氨基转移酶(ALT)活性升高;急性胰腺炎时,血清淀粉酶活性升高;胆道梗阻时,肝细胞合成的碱性磷酸酶通过胆道排出受阻,使血清中该酶活性升高。

三、酶与疾病的治疗

酶作为药物最早用于助消化。如消化腺分泌功能下降所致的消化不良,可服用胃蛋白酶、胰蛋白酶、胰脂肪酶、胰淀粉酶等予以纠正。在清洁化脓伤口的洗涤液中,加入胰蛋白酶、溶菌酶、木瓜蛋白酶、菠萝蛋白酶等可加强伤口的净化、抗炎和防止浆膜粘连等。在某些外敷药中加入透明质酸酶可以增强药物的扩散作用。有些酶具有溶解血栓的疗效,临床上常用链激酶、尿激酶及纤溶酶等溶解血栓,用于治疗心、脑血管栓塞等疾病。此外,许多药物的作用机制是通过抑制体内的某些酶来达到治疗目的。磺胺类药物是细菌二氢叶酸合成酶的竞争性抑制剂;氯霉素可抑制某些细菌转肽酶的活性,从而抑制其蛋白质的合成;抗抑郁药通过抑制单胺氧化酶而减少儿茶酚胺的灭活,治疗抑郁症;洛伐他汀通过竞争性抑制 HMG-CoA 还原酶的活性,减少胆固醇的合成。甲氨蝶呤、5-氟尿嘧啶、6-巯基嘌呤等用于治疗肿瘤也是因为它们都是核苷酸合成途径中相关酶的竞争性抑制剂。

四、酶在其他领域的应用

有些酶促反应的底物或产物含量极低，不易直接测定。此时，可偶联另一种或两种酶，使初始反应产物定量地转变为另一种较易测定的产物，从而测定初始反应中的底物、产物或初始酶活性，这种方法称为酶偶联测定法。例如，临床上用过氧化物酶法测定血糖时，利用葡萄糖氧化酶将葡萄糖氧化为葡萄糖酸，并释放 H_2O_2，过氧化物酶催化 H_2O_2 与 4-氨基安替比林及苯酚反应生成水和红色醌类化合物，测定红色醌类化合物在 505 nm 处的吸光度即可计算出血糖浓度。

在基因工程操作过程中，利用酶具有高度特异性的特点，以限制性核酸内切酶和连接酶为工具，在分子水平上对某些生物大分子进行定向的分割与连接。例如，Ⅱ型限制性核酸内切酶、DNA 连接酶、逆转录酶、DNA 聚合酶等。

小　结

酶是对特异底物起高效催化作用的蛋白质，是体内重要的生物催化剂。按其化学组成可分为单纯酶和结合酶。结合酶由酶蛋白和辅助因子两部分组成；酶蛋白决定反应的特异性，辅助因子决定反应的类型，单独存在都不具有活性，只有结构完整的全酶才具有催化功能。

酶促反应与一般催化剂所不同的反应特点主要有：①高度的催化效率；②高度的特异性；③酶活性和酶含量的可调节性；④酶活性的不稳定性。

酶的作用机制是降低反应的活化能。酶的活性中心是酶分子中能与底物特异结合并催化底物转变成产物的具有特定三维结构的区域。活性中心内外的必需基团对于维持酶活性中心的构象是不可缺少的，包括活性中心内的结合基团、催化基团和活性中心外的维持酶空间构象的基团。

酶促反应速度受多种因素影响，如底物浓度、酶浓度、温度、pH 值、抑制剂和激活剂等。米氏方程揭示了单底物反应的动力学特性，K_m 等于反应速度为最大反应速度一半时的底物浓度，可反映酶与底物的亲和力大小。抑制剂对酶的抑制作用包括不可逆性抑制和可逆性抑制两种，可逆性抑制又分为竞争性抑制、非竞争性抑制和反竞争性抑制。这三种可逆性抑制作用的特点是：竞争性抑制剂存在时表观 K_m 增大，V_{max} 不变；非竞争性抑制剂存在时 K_m 不变，V_{max} 下降；反竞争性抑制剂存在时表观 K_m 和 V_{max} 均降低。

酶促反应具有可调节性，是酶作为生物催化剂最基本的特点之一。通过酶的调节，代谢反应可适应内外环境的不断变化和生理的需要，保证体内复杂的代谢过程有序进行。改变酶的活性或含量是体内酶调节的主要方式。酶活性的调节通过改变酶的结构来调节酶的催化活性，可得到快速调节的效果，主要是酶的变构调节和共价修饰调节。酶含量的调节主要通过改变酶蛋白的合成和降解速度进行调控，主要是酶蛋白合成的诱导与阻遏和酶降解的调控。

某些酶在细胞内合成或初分泌时无催化活性，但在一定条件下能转化成有活性的酶，这种无活性的酶的前体称为酶原。酶原转化成有活性的酶称为酶原激活。酶原激活实际上是酶的活性中心形成或暴露的过程。同工酶是指催化相同的化学反应,但酶蛋白的分子结构、理化性质及免疫学性质均不相同的一组酶。此类酶存在于生物体的同一种属或同一个体的不同组织或同一细胞的不同亚细胞结构中,在医学检验上具有重要作用。

（王　辉）

思考题

    1. 试述酶分子的组成和结构特点。

    2. 比较酶与一般催化剂的异同点。

    3. 简述酶促反应的主要影响因素及其作用。

    4. 试述三种可逆性抑制作用的区别和动力学特点。

    5. 酶的催化作用是如何进行调控的?

    6. 酶原与酶原激活有何生理意义?

第五章

DNA 的生物合成

DNA 是遗传信息的载体。除某些 RNA 病毒外,绝大多生物遗传的物质基础是 DNA。所谓基因(gene),实际上就是蕴含特定遗传信息的 DNA 片段。

在细胞增殖分裂时,亲代双链 DNA 分子在酶作用下进行解链,并以解开的单链为模板合成子代 DNA,称为 DNA 复制(replication)。通过 DNA 复制形成了在碱基组成、分子结构上与亲代细胞完全相同的基因组 DNA 序列,使亲代的遗传信息准确地传递给子代。以 DNA 为模板将遗传信息传递给 RNA 的过程,称为转录(transcription)。以转录形成的 mRNA 分子为模板合成蛋白质的过程,称为翻译(translation)。遗传信息由 DNA 传递给 RNA,再传递给蛋白质的过程,称为中心法则(central dogma)。中心法则描述了 DNA 的复制传代、基因表达所涉及的转录与翻译过程。有些以 RNA 为遗传信息载体的生物,如 RNA 病毒,则能以 RNA 为模板进行复制,有些还能在逆转录酶的作用通过逆转录(reverse transcription)的过程将遗传信息进行传递。因此,对中心法则进行了不断的补充和修正(图 5-1)。

图 5-1　遗传信息的中心法则

第一节　DNA 复制的基本特征

在生物体内,DNA 的生物合成主要通过 DNA 的复制、逆转录和 DNA 的修复三种方式实现,其中 DNA 的复制是 DNA 生物合成的主要方式。DNA 作为生物遗传信息的载体,可通过自我复制(replication)将遗传信息传递给子代。经复制过程合成的子代 DNA 分子的碱基排列顺序,与亲代分子必须完全相同,才能保证亲代遗传信息完整无误地传递给子代,维护遗传信息及生物性状的稳定。因此,DNA 复制时,新合成的子代碱基序列信息只能来自于母本 DNA 自身,通过自我复制的方式合成新的子代 DNA,以保证碱基序列的一致性。

一、半保留复制

在 DNA 复制过程中,亲代 DNA 双链解开形成两条单链,分别以单链为模板按照碱基互补配对的原则合成互补链,形成两个子代 DNA 分子。新合成的子代 DNA 分子中,一股链来自亲代 DNA,另一股链是新合成的,这种复制方式称为半保留复制(semi-conservative replication)(图 5-2)。

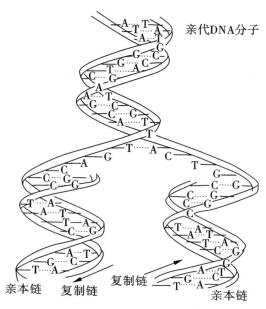

图 5-2　DNA 半保留复制模式

1958 年,M. Messelson 和 F. W. Stahl 利用同位素^{15}N 标记大肠杆菌 DNA 实验证实了 DNA 半保留复制的正确性。细菌可利用 NH_4Cl 作氮源合成 DNA,他们先将大肠杆菌放在以^{15}N 标记的$^{15}NH_4Cl$ 为唯一氮源的培养液中培养数代,使其中的 DNA 均为^{15}N 所标记,^{15}N-DNA 密度比一般含^{14}N-DNA 更大些。经 CsCl 密度梯度超速离心后,^{15}N-DNA 形成的致密带位于普通^{14}N-DNA 所形成的致密带下方。然后,将含^{15}N-DNA 的大肠杆菌移至含普通^{14}N 的 NH_4Cl 培养液中培养,在不同的培养时间取样进行密度梯度超速离心分析。结果表明,子一代的 DNA 只出现一条区带,位于^{15}N-DNA 和^{14}N-DNA 之间,即形成了$^{14}N^{15}$N-DNA 的杂合分子。经培养两代之后,离心管中出现两条区带,其中杂合分子与普通^{14}N-DNA 各占一半。继续培养,^{14}N-DNA 逐渐增多,$^{14}N^{15}$N-DNA 的杂合分子不再增加,当把杂合 DNA 分子加热时,它们分开形成^{14}N-DNA 和^{15}N-DNA。这充分证明,在 DNA 复制时原来的 DNA 分子被一分为二,构成子代分子的一股单链,而且这些单链经过多代的传递仍保持碱基序列的完整性,进一步证实 DNA 的复制是以半保留方式进行的(图 5-3)。

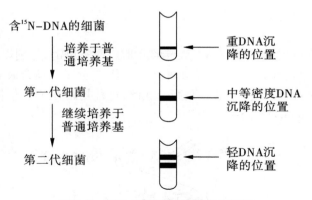

图 5-3　DNA 半保留复制的实验证明

二、DNA 复制的方向和方式

DNA 复制时,在复制起始点处双链解开,形成一个空泡状的结构,被称为复制泡(replication bubble,图 5-4)。以解开的双链为起点,DNA 的复制可以向一个方向进行,称为单向复制,也可以向两个方向进行,称为双向复制(图 5-5)。每个解链方向上解开的单链与未解开的双链连在一起,形成类似于 Y 字形结构,称为复制叉(replication fork,图 5-6)。以解开的单链 DNA 为模板,按照碱基配对的原则,DNA 聚合酶指导相应子链的合成。在子链合成的过程中,如果模板链上的碱基是腺嘌呤(A),则子链上相应位置添加胸腺嘧啶(T)与之配对;如果模板链是鸟嘌呤(G)时,则子链与之配对的是胞嘧啶(C)。反之,碱基配对依然成立。从 DNA 复制起始点开始直到终止点为止,每个这样的 DNA 单位称为复制子(replicon)。原核生物的 DNA 复制具有单个复制起始点,称为单复制子的复制。真核生物有多个复制起始点,称为多复制子的复制。每个复制子从起始点独立双向复制,复制叉相对方向位移,直至与相邻复制子的复制叉相遇(图 5-7)。多复制子复制大大提高真核生物 DNA 复制的速率。DNA 的复制具有方向性,研究表明,模板 DNA 的阅读方向是 $3'\to5'$,新链的延伸方向是 $5'\to3'$,因此,新形成的子代 DNA 分子与模板分子仍保持反向互补的状态。

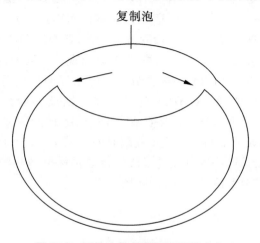

图 5-4　原核生物复制泡及解链方向

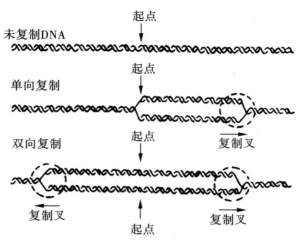

图 5-5　DNA 的单向和双向复制

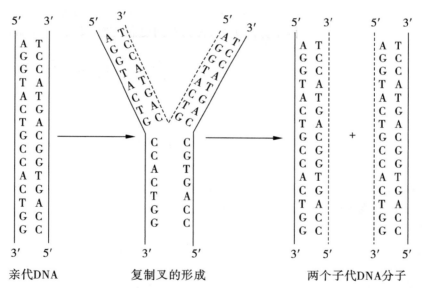

亲代DNA　　　　　复制叉的形成　　　　　两个子代DNA分子

图 5-6　DNA 复制的复制叉

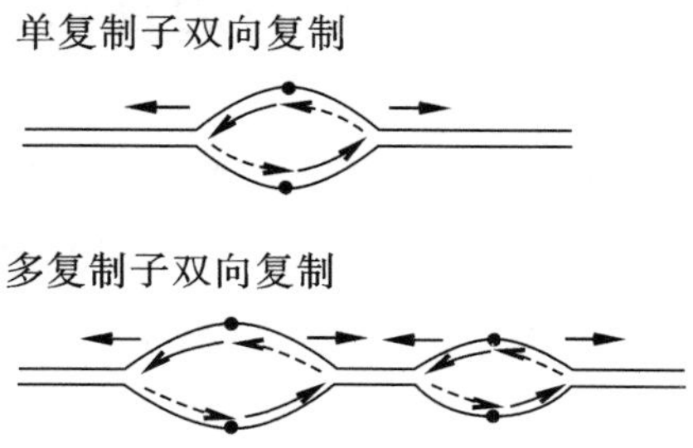

单复制子双向复制

多复制子双向复制

图 5-7　DNA 复制的单复制子和多复制子

三、半不连续复制

在 DNA 双螺旋结构中, DNA 分子的两股单链是反向平行的, 而 DNA 复制时子链的延伸方向只能是 5′→3′。当复制开始后, DNA 解链可向起始点的左右两个方向进行, 形成两个复制叉, 每个复制叉上解开的两条单链 DNA 方向分别为 5′→3′和 3′→5′, 且均作为模板指导子链合成。当以方向为 3′→5′的单链作为模板时, 子链的合成方向 5′→3′与复制叉前进的方向是一致的, 这条子链的合成是连续的, 被称为前导链(leading strand)或领头链;而以另一条单链为模板时, 子链的合成方向与复制叉前进方向相反, 必须等该复制叉向前移动一定距离, 形成的单链足够长时, 才能指导新链按 5′→3′方向合成。这样合成的方式只能分段进行, 首先合成许多 DNA 单链片段。因此该条子链的合成是不连续的, 称为随从链(lagging strand)或滞后链。这些片段称为冈崎片段(Okazaki fragment)。原核生物中冈崎片段长 1000～2000 个核苷酸, 真核生物中长 100～200 个核苷酸。由于 DNA 复制过程中, 前导链的合成是连续进行的, 而随从链的合成是不连续进行的, 故称为半不连续复制(图 5-8)。

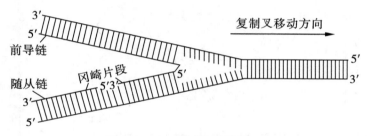

图 5-8　DNA 的半不连续复制

复制生成的子代 DNA 与亲代 DNA 的碱基序列完全相同, 保证遗传信息的稳定遗传, 称为 DNA 复制的高保真性(high fidelity)。DNA 复制高保真性至少需要依赖 3 种机制:①遵守严格的碱基配对规律, 即 A 对 T,G 对 C;②在复制延长中 DNA 聚合酶能正确选择底物脱氧核苷三磷酸, 使之与模板核苷酸配对, 即碱基选择功能;③复制出错时 DNA 聚合酶的 3′→5′外切酶活性可切除错配的核苷酸, 同时补回正确的核苷酸, 进行校读功能。通过上述机制, 保证了 DNA 复制有序而精确地进行。

第二节　DNA 复制的反应体系

生物体内 DNA 的复制是复杂的酶促反应过程, 合成的原料是四种脱氧三磷酸核苷酸(dNTP), 包括 dATP、dGTP、dCTP、dTTP, 反应体系由底物、DNA 聚合酶、模板、引物及蛋白因子等多种大分子物质构成, 由 ATP 和 GTP 提供能量。

一、DNA 聚合酶

DNA 聚合酶(DNA polymerase, DNA pol), 也称依赖 DNA 的 DNA 聚合酶(DNA

dependent DNA polymerase,DDDP),这类酶是以 DNA 为模板,dNTP 为底物,催化脱氧核苷酸的聚合延伸,形成新的与模板 DNA 互补的 DNA 链。

DNA 聚合酶具有碱基识别和选择能力,识别模板 DNA 分子中的碱基,依据碱基配对原则选择正确的底物 dNTP 沿着 5′→3′方向聚合。碱基配对过程中,A–T 之间形成两个氢键,G–C 之间形成三个氢键(图 5–9)。DNA 聚合酶催化底物以 3′,5′–磷酸二酯键连接 dNMP,聚合形成新生的 DNA 分子。DNA 复制的每一步反应可简写为:
$$(dNMP)_n + dNTP \rightarrow (dNMP)_{n+1} + PP_i$$

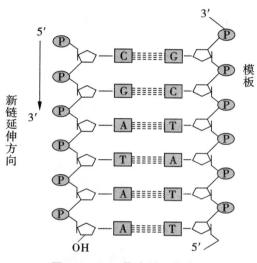

图 5–9 DNA 聚合的延伸方向

原核生物或真核生物中存在着不同类型的 DNA 聚合酶。原核生物中存在三种DNA 聚合酶,分别为 DNA 聚合酶Ⅰ、Ⅱ和Ⅲ。其中 DNA polⅢ是原核生物 DNA 复制的主要聚合酶。原核生物 DNA pol 的性质和生物学功能见表 5–1。

表 5–1　原核生物 DNA 聚合酶的性质和生物学功能

	DNA polⅠ	DNA polⅡ	DNA polⅢ
分子组成	单一多肽链	不清楚	10 种亚基的不对称二聚体
生物学活性			
(1)5′→3′聚合酶活性	聚合活性低	有	聚合活性高
(2)3′→5′核酸外切酶活性	有	有	有
(3)5′→3′核酸外切酶活性	有	无	无
功能	①校读作用 ②修复填补	无其他酶时发挥作用	①主要的复制酶 ②校读作用

DNA polⅠ由一条多肽链构成。用特异的蛋白酶可将 DNA polⅠ水解成大小两个

片段,小片段 323 个氨基酸残基,具有 5′→3′外切酶活性;大片段 604 个氨基酸残基,也称为 Klenow 片段,具有 5′→3′聚合酶和 3′→5′核酸外切酶活性,是分子生物学研究中的重要工具酶。在 DNA 聚合酶反应过程中,一旦出现错配的碱基,聚合反应停止,3′→5′核酸外切酶活性迅速移除错误的脱氧核糖核酸,也称为校对功能(proofreading function),对 DNA 作为遗传物质所必需的稳定性和保真性具有重要意义。5′→3′外切酶活性主要用于切除引物,或切除突变的片段,在 DNA 复制或损伤的修复过程中发挥作用。

DNA pol Ⅱ 在功能上与 DNA pol Ⅰ 相似,具有 5′→3′的聚合酶活性,但需要双链 DNA 作为模板,游离 3′-OH 引物的存在。另外,具有 3′→5′核酸外切酶活性,而无 5′→3′核酸外切酶活性。此酶在体内详细功能并不十分清楚,推测可能在 DNA 的修复过程中起作用。

DNA pol Ⅲ 是由 α、β、γ、ε、θ、δ、δ′、X、Ψ 及 τ 等 10 种亚基组成的不对称二聚体(图 5-10)。α、ε、θ 三个亚基构成核心酶,具有核苷酸聚合和 3′→5′核酸外切酶活性;γ、δ、δ′、X、Ψ、β 构成 γ 复合物,加上 τ 亚基构成 DNA pol Ⅲ 的全酶。在 DNA 复制过程中,α 亚基负责聚合活性,ε 亚基有 3′→5′外切酶活性,可以切除错配的核苷酸,起即时"校读"作用,β 亚基起固着模板链并使酶沿模板滑动的作用。DNA pol Ⅲ 全酶催化反应速度最快,每秒可催化约 1 000 个脱氧核苷酸聚合,是大肠杆菌中 DNA 复制中起主要作用的聚合酶。

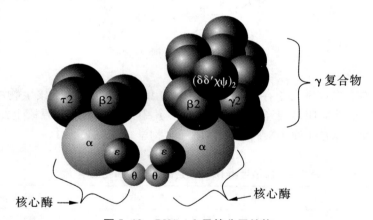

图 5-10   DNA pol Ⅲ 的分子结构

在真核生物中至少存在 5 种 DNA 聚合酶,分别为 DNA pol α、β、γ、δ 及 ε。其中 DNA polδ 相当于原核生物中 DNA pol Ⅲ,是真核生物中最主要的复制酶,负责前导链的合成。增殖细胞核抗原(proliferation cell nuclear antigen,PCNA)促进 DNA 聚合酶 δ 与模板的结合,在 DNA 复制过程中起辅助作用,保证聚合酶在模板上的快速移动。DNA polα 具有引物酶和聚合酶活性,通过合成冈崎片段和起始 DNA 参与聚合过程,但不具有外切酶活性,是随从链合成过程中的主要 DNA 聚合酶。DNA pol β 只有在没有其他 DNA pol 时才发挥催化功能。DNA pol ε 与原核生物的 DNA pol Ⅰ 类似,具有 3′→5′核酸外切酶活性,参与校读功能和 DNA 的损伤修复。DNA pol γ 存在于真核细胞的线粒体内,推测与线粒体 DNA 复制有关。

二、DNA 解螺旋酶、DNA 拓扑异构酶、单链 DNA 结合蛋白

生物体内的 DNA 分子通常处于超螺旋状态,在 DNA 复制时需要使超螺旋松弛并解开双链,形成单链模板。参与这一过程的酶和蛋白质主要是 DNA 解螺旋酶、拓扑异构酶和单链 DNA 结合蛋白(single strand DNA binding protein,SSB)。

DNA 解螺旋酶(helicase)利用 ATP 提供能量,将 DNA 双螺旋内部碱基对间的氢键解开,形成的单链作为模板指导 DNA 的复制。每解开一个碱基对,需消耗 2 个 ATP。解螺旋酶结合于单链部分,随复制叉的前进而移动。

DNA 分子以高度螺旋且卷曲压缩的形式存在于细胞核内,DNA 复制过程需要将超螺旋结构松弛,负责将 DNA 超螺旋结构松弛的酶称拓扑异构酶(topoisomerase)。拓扑异构酶可分为 I 型和 II 型两类。拓扑异构酶 I (Topo I)的作用是切断 DNA 双链中的一条,使断端 DNA 沿松解的方向转动,将 DNA 分子变为松弛状态,再将切口连接封闭。整个过程不需要 ATP 的参与。拓扑异构酶 II (Topo II)又称旋转酶(gyrase)。在 ATP 提供能量的情况下,使 DNA 的两条链同时发生断裂和再连接,并可引入负超螺旋,使 DNA 链变得更为松弛。

由于 DNA 自身碱基互补的特性,当双链解开为单链后,仍有复性为双链的可能性。单链 DNA 结合蛋白(single strand DNA binding protein,SSB)结合到解开的 DNA 单链上,一方面阻止复性,保持模板的单链状态,另一方面防止单链模板被核酸酶水解。复制时,SSB 不停与 DNA 单链模板结合和脱落,从而向前移动,并表现为明显的协同效应。

三、引物酶和引发体

在 DNA 的复制起始点形成复制叉后,dNTP 并不能立即结合到模板链相应的碱基上,需要先合成引物。引物是由引物酶(primase)催化合成的短链 RNA 分子,不同生物 RNA 引物的长短不一,从十几个到数十个不等,真核生物中的引物最短,约 10 个核苷酸,而原核生物中引物较长。引物为 DNA 合成提供 3′-OH 末端,供 dNTP 加入和延伸。原核生物中的引物酶为 Dna G 蛋白。在 RNA 引物合成过程中,除引物酶参与外,还有 Dna A 蛋白、Dna B 蛋白、Dna C 蛋白以及其他复制因子等多个蛋白因子参与共同完成,这些蛋白分子共同组成一个复合体,结合到模板 DNA 上,这种复合物称为引发体(primosome)。由 ATP 提供能量,引发体在 DNA 链上移动,促使下游的双链解开为单链,由引物酶催化 RNA 引物的合成。

四、DNA 连接酶

在 DNA 复制中,前导链的合成是连续的,随从链是分段的合成,是不连续的,两个片段之间留有缺口,需在 DNA 连接酶(DNA ligase)的作用下将冈崎片段连接形成完整的 DNA 链。DNA 连接酶催化相邻的 DNA 链 3′-OH 末端和 5′-磷酸形成磷酸二酯键,反应过程是耗能过程,在真核生物中利用 ATP 供能,而在原核生物中则消耗 NAD⁺(图 5-11)。DNA 连接酶的作用具有特异性,只能连接在碱基互补基础上的双链中的单链缺口,而不能连接单独存在的 DNA 单链。

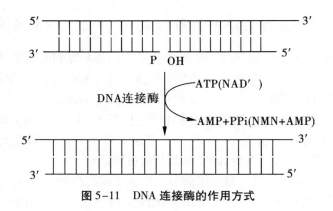

图 5-11　DNA 连接酶的作用方式

第三节　DNA 复制过程

DNA 复制过程分为复制的引发、延伸及终止三个阶段。原核生物 DNA 复制与真核生物 DNA 复制的结构组成成分虽然有较大区别,但复制过程基本相似。

一、原核生物 DNA 复制的基本过程

(一)复制的引发

DNA 复制开始时,无论是原核生物或者真核生物都需要在复制起始点合成短片段的 RNA 引物,提供游离的 $3'-OH$ 末端,复制的引发就是指引物 RNA 的合成。参与引发阶段引物形成的主要是引物酶和其他多种蛋白质因子。

原核生物的 DNA 复制从固定的复制起始点开始,大肠杆菌的复制起始点被称为 ori C,长约 245 个碱基,其中有 2 个区域在复制起始中起关键作用,一处由 4 个 9 核苷酸组成的重复性序列 TTATCCACA ,2 个为同向排列,2 个为反向排列,另一处是 13 个核苷酸的 3 次重复序列(图 5-12)。在拓扑异构酶和解旋酶的作用下,ori C 部位的 DNA 超螺旋被松弛并打开双螺旋,形成单链模板,SSB 结合于已解开的单链上,形成复制叉结构。在此基础上,引物酶(Dna G)在 Dna A、Dna B、Dna C 等蛋白质因子的帮助下识别复制起点,组装形成引发体,引发体沿随从链的模板顺复制叉前进的方向移动,在不同部位反复地与引物酶结合并解离,在不同部位合成引物,保证随丛链的不连续合成成为可能。

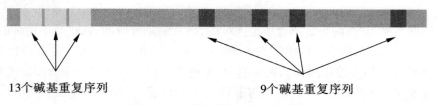

13个碱基重复序列　　　　　　　9个碱基重复序列

图 5-12　大肠杆菌 ori C 区的结构

（二）复制的延伸

引物合成后,游离的 3′-OH 末端为 DNA 聚合酶催化脱氧核苷酸的聚合提供可能。在 DNA 复制延伸的过程中,DNA 聚合酶将三磷酸脱氧核苷(dNTP)以一磷酸脱氧核苷(dNMP)的形式,添加到引物的 3′-OH 端,并以此为基础不断将子链延长。每增加一个 dNMP,就形成一个 3′,5′-磷酸二酯键。DNA pol Ⅲ 是 DNA 复制延伸过程中的主要酶类,其 α、ε 和 θ 亚基组成的核心酶催化子链的延伸,β 亚基组成的 DNA 夹子使核心酶牢牢结合在复制叉内的模板链及引物末端上,保证全酶沿 DNA 链自由滑动,复制叉移动的速度是每秒约 1000 个脱氧核苷酸。

DNA 复制延伸的过程中,前导链随着复制叉的移动,脱氧核苷酸的聚合是连续进行的。由于随从链 DNA 聚合的方向与复制叉的移动方向相反,不能连续合成,只有随着复制叉的移动,不断合成新的 RNA 引物,然后在其 3′-OH 末端进行脱氧核苷酸的聚合反应。随从链不连续合成的结果形成许多冈崎片段。DNA pol Ⅰ 通过 5′→3′外切酶活性切除 RNA 引物,使冈崎片段之间产生孔隙,再以 5′→3′聚合酶的活性将空隙补齐,并在 DNA 连接酶的作用下将冈崎片段连接为一条长链。因此,随从链的合成速率远低于前导链(图 5-13)。

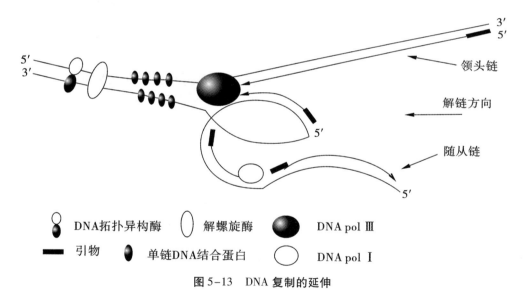

图 5-13　DNA 复制的延伸

（三）复制的终止

大肠杆菌 DNA 复制的终止点位于复制起始点 ori C 约 270 kb 的区域,该区域包含 5 个核心序列为 GTGTGGTGT 重复序列,与周围其他保守的碱基共同组成终止区(termination region,ter)。终止区的 GTGTGGTGT 序列可与特异性蛋白质 Tus 结合,阻止解链酶的作用,导致复制的终止。前导链的复制结束即为复制的终止。随从链复制结束后,需要将各个冈崎片段上的引物切除、片段之间的空隙补齐、连接,形成完整的子链,这个过程中需要 ATP 供能(表 5-2)。

表 5-2　原核生物 DNA 复制时参与的酶及蛋白因子

蛋白质	作用	分子量(kDa)	分子数/细胞
Dna B 蛋白	开始解链	300	20
引物酶	合成 RNA 引物	60	50
Rep 蛋白	解开双链	65	50
SSB	稳定单股链区	74	300
DNA 旋转酶	引入负超螺旋	400	250
DNA pol Ⅲ 全酶	合成 DNA	800	20
DNA pol Ⅰ	去除引物,补充空隙	103	300
DNA 连接酶	连接 DNA 片段	74	300

二、真核生物 DNA 复制的特点

真核生物具有比原核生物大得多的基因组 DNA,且以染色质的形式存在于细胞核中。真核生物 DNA 具有多个复制起始点,均可向两个方向进行复制(图 5-14),两个复制起始点之间构成一个复制单位,叫复制子。在一个细胞周期内,真核生物 DNA 复制只在 S 期发生一次,而原核生物可以进行连续的复制过程。真核生物 DNA 复制过程中的引物及冈崎片段的长度均小于原核生物。真核生物 DNA 的复制过程与核小体装配同步进行,因此,在 DNA 复制的同时组蛋白等与染色体结构有关的蛋白质也同时合成,并与 DNA 结合装配成核小体,最终形成染色质。

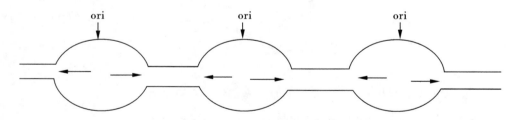

图 5-14　真核生物 DNA 复制的多点复制

三、端粒 DNA 的合成

真核生物染色体 DNA 为线性结构,当复制完成,随从链的最后一个引物被切除后,因 DNA pol 没有 3′→5′的聚合酶活性,无法补齐该缺口。在某些特殊低等生物,随着复制次数的增加,DNA 链会越来越短,形成不完全子代链(图 5-15)。真核生物线形染色体的末端具有称为端粒(telomere)的特殊结构,从而避免这种现象的出现。端粒由短的 GC 丰富区重复序列(repeat of short, GC-rich sequences)和蛋白质组成,在维持染色体 DNA 结构稳定和防止 DNA 链的缩短方面发挥重要作用。端粒酶(telomerase)是一种由 RNA 及蛋白质组成的特殊逆转录酶,以自身的 RNA 为模板,通过逆转录反应延伸端粒内 3′-末端的寡聚脱氧核苷酸片段,补平 DNA 末端片段。端粒和端粒酶与细胞衰老、肿瘤的发生发展有密切的关系。

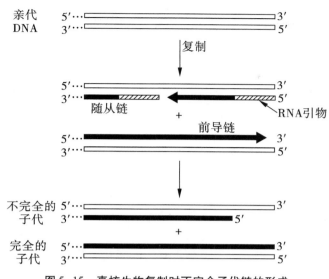

图 5-15　真核生物复制时不完全子代链的形成

第四节　DNA 损伤与修复

生物体的 DNA 复制过程严格按照碱基互补原则添加新的碱基,保证遗传信息的稳定。在某些体内、外因素的影响下,DNA 的组成与结构发生变化,称为 DNA 损伤(DNA damage)。DNA 损伤可产生两种后果:一是 DNA 结构发生永久性改变,称为 DNA 突变(mutation);二是导致 DNA 失去作为复制和转录模板的可能。在细胞增殖过程 DNA 复制发生的突变,称为自发突变;在某些因素诱导作用下发生的突变,称为诱发突变。不论是自发突变或是诱发突变,其效应可以累积。从进化的角度看,一方面,突变促进生物多样性的形成;另一方面,突变与遗传病和肿瘤等疾病的发生有关。

一、引起 DNA 损伤的因素

引起 DNA 损伤的因素很多,可分为体内因素和体外因素。体内因素包括代谢过程产生的某些代谢产物、复制过程中的碱基错配和 DNA 本身的热不稳定性等。体外因素包括辐射、化学毒物、药物、病毒感染、植物和某些微生物的代谢产物等。

(一)体内因素

1. DNA 复制错误　在细胞增殖过程中 DNA 复制速度很快,尽管有严格的保真机制,依然不可避免地有极少数的错配被保留下来。DNA 复制的错配率约 $1/10^{10}$。在细胞增殖频率很高的组织,DNA 复制错误可能影响一些相关疾病的发病率。已发现某些恶性肿瘤的发病率与组织细胞分裂增殖的频率正相关。

2. DNA 自身的不稳定性　当 DNA 所处环境的 pH 值发生改变时,DNA 分子中碱基与核糖之间的糖苷键可发生水解,导致碱基脱落,以嘌呤脱落最常见。有些碱基可发生脱氨基反应,发生碱基的转变,如 C 转变成 U,A 转变成 I 等。

3.代谢过程中产生的活性氧 机体代谢过程中产生的活性氧可以直接作用于碱基,如修饰鸟嘌呤,产生8-羟基脱氧鸟嘌呤等。

(二)体外因素

1.物理因素 电离辐射以及紫外线(ultra violet,UV)照射都可以引起突变。波长260 nm的紫外线促使DNA分子中相邻的两个嘧啶碱基发生共价交联,形成嘧啶二聚体,最常见的是胸腺嘧啶二聚体,影响DNA的复制。波长254 nm的紫外线可以造成DNA链的断裂。

2.化学因素 多种化学物质可以引起DNA结构异常,导致基因突变,主要有以下几类:①脱氨剂,如亚硝酸盐、亚硝胺类;②烷化剂,如氮芥类;③吖啶类,如溴乙啶等;④碱基类似物,如5-FU、6-MP;⑤DNA加合剂,如苯并芘;⑥抗生素及其类似物,如放线菌素D、阿霉素等。

3.生物因素 有些病毒感染细胞后,可导致基因的突变。如乙肝病毒感染后可整合到宿主染色体DNA内,整合过程及病毒基因的表达产物有可能导致宿主基因突变。

二、基因突变类型

根据DNA分子结构的改变,可把突变分为以下几种常见类型。

(一)点突变

DNA分子上单个碱基的改变被称为点突变(point mutation),点突变不改变DNA其他部分的结构。转换(transition)和颠换(transversion)是点突变的主要类型。转换指由一种嘧啶变成另一种嘧啶,或一种嘌呤变成另一种嘌呤。例如,胞嘧啶氧化脱氨转变为尿嘧啶,腺嘌呤脱氨转变为次黄嘌呤。颠换为嘧啶突变为嘌呤,或嘌呤变换成嘧啶。

(二)缺失、插入及框移突变

在DNA碱基序列中,缺失或插入一个或多个碱基,导致DNA序列的阅读框改变,被称为框移突变或移码突变。框移突变改变了遗传密码的编码规则,造成翻译后的蛋白质氨基酸序列改变,其后果是翻译出的蛋白质与原基因表达产物完全不同,丧失蛋白质的生物功能。但如果缺失或插入的核苷酸个数是3或3的倍数,则不一定能引起框移突变。

(三)重排

DNA分子中的某个片段从一位置转到另一个位置,或转到不同DNA分子内并组合连接起来,称为DNA重排。在许多生物体内,具有可以移动的DNA片段,被称为转座子(transposon)。转座子在基因组内的转移,不仅会引起框移突变,还会导致基因失活或DNA高级结构改变,增加基因突变的频率。如血红蛋白的β链和δ链的重排,可导致地中海贫血的产生。

三、DNA损伤的修复

受体内、外因素的影响,生物体发生DNA损伤是不可避免的,损伤的结局取决于DNA受损的程度及细胞对DNA损伤的修复能力。DNA损伤的修复主要是依靠细胞内一系列酶的作用,使 DNA 单链之间错配的碱基予以修正,正常结构得以恢复。主要的修复方式有以下几种。

(一)光修复

光修复(light repair)指嘧啶二聚体的直接修复。光修复酶(photolyase)能特异地识别共价交联的嘧啶二聚体,在 300～500 nm 波长可见光的激发下,催化二聚体解聚,恢复原来的正常结构(图 5-16)。光修复酶首先在大肠杆菌中发现,后来发现普遍存在于生物体内。高等生物细胞中该酶活性很低,因此光修复不是高等生物嘧啶二聚体的主要修复方式。

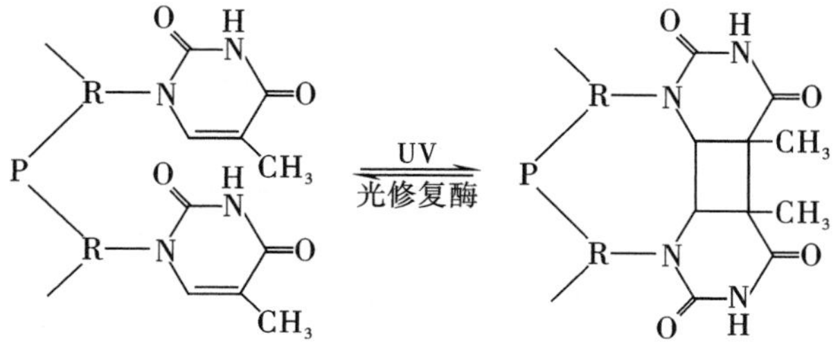

图 5-16　嘧啶二聚体形成及解聚

(二)切除修复

切除修复是哺乳动物体内最重要的一种修复方式,由特异的核酸内切酶、DNA 聚合酶 I 和 DNA 连接酶共同完成。包括碱基切除修复和核苷酸切除修复等修复方式。

1. 碱基切除修复(base excision repairing,BER)　依赖于生物体内存在的一类特异的 DNA 糖基化酶（DNA glycosylase）,该酶能够识别 DNA 链中受损碱基并将其水解切除,产生一个无碱基位点。在无碱基位点的 5′端,核酸内切酶将 DNA 链的磷酸二酯键切开,去除无碱基的脱氧核糖磷酸部分。DNA pol I 以另一条 DNA 链为模板,合成互补序列,填补切除的脱氧核苷酸。最后,由 DNA 连接酶将切口连接,恢复完整的 DNA 正常结构(图 5-17)。

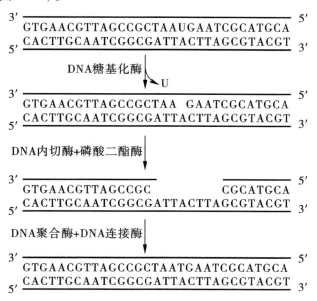

图 5-17　DNA 碱基切除修复

2.核苷酸切除修复(nucleotide excision repairing,NER) 主要参与修复受损伤的核苷酸片段,是生物体内广泛存在的一种DNA修复方式。原核细胞中的蛋白Uvr A、Uvr B 和 Uvr C 组成 UvrABC 修复系统,参与核苷酸切除修复。DNA 损伤时,该系统切除损伤点5′端第8个磷酸二酯键和3′端第15个磷酸二酯键之间的一段寡核苷酸,并由 DNA 聚合酶Ⅰ和 DNA 连接酶填补缺口,完成修复(图5-18)。

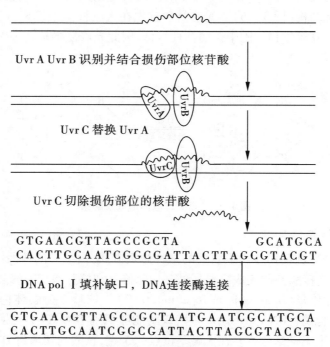

图 5-18　DNA 核苷酸切除修复

(三)重组修复

当 DNA 分子大片段损伤,未能及时修复就进行 DNA 复制时,损伤部位因无模板指导,复制出来的子链就会出现缺口。此时在重组蛋白 Rec A 的作用下,另一股正确母链上与缺口对应的序列被切下并插入缺口,而被移去 DNA 序列的母链缺口则以互补链为模板重新合成后补齐(图5-19)。这种重组修复结果是,原有受损部位仍然存在,但随细胞的增殖次数的增加,损伤链的比例越来越低,最终会把损伤链"稀释"掉。

(四)SOS 修复

SOS 修复是 DNA 受到广泛而严重的损伤而难以继续复制时,所诱导产生的一种特殊修复方式,由 Uvr、Rec、Lex A 等一系列调控蛋白组成的网络式调控系统完成。在正常情况下,该系统各种成分处于低水平状态,当 DNA 损伤程度广泛而严重时,SOS修复系统激活,催化损伤空缺部位 DNA 的合成。由于参与这种修复方式的 DNA 聚合酶活性低,识别碱基的精确度差,一般无校对功能,SOS 修复的出错率大大增加。虽然保持了 DNA 双链的完整性,但增加 DNA 长期、广泛的突变。

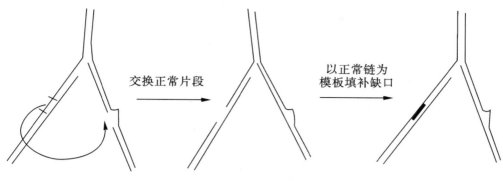

交换正常片段 →

以正常链为
模板填补缺口 →

图 5-19　DNA 的重组修复

第五节　逆转录现象和逆转录酶

逆转录(reverse transcription)又称反转录。对逆转录现象的认识来源于逆转录酶的发现,1970 年,美国生物学家 Temin 和 Baltimore 分别在致癌的 RNA 病毒中发现一种酶,能催化以单链 RNA 为模板合成 DNA,证明遗传信息的反向流向,即从 RNA→DNA,进一步补充了遗传信息传递的中心法则。逆转录酶又称为依赖 RNA 的 DNA 聚合酶(RNA dependent DNA polymerase, RDDP),是一个多功能酶,具有依赖 RNA 的 DNA 聚合酶活性、水解 RNA-DNA 杂交链中 RNA 的 RNase H 酶活性和 DNA 依赖的 DNA 聚合酶活性。

在发现逆转录酶之后,Temin 和 Baltimore 又阐明逆转录病毒的复制机制。逆转录病毒是 RNA 病毒,依靠逆转录酶将自身的 RNA 逆转录为 DNA,整合到宿主细胞的染色体中。当 RNA 病毒进入细胞后,逆转录酶发挥依赖 RNA 的 DNA 聚合酶活性,以病毒 RNA 为模板,宿主 tRNA 为引物,四种 dNTP 为原料,催化合成与 RNA 互补的 DNA(complementary DNA, cDNA),形成的 RNA-DNA 杂化双链。逆转录酶的 RNase H 活性将杂化双链中的 RNA 单链降解。最后,以单链 cDNA 为模板,逆转录酶发挥 DNA 依赖的 DNA 聚合酶活性,催化合成另一 DNA 链,形成双链 DNA,并整合到宿主基因组中(图 5-20)。被整合的逆转录病毒 DNA 分子被称为原病毒(provirus),可以利用宿主的基因表达系统合成病毒蛋白质,装配成病毒颗粒。

RNA 病毒整合到宿主基因组是随机的,这种随机的整合容易导致细胞癌变,因此,多数逆转录病毒都有致癌作用。逆转录病毒在自然界普遍存在,对动物的致瘤作用非常广泛,从低等的爬虫类(蛇)、禽类直到高等哺乳类和灵长类动物,都可诱发白血病、肉瘤和淋巴瘤等。在分子生物学研究中,逆转录酶是一个很重要的分子克隆工具。利用逆转录酶逆转录 mRNA 为 cDNA 的特性,获得需要目的基因。

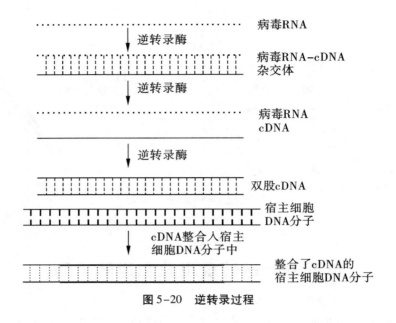

图 5-20 逆转录过程

小 结

DNA 是遗传信息的载体。在细胞增殖分裂时,亲代双链 DNA 分子在酶作用下进行解链,并以解开的单链为模板合成子代 DNA,称为 DNA 复制。通过 DNA 复制形成了在碱基组成、分子结构上与亲代细胞完全相同的基因组 DNA 序列,使亲代的遗传信息准确地传递给子代。

复制具有半保留性,在 DNA 复制过程中,亲代 DNA 双链解开形成两条单链,分别以单链为模板按照碱基互补配对的原则合成互补链,形成两个子代 DNA 分子。新合成的子代 DNA 分子中,一股链来自亲代 DNA,另一股链是新合成的,这种复制方式称为半保留复制。生物体内 DNA 的复制过程是一个复杂的酶促反应,由底物、聚合酶、模板、引物及蛋白因子等多种大分子物质构成复杂的反应体系,并由 ATP 和 GTP 提供能量。原核生物的 DNA 聚合酶主要有三种,分别为 DNA 聚合酶Ⅰ、Ⅱ和Ⅲ,其中 DNA 聚合酶Ⅲ是主要的复制酶。真核生物至少存在 5 种 DNA 聚合酶,分别为 DNA pol α、β、γ、δ 及 ε。DNA 聚合酶以 dNTP 为原料,通过形成 3′,5′-磷酸二酯键延长多核苷酸链,并有校对和纠错的功能。另外多种酶和因子参与 DNA 的复制,包括 DNA 解螺旋酶、DNA 拓扑异构酶、引物酶、单链 DNA 结合蛋白和连接酶等。DNA 复制从特定的复制起始点开始,有单向和双向两种方式进行。不同生物体内 DNA 分子存在形式不同,复制方式也有差异。

受某些体内、外因素的影响,DNA 的组成与结构发生改变,称为 DNA 损伤。受损 DNA 结构如发生永久性改变,称为 DNA 突变。引起 DNA 损伤的因素可分为体内因素和体外因素。体内因素包括代谢过程产生的某些代谢产物、复制过程中的碱基错配和 DNA 本身的热不稳定性等。体外因素包括辐射、化学毒物、药物、病毒感染、植物和某些微生物的代谢产物等。生物体发生 DNA 损伤是不可避免的,损伤的结局取决于

笔记栏

DNA 受损的程度及细胞对 DNA 损伤的修复能力。DNA 损伤的修复主要是依靠细胞内一系列酶的作用,使 DNA 单链之间错配的碱基予以修正,正常结构得以恢复。主要的修复方式有光修复、切除修复、重组修复和 SOS 修复等。切除修复是哺乳动物体内最重要的一种修复方式,包括碱基切除修复和核苷酸切除修复等修复方式。

逆转录是以 RNA 为模板合成 DNA 的过程,催化合成 DNA 的酶称为逆转录酶。逆转录酶是一个多功能酶,具有依赖 RNA 的 DNA 聚合酶活性、水解 RNA-DNA 杂交链中 RNA 的 RNase H 酶活性和 DNA 依赖的 DNA 聚合酶活性。逆转录病毒是 RNA 病毒,病毒依靠逆转录酶将自身的 RNA 逆转录为 DNA,再整合到宿主细胞的染色体中。

（耿慧霞）

思考题

1.什么是 DNA 半保留复制和半不连续复制?

2.原核生物和真核生物的 DNA 复制有哪些异同点?

3.简述原核生物 DNA 复制的过程。

4.导致 DNA 损伤的因素有哪些? 试述 DNA 损伤与恶性肿瘤发生的关系。

5.DNA 损伤的主要修复方式有几种? 简述各种修复方式的作用机制。

6.何谓逆转录? 简述逆转录病毒的复制机制。

第六章

RNA 的生物合成

生物体以 DNA 为模板合成 RNA 的过程称为转录(transcription)。转录过程是基因表达的关键步骤,是以碱基互补的原则将基因组 DNA 中的一个或几个基因抄录出来,合成相应 RNA 的过程。转录最主要的任务是为了在细胞内指导蛋白质的合成。

转录与 DNA 复制有很多相同或相似之处,如基本的化学反应,都是核苷酸(脱氧核苷酸)间磷酸二酯键的合成,新链的合成方向都是 5′→3′,核酸产物链和模板链间都遵循碱基互补原则等,但又有区别(表6-1)。

表6-1 复制与转录的异同

	复制	转录
模板	两条链都复制	只有一条链(模板链)被转录
原料	dNTPs	NTPs
酶	DNA 聚合酶	RNA 聚合酶
碱基配对	A–T G–C	A–U G–C T–A
产物	子代双链 DNA	mRNA rRNA tRNA

第一节 转录的反应体系

一、转录模板

基因是一段有生物学意义的 DNA(或与之对应的 RNA),它包含有特定的信息,能够用来产生一个有功能的生物学产物。基因区段的双链 DNA,在转录时是被 RNA 聚合酶按照一个特定的方向先后转录出来的,最先被转录出来的区段,称为基因的上游区。在细胞内转录时,DNA 只有一条链作为 RNA 合成模板被转录出来,形成反向互补的 RNA 分子,这条链称为模板链(template strand)。与模板链相对应的另一股单链则称编码链(coding strand)。文献中只用编码链来表示基因的碱基序列。

每一个基因片段内的双链 DNA,只有一条链(模板链)被转录产生 RNA 分子,另一条链则不转录,这种模板的选择性称为不对称转录(asymmetric transcription)(图6-1)。对于含有很多基因的基因组 DNA 来说,其中一条链被用作模板的次数,可能比另一条链多。如某双链 DNA 的一股链被 50 个基因用作模板链,另一股链却只有 5 个基因作为模板链。转录时,RNA 聚合酶总是沿着模板链 3′→5′方向,新生 RNA 链的合成方向则是 5′→3′。

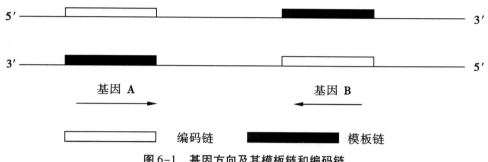

图6-1　基因方向及其模板链和编码链

二、RNA 聚合酶

原核生物和真核生物的 RNA 聚合酶(RNA polymerase,RNA pol)都是以 DNA 为模板,以 4 种三磷酸核苷为原料,催化过程需要 Mg^{2+}、Mn^{2+} 等二价金属离子的参加。转录是以不对称转录方式进行,转录起始点固定。可以从头合成 RNA 新链,不需要引物,合成方向都是 5′→3′,即新生 RNA 链的合成方向。所有 RNA 聚合酶均无校读能力,碱基错配率在 $1/(10^4 \sim 10^5)$。

(一)原核生物 RNA 聚合酶

大肠杆菌 RNA 聚合酶分子量约 480 kD,是由 α、β、β′和 σ 4 种亚基组成的五聚体($\alpha 2\beta\beta'\sigma$)酶蛋白。其中 σ 亚基的功能是辨认 DNA 模板上的转录起始点,其余的 4 个亚基($\alpha 2\beta\beta'$)称为核心酶(core enzyme),催化模板指导的 RNA 合成,负责转录延伸阶段。σ 亚基与核心酶共同组成 RNA 聚合酶的全酶(holoenzyme),负责转录的起始。其他原核生物的 RNA 聚合酶在结构和功能上均与大肠杆菌相似。大肠杆菌 RNA 聚合酶各亚基的功能见表6-2。

表6-2　大肠杆菌 RNA 聚合酶组成及功能

亚基	分子量	每分子所含数目	功能
α	36 512	2	结合各种转录因子,决定哪些基因被转录
β	150 618	1	催化磷酸二酯键的合成
β′	155 613	1	结合 DNA 的模板链,双螺旋解链
σ	70 263	1	辨认转录的起始点

原核生物 RNA 聚合酶的 β 亚基能通过非共价键结合抗结核杆菌药物利福平或利

福霉素,阻止第一个 NTP 的进入,所以,原核生物的转录起始受到这两种药物的抑制。

(二)真核生物 RNA 聚合酶

真核细胞有 3 种 RNA 聚合酶,分别是 RNA 聚合酶 I(RNA pol I),RNA 聚合酶 II(RNA pol II)和 RNA 聚合酶 III(RNA pol III),负责三类不同基因的转录。3 种真核 RNA 聚合酶对 α-鹅膏蕈碱的敏感程度不同(表 6-3)。

表 6-3　真核生物 RNA 聚合酶

种类	I	II	III
转录产物	45S rRNA	hnRNA	5S rRNAtRNA snRNA
对 α-鹅膏蕈碱	耐受	极敏感	中度敏感

第二节　转录过程

原核生物和真核生物的转录过程都可分为转录起始、转录延长和转录终止三个阶段。

一、转录起始

(一)原核生物的转录起始

原核生物的转录起始就是 RNA 聚合酶全酶与 DNA 模板结合,打开 DNA 双链,并完成第一和第二个核苷酸间聚合反应的过程。

对于整个基因组来讲,转录是分区段进行的。每一转录区段为一转录单位,称为操纵子(operon)。操纵子包含了若干个基因编码区及其调控序列,其中调控序列中的启动子(promoter)是 RNA 聚合酶识别并结合模板 DNA 的部位,对转录起始非常关键。启动子位于模板 DNA 转录起始点的上游,典型的原核生物的启动子序列是位于-35区的 TTGACA 序列和-10 区的 TATAAT 序列。-35 区是 RNA 聚合酶对转录起始的识别序列(recognition sequence),-10 区的 TATAAT 序列是 1975 年由 D. Pribnow 首先发现,故称为 Pribnow 盒(Pribnow box)(图 6-2)。

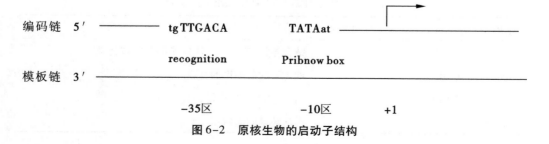

图 6-2　原核生物的启动子结构

笔记栏

大肠杆菌的转录起始首先是以全酶形式的 RNA 聚合酶识别并结合到模板 DNA 的启动子上,形成闭合转录复合体(closed transcription complex),其中 DNA 仍保持完整的双链结构。被 RNA 聚合酶全酶结合并覆盖的双链 DNA,首先从−10 区开始解开双链,形成开放转录复合体(open transcription complex),从转录起始点(+1 位)开始合成寡核苷酸,σ 亚基离开,核心酶离开转录起始点,开始转录延伸。

（二）真核的生物的转录起始

相对于原核生物,真核生物的转录起始尤其复杂。真核生物的转录起始上游区段与原核生物相比更加多样化,不同物种、不同细胞或不同基因,在转录起始点上游都有不同的特异 DNA 序列,包括启动子、增强子(enhancer)等,统称为顺式作用元件。典型的真核细胞编码蛋白质的基因启动子也位于转录起始点的上游,如位于−25 ~ −30 区段的 Hogness 盒或称 TATA 盒(TATA box),通常认为是启动子的核心序列。更上游还有 GC 盒以及 CAAT 盒等,甚至还有远离转录起始点的增强子和沉默子(silencer)等(图 6-3)。

真核细胞转录的起始和延长过程都需要种类众多的蛋白质因子参与,这些因子被称为转录因子(transcriptional factors,TF)或反式作用因子(trans-acting factors)。真核细胞的转录因子包括基本转录因子和特异转录因子,其中直接或间接结合 RNA 聚合酶,为转录起始前复合物装配所必需的转录因子属于基本转录因子,是各类基因转录都需要的。RNA 聚合酶需要不同的基本转录因子配合完成转录的起始和延长过程。相对应于 RNA 聚合酶 I,RNA 聚合酶 II 和 RNA 聚合酶 III,这些转录因子分别称为 TF I、TF II 和 TF III。真核细胞 RNA 聚合酶不直接识别和结合模板 DNA 的顺式作用元件,而是依靠转录因子识别并结合起始序列。

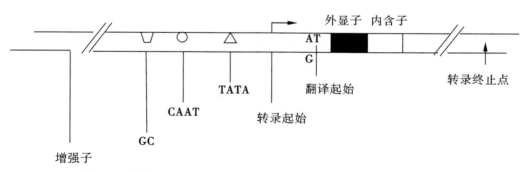

图 6-3　真核生物 RNA 聚合酶 II 转录的基因及其转录起始的上游序列

真核细胞各类基因的转录起始过程差异很大。RNA 聚合酶 II 催化的 mRNA 转录需要一系列 TF II 参与,最后形成具有转录活性的转录起始前复合物(pre-initiation complex,PIC)。PIC 形成的基本步骤是:TF II D 的 TATA 结合蛋白(TATA-binding protein TBP)亚基首先识别并结合 DNA 的 TATA 序列,然后 TF II B 与 TBP 结合形成 TF II B-TBP 复合体。TF II A 能够稳定地结合在 TF II B-TBP 复合体上,形成 TF II D-II A-II B-DNA 复合体。TF II B-TBP 复合体与 RNA 聚合酶 II-TF II F 复合体结合,降低 RNA 聚合酶 II 与 DNA 的非特异部位的结合,协助 RNA 聚合酶 II 靶向结合启动子的核心区域。接着 TF II E 和 TF II H 加入,形成闭合复合物,PIC 装配完成(图 6-4)。

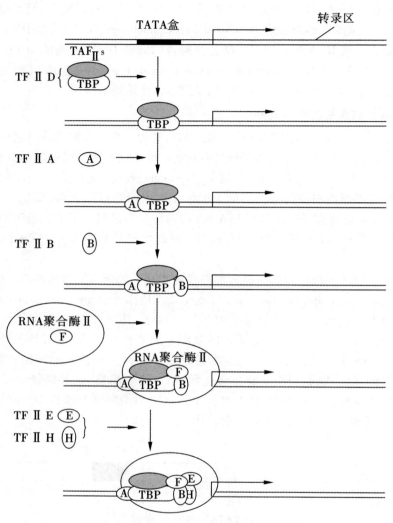

图 6-4　真核生物 RNA 聚合酶 II 转录起始

二、转录延长

　　原核生物和真核生物的转录延长机制基本相同,RNA 聚合酶在 DNA 模板上局部解链 DNA 双螺旋,按照碱基互补原则合成一条与模板链反向互补的单链 RNA 分子,大肠杆菌 RNA 合成速度为每秒 20 ~ 50 个核苷酸。在转录延长阶段,由 RNA 聚合酶的核心酶负责 RNA 链的延长反应,核心酶沿着 DNA 模板链的 3′向 5′方向移动,即对模板链的阅读方向是 3′端向 5′端。合成的 RNA 链与模板链反向互补,RNA 链从 5′端向 3′端延长,新的核苷酸都是加在 3′-OH 上。原核细胞由于没有核膜的存在,正在延伸阶段形成的 mRNA 链,在转录完成前即可与核糖体结合,用作翻译的模板,进行蛋白质的生物合成。这种翻译和转录同时进行的现象在原核生物存在较为普遍。但真核生物由于存在核膜,转录在细胞核内进行,翻译过程在细胞质进行,没有这种转录和翻译同步进行的现象。

三、转录终止

（一）原核生物的转录终止

转录的终止是 RNA 聚合酶在 DNA 模板上停顿,转录产物 RNA 链从转录复合物上脱落的过程。根据是否需要蛋白质因子的参与,原核生物转录终止分为依赖 ρ(Rho)因子和非依赖 ρ 因子两类。ρ 因子是一种蛋白质分子,分子量 50 kD,活性形式是同六聚体。ρ 因子能结合单链 RNA,尤其在 poly C 区的结合力最强,ρ 因子还有 ATP 酶和解螺旋酶的活性。在依赖 ρ 因子终止的转录中,合成产物 RNA 链的 3′端多产生较丰富且有规律的 C 碱基,ρ 因子能识别产物 RNA 的这一信号,并与之结合。结合 RNA 后的 ρ 因子和 RNA 聚合酶都发生构象变化,使 RNA 聚合酶的移动停顿,ρ 因子的解螺旋酶活性使 RNA 产物与 DNA 模板拆离,从转录复合物中释放,转录终止(图6-5)。非依赖因子 ρ 的转录终止的 DNA 模板靠近终止区域有些特殊回文序列,依照模板链转录出来的对应的 RNA 区段,就会形成发夹结构,影响 RNA 聚合酶的构象,使其停止转录。转录产物 RNA 的 3′端常有多个连续的 U,这段 RNA 链与 DNA 模板形成的局部 DNA/RNA 杂化短链的碱基配对是最不稳定的,有利于转录产物 RNA 与DNA 模板链的脱离(图6-6)。

（二）真核生物的转录终止过程

真核生物转录终止机制目前不很清楚,推测可能和转录后修饰有关。真核生物 mRNA 的 3′poly A 尾巴,是转录后才加进去的,一般基因的 DNA 模板上没有对应的碱基序列,但 RNA 聚合酶Ⅱ所催化的 hnRNA 的转录终止是与 poly A 尾巴的形成同时进行的。在 hnRNA 基因编码区的下游,常有一组 AATAAA 的共同序列,这是 hnRNA 转录终止的信号,称为修饰点。RNA 聚合酶Ⅱ催化的转录会越过这一修饰点,并将这段序列转录出来。转录出来的 hnRNA 携带的与修饰点相应的序列能够被特异性核酸内切酶识别并在其后方切断。然后,在断段的 3′-OH,由 poly A 聚合酶合成 poly A 尾巴结构。断段下游的 RNA 随继续转录,但很快被 RNA 酶降解。

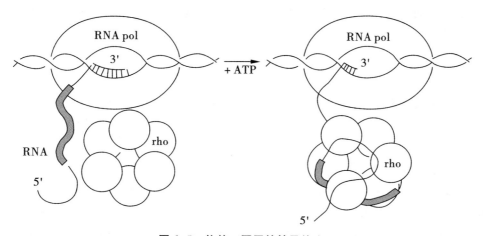

图6-5　依赖 ρ 因子的转录终止

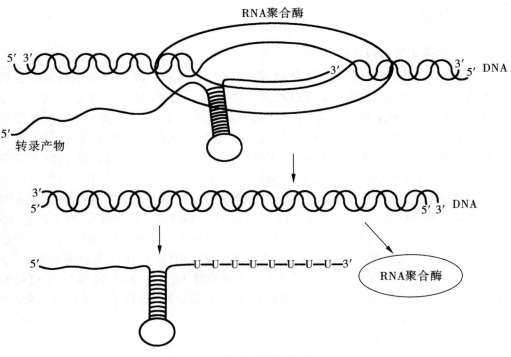

图 6-6　非依赖 ρ 因子的转录终止

第三节　真核生物的转录后加工

转录生成的 RNA 分子是初级转录产物（primary transcripts），一般都要经过转录后加工修饰，才能成为成熟的、具有生物学活性的 RNA 分子。多数的原核生物 mRNA 不需要经过加工，甚至出现转录和翻译同步进行的现象，但原核生物 rRNA、tRNA 以及真核生物所有的初级转录产物都要进行转录后加工修饰。

一、mRNA 的转录后加工

真核生物 mRNA 的转录后，需进行 5′端加帽和 3′端加尾的修饰，并对 hnRNA 进行剪接（splicing）加工，去除内含子，连接外显子，才能成为成熟的 mRNA，转移到核糖体，指导蛋白质的合成。

（一）在 5′端加入"帽"结构

大多数真核细胞的成熟 mRNA 的 5′端都有一个 7-甲基鸟嘌呤的帽子结构。新生 mRNA 的第一个核苷酸常是 5′-三磷酸核苷 pppG 或 pppA 形式。这样的 5′端结构，容易被 5′端核酸外切酶降解。帽子的生成首先是在磷酸酶作用下 pppG-水解脱 Pi，形成 ppG-，在鸟苷酸转移酶作用下，与另一 GTP 的 5′端结合，形成 GpppG-结构。最后在甲基转移酶作用下，由 S-腺苷甲硫氨酸（SAM）提供甲基，在新加入的鸟嘌呤的 N-7

以及与之连接的鸟苷酸 2-OH 上进行甲基化,成为 m^7GpppGm 的帽子结构。5′端帽子结构能够防止 mRNA 被核酸酶水解,也可被核糖体或者翻译起始因子识别,帮助 mRNA 从细胞核进入细胞质,启动蛋白质的生物合成。

(二)在 3′端特异位点断裂并加上多聚腺苷酸尾结构

在新生的 RNA 上一旦出现了 AAUAAA 加尾信号,核酸内切酶在 AAUAAA 下游 10～30 个碱基的地方切断,然后由 poly A 聚合酶利用底物 ATP 合成 3′端 poly A 尾巴。poly A 长度一般在 100～200 个核苷酸(图 6-7)。加尾的 poly A 聚合酶有两种:一种在细胞核内,一种在细胞质。poly A 尾巴是维持 mRNA 作为翻译模板的活性以及增加 mRNA 本身稳定性的因素。

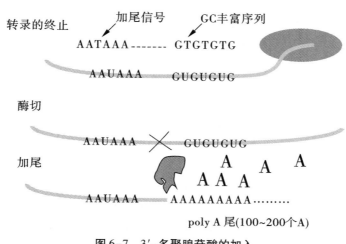

图 6-7　3′-多聚腺苷酸的加入

(三)hnRNA 的剪接

真核细胞 RNA 聚合酶 II 合成的初级转录产物称为不均一核 RNA(heterogeneous nuclear RNA,hnRNA),hnRNA 是成熟 mRNA 的前体。真核基因是由若干个编码区和非编码区互相间隔又连续镶嵌而成,又称为断裂基因,其初级转录产物 hnRNA 的分子量比对应的成熟 mRNA 大几倍,甚至几十倍。hnRNA 通过剪接作用将非编码序列内含子(intron)部分序列剪切掉,将最终出现在 mRNA 中的外显子(exon)序列连接起来,形成指导蛋白质翻译的模板序列,即成熟的 mRNA 分子(图 6-8)。mRNA 的剪接作用需要小核 RNA(snRNA)参与,snRNA 与多种蛋白质结合,形成核内小核糖体蛋白颗粒(small nuclear ribonucleoprotein particle,snRNP),经过两次成酯反应,完成剪接作用。

(四)mRNA 的编辑

有些基因蛋白质产物的氨基酸序列与其基因编码的初级转录产物并不完全对应,mRNA 上的一些序列在转录后发生改变,称为 mRNA 编辑(mRNA editing)。人类基因组上只有 1 个载脂蛋白 B(apolipoprotein B,apo B)基因,转录后经过 RNA 编辑,产生的 apo B 蛋白有两种:一种是在肝细胞合成的 apo B_{100},由 4 536 个氨基酸残基构成;另一种是在小肠黏膜合成的 apo B_{48},由 2 152 个氨基酸残基构成。这两种 apo B 蛋白都由 apo B 基因转录的 mRNA 编码,但在小肠黏膜细胞存在胞嘧啶核苷脱氨酶(cytosine deaminase),能将 apo B mRNA 的 2 153 位氨基酸的密码子 CAA 中的 C 脱氨基转变成为 U,导致原 CAA 变成终止密码子 UAA,apo B_{48} 的 mRNA 的翻译在 2 153 位密码子处终止,产生仅具有 2 152 个氨基酸残基的 apo B_{48} 蛋白。

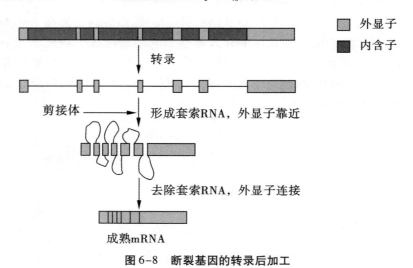

图 6-8　断裂基因的转录后加工

根据对人体蛋白质种类的认识,曾估计人类基因总数在 5 万 ~ 10 万,甚至 10 万以上。在 2001 年人类基因组计划测序完成后,人们认为人类只有 2 万 ~ 2.5 万个基因。RNA 编辑说明,基因编码序列经过转录后加工是基因差异化表达的原因之一,也称为差异性 RNA 加工(differential RNA processing)。

二、tRNA 的转录后加工

原核生物和真核生物的 tRNA 前体分子的加工过程类似。tRNA 前体分子往往是几个不同的 tRNA 串联体,转录后加工过程包括切割、剪切和碱基修饰等。

原核生物和真核生物的 tRNA 基因转录生成较大的 tRNA 前体,tRNA 前体分子结构中存在插入序列,需要在转录后的加工过程中通过剪切作用切除。剪切过程需要多种核酸酶完成,分别在 tRNA 前体的 5′-端和 3′-端切除一定的核苷酸序列以及 tRNA 反密码环的部分插入序列。tRNA 前体的 3′-端除去个别碱基后,在核苷酸转移酶作用下,以 CTP、ATP 为供体,在 3′-端加上 CCA-OH 结构,使 tRNA 分子具有携带氨基酸的能力。

成熟的 tRNA 分子中有许多的稀有碱基,由高度专一的修饰酶催化形成。包括某些嘌呤甲基化生成甲基嘌呤;某些尿嘧啶通过还原反应生成为二氢尿嘧啶;某些尿嘧啶核苷的碱基转位形成假尿嘧啶核苷;某些腺苷酸脱氨基为成为次黄嘌呤核苷酸。

三、rRNA 的转录后加工

真核生物 rRNA 基因有几十至几千个拷贝数串联重复。其中 18S rRNA、28S rRNA 和 5.8S rRNA 基因成簇排列组成一个转录单位,彼此被间隔区分开,由 RNA 聚合酶Ⅰ转录成一个 rRNA 前体。真核生物细胞核内都可发现一种 45S 的转录产物,它是 3 种 rRNA 的前身。45S rRNA 通过一种所谓"自剪接"机制,在小核仁 RNA(snoRNAs)以及多种蛋白质分子组成的小核仁核糖核蛋白(snoRNPs)的参与下,通过逐步剪切成为成熟的 18S、5.8S 及 28S 的 rRNA。此外,通常还需要甲基化反应及尿嘧啶转化为假尿嘧啶。rRNA 成熟后,在核仁上装配,28S rRNA、5.8S rRNA 及由 RNA 聚合酶Ⅲ催化生成的 5S rRNA 以及多种蛋白质分子一起组装成核糖体大亚基,而 18S rRNA 与相关蛋白质分子一起组装成核糖体小亚基。然后,通过核孔转移到细胞质,作为蛋白质合成的场所。

第四节　核　酶

长期以来,人们认为只有某些蛋白质才有生物催化功能。1982 年 Cech 等发现四膜虫 rRNA 前体自我剪接作用,显示 RNA 有催化作用。为了将这种化学本质为 RNA 的催化剂与酶相区别,人们将这些具有催化作用的 RNA 分子命名为核酶(ribozyme)。

核酶是具有催化活性的 RNA,主要参加 RNA 的加工与成熟。核酶通常为 60 个核苷酸左右,同一分子上包括有催化部分和底物部分,催化部分和底物部分组成一起,组成能自我切割的锤头结构(hammer-head structure)(图 6-9)。结构中三个茎区形成局部的双链结构包,含 13 个保守的核苷酸,N 代表任何核苷酸。图 6-9 中的箭头表示自我切割位点,位于 GUH 的 H 外侧,H 可表示为 C、U 或 A,不能是 G。

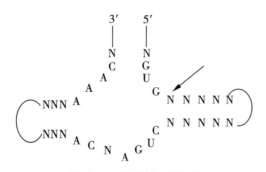

图 6-9　核酶的锤头结构

核酶的作用主要有:①核苷酸转移作用;②水解反应,即磷酸二酯酶作用;③磷酸转移反应,类似磷酸转移酶作用;④脱磷酸作用,即酸性磷酸酶作用;⑤RNA 内切反应,即 RNA 限制性内切酶作用。

核酶的发现打破了生物催化剂是蛋白质的传统观念。在生命起源问题上,为核酸出现早于蛋白质提供了依据。人工核酶的设计和研究,为破坏有害基因、治疗肿瘤等疾病提供了重要的策略和手段。

小　结

生物体以 DNA 为模板合成 RNA 的过程称为转录。转录过程是基因表达的关键步骤,是以碱基互补的原则将基因组 DNA 中的一个或几个基因抄录出来,合成相应 RNA 的过程。转录最主要的任务是为了在细胞内指导蛋白质的合成。转录反应体系主要成分包括 DNA 模板,合成原料四种核糖核苷三磷酸及 RNA 聚合酶等。在细胞内转录时,每一个基因片段内的双链 DNA,只有一条链(模板链)被转录产生 RNA 分子,另一条链则不转录,这种模板的选择性称为不对称转录。转录时,RNA 聚合酶总是沿着模板链 3′→5′方向移动,新生链 RNA 的合成方向则是 5′→3′。原核生物 RNA 聚合酶是由 α、β、β′和 σ 4 种亚基组成的五聚体(α2ββ′σ)酶蛋白。其中 σ 亚基的功能是辨认 DNA 模板上的转录起始点,其余的 4 个亚基(α2ββ′)称为核心酶,催化模板指导的 RNA 合成,负责转录延伸阶段。σ 亚基与核心酶共同组成 RNA 聚合酶的全酶,负责转录的起始。真核细胞有三种 RNA 聚合酶,分别是 RNA 聚合酶Ⅰ,RNA 聚合酶Ⅱ和 RNA 聚合酶Ⅲ,分别负责各类不同基因的转录。

转录过程包括转录起始、转录延伸和转录终止。原核生物的转录起始就是 RNA 聚合酶全酶与 DNA 模板结合,打开 DNA 双链,并完成第一和第二个核苷酸间聚合反应的过程。在调控序列中的启动子是 RNA 聚合酶识别并结合模板 DNA 的部位,启动子位于模板 DNA 转录起始点的上游。真核生物的转录起始上游区段与原核生物相比更加多样化,不同物种、不同细胞或不同基因,在转录起始点上游都有不同的特异 DNA 序列,包括启动子、增强子等,统称为顺式作用元件。真核细胞转录的起始和延长过程都需要种类众多的蛋白质因子参与,这些因子被称为转录因子或反式作用因子。真核细胞 RNA 聚合酶不直接识别和结合模板 DNA 的顺式作用元件,而是依靠转录因子识别并结合起始序列。原核生物和真核生物的转录延长机制基本相同,RNA 聚合酶在 DNA 模板上局部解链 DNA 双螺旋,按照碱基互补原则合成一条与模板链反向互补的单链 RNA 分子。原核细胞由于没有核膜的存在,较为普遍的存在翻译和转录同时进行的现象,但真核生物由于存在核膜,转录在细胞核内进行,翻译过程在细胞质进行,没有转录和翻译同步进行的现象。转录的终止是 RNA 聚合酶在 DNA 模板上停顿,转录产物 RNA 链从转录复合物上脱落的过程。根据是否需要蛋白质因子的参与,原核生物转录终止分为依赖 ρ 因子和非依赖 ρ 因子两类。真核生物转录终止可能和转录后修饰有关。真核生物的 RNA 聚合酶Ⅱ所催化的 hnRNA 的转录终止是与 poly A 尾巴的形成同时进行的。在 hnRNA 基因编码区的下游,常有一组 AATAAA 的共同序列,称为修饰点。RNA 聚合酶Ⅱ催化的转录将这段序列转录出来。被特异性核酸内切酶识别并在其后方切断,在断段的 3′–OH,由 poly A 聚合酶合成 poly A 尾巴结构。

转录生成的 RNA 分子是初级转录产物,一般都要经过转录后加工修饰,才能成为成熟的、具有生物学活性的 RNA 分子。多数的原核生物 mRNA 不需要经过加工,但原核生物 rRNA、tRNA 以及真核生物所有的初级转录产物都要进行转录后加工修饰。真核生物 mRNA 的转录后,需进行 5′端加帽和 3′端加尾的修饰,并对 hnRNA 进行剪接加工,去除内含子,连接外显子,才能成为成熟的 mRNA,转移到核糖体,指导蛋白质的合成。有些基因蛋白质产物的氨基酸序列与其基因编码的初级转录产物并不完全对应,mRNA 上的一些序列在转录后发生改变,称为 mRNA 编辑。tRNA 前体分子往往是几个不同的 tRNA 串联体,转录后加工过程包括切割、剪切和碱基修饰等。真核生物 rRNA 基因有几十至几千个拷贝数串联重复,由 RNA 聚合酶Ⅰ转录成一个 rRNA

前体,通过逐步剪切成为成熟的 18S、5.8S 及 28S 的 rRNA,与 RNA 聚合酶Ⅲ催化生成的 5S rRNA 以及多种蛋白质分子一起组装成核糖体大、小亚基,通过核孔转移到细胞质,作为蛋白质合成的场所。

核酶是具有催化活性的 RNA,主要参加 RNA 的加工与成熟。核酶通常为 60 个核苷酸左右,同一分子上包括有催化部分和底物部分,催化部分和底物部分组成一起,组成能自我切割的锤头结构。

(张贵星)

思考题

1. 试比较转录与复制的异同点。
2. 简述原核生物和真核生物 RNA 聚合酶的组成和功能。
3. 真核细胞转录起始与原核细胞相比较,有哪些差异?
4. 真核细胞 mRNA 的转录后加工方式有哪些?

第七章

蛋白质的生物合成

氨基酸是蛋白质分子的基本组成单位,不同蛋白质分子的氨基酸的排列顺序不是随机的,而是由蛋白质的编码基因中的碱基排列顺序决定的。基因的遗传信息经转录过程从 DNA 转移到 mRNA,再通过翻译过程,将 mRNA 携带的遗传信息转换为蛋白质的氨基酸排列顺序,此过程称为基因表达。

翻译(translation)即蛋白质分子生物合成的过程,是以 mRNA 为模板,将 mRNA 分子中由核苷酸组成的密码信息,解读为蛋白质分子中 20 种氨基酸的排列顺序。蛋白质生物合成的场所是在核糖体,以 20 种氨基酸为原料,反应所需能量由 ATP 和 GTP 提供,并有多种酶和蛋白质因子参与合成过程。

第一节　RNA 在蛋白质生物合成中的作用

RNA 在蛋白质生物合成中具有重要作用。在蛋白质的生物合成中,mRNA 为模板,tRNA 为运载工具,核糖体为装配场所。

一、mRNA 与遗传密码

(一)mRNA 是蛋白质合成的直接模板

储存在 DNA 分子中遗传信息并不能直接以 DNA 作为模板指导蛋白质的生物合成,需要通过转录生成 mRNA,以 mRNA 为模板指导蛋白质的合成,从而将 DNA 分子中的遗传信息传递到蛋白质多肽链的序列上。因此,mRNA 是蛋白质合成的直接模板,不同的蛋白质有不同的 mRNA 模板,mRNA 分子中的不同核苷酸排列顺序携带从 DNA 传递来的遗传信息。mRNA 除含有编码区外,两端还有非编码区,非编码区对于 mRNA 的模板活性是必需的,特别是 5′端非编码区被认为是蛋白质合成中与核糖体结合的部位。

(二)遗传密码及其特点

在 mRNA 的阅读框架区内,从 5′→3′方向,mRNA 分子中以 3 个相邻核苷酸为单位组成 1 个密码子(codon),代表一种氨基酸,这种三联体形式的核苷酸序列又称为三联体密码。mRNA 中的四种碱基可以组成 64 种密码子,这些密码不仅代表了 20 种氨基酸,还决定了翻译过程的起始与终止位置。其中 61 个密码子编码 20 种用于蛋白质合成的氨基酸,UAG、UGA 和 UAA 3 个密码子不编码任何氨基酸,而是作为肽链合成的终止密码子(terminator codon)。AUG 代表甲硫氨酸同时也是肽链合成的起始信号,称为起始密码子。从 mRNA 5′-端起始密码子 AUG 到 3′-端终止密码子之间的核苷酸序列,称为开放阅读框架(open reading frame,ORF)(表 7-1)。

表 7-1 遗传密码表

第一位核苷酸 (5′端)	第二位核苷酸				第三位核苷酸 (3′端)
	U	C	A	G	
U	苯丙氨酸	丝氨酸	酪氨酸	半胱氨酸	U
	苯丙氨酸	丝氨酸	酪氨酸	半胱氨酸	C
	亮氨酸	丝氨酸	终止密码	终止密码	A
	亮氨酸	丝氨酸	终止密码	色氨酸	G
C	亮氨酸	脯氨酸	组氨酸	精氨酸	U
	亮氨酸	脯氨酸	组氨酸	精氨酸	C
	亮氨酸	脯氨酸	谷氨酰胺	精氨酸	A
	亮氨酸	脯氨酸	谷氨酰胺	精氨酸	G
A	异亮氨酸	苏氨酸	天冬酰胺	丝氨酸	U
	异亮氨酸	苏氨酸	天冬酰胺	丝氨酸	C
	异亮氨酸	苏氨酸	赖氨酸	精氨酸	A
	甲硫氨酸	苏氨酸	赖氨酸	精氨酸	G
G	缬氨酸	丙氨酸	天冬氨酸	甘氨酸	U
	缬氨酸	丙氨酸	天冬氨酸	甘氨酸	C
	缬氨酸	丙氨酸	谷氨酸	甘氨酸	A
	缬氨酸	丙氨酸	谷氨酸	甘氨酸	G

位于 mRNA 起动部位 AUG 为氨基酸合成肽链的起动信号。以哺乳动物为代表的真核生物,此密码子代表甲硫氨酸;以微生物为代表的原核生物则代表甲酰甲硫氨酸

遗传密码具有以下特点:

1. 方向性 组成密码子的碱基在 mRNA 序列中的排列具有方向性,翻译阅读的方向只能从 5′ 至 3′。翻译时从起始密码开始,沿 5′→3′ 方向逐一阅读,直至遇到终止密码子为止,指导合成的多肽链由 N 端向 C 端延伸(图 7-1a)。

2. 连续性 连续性是指 2 个相邻的密码子之间没有任何特殊的符号加以间隔,从起始密码子 AUG 开始,密码子被连续阅读,直至终止密码子出现,3 个相邻碱基代表 1 个氨基酸,读码时每个碱基只读 1 次,不能重叠阅读,从而构成 1 个从起始密码至终止密码的连续不断的阅读框架。

由于密码子的连续性,若插入或删除 1 个核苷酸,会造成这一点以后的密码发生

错误,称为移码(frame shift),翻译出肽链的氨基酸序列也发生相应改变(图7-1b),编码的蛋白质功能改变或丧失,这种突变方式称为框移突变(frame-shift mutation)。

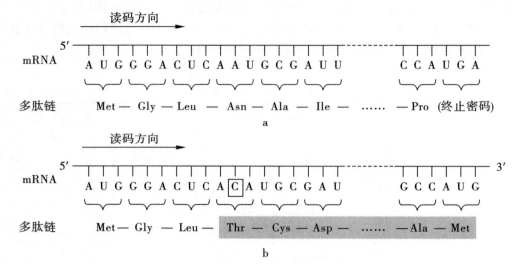

图7-1 遗传密码子的连续性与框移突变

a. 氨基酸的排列顺序对应 mRNA 序列中密码子的排列顺序;b. 核苷酸插入导致框移突变,框内为插入的核苷酸

3. 简并性 在64个遗传密码子中,61个密码子编码20种氨基酸,因此部分氨基酸可有多个密码子编码,这种现象称为遗传密码的简并性。除色氨酸和甲硫氨酸只有1个密码子外,其他18种氨基酸均有2、3、4、6个密码子为其编码。对应于同一种氨基酸的不同密码子称为同义密码子(表7-2)。大多情况下,同义密码子的第一位和第二位碱基相同,只有第三位碱基不同,即密码子的特异性主要由前两位核苷酸决定,即使第三个碱基发生突变也能翻译出正确的氨基酸,这对于保证物种的稳定性有一定意义。

表7-2 氨基酸密码子的简并性

氨基酸	密码子数目	氨基酸	密码子数目
Ala	4	Leu	6
Arg	6	Lys	2
Asn	2	Met	1
Asp	2	Phe	2
Cys	2	Pro	4
Gln	2	Ser	6
Glu	2	Thr	4
Gly	4	Trp	1
His	2	Tyr	2
Ile	3	Val	4

4.摆动性 翻译过程氨基酸的正确加入,需靠 mRNA 上的密码子与 tRNA 上的反密码子遵循碱基反向互补原则相互配对辨认,以保证 tRNA 携带的氨基酸能够按照 mRNA 的密码子序列,合成相应氨基酸序列的多肽链。密码子与反密码子配对有时出现不遵从碱基配对规律的情况,称为遗传密码的摆动(wobble)现象,常见于密码子的第三位碱基与反密码子的第一位碱基,如 U 可以与 A 或 G 配对,G 可以与 U 或 C 配对。但密码子第一位、第二位碱基配对是严格的(表 7-3)。tRNA 分子组成的特点是有较多稀有碱基,其中次黄嘌呤(inosine, I)常出现于反密码子第一位,I 可以与 U、A、C 配对,也是最常见的摆动现象(图 7-2)。摆动现象使得 1 个 tRNA 所携带的氨基酸可对应在 2~3 个不同的密码子上,因此当密码子的第三位碱基发生一定程度的突变时,并不影响 tRNA 带入正确的氨基酸。

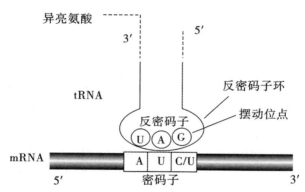

图 7-2 密码子和反密码子的识别方式与摆动配对

图中的 tRNA 携带异亮氨酸,其反密码环中的第一位 G
既可以识别 mRNA 密码子第三位的 C,也可以识别 U

表 7-3 反密码子第一位碱基与密码子第三位碱基之间的摆动配对

反密码子第一位碱基	密码子第三位碱基
A	U
C	G
G	U
	C
U	A
	G
	U
I	C
	A

5.通用性 从细菌至人类都使用同一套遗传密码,说明地球物种有共同的进化起源。遗传密码的通用性也有个别例外,真核生物线粒体的个别密码子不同于通用密码子。例如人线粒体密码子 UGA 不代表终止密码子,而是色氨酸的密码子;AGA、AGG 不代表精氨酸,而是终止密码子。

二、tRNA 与氨基酰 tRNA

(一) tRNA 是氨基酸的运载工具

在蛋白质合成过程中,tRNA 作为运载工具,将分散在细胞质的氨基酸搬运到核糖体并组装成多肽链。tRNA 是小分子 RNA,富含稀有碱基和修饰碱基,长度为 73 ~ 94 个核苷酸,tRNA 分子 3′ 端均为 CCA 序列,氨基酸分子通过共价键与 CCA 末端腺苷酸结合,此处的结构称为氨基酸臂。每种氨基酸都有 2 ~ 6 种特异的 tRNA 来搬运,但是一种 tRNA 只能转运一种特定的氨基酸。tRNA 分子中反密码子环的反密码子与 mRNA 分子的密码子通过碱基配对原则相互识别并形成氢键。参与蛋白质合成的氨基酸需要与相应的 tRNA 结合,在氨基酰-tRNA 合成酶作用下,合成氨基酰-tRNA,再转运至核糖体,用于蛋白质的合成。

(二) 氨基酰-tRNA 的合成

氨基酸与特异的 tRNA 结合形成具有反应活性的氨基酰-tRNA 的过程称为氨基酸的活化,由氨基酰-tRNA 合成酶(aminoacyl-tRNA synthetase)催化完成。氨基酰-tRNA 合成酶具有高度的专一性,既能识别特异的氨基酸,又能识别特异携带该种氨基酸的 tRNA 分子,在细胞质环境能够从多种氨基酸中选择出与其对应的氨基酸,并选出与此氨基酸相匹配的 tRNA 分子。氨基酸与 tRNA 分子的正确结合,是维持遗传信息准确翻译为蛋白质氨基酸序列的关键。氨基酰-tRNA 合成酶还具有校正活性(proofreading activity),能将错误结合的氨基酸水解,即将错误的氨基酰-tRNA 的酯键水解,换上与密码子相对应的氨基酸,保证翻译的准确性。

氨基酰-tRNA 合成酶催化的反应分为两个步骤,首先 ATP 分解为 AMP 和焦磷酸,其中 AMP 与氨基酸结合成为中间产物氨基酰-AMP,此中间产物的氨基酸的 α-羧基与 AMP 的磷酸基以酸酐键相连,形成一个高能磷酸键,成为活化的氨基酸。然后活化氨基酸与 tRNA 的 3′-CCA 的腺苷酸游离羟基以酯键结合,产生相应的氨基酰-tRNA。细胞中的焦磷酸酶不断分解反应生成的焦磷酸,促使反应持续向右进行。

$$氨基酸+ATP→氨基酰-AMP+PPi$$
$$氨基酰-AMP+tRNA→氨基酰-tRNA+ AMP$$

两步由氨基酰-tRNA 合成酶催化的反应可总结如下式:

$$氨基酸+ATP+tRNA→氨基酰-tRNA+ AMP+PPi$$

各种氨基酰-tRNA 的表示方法是:氨基酸的三字母缩写-tRNA^{氨基酸的三字母缩写},如 Ala-tRNA^{Ala}、Ser-tRNA^{Ser}、Met-tRNA^{Met} 等。左侧三字母缩写代表与 tRNA 结合的氨基酸残基,右上角的三字母缩写代表各种 tRNA 的特异性。真核生物中与甲硫氨酸结合的 tRNA 至少有两种:一种是具有起始功能的 Met-tRNAi^{Met}(initiator-tRNA),用下标 initiation 的 i 表示,参与肽链合成起始复合物的形成;另一种是参与肽链延长阶段的甲硫氨酰-tRNA,为肽链延长添加甲硫氨酸,用 Met-tRNA^{Met} 表示。原核细胞中起始氨基酸活化后,还要甲酰化,形成甲酰甲硫氨酰-tRNA(fMet-tRNA^{fMet})。

三、rRNA 与核糖体

核糖体又称核蛋白体,是由 rRNA 和几十种蛋白质组成的亚细胞颗粒,位于细胞质内。核糖体是蛋白质的合成场所,由大、小两个亚基组成。原核生物核糖体的大亚基 50S,由 23S rRNA、5S rRNA 和 36 种蛋白质构成;小亚基 30S,由 16S rRNA 和 21 种蛋白质构成,大、小亚基组合成为 70S 的核糖体。真核生物核糖体的大亚基 60S,由 28S rRNA、5.8S rRNA、5S rRNA 和 49 种蛋白质构成;小亚基由 18S rRNA 和 33 种蛋白质构成,大、小亚基组合成为 80S 的核糖体。大小亚基所含的核糖体蛋白质(ribosomal protein,rp)分别称为 rpL 和 rpS,多是参与蛋白质生物合成的酶和蛋白质因子。rRNA 分子含有较多的局部螺旋结构区,可折叠形成复杂三维构象作为亚基结构骨架,使各种 rp 附着结合,装配成完整亚基。不同细胞核糖体的组分见表 7-4。

表 7-4　原核、真核生物核糖体的组成

	原核生物			真核生物		
	核糖体	小亚基	大亚基	核糖体	小亚基	大亚基
S 值	70S	30S	50S	80S	40S	60S
rRNA		16S rRNA	23S rRNA		18S rRNA	28S rRNA
			5S rRNA			5S rRNA
						5.8S rRNA
蛋白质		21 种	36 种		33 种	49 种

原核生物核糖体上共有 3 个位点,分别是 A 位、P 位和 E 位。A 位又称氨基酰位(aminoacyl site),是结合新进入的氨基酰 tRNA 的位点;P 位又称肽酰基位(peptidyl site),是结合肽酰基-tRNA 的位点。A 位和 P 位均由大、小亚基的蛋白质成分构成。E 位是排出已卸载 tRNA 的排出位(exit site),主要是大亚基成分。真核细胞核糖体没有 E 位,空载的 tRNA 直接从 P 位脱落(图 7-3)。核糖体的每个位点均与 mRNA 的密码子相对应。位于 P 位和 A 位的连接处是转肽酶活性部位,催化肽键的形成。此外,在核糖体还存在参与蛋白质合成的多种蛋白质因子,如起始因子(initiation factor,IF)、延长因子(elengation factor,EF)和终止因子或释放因子(release factor,RF),在蛋白质合成的各个环节发挥作用。真核生物(eukaryote)的蛋白质因子均冠以 e 字开头,起始因子、延长因子和释放因子分别用 eIF、eEF 和 eRF 表示。

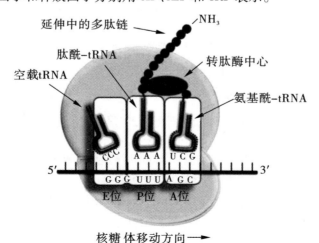

图 7-3　核糖体在翻译中的重要功能部位

第二节 蛋白质生物合成过程

翻译的基本过程是把 mRNA 分子中碱基排列顺序转变为蛋白质多肽链中的氨基酸排列顺序,包括起始(initiation)、延长(elongation)和终止(termination)三个阶段。真核生物的肽链合成过程与原核生物的肽链合成过程基本相似,只是反应更复杂、涉及的蛋白质因子更多。

蛋白质的生物合成过程需要 ATP 和 GTP 提供能量,需要 Mg^{2+}、转肽酶、氨基酸–tRNA 合成酶等多种酶参与反应,还需要大量的蛋白质因子,包括起始因子、延长因子和终止因子等(表 7–5、表 7–6)。

表 7–5　参与原核生物翻译的各种蛋白质因子及其生物学功能

种类		生物学功能
起始因子	IF–1	占据核糖体 A 位,防止 A 位结合其他 tRNA
	IF–2	促进 fMet–tRNA^{fMet} 与小亚基结合
	IF–3	促进大、小亚基分离;提高 P 位对结合 fMet–tRNA^{fMet} 的敏感性
延长因子	EF–Tu	促进氨基酰–tRNA 进入 A 位,结合并分解 GTP
	EF–Ts	EF–Tu 的调节亚基
	EF–G	有转位酶活性,促进 mRNA–肽酰–tRNA 由 A 位移至 P 位;促进 tRNA 卸载与释放
终止因子	RF–1	特异识别 UAA、UAG,诱导转肽酶转变为酯酶
	RF–2	特异识别 UAA、UGA,诱导转肽酶转变为酯酶
	RF–3	具有 GTP 酶活性,介导 RF–1 及 RF–2 与核糖体的相互作用

表 7–6　参与真核生物翻译的各种蛋白质因子及其生物学功能

种类		生物学功能
起始因子	eIF–1	多功能因子,参与翻译的多个步骤
	eIF–2	促进 Met–tRNAi^{Met} 与小亚基结合
	eIF–2B	结合小亚基,促进大、小亚基分离
	eIF–3	结合小亚基,促进大、小亚基分离;介导 eIF–4F 复合物–mRNA 与小亚基结合
	eIF–4A	eIF–4F 复合物成分;有 RNA 解螺旋酶活性,解除 mRNA 5′–端的发夹结构,使其与小亚基结合
	eIF–4B	结合 mRNA,促进 mRNA 扫描定位起始 AUG
	eIF–4E	eIF–4F 复合物成分,识别结合 mRNA 的 5′ 帽结构

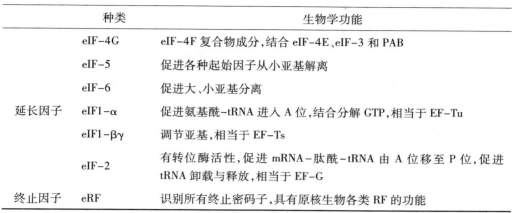

续表 7-6

种类		生物学功能
	eIF-4G	eIF-4F 复合物成分,结合 eIF-4E、eIF-3 和 PAB
	eIF-5	促进各种起始因子从小亚基解离
	eIF-6	促进大、小亚基分离
延长因子	eIF1-α	促进氨基酰-tRNA 进入 A 位,结合分解 GTP,相当于 EF-Tu
	eIF1-βγ	调节亚基,相当于 EF-Ts
	eIF-2	有转位酶活性,促进 mRNA-肽酰-tRNA 由 A 位移至 P 位,促进 tRNA 卸载与释放,相当于 EF-G
终止因子	eRF	识别所有终止密码子,具有原核生物各类 RF 的功能

一、肽链合成的起始

肽链合成的起始是指 mRNA、起始氨基酰-tRNA 与核糖体结合而形成翻译起始复合物(translation initiation complex)的过程。核糖体大小亚基、mRNA、起始 tRNA 和起始因子参与肽链合成的起始。

(一)原核生物翻译起始复合物的形成

原核生物肽链合成的起始阶段是由核糖体 30S 小亚基、50S 大亚基、mRNA 和 fMet-tRNA^{fMet}共同组成翻译起始复合物,也需要 3 种 IF、GTP 和 Mg^{2+}参与(图 7-4a)。

1. 核糖体大小亚基分离　翻译过程是在核糖体上连续进行的。翻译开始时,IF-3 与 IF-1 与核糖体小亚基结合,促进大小亚基分离并维持大、小亚基的稳定分离状态,为结合 mRNA 和 fMet-tRNA^{fMet}做好准备。

2. mRNA 在小亚基定位结合　原核生物 mRNA 的核糖体结合位点(ribosomal binding site,RBS)位于 AUG 上游 8 ~ 13 个核苷酸处,是由 4 ~ 9 个核苷酸组成的 1 个共有序列短片段,如-AGGAGG-,1974 年由 J. Shine 和 L. Dalgarno 发现,也称为 Shine-Dalgarno 序列或 S-D 序列。这段序列与 30S 小亚基中的 16S rRNA 3′端一部分序列互补(图 7-4b),因此 S-D 序列也称核糖体结合序列,意味着核糖体能选择 mRNA 上 AUG 的正确位置来起始肽链的合成。此外,在 mRNA 序列邻近 RBS 下游,还有一段短核苷酸序列,可被小亚基蛋白 rpS-1 识别并结合。通过上述 RNA-RNA、RNA-蛋白质相互作用,小亚基可以准确定位 mRNA 上的起始 AUG。

3. fMet-tRNA^{fMet}的结合　在 IF-2 的作用下,fMet-tRNA^{fMet}识别并结合位于小亚基 P 位的 mRNA 的 AUG 处,此环节需要 GTP 和 Mg^{2+}参与。此时,A 位被 IF-1 占据,不与任何氨基酰-tRNA 结合。

4. 核糖体大亚基的结合形成翻译起始复合物　随着结合于 IF-2 的 GTP 的水解,释放的能量促使 3 种 IF 释放,核糖体 50S 大亚基与结合了 mRNA,fMet-tRNA^{fMet}的小亚基结合,形成 70S 翻译起始复合物。此时 fMet-tRNA^{fMet}占据着 P 位。而 A 位则空着有待于对应 mRNA 中第二个密码的相应氨基酰-tRNA 进入。

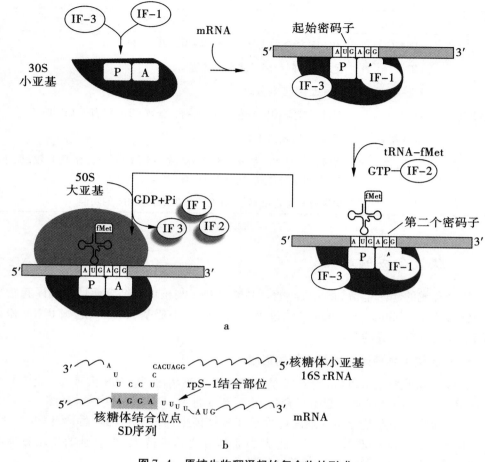

图 7-4 原核生物翻译起始复合物的形成

a. 起始复合物的装配过程;b. rRNA 识别 mRNA 的核糖体结合位点,保证翻译起始在起始密码子处

(二)真核生物翻译起始复合物的形成

真核生物蛋白质合成起始复合物的形成中需要更多的起始因子参与,起始过程更复杂。mRNA 5′ 端 AUG 上游的帽子结构和 3′ 端 poly A 尾结构,与 mRNA 在核糖体就位有关。而且,起始 tRNA 先于 mRNA 结合在小亚基上,与原核生物的装配顺序不同(图 7-5)。

1. 核糖体大小亚基的分离   起始因子 eIF-2B、eIF-3 与核糖体小亚基结合,在 eIF-6 参与下,促进 80S 核糖体解离成大、小亚基。

2. Met-tRNAiMet 的结合   在 eIF-2B 的作用下,eIF-2 与 GTP 结合;在其他 eIF 的参与下,再与 Met-tRNAiMet 共同结合于 40S 的小亚基,GTP 经水解释放出 GDP-eIF-2,使 Met-tRNAiMet 结合于小亚基的 P 位,形成 43S 前起始复合物。

3. mRNA 在核糖体小亚基就位   真核 mRNA 不含 S-D 序列,其在核糖体小亚基上的定位依赖于由多种蛋白质因子组成的帽子结合蛋白复合物(eIF-4F 复合物)。43S 前起始复合物沿着 mRNA 从 5′ 端向 3′ 端的滑行扫描,发现 AUG 起始密码子时,使 mRNA 最终在小亚基准确定位形成 48S 前起始复合物。真核生物的 Met-tRNAi^{Met}-小亚基复合物难以直接结合 mRNA 的非起始部位的 AUG，是因为真核生物的起始密码子常位于一段共有序列 CCRCCAUGG 中（R 为 A 或 G），该序列被称为 Kozak 共有序列（Kozak consensus sequence），为 18S RNA 提供识别和结合位点。mRNA 在小亚基的定位也依赖帽子结合蛋白复合物，也称 eIF-4F 复合物，包括了 eIF-4E、eIF-4G、eIF-4A 等各组分。eIF-4E 负责结合 mRNA 的 5′-帽结构，eIF-4G 结合多聚 A 尾结合蛋白（poly A binding protein，PAB），帮助 Met-tRNAi^{Met}识别起始密码子。

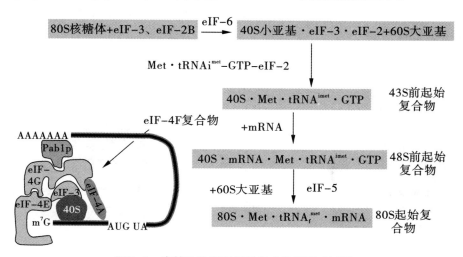

图 7-5　真核生物翻译起始复合物的形成过程

4. 核糖体大亚基结合　mRNA 在核糖体小亚基上正确就位后，eIF-2 上结合的 GTP 即在 eIF-5 的作用下水解为 GDP 并从 48S 前起始复合物中解离，继而其他起始因子离开核糖体，此时已结合 mRNA、Met-tRNAi^{Met}的小亚基迅速与 60S 大亚基结合，形成 80S 翻译起始复合物，完成起始复合物的最后装配。

二、肽链合成的延长

肽链合成的延长是根据 mRNA 密码序列，核糖体从 mRNA 的 5′ 端向 3′ 端移动，从 N 端向 C 端依次添加氨基酸延伸肽链，直到肽链合成终止的过程。肽链合成的延长除了需要 mRNA、tRNA 和核糖体外，还需要数种延长因子以及 GTP 等参与。这一阶段在核糖体上循环重复进行，称为核糖体循环（ribosomal cycle）。每次循环包括进位（entrance）、成肽（peptide bond formation）和转位（translocation）3 个步骤（图 7-6），在合成的肽链上增加 1 个氨基酸残基。真核生物肽链延长过程与原核生物基本相似，只是反应体系和延长因子不同。下面主要介绍真核生物的延长过程。

（一）进位

进位又称注册（registration），指 1 个氨基酰-tRNA 按照 mRNA 模板的指令进入核糖体 A 位的过程。在 80S 的起始复合物中，起始 Met-tRNAi^{Met} 在核糖体的 P 位，A 位空置并对应着开放阅读框架的第二个密码子，由该密码子对应的氨基酰-tRNA 进入并占据 A 位。经过一次核糖体循环后，P 位由肽酰-tRNA 占据，A 位空置准备接受下

笔记栏

1 个氨基酰-tRNA。

氨基酰-tRNA 进位到 A 位需要延长因子 eEF-1 的参与。eEF-1 由 eEF-α 和 eEF-βγ 两部分组成,在 eEF-α 的作用下,氨基酰-tRNA 首先与 GTP 结合,形成氨基酰-tRNA-GTP 复合物才能进入 A 位,eEF-α 还具有 GTP 酶活性,可以催化 GTP 水解为 GDP+Pi,为进位提供能量。核糖体对氨基酰-tRNA 的进位有校正作用,只有正确的氨基酰-tRNA 能通过反密码子与密码子互补配对而进入 A 位,错误的氨基酰-tRNA 因密码子-反密码子不能配对结合,而从 A 位解离。这是维持肽链生物合成的高度保真性机制之一。在第一次进位后,核糖体 P 位及 A 位各结合了 1 个氨基酰-tRNA,进入成肽反应。

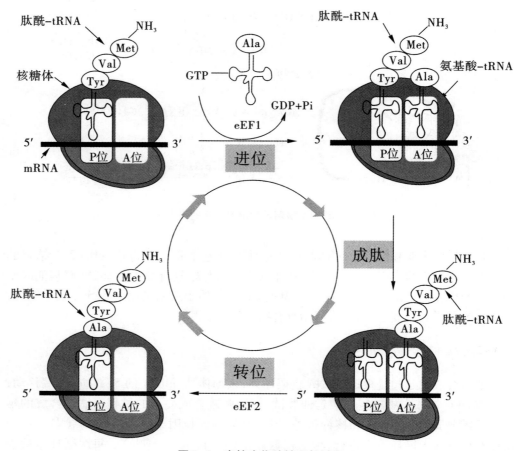

图 7-6　真核生物肽链延长过程

(二)成肽

成肽是肽键的形成过程。位于核糖体的 P 位上的 Met-tRNAi^Met,在肽基转移酶(转肽酶)作用下,将甲硫氨酰基转移到 A 位的氨基酰-tRNA 的 α-氨基上,形成肽键,这一过程称为成肽。成肽反应在 A 位进行,成肽后形成的二肽酰-tRNA 位于 A 位,而卸载了氨基酸的 tRNA 仍在 P 位。

从第二轮核糖体循环开始,肽基转移酶催化的是 P 位上 tRNA 所连接的肽酰基与

A 位氨基酰基间的肽键形成。需要注意的是,肽基转移酶是一种核酶,在真核生物中,该酶的活性位于大亚基的 28S rRNA 中。在原核生物中,大亚基中的 23S rRNA 具有肽基转移酶的活性。

(三)转位

转位指核糖体沿着 mRNA 向 3′ 端方向移动 1 个密码子的位置。成肽反应后,肽酰 tRNA 位于 A 位,转位反应使原来位于 A 位的二肽酰 tRNA 移到了 P 位。由于真核生物无 E 位,原 P 位上无负荷氨基酸的 tRNA 直接脱落。此时 A 位空出,且定位在 mRNA 的下 1 个密码子位置,以接受新的氨基酰 tRNA 进位。转位过程需要延长因子 eEF-2 参加,GTP 提供能量,eEF-2 的活性和含量直接影响蛋白质合成速度。

在肽链合成过程中,每增加 1 个氨基酸残基,都需要经过进位、成肽和转位 3 个步骤。此过程重复循环进行,使肽链按照 mRNA 密码子的顺序从 N 端向 C 端延长,直至最终完成肽链的合成。

原核生物的肽链延长过程与真核生物相似,所需要的延长因子是 EF-Tu、EF-Ts 和 EF-G,分别在进位和转位时发挥作用。原核生物成肽反应后位于 P 位的空载 tRNA 不直接脱落,要先进入 1 个核糖体上的 E 位,然后再脱落。

三、肽链合成的终止

核糖体循环反复进行,合成的肽链不断延长,直到 mRNA 的终止密码子出现在核糖体的 A 位,肽链延长终止。终止密码子不被任何氨基酰-tRNA 识别,只有释放因子 RF 能识别并结合终止密码子,进入 A 位。释放因子的结合可触发核糖体构象的改变,使转肽酶活性变为酯酶活性,将结合在核糖体上肽酰-tRNA 的肽链从 tRNA 水解,释放出新合成的肽链。然后 mRNA 与核糖体分离,最后 1 个 tRNA 脱落,肽链合成终止。真核生物仅有 1 种释放因子 eRF,可以识别 3 种终止密码子。原核生物有 3 种释放因子,分别是 RF1、RF2 和 RF3。其中 RF1 识别 UAA 或 UAG,RF2 识别 UAA 或 UGA,RF3 则与 GTP 结合并使其水解,协助 RF1 与 RF2 与核糖体结合。

原核细胞和真核细胞都能以多聚核糖体(polyribosome 或 polysome)的形式进行肽链的合成。多个核糖体结合在一条 mRNA 链上同时进行肽链合成,所形成的聚合物即为多聚核糖体(图 7-7)。细胞内一条 mRNA 链上可结合 10～100 个核糖体,这些核糖体依次结合起始密码子并沿 5′ 至 3′ 方向读码移动,同时进行肽链合成。多聚核糖体的形成可以提高肽链的合成效率。使肽链的生物合成以高速度、高效率进行。

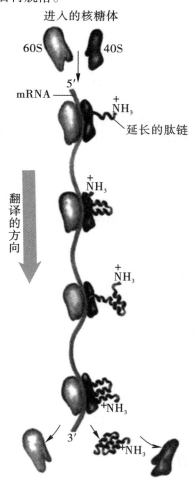

图 7-7　多聚核糖体的结构

第三节　蛋白质合成后加工和输送

从核糖体释放出的新生多肽链不具备蛋白质生物活性,必须经过翻译后一系列加工修饰过程,转变为天然构象的有功能的蛋白质。翻译后加工的方式主要包括肽链的折叠、一级结构的修饰、亚基的聚合和辅基连接等。新合成的蛋白质还需要被运输到合适的亚细胞或分泌到细胞外发挥作用。蛋白质合成后被定向输送到其发挥作用部位的过程称为蛋白质的靶向输送(protein targeting)。

一、新生肽链的折叠

从核糖体释放出的新生多肽链需折叠形成特定的空间构象才具备蛋白质生物活性。早期人们曾经认为,从核糖体上释放出来的多肽链,按照一级结构的氨基酸排列顺序,自行卷曲,形成一定的空间结构,不需要其他物质的帮助。但大量研究表明,细胞中多数蛋白质的正确折叠都需要其他酶或蛋白质的辅助,其中比较重要的是一类称为分子伴侣(molecular chaperone)的蛋白质。分子伴侣是一类结构不同、广泛存在于原核生物和真核生物中的蛋白质家族,可以指导新生肽链按特定方式正确折叠。分子伴侣主要通过封闭未折叠肽链暴露的疏水基团,或将新合成肽段隔离,使肽链的折叠互不干扰,促进蛋白质的正确折叠。当遇到应激刺激时,可以使已折叠的蛋白质去折叠。分子伴侣可识别并结合错误聚集的肽段并使之解聚,然后再诱导其正确折叠。

细胞内分子伴侣可分为两大类:一类为核糖体结合性分子伴侣,包括触发因子和新生链相关复合物;另一类为非核糖体结合性分子伴侣,包括热激蛋白(heat shock protein,HSP)、伴侣蛋白(chaperonin)等。大肠杆菌的分子伴侣主要是热激蛋白家族和伴侣蛋白家族。

热激蛋白又称为热休克蛋白,高温刺激可诱导其合成,属于应激反应性蛋白。人类的热激蛋白家族存在于细胞质、细胞核、线粒体、内质网腔等部位,在促进蛋白质的正确折叠方面的作用主要是避免或消除蛋白质变性后疏水氨基酸基团暴露而发生的不可逆聚集,利于清除变性或错误折叠的肽链中间物;使线粒体和内质网蛋白质保持未折叠状态而转运、跨膜,再折叠成有功能构象。分子伴侣的另一家族是伴侣蛋白,大肠杆菌中的伴侣蛋白主要是 Gro EL 和 Gro ES,10% ~ 20% 的蛋白质折叠需要这一家族成员的辅助,其主要作用是为非自发性折叠肽链形成天然空间构象提供微环境。Gro EL 是由 14 个相同亚基构成的桶装空腔结构的多聚体,顶部为空腔的出口;Gro ES 是由 7 个相同亚基组成的圆顶状多聚体,可作为 Gro EL 桶状结构的盖子。当待折叠的肽链进入 Gro EL 的桶状空腔后,作为"盖子"的 Gro ES 可瞬时封闭 Gro EL 出口。封闭后的桶状空腔提供了能完成该肽链折叠的微环境,这一过程消耗了大量 ATP,帮助肽链在密闭的 Gro EL 空腔内折叠(图 7-8)。折叠完成后,正确折叠的蛋白质被释放,Gro EL-Gro ES 复合物被再利用,尚未被完全折叠的肽链可进入下一轮循环,重复以上过程,直到形成正确空间构象。

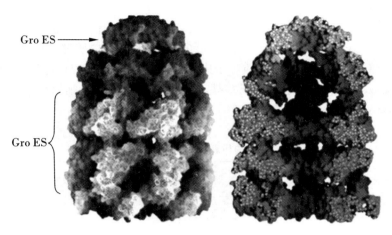

图7-8 Gro EL-Gro ES 复合物

左为复合物整体结构示意图,右为复合物纵切面

　　除了分子伴侣协助肽链折叠外,肽链内或肽链之间二硫键的正确形成对稳定蛋白质的天然构象十分重要。肽链中多个半胱氨酸之间可以形成错配的二硫键,内质网腔的二硫键异构酶活性很高,可在较大区段肽链中催化错配二硫键断裂并形成正确二硫键连接,最终使蛋白质形成热力学最稳定的天然构象。

　　脯氨酸是亚氨基酸,肽链中与脯氨酸残基相连的肽键有顺反两种异构体,空间构象亦不相同。肽酰-脯氨酰顺反异构酶可促进上述顺反两种异构体之间的转换,肽酰-脯氨酰顺反异构酶是蛋白质三维构象形成的限速酶,在肽链合成需形成顺式构型时,可使多肽在各脯氨酸弯折处形成准确折叠。这些都是形成蛋白质正确空间构象和发挥功能的必要条件。

二、一级结构的修饰

　　从核糖体释放出来的多肽链的一级结构,往往需要经过加工修饰,才能成为有生物活性的蛋白质。

(一)肽链末端的水解加工

　　在肽链合成过程中,新生肽链中与 mRNA 起始密码相对应的 N-端第一个氨基酸是甲硫氨酸(真核生物)或 N-甲酰甲硫氨酸(原核生物),但多数天然蛋白质的 N-端第一位的氨基酸残基并不是甲硫氨酸或 N-甲酰甲硫氨酸。新生肽链离开核糖体后,真核生物新生肽链的 N-末端的甲硫氨酸残基多由特异的蛋白水解酶切除。原核生物中部分成熟蛋白质的 N-端经脱甲酰基酶切除 N-甲酰基而保留甲硫氨酸,另一部分被氨基肽酶水解而去除 N-甲酰甲硫氨酸。有些 C-端的氨基酸残基也被酶切除。

(二)氨基酸残基的化学修饰

　　许多蛋白质分子的某些氨基酸残基的侧链基团需要进行不同的类型化学修饰才

笔记栏

具有生物学活性。已发现蛋白质中存在 100 多种修饰性氨基酸,常见的化学修饰包括磷酸化、糖基化、羟基化、甲基化、乙酰化等,这些修饰可改变蛋白质的稳定性、溶解度、亚细胞定位及与其他细胞蛋白质的相互作用性质等。磷酸化多发生在多肽链的丝氨酸、苏氨酸和酪氨酸残基上,这种磷酸化的过程受细胞内蛋白激酶催化,磷酸化蛋白质的活性可以增加或降低。细胞质膜蛋白质和许多分泌性蛋白质都具有糖链,在糖基转移酶作用下将寡糖链转移至蛋白质分子中的丝氨酸或苏氨酸的羟基上,形成糖苷键。胶原蛋白前 α 链上的脯氨酸和赖氨酸残基在内质网中产生羟脯氨酸和羟赖氨酸等。常见的氨基酸残基的化学修饰见表 7-7。

表 7-7　常见蛋白质翻译后化学修饰的氨基酸残基

常见的化学修饰种类	发生修饰的主要氨基酸残基
磷酸化	丝氨酸、苏氨酸、酪氨酸
N-糖基化	天冬酰胺
O-糖基化	丝氨酸、苏氨酸
羟基化	脯氨酸　赖氨酸
甲基化	赖氨酸、精氨酸、组氨酸、天冬酰胺、天冬氨酸、谷氨酸
乙酰化	赖氨酸、丝氨酸
硒化	半胱氨酸

(三)多肽链的水解切割

　　某些新合成的多肽链可经蛋白酶水解,产生一种或多种具有不同生物学功能的蛋白质或多肽。例如哺乳动物的阿黑皮素原(pro-opiomelanocortin,POMC),初翻译产物为 265 个氨基酸,经水解修饰,首先被切割成为 N-端的促肾上腺皮质激素和 C 端片段的 β-促脂酸释放激素。N 端片段又被切割为 α-促黑激素、促皮质素样中叶肽。在脑垂体中叶细胞,β-促脂酸释放激素又被切割产生 γ-促脂解素和 β-内啡肽,γ-促脂解素和 β-内啡肽又可以被水解为 β-促黑激素、γ-内啡肽及 α-内啡肽等活性物质(图 7-9),阿黑皮素原最终可被水解成为 9 种活性物质。胰岛素初合成的是无活性的胰岛素原,经翻译后加工切除 N-端的信号肽和连接 A 链和 B 链的连接肽(C 肽)后而生成胰岛素。

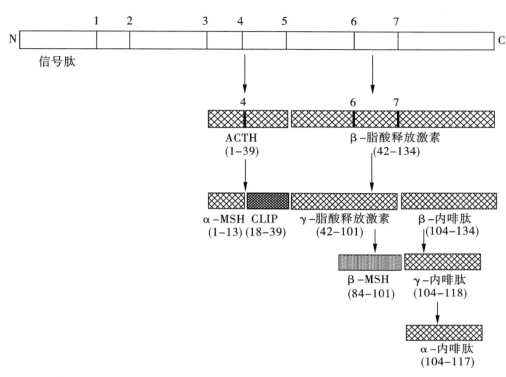

图 7-9　POMC 的水解修饰

POMC 的水解位点由 Arg-Lys、Lys-Arg 或 Lys-Lys 序列构成,用数字 1～7 表示。各活性物质下方括号内的数字为其在 POMC 中对应的氨基酸编号(将 ACTH 的 N-端第一位氨基酸残基编为 1 号)

三、空间结构的修饰

蛋白质空间结构的修饰包括亚基的聚合和辅基的连接。许多蛋白质是由两个以上亚基构成的,这些亚基通过非共价键结合才能表现生物活性。亚基聚合所需要的信息蕴藏在肽链的氨基酸序列之中,聚合过程往往又有一定顺序,前一步聚合常可促进后一聚合步骤的进行。例如成人血红蛋白由两条 α 链、两条 β 链及四分子血红素组成,α 链在多聚核糖体合成后自行释放,并与尚未从多聚核糖体上释放的 β 链相连,然后从多聚核糖体脱落,形成 α、β 二聚体。此二聚体与在线粒体生成的两个血红素结合,形成半分子血红蛋白,两个半血红蛋白相互结合,最后形成一个由四条肽链和四个血红素构成的有功能的血红蛋白分子。

四、蛋白质合成后靶向输送

蛋白质在核糖体合成后,需要被准确输送到其发挥功能的亚细胞区域或分泌到细胞外,称为蛋白质合成后靶向输送。蛋白质的靶向输送与翻译后修饰过程同步进行。

所有靶向输送的蛋白质结构中都存在分选信号,这些序列主要是 N 末端特异氨基酸序列,也有的在 C 端,有的在肽链内部(表 7-8)。分选信号可引导蛋白质转移到细胞的适当靶部位,这类序列称为信号序列(signal sequence)。信号序列是决定蛋白质靶向输送特性的最重要元件。

表 7-8　靶向输送蛋白的信号序列及结构特点

蛋白种类	信号序列	结构特点
分泌蛋白和质膜蛋白	信号肽	15～30 个氨基酸,位于 N-端,中间为疏水性氨基酸
核蛋白	核定位信号	4～8 个氨基酸组成,位于内部,含 Pro、Lys 和 Arg,典型序列为 K-K/R-X-K/R
内质网蛋白	内质网滞留信号	C-端的 Lys-Asp-Glu-Leu（KDEL）
核基因组编码的线粒体蛋白	线粒体导肽	20～35 个氨基酸,位于 N-端
溶酶体蛋白	溶酶体靶向信号	甘露糖-6-磷酸(Man-6-P)

（一）分泌型蛋白质的靶向输送

分泌型蛋白质的合成与转运同时发生。分泌型蛋白质的新生肽链的 N-端具有 15～30 个氨基酸残基组成的信号肽（signal peptide）结构,引导肽链进入内质网,然后以囊泡形式运送至高尔基复合体中包装成分泌小泡,转运至细胞膜再分泌到细胞外。信号肽的 N-端含 1 个或几个碱性氨基酸残基,中段为疏水核心区,主要含疏水的中性氨基酸,C-端是被信号肽酶（signal peptidase）裂解的位点（图 7-10a）。信号肽可以被由 7S-RNA 和 6 种不同的多肽链组成的信号识别颗粒（signal recognition particle,SRP）所识别,SRP 可结合 GTP,有 GTP 酶活性。内质网膜上存在 SRP 受体,又称 SRP 对接蛋白（docking protein,DP）。

含有信号肽的多肽的转运机制如图 7-10b 所示。①分泌型蛋白质在核糖体上合成时,位于 N 端的信号肽部分首先被合成,并被 SRP 所捕捉,SRP 随机结合到核糖体上;②借助于内质网膜上的 SRP 受体,引导 SRP-核糖体复合体到内质网膜上;③在内质网膜上,肽转位复合物（peptide translocation complex）形成跨内质网膜的蛋白质通道,正在合成的肽链通过内质网膜进入内质网;④SRP 与 SRP 受体分离,SRP 脱离信号肽和核糖体,肽链继续延长直至完成;⑤信号肽在内质网内被信号肽酶切除;⑥肽链在内质网中折叠形成最终构象,以囊泡方式转移至高尔基复合体;⑦在高尔基复合体中被包装进分泌小泡,转运至细胞膜,再分泌到细胞外。

与分泌型蛋白质一样,某些在内质网中发挥功能的蛋白质,如帮助新生肽链折叠成天然构型蛋白质的分子伴侣,先进入内质网腔,然后随囊泡输送到高尔基复合体,通过其肽链 C-端的滞留信号序列,与内质网上相应受体结合,随囊泡输送回内质网发挥作用。

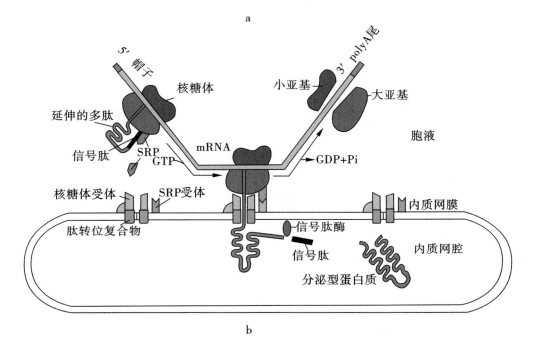

		信号肽酶 裂解位点
人生长激素	MATGS**R**TSLLLAFGLLCLPWLQEGSA	FPT
人胰岛素原	MALWM**R**LLP<u>LLALLALW</u>GPDPAAA	FVN
牛血清蛋白原	M**K**WVTFIS<u>LLLF</u>SSAYS	RGV
果蝇胶蛋白	M**K**<u>LLVVAVIACMLIGFA</u>DPASG	CKD

a

b

图 7-10　信号序列引导蛋白质进入内质网

a. 信号肽结构,带阴影的字母为碱性氨基酸残基,带下划线的部分为疏水性氨基酸区域;b. 信号肽引导合成中的核糖体和多肽至内质网

(二)线粒体蛋白质的靶向输送

尽管线粒体含有可以进行蛋白质的生物合成的系统,如 DNA、mRNA、tRNA 和核糖体等,但 90% 以上的线粒体蛋白质是由细胞核基因组的基因编码、在细胞质核糖体上合成,靶向输送到线粒体中发挥作用。输入线粒体的蛋白质前体的 N-端含有20~35 个富含丝氨酸、苏氨酸及碱性氨基酸残基的信号序列,称为前导肽。

线粒体基质蛋白质的靶向输送过程为:①新合成的线粒体蛋白质与热激蛋白或线粒体输入刺激因子结合,以稳定的未折叠形式转运至线粒体外膜;②通过蛋白质的信号序列识别并结合到线粒体外膜的受体复合物;③蛋白质穿过由外膜转运体和内膜转运体共同构成的跨膜蛋白质通道,进入线粒体基质,进入基质的过程是在热激蛋白水解 ATP 和跨内膜电化学梯度的动力共同作用下完成的;④进入线粒体基质的蛋白质前体被蛋白酶切除信号序列,在分子伴侣作用下折叠成为有功能的蛋白质。

(三)核蛋白的靶向输送

细胞核内蛋白质都是在细胞质合成后经核孔进入细胞核发挥作用的。靶向输送入细胞核的蛋白质肽链内部都含有特异的核定位序列(nuclear localization signal, NLS),由 4~8 个富含带正电荷的赖氨酸、精氨酸及脯氨酸残基组成,位于肽链的不同部位,且在蛋白质完成核内定位后不被切除。与 NLS 有关的还有核输入因子(nuclear importin)和低分子量 G 蛋白 RAN,核输入因子为 αβ 异二聚体,可识别并结合 NLS 序列,作为细胞核蛋白质的受体。

细胞核蛋白质的靶向输送过程如图 7-11 所示:①细胞质中合成的细胞核蛋白质与核输入因子 αβ 异二聚体结合形成复合物,并被导向核孔;②细胞核蛋白质-核输入因子复合物通过耗能机制经核孔进入细胞核基质,能量由 GTP 供给;③核输入因子 α 和 β 先后从上述细胞核蛋白质-核输入因子复合物中解离,细胞核蛋白质定位于细胞核内,NLS 不被切除;④核输入因子 α 和 β 被移出核孔,再被利用。

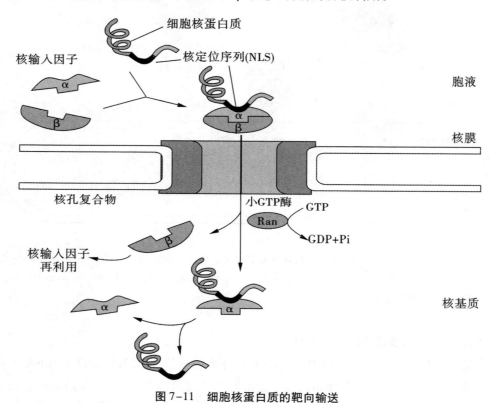

图 7-11 细胞核蛋白质的靶向输送

第四节 蛋白质生物合成与医学

蛋白质生物合成是许多抗生素和毒素的作用靶点。抗生素或毒素通过阻断蛋白质合成体系中某组分的功能,干扰和抑制蛋白质生物合成过程。因此,可利用真核生物与原核生物蛋白质合成体系和过程的差别,设计和筛选仅对病原微生物有效而对人体无明显影响的药物。

一、抗生素类

抗生素(antibiotics)是一类由微生物产生的能杀灭某些细菌或抑制细菌的药物。抑制蛋白质合成的抗生素主要作用于细菌核糖体的大小亚基或蛋白质因子,干扰翻译过程,抑制细菌生长和繁殖。作用于真核细胞的蛋白质合成的抗生素可以作为抗肿瘤药。

干扰蛋白质生物合成的抗生素可以分为影响翻译起始的抗生素和影响翻译延长的抗生素,后者又包括干扰进位的抗生素、引起读码错误的抗生素、影响肽键形成的抗生素和影响转位的抗生素。

伊短菌素(edeine)、螺旋霉素(pactamycin)和晚霉素(eveninomycin)属于影响翻译起始的抗生素,伊短菌素和螺旋霉素对所有生物的蛋白质合成均有抑制作用,其作用机制是引起 mRNA 在核糖体上错位而阻碍翻译起始复合物的形成,伊短菌素还可以影响起始氨基酰-tRNA 的就位和 IF-3 的功能。晚霉素则结合于 23S rRNA,阻止 fMet-tRNA^{fMet}的结合。

导致读码错误的抗生素如氨基糖苷(aminoglycoside)类抗生素链霉素(streptomycin)和卡那霉素(kanamycin),能与原核生物核糖体 30S 的小亚基结合,改变 A 位上的氨基酰-tRNA 与对应的密码子配对的精确性和效率,引起读码错误,使氨基酰-tRNA 与 mRNA 错配。而潮霉素 B(hygromycin B)和新霉素(neomycin)能与 16S rRNA 及 rpS12 结合,干扰 30S 亚基的解码部位,引起读码错误。

影响肽键形成的抗生素有氯霉素(chloramphenicol)、林可霉素(lincomycin)、红霉素(erythromycin)、嘌呤霉素(puromycin)等。氯霉素可结合原核生物核糖体 50S 大亚基,阻止转肽酶催化的肽键形成,影响肽链的延长;林可霉素阻止 tRNA 在核糖体的 A 位和 P 位的就位,抑制肽键的形成;大环内酯类(macrolide)抗生素如红霉素能与原核生物核糖体 50S 大亚基中肽链排出通道结合,阻止新生肽链从核糖体大亚基中排出,抑制肽链形成;嘌呤霉素结构与酪氨酰-tRNA 相似,从而取代酪氨酰 tRNA 进入核糖体的 A 位,当延长中的肽转入此异常 A 位时,容易脱落,终止肽链合成。嘌呤霉素对原核和真核生物的翻译过程均有干扰作用,可作为抗肿瘤药物。放线菌酮(cycloheximide)能特异性抑制真核生物核糖体转肽酶的活性,阻断真核生物蛋白质的合成。

大观霉素(spectinomycin)结合原核生物小核糖体 30S 亚基,阻碍小亚基变构,从而抑制 EF-G 催化的转位反应。夫西地酸(fusidic acid)、硫链丝菌肽(thiostrepton)和微球菌素(micrococcin)抑制 EF-G 的酶活性,阻止核糖体转位,属于影响转位的抗生素。

二、其他干扰蛋白质合成的物质

白喉杆菌产生的白喉霉素是真核细胞蛋白质合成抑制剂。白喉霉素作为一种修饰酶,可使真核生物的延长因子-2(EF-2)发生 ADP 糖基化共价修饰,生成 eEF-2 腺苷二磷酸核糖衍生物,使 EF-2 失活(图7-12)。白喉霉素的催化效率很高,只需微量就能有效地抑制细胞整个蛋白质合成,导致细胞死亡。

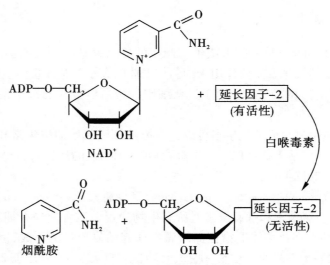

图 7-12　白喉毒素的作用机制

蓖麻毒素（ricin）是一种具有两条肽链的高毒性的植物糖蛋白，主要存在于蓖麻籽中。蓖麻毒素由 A、B 两条链组成，A 链比 B 链稍短，两链之间以 1 个二硫键相连接。A 链是一种蛋白酶，作用于真核细胞核糖体 60S 大亚基的 28S rRNA，催化特异腺苷酸发生脱嘌呤基反应，使 28S rRNA 降解而致核糖体大亚基失活；B 链对 A 链发挥毒性具有重要的促进作用，且 B 链上的半乳糖结合位点也参与了毒素的体内毒性。

干扰素（interferon）是真核生物感染病毒后细胞合成和分泌的一类具有抗病毒作用的蛋白质，包括 α-干扰素、β-干扰素和 γ-干扰素，在临床上广泛应用于抗病毒治疗。干扰素的作用机制有两方面：一是诱导细胞内一种特异的蛋白激酶活化，使 eIF-2 磷酸化而失活，从而抑制病毒蛋白质合成；另一种方式是与双链 RNA 共同激活 2′-5′ 腺嘌呤寡核苷酸合成酶，催化 ATP 聚合，生成 2′-5′ 腺苷酸多聚物，2′-5′ 腺苷酸多聚物活化核酸内切酶 RNase L，降解 mRNA，阻断蛋白质的合成。干扰素除抗病毒作用外，还有调节细胞生长分化、激活免疫系统等作用。临床应用十分广泛。

小　结

蛋白质的生物合成是将 mRNA 分子中的密码信息译为氨基酸的排列顺序。蛋白质生物合成的场所是在核糖体内，需要 20 种氨基酸为原料，能量由 ATP 和 GTP 提供，还需要 mRNA、tRNA 及多种蛋白质因子的参与。

mRNA 是蛋白质合成的直接模板，mRNA 分子中 3 个相邻的核苷酸为 1 个密码子，密码子具有方向性、连续性、简并性、摆动性和通用性。tRNA 是氨基酸的运载工具，氨基酰-tRNA 合成酶催化氨基酸和 tRNA 结合。tRNA 通过反密码子-密码子识别为多肽链合成提供氨基酸原料。核糖体又称核蛋白体，是由 rRNA 和几十种蛋白质组成的亚细胞颗粒，位于细胞质内。核糖体是蛋白质的合成场所，由大、小 2 个亚基组成。

蛋白质的生物合成过程包括起始、延长和终止 3 个阶段。肽链合成的起始是指

mRNA、起始氨基酰–tRNA 分别与核糖体结合而形成翻译起始复合物的过程。肽链合成的延长是在核糖体上重复进行的进位、成肽和转位的循环过程,每完成 1 次循环,肽链上即可增加 1 个氨基酸残基。如此往复,直到 mRNA 的终止密码子出现在核糖体的 A 位,释放因子 RF 识别终止密码子而进入 A 位,肽链合成终止。

蛋白质合成后加工主要包括肽链的折叠、一级结构的修饰、亚基的聚合和辅基连接等。新合成的蛋白质还需要被运输到合适的亚细胞或分泌到细胞外发挥作用。所有靶向输送的蛋白质结构中都存在分选信号。

（王小引）

思考题

1. 蛋白质生物合成体系由哪些物质组成,各起什么作用?
2. 蛋白质合成过程中有哪些机制保证多肽链翻译的准确性?
3. 简述原核生物和真核生物翻译起始复合物形成过程的差别?
4. 什么是遗传密码子? 有什么特点?
5. 蛋白质一级结构的翻译后加工主要包括几个方面,请分别简要叙述。
6. 举例说明抑制蛋白质合成药物的作用机制是什么?

第八章

基因表达调控

基因表达(gene expression)是指携带遗传信息的基因经过转录和翻译形成特异性的蛋白质分子,并赋予细胞一定的功能或形态表型的过程。在基因表达过程中,并非所有基因表达都产生蛋白质分子,很多基因只转录合成 RNA 分子而无翻译过程,如 rRNA、tRNA 的基因转录过程也属于基因表达。1961 年,法国生物学家 F. Jacob 和 J. L Monod 在研究大肠杆菌乳糖代谢的调节机制时发现有些基因不是作为蛋白质合成的模板发挥作用,而是起调节或操纵作用,因而提出了操纵子学说。从此根据基因功能把基因分为结构基因、调节基因和操纵基因。由于他们的研究阐明了原核生物基因表达调控方面的重大意义而获得了 1965 年的诺贝尔生理学或医学奖。

生物的遗传信息由染色体上的 DNA 碱基序列编码,同一个体的所有细胞内含有相同的结构基因,但它们在每类细胞内的表达并不相同,因此出现不同形态、结构和功能的细胞、组织和器官。根据生长、发育、繁殖的需要,细胞会选择性、程序性、适度地表达某些基因,以适应环境变化,发挥其生理功能。生物体的差异性、适应性的基因表达变化是生物体长期进化形成的,具有复杂的调控过程和机制,也是机体适应环境、维持细胞分化和增殖、个体发育与生长等方面的需要。

第一节 基因表达调控的基本原理

基因(gene)是转录起始点到转录终止点的一段 DNA 序列或对应的 RNA 序列。基因组(genome)是指包含一个细胞或生物体所有遗传信息的遗传物质。对不同生物来讲,基因组的大小是不同的,一般来讲,进化越高等基因组就越大(表8-1)。对所有原核细胞和噬菌体而言,它们的基因组就是单个的环状染色质所含的全部基因;对真核生物而言,生物体内的染色体上所包含的全部 DNA 就是该生物体的基因组。除此之外,真核细胞具有细胞核外基因组,如线粒体或叶绿体内分别含有线粒体 DNA 或叶绿体 DNA,分别称为线粒体基因组或叶绿体基因组。细胞核外基因组属于母系遗传,与减数分裂无关。

表 8-1　几种生物基因组比较

种群	物种	基因组大小（百万对碱基）	基因数（千）
原核生物	支原体	0.58	0.47
	大肠杆菌	4.6	4.3
	铜绿假单胞菌	6.3	5.5
单细胞真核生物	酿酒酵母	12	6.2
	裂变酵母	14	4.9
	幽门螺杆菌	1.7	1.5
多细胞原核生物	线虫	100	18.4
	果蝇	140	13.6
脊椎动物	阵风鱼	400	约 30
	人类	3000	约 40
	小鼠	3300	约 40
植物	拟南芥	125	25
	水稻	560	约 30
	玉米	5000	约 30
	小麦	17 000	约 30

　　生物体内基因组中的基因并不是以同样的强度同时表达，在某一特定时刻，只有一部分基因处于表达状态，多数基因处在沉默状态。大肠杆菌基因组含 $4.6×10^6$ bp，共编码约 4300 个基因。一般情况下，大肠杆菌只有 5% ~ 10% 的基因处于转录表达状态，其他基因有的处于较低水平的表达状态，有的甚至不表达。人类基因组约由 $3×10^9$ bp 组成，编码 2 万 ~ 3 万个基因。在某一特定时期或生长阶段，基因组中的基因也只有 10% 左右处于开放转录状态，即使蛋白质合成量比较多、基因开放比例较高的肝细胞，一般也只有不超过 20% 的基因处于表达状态。基因组中哪些基因开始表达，哪些基因沉默，以及它们表达的强度，都是在生物体内一套复杂的调节机制控制下进行的，即基因表达调控（regulation of gene expression）。基因表达调控是细胞或生物体在基因表达水平对环境信号刺激或环境变化所表现的适应性反应，调控基因表达的种类、数量和强度，使细胞或生物体适应环境、维持分化、增殖、发育、生长和繁殖。

一、基因表达调控的多层次和复杂性

　　无论是病毒、细菌，还是多细胞生物，基因表达表现为严格的规律性，即时间、空间特异性。生物物种愈高级，基因表达规律愈复杂、愈精细，这是生物进化的适应性表现。基因表达的时间、空间特异性由特异基因的启动子（序列）和（或）增强子与调节蛋白相互作用实现的，充分显示基因表达调控的多层次和复杂性。

（一）时间特异性

基因表达的时间特异性（temporal specificity）是指根据功能需要，细胞内某一特定基因的表达严格按照特定的时间顺序发生。噬菌体、病毒或细菌侵入宿主后，呈现一定的感染阶段。随感染阶段的发展、生长环境的变化，有些基因开启，有些基因关闭。原核生物可根据生长环境的变化和自身代谢的需要，开启或关闭某些基因。多细胞生物从受精卵到组织、器官形成的各个不同发育阶段，相应基因严格按一定时间顺序开启或关闭，表现为与分化、发育阶段一致的时间性。因此，多细胞生物基因表达的时间特异性又称阶段特异性（stage specificity）。与生命周期其他阶段比较，早期发育阶段的基因表达是较多的。但随着分化的进行，某些基因会被关闭，某些基因转向开放。即使是同一个细胞，处在不同的细胞周期状态，基因的表达情况也不尽相同。这种细胞生长过程中基因表达的时间性变化，是细胞分化、生长和繁殖的基础。

（二）空间特异性

基因表达的空间特异性（spatial specificity）是指多细胞生物个体在生长过程中，某一特定基因的表达严格按照不同组织空间顺序发生，又称组织特异性（ tissue specificity）。基因表达的空间特异性表现在：①在个体发育、生长的某一阶段，同一基因产物在不同的组织器官表达水平的高低是不同的；②在同一生长阶段，不同的基因表达产物在不同的组织、器官分布也不完全相同。例如，肝细胞中涉及编码鸟氨酸循环酶类的基因表达水平高于其他组织细胞，这些基因表达的产物（如精氨酸酶）为肝所特有。细胞特定的基因表达状态，决定了该组织细胞特有的形态和功能。基因表达的空间特异性对于疾病的定位诊断具有重要意义。如丙氨酸转氨酶（ALT）和天冬氨酸转氨酶（AST）的基因主要在肝细胞和心肌细胞中表达，这些酶的含量在血液中的升高可分别作为肝脏疾病和心脏疾病的诊断依据。

当基因的组织细胞特异性表达发生变化时，细胞的形态与功能也会随之改变。例如正常组织细胞转化为肿瘤细胞时，其基因表达也会改变。人肝细胞在胚胎时期有甲胎蛋白（α-fetal protein，AFP）基因的表达，成年后该基因的表达即被抑制，但当肝细胞转化成肝癌细胞时，AFP基因又会重新激活，使AFP大量表达，因此可以通过检测血液中AFP蛋白的变化，作为肝癌早期诊断的一个重要指标。

从理论上讲，遗传信息传递过程中的任何环节改变均可导致基因表达的变化，引起生物学功能的改变。从基因的数量上来看，DNA分子上基因的拷贝数越多，其表达产物相应也会增多，其相应功能也会随之改变，因此某基因在DNA水平上拷贝数的增加可影响基因的表达和功能。在多细胞生物，某一特定类型细胞内某些基因的选择性扩增可能使该基因的编码产物高水平表达。另外，为适应某种特定需要而进行的DNA重排，以及DNA甲基化等均可在遗传信息水平上影响基因表达。

在基因表达的过程中，由DNA向RNA的转录过程是基因表达调控最重要、最关键和最复杂的层次。在真核细胞，初始转录产物需经转录后加工修饰才能成为有功能的成熟RNA，并由细胞核转运至细胞质，对这些转录后过程的控制也是调节某些基因表达的重要方式。近年来，对微小RNA（ microRNA ）和长链非编码RNA（ long noncoding RNAs，lncRNAs）调控基因表达的研究逐渐深入，人们能够在转录后层面更深入地了解基因表达调控的多层性和复杂性。在蛋白质翻译过程中也存在对基因表达的调节。另外,在翻译后水平的基因调控可直接、快速地改变蛋白质的结构与功能,增加细胞对外界环境变化或特异性刺激的快速应答反应。因此,基因表达调控可发生于从基因激活到蛋白质生物合成的各个阶段,包括基因水平、转录水平、转录后水平、翻译及翻译后水平等。

二、基因表达调控的意义

生物体为适应外界环境的多样性变化进化出一套完整复杂的基因表达调控系统,各种蛋白质只有在最需要时才被合成。生物体的基因表达调控具有重要的生物学意义。

(一)适应环境、维持生长和增殖

生物体所处的内外环境是不断变化的。生物体为了适应环境的变化、维持正常生长和增殖,需对其基因表达进行精细地调控。通过基因表达的调控,产生蛋白质的种类和数量发生变化,使生物体更加适合在新环境中的生长和增殖。原核生物、单细胞生物和真核生物均普遍有适应性基因表达方式。

(二)维持个体发育和分化

原核生物和真核生物的基因表达调控除了具有以上共同的生物学意义以外,对多细胞生物来说还具有维持个体发育和分化的意义。生物个体生长、发育的不同时期,需要有不同种类和数量的蛋白质,而蛋白质种类和数量的不同是由基因差异性表达调控所造成的。高等哺乳动物的所有细胞均来自于一个受精卵,所含有的基因组是完全相同的。在生长、发育的不同阶段,通过开放和关闭某些基因使细胞不断分化和发育成不同的组织和器官。若基因表达异常则有可能导致发育异常或疾病发生。癌基因的表达产物一方面是细胞正常生长和分化所必需的,但其表达失控、过分激活则导致肿瘤的产生。另一方面,抑癌基因的表达调控异常使其功能失活也是肿瘤发生的另一原因。

第二节　原核基因表达调节

原核生物是单细胞生物,基因组相对简单,由一条环状双链 DNA 组成,没有完整的细胞核和核膜结构,因此,基因转录和翻译是偶联进行的。简单的细胞结构和基因组组成,决定原核生物能随环境的变化,快速改变某些基因的表达状态,也成为研究基因表达调控的理想实验模型。原核生物基因表达调控有以下特点:①由于原核细胞是无核细胞,原核基因表达时转录与翻译两个过程紧密偶联。②原核生物的大多数基因按功能相关性成簇地串联,形成操纵子。这些基因在同一操纵子机制下共同开启或关闭。③在操纵子调节机制中普遍存在阻遏蛋白介导的负性调节。④由于操纵子内编码基因串联在一起,所以原核基因转录合成为多顺反子 mRNA(polycistronic mRNA)。⑤原核基因表达中,转录起始是最关键的调节步骤,即基因转录开关是控制基因活性的关键。

参与原核生物基因转录水平调控的主要蛋白因子有:①RNA 聚合酶(RNA

polymerase),参与对特异的启动子相互识别和结合;②σ因子(σ factor),是 RNA 聚合酶识别特异启动子的重要组成成分;③阻遏因子(inhibitor),亦称阻遏蛋白,与特异的操纵子元件识别并结合,阻断基因的表达;④激活因子(activator):能够介导或促进特异基因的转录表达。

一、乳糖操纵子

操纵子是原核生物基因表达调控的基本方式。培养基里存在葡萄糖、乳糖、麦芽糖、阿拉伯糖等碳源时,大肠杆菌优先代谢葡萄糖作为能量来源。当葡萄糖耗尽时,细菌暂时停止生长,经过短时间的适应后才开始利用其他单糖作为能源继续繁殖。乳糖操纵子就是原核生物通过调控基因表达适应环境变化的最好例证。大肠杆菌利用乳糖至少需要 3 种酶:促使乳糖进入细菌的乳糖通透酶(lactose permease)、催化乳糖分解第一步反应的 β-半乳糖苷酶(β-galactosidase)和催化半乳糖乙酰化的转乙酰基酶(transcetylase)。

(一)乳糖操纵子的结构

大肠杆菌乳糖操纵子(*lac* operon)的基本结构为 3 个结构基因(structural gene)、1 个操纵序列(operator,O)、1 个启动序列(promotor,P)及 1 个调节基因 I(图 8-1)。3 个结构基因 Z、Y 和 A 分别编码 β-半乳糖苷酶、乳糖通透酶和转乙酰基酶,分别催化乳糖水解生成半乳糖和葡萄糖和调控细胞对乳糖的摄取和代谢。启动序列 P 为 RNA 聚合酶辨认和结合的位点。调节基因 I 编码阻遏蛋白,可结合到操纵序列 O 上使 RNA 聚合酶不能识别和结合启动子 P,抑制转录起始。在 P 的上游还有分解代谢物基因激活蛋白(CAP)结合的位点。

(二)乳糖操纵子的负性调节

大肠杆菌的 β-半乳糖苷酶是一种诱导酶(inductive enzyme),可催化乳糖和其他β-半乳糖苷化合物的水解。当大肠杆菌利用乳糖作为唯一碳源时,这种酶就被诱导表达;而当培养基中不存在乳糖时,该酶不产生。培养基中没有乳糖时,乳糖操纵子处于阻遏状态,I 基因被激活,表达的 *lac* I 阻遏蛋白与 O 序列结合,阻碍 RNA 聚合酶与P 序列结合,结构基因的表达被阻遏。由此可见,在没有调节蛋白存在时,结构基因是可以表达的,当加入调节蛋白后结构基因的表达被关闭,这种控制系统称为负性调节(negative regulation)。负性调节的关键是调节基因 I 的产物阻遏蛋白与操纵序列的结合。阻遏蛋白的阻遏作用并非绝对,偶有阻遏蛋白与 O 序列脱离,使细胞中还有极低水平的 β-半乳糖苷酶及乳糖通透酶的表达。

一些小分子化合物和阻遏蛋白结合后改变其构象,影响其与操纵基因的亲和力,这些小分子化合物称为效应物(effectors),也称为诱导物。在乳糖存在时,细菌内的乳糖操纵子即被诱导,乳糖操纵子中真正的诱导物是半乳糖。乳糖经半乳糖苷通透酶催化、转运进入细胞,再经已存在于细胞中的少量 β-半乳糖苷酶催化,转变为半乳糖。半乳糖作为诱导物与阻遏蛋白结合,改变其构象变化,使阻遏蛋白与 O 序列解离,有利于 RNA 聚合酶与启动子区(P)结合,促成结构基因的转录和表达(图 8-1)。

半乳糖类似物都可以作为诱导物与阻遏蛋白结合,诱导操纵子开放,如别乳糖、异丙基硫代半乳糖苷(isopropyl thiogalactoside,IPTG)等。IPTG 不受 β-半乳糖苷酶的催化分解而十分稳定。5-溴-4-氯-3-吲哚-β-半乳糖苷（X-gal）是一种人工合成的半乳糖苷,可被 β-半乳糖苷酶催化水解产生深蓝色不溶性产物,在分子生物学研究可以用作 β-半乳糖苷酶活性的指示剂。

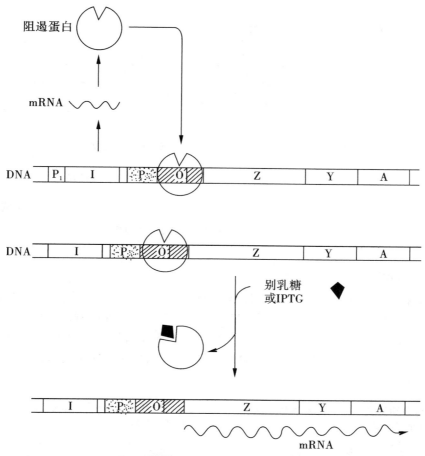

图 8-1 乳糖操纵子的结构及其负调控作用

(三)乳糖操纵子的正性调节

在没有调节蛋白存在时,结构基因不表达,当加入调节蛋白后结构基因的转录被开启,这种调控方式称为正性调节(positive regulation)。分解代谢物基因激活蛋白 CAP 是一种分子量为 44 kDa 的同二聚体蛋白质,具有 DNA 结合区及 cAMP 结合位点。在没有葡萄糖以及 cAMP 浓度较高时,cAMP 与 CAP 结合,提高了该蛋白与 DNA 结合的亲和力,促进 CAP 结合在 *lac* 启动子附近的 CAP 位点,激活 RNA 聚合酶,促进结构基因表达;当有葡萄糖存在时,cAMP 浓度下降,降低 cAMP 与 CAP 结合,乳糖操纵子的表达被抑制(图 8-2)。cAMP/CAP 是所有对葡萄糖代谢敏感的操纵子的一个正调控因子,在 *lac*(乳糖操纵子)、*gal*(半乳糖操纵子)、*ara*(阿拉伯糖操纵子)等操纵子中均起着正调控作用。

笔记栏

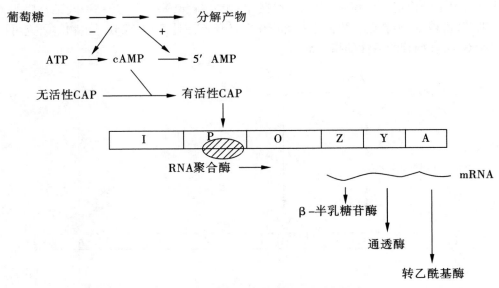

图 8-2　葡萄糖利用对乳糖操纵子的调节

(四)乳糖操纵子的协同调节

从乳糖操纵子的负性调节和正性调节的过程来看,*lacI* 阻遏蛋白是负性调节因素,CAP 是正性调节因素,这两种调节机制根据细菌周围存在的碳源性质及水平协同调节乳糖操纵子的表达。因此,根据培养基内有无葡萄糖和(或)乳糖时,会出现 4 种不同的组合(图 8-3),当在葡萄糖和乳糖同时存在时,由于生物氧化磷酸化的特点决定优先利用葡萄糖作为能量来源。

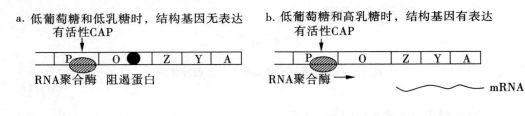

图 8-3　乳糖操纵子正负调节的协同调节

二、色氨酸操纵子

细菌具有合成色氨酸的酶系,编码这些酶的结构基因组成一个转录单位称色氨酸操纵子(*trp* operon)。当存在色氨酸时,操纵子处于关闭状态;当没有色氨酸存在时,操纵子被打开。在色氨酸操纵子调控下细菌可以经多步酶促反应自身合成色氨酸,但是一旦环境能够提供色氨酸,细菌就会充分利用外源的色氨酸,而减少或停止合成色

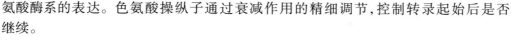

氨酸酶系的表达。色氨酸操纵子通过衰减作用的精细调节,控制转录起始后是否继续。

（一）色氨酸操纵子的结构

色氨酸操纵子包括色氨酸合成代谢所需的 5 种酶的结构基因 *trp* E、D、C、B 和 A,它们彼此相邻,被转录成一个多顺反子 mRNA 分子。在酶结构基因的上游有 3 个区段,分别为启动子 P、操纵序列 O 和前导序列 L。*trp* P 具有 -10 和 -35 序列,-10 序列完全位于 *trp* O 之内。*trp* O 是阻遏蛋白四聚体活化形式的结合位点。*trp* L 为 162bp 的序列,有一衰减子(attenuator)序列和 14 个氨基酸残基的前导肽(lead peptide)编码序列,参与衰减子系统的调控作用。*trp* R 是调节基因,与整个操纵子的距离较远(图 8-4)。色氨酰-tRNA 合成酶的基因 *trp* S 和 tRNA^{Trp}基因等,都参与色氨酸操纵子的调控。

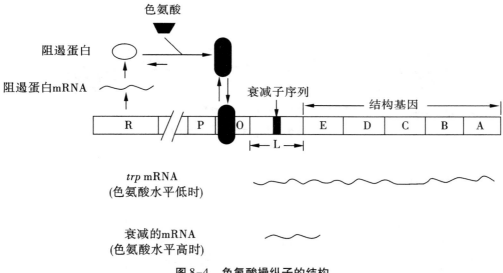

图 8-4 色氨酸操纵子的结构

（二）色氨酸操纵子衰减调控

色氨酸操纵子是一种阻遏型操纵子,受到两种机制的调控:一是阻遏蛋白负调控系统,是操纵子的粗调;二是操纵子的衰减子系统,是转录的细调。衰减子系统的关键是 *trp* L 的 mRNA 序列,它含有 139 个核苷酸的前导、编码 14 个氨基酸的前导肽区、4 个互补的 RNA 区段和 1 个衰减子结构等(图 8-5)。4 个 RNA 的互补区段可以相互形成茎环结构,从而调控操纵子的活性。操纵子的序列 1 中有 2 个色氨酸密码子,在色氨酸浓度很高时,核糖体很快通过编码序列 1 并覆盖序列 2,转录与翻译偶联的过程致使序列 3、4 形成一个不依赖 ρ(rho)因子的终止结构——衰减子,使前方的 RNA 聚合酶脱落,转录终止,即操纵子表达关闭。当色氨酸缺乏、色氨酰-tRNA 供给也缺乏,核糖体翻译停止在序列 1 中的 2 个色氨酸密码子前,序列 2 与序列 3 形成发夹,阻止了序列 3、4 形成衰减子结构,RNA 转录继续进行(图 8-5)。原核生物没有完整的核膜结构,因此转录与翻译紧密偶联,色氨酸操纵子即是基因的转录与前导肽翻译相偶联的过程,从而调控基因的表达。转录衰减调控是原核生物特有的一种基因调控方式。

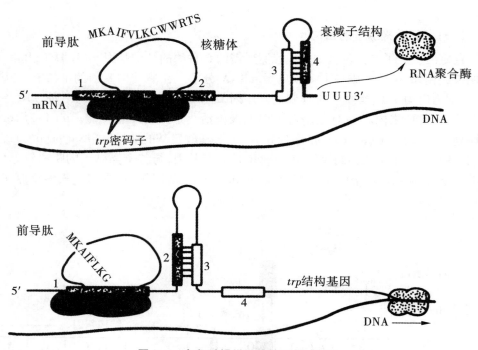

图 8-5 色氨酸操纵子的转录衰减机制

三、其他转录调控方式

原核生物基因表达调控方式除操纵子调控外,还有其他一些特异的转录调控方式。大肠杆菌经紫外线照射会发生染色体大面积损伤影响 DNA 的复制,进而诱发一系列表型变化,甚至影响细菌的存活,这一现象被称为 SOS 反应。SOS 反应发生后,细菌会激活体内 SOS 修复系统修复损伤的 DNA,正常情况下,组成 SOS 修复系统的酶和蛋白质编码基因(即 SOS 基因)的操纵序列 SOS 盒被 Lex A 阻遏蛋白结合,阻遏这些基因的表达。当有紫外线照射时,细菌内一种蛋白水解酶 Rec A 被激活,水解 Lex A 阻遏蛋白,使其失去阻遏效应,SOS 修复系统的酶和蛋白质相继表达,修复损伤的 DNA。SOS 反应是分散在染色体上的非连贯性基因协调表达的典型。

第三节 真核基因转录调节

真核细胞比原核细胞复杂得多,具有更庞大的基因组,基因数目也更多。在生长、发育、分化过程中所有基因的表达都受到严格的调控,表现出严格的时间和空间特异性。

一、真核生物基因组结构的特点

(一)真核生物基因组结构庞大

基因组的大小与进化程度大致成正比,真核生物拥有比原核生物大得多的基因组(表8-1)。人类基因组 DNA 约由 $3×10^9$ bp 个核苷酸组成,编码有 2 万 ~3 万个基因。按每个编码基因含 1 500 个核苷酸计算,这些编码基因约占全部基因组的 6%,除去 5% ~10% 的重复基因外,人类基因组还有 80% ~90% 的核苷酸没有直接的遗传学功能,这也是真核基因组与原核基因组差异最大的地方。另外,真核生物的基因组 DNA 与组蛋白结合形成更为复杂的染色质结构,增加其基因表达调控的层次性和复杂性。

(二)单顺反子

原核生物的操纵子所控制转录生成的 mRNA 可翻译为数种功能相关的蛋白质多肽链,被称多顺反子(polycistron),而真核生物基因转录后的 mRNA 只表达一个蛋白质多肽链,被称为单顺反子(monocistron)。然而,在真核生物体内的蛋白质都是由几条不同的多肽链组成,由此可见,真核细胞的基因表达存在多个基因之间的协调平衡和先后次序。

(三)重复序列

原核生物、真核生物基因组中都存在重复出现的核苷酸序列,但在真核生物中更为常见。重复序列(repeated sequence)长短不一,有的长达数百数千个核苷酸、有的短至几个十几个核苷酸。重复序列的重复频率也不尽相同。根据重复频率将重复序列分为高度重复序列(10^6 次)、中度重复序列(10^3 ~10^4 次)及单拷贝序列。高度、中度重复序列也称为多拷贝序列。重复序列存在种属差异性,一般来讲,基因组愈大、重复序列含量愈多。重复序列及基因重组均与生物进化有关。有些基因的转录终止区、衰减调控区及反式调控因子结合区都存在重复序列,推测重复序列对 DNA 复制、基因的转录具有重要的意义。

(四)基因不连续性

真核生物结构基因两侧存在有不被转录的非编码序列,这些序列可能是基因表达的调控区。在编码基因内部还存在一些不编码蛋白质氨基酸残基的间隔序列,将结构基因分割开,这些不编码序列称为内含子(intron),而编码序列称为外显子(exon),因此真核生物的基因是不连续的。原核生物的基因是连续编码的,不含有内含子。真核生物结构基因转录时,内含子与外显子同时被转录为前体 mRNA,在转录后的加工过程中内含子序列被剪切掉,将外显子连接起来形成成熟的 mRNA。不同剪接方式可形成不同的 mRNA,从而翻译出的多肽链也不同。转录后加工也是真核基因表达调控的重要特点。

二、真核基因表达调控特点

真核基因组具有上述结构特点,决定真核生物基因表达调控过程比原核生物要复杂和精细很多。真核生物基因表达调控包括了染色质激活、转录起始、转录后修饰、翻译起始、翻译后修饰等多个过程和步骤。这些过程和步骤的每一环节都可以对基因表达进行调控,充分体现基因表达调控多层次、多角度以及综合性的特点。但是,对基因表达调控来说,转录起始的调控是最为关键的一步。

(一)染色体结构和 DNA 修饰对转录活性的影响

真核生物的基因组 DNA 经过高度螺旋化,折叠凝缩后形成染色质位于细胞核内。基因在活化和转录时,染色质的相应区域会发生结构和性质的变化。一般来讲,具有基因转录活性的染色质在结构上比较疏松、对 DNA 酶 I 敏感,因此又称为 DNA 酶 I 高敏感区(DNA ase I hypersensitive site)。染色质结构的疏松有利于 RNA 聚合酶和蛋白质因子结合,以进行基因的转录,这些区域被称为常染色质。而高度凝缩、没有转录活性的染色质区域被称为异染色质。超敏位点通常位于被活化基因的 5′侧翼区 1 000 bp 内,有时也在更远的 5′侧翼区或 3′侧翼区。

在真核细胞中,核小体是染色质的基本结构单元,组蛋白 H2A、H2B、H3 和 H4 各 2 分子构成的八聚体是核小体的核心组蛋白,其外面盘绕着 DNA 链。在转录活化状态,组蛋白发生乙酰化、磷酸化、甲基化、泛素化以及 ADP-核糖基化等化学修饰,降低组蛋白对 DNA 的亲和力,增加 DNA 对核酸酶的敏感性,有利于转录调控因子的结合。

DNA 甲基化(DNA methylation)是真核生物在染色质水平控制基因转录的重要机制。真核基因组内富含 CG 序列的区段,被称作 CpG 岛(CpG island)。CpG 岛常出现在基因的启动子和第一外显子区域,60% 以上基因的启动子含有 CpG 岛。DNA 甲基转移酶可以将真核基因组中 CpG 岛中的胞嘧啶修饰为 5-甲基胞嘧啶(m5C),高度的甲基化促进染色质形成致密结构,阻止基因的转录。在转录活跃区则很少甲基化,管家基因富含 CpG 岛,其 CpG 的胞嘧啶残基均不发生甲基化。

(二)正性调控为主

真核 RNA 聚合酶对启动子的亲和力很低,仅靠 RNA 聚合酶与启动子序列结合不能启动基因转录,需要依赖多种激活蛋白的协同作用。真核基因调控中虽然也发现了负性调控元件,但并不普遍存在。多数真核基因在没有调控蛋白作用时是不转录的,当存在大量激活蛋白质时促进转录,因此真核基因表达调控以正性调控为主导。由于调节蛋白与基因 DNA 调控序列特异性结合,大量激活蛋白在调控基因表达时与 DNA 调控序列发生特异作用,从而降低了非特异作用,使真核基因的表达调控更特异、更精确。另外正性调控方式避免合成大量的阻遏蛋白,用于阻遏非活化基因的转录。因此,正性调控是更经济有效的调控方式。

(三)RNA 聚合酶

真核生物的 RNA pol Ⅰ、Ⅱ、Ⅲ分别负责转录不同类型的基因,而各类基因的启动子序列具有不同的结构特点,这就使得真核生物基因的调控远比原核生物复杂。此外,真核细胞具有明显的细胞核和细胞质等区域分布,使转录和翻译分别在不同的亚细胞区域进行,这种间隔分布使真核基因的表达调控更为复杂、有序。由于真核基因非连续编码的特性,决定各种真核基因转录的 RNA 产物都需要经过转录后的剪切修饰等过程。

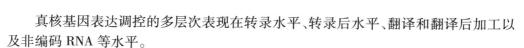

三、真核基因表达的多层次调控

真核基因表达调控的多层次表现在转录水平、转录后水平、翻译和翻译后加工以及非编码 RNA 等水平。

（一）真核基因转录水平的调控

转录水平的调控主要是转录起始的调控。同原核生物一样，转录起始的调控也是真核生物基因表达调控的关键步骤。真核生物在转录时，多种 RNA 聚合酶和转录因子参与形成转录起始复合物，使转录起始的调控比原核生物复杂得多。

1. 顺式作用元件　顺式作用元件是指 DNA 分子上对结构基因的转录具有调控作用的非编码序列，常位于结构基因的两侧。根据顺式作用元件所处的位置、转录激活作用的性质及发挥作用的方式，将顺式作用元件分为启动子（promoter）、增强子（enhancer）和沉默子（silencer）。

启动子是指 RNA 聚合酶结合并启动基因转录的 DNA 序列。真核生物 RNA 聚合酶与 DNA 的结合需要多种蛋白质因子的协调作用，决定了真核生物的启动子要比原核生物复杂得多。真核生物启动子一般包括 RNA 聚合酶结合位点以及上游 100 ~ 200 bp 的序列，在这个序列内包含多个长度 7 ~ 30 bp 的独立 DNA 元件。在这些独立的元件内，最典型的就是 TATA 盒（TATA box），它的一致序列是 TATAAAA。TATA 盒通常位于转录起始点上游−25 ~ −30 bp 区域，控制转录起始的准确性及频率。TATA 盒是基本转录因子 TFII D 结合位点。除 TATA 盒外，GC 盒（GGGCGG）和 CAAT 盒（GCCAAT）也是很多基因中常见的功能组件，它们通常位于转录起始点上游−30 ~ −110 bp 区域（表8−2）。此外，还发现很多其他类型的功能组件。由 TATA 盒及转录起始点即可构成最简单的启动子。典型的启动子则由 TATA 盒及上游的 CAAT 盒和（或）GC 盒组成，这类启动子通常具有一个转录起始点及较高的转录活性（图8−6）。另外，还发现许多不含 TATA 盒的启动子，如一些管家基因的启动子，含有长为 1 ~ 2 kb 富含 CpG 岛的序列，包含数个分离的转录起始点，并有数个转录因子 SP1 结合位点，对基本转录活化有重要作用。还有一些启动子既不含 TATA 盒，也没有 GC 富含区，这类启动子可有一个或多个转录起始点，这些基因大多转录活性很低或没有转录活性，主要在胚胎发育、组织分化或再生过程中被调节。

表8−2　真核生物 RNA 聚合酶Ⅱ启动子中常见的顺式作用元件

元件	共同序列	结合 DNA 的长度	结合的转录因子
TATA 盒	TATAAAA	~10	TBP
CAAT 盒	GGCCAATCT	~22	CTF/NF1
GC 盒	GGGCGG	~20	Sp1
八聚体	ATTTGCAT	~20	Oct−1
八聚体	ATTTGCAT	23	Oct−2
κB	GGGACTTTCC	~10	NFκB
ATF	GTGACGT	~20	ATF

笔记栏

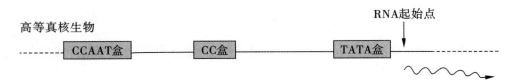

图8-6 真核基因启动子的典型结构

增强子是指远离转录起始点、决定组织特异性表达、增强启动子转录活性的特异DNA序列,其发挥作用的方式与方向、距离无关。增强子通常为100~200 bp,和启动子一样由若干组件构成,核心组件长为8~12 bp,可以单拷贝或多拷贝串联的形式存在。增强子的每个功能组件都可以特异结合转录因子。增强子的作用有以下特点:①可增强同一条DNA链上同源或异源基因的转录,与靶基因的方向及距离无关,可增强远距离达1~4 kb的上游或下游基因转录活性;②增强基因转录活性与序列的正反方向无关;③对启动子没有严格选择性;④一般具有组织或细胞特异性,许多增强子只在某些细胞或组织中表现活性,这是由这些细胞或组织内特有的蛋白质因子所决定的。从功能上讲,没有增强子存在,启动子通常不能表现活性。没有启动子时,增强子也无法发挥作用。

沉默子是基因表达调控的负性调节的DNA序列。特异转录因子与沉默子结合后,可抑制基因转录活性。沉默子的作用可不受序列方向的影响,也能远距离发挥作用,并可对异源基因的表达起调控作用。有些DNA序列既可作为增强子,又可作为沉默子发挥转录调节作用,这取决于与之结合的转录因子是激活蛋白还是抑制蛋白。

2. 反式作用因子 反式作用因子(trans-acting factor)是指一类能识别并结合于顺式作用元件,激活或阻遏基因表达的蛋白质因子,这种调节方式也称为反式调节。通常将参与反式调节的蛋白质因子统称为转录因子。

按功能特性可将转录因子分为通用转录因子(general transcription factors)和特异转录因子(special transcription factor)。通用转录因子是RNA聚合酶转录基因时所必需的一类辅助因子,为所有mRNA转录启动所共有,又称基本转录因子。对三种真核RNA聚合酶来说,除个别基本转录因子成分通用(如TATA box结合蛋白)外,大多数成分为不同RNA聚合酶所特有。例如TFⅡA、TFⅡB、TFⅡE、TFⅡF及TFⅡH为RNA聚合酶Ⅱ催化所有mRNA转录所必需。通用转录因子没有组织特异性,因而对于基因表达的时空选择性并不重要。特异转录因子为特异性转录某些基因所必需,决定基因转录的时间和空间特异性。此类转录因子有的起转录激活作用,称转录激活因子(transcription activator);有的起转录抑制作用,称转录抑制因子(transcription inhibitor)。转录激活因子通常是一些增强子结合蛋白,多数转录抑制因子是沉默子结合蛋白。特异转录因子在不同组织或细胞中含量或分布不同,决定了基因表达的组织或细胞特异性。在细胞对环境适应方面,特异转录因子的含量、活性及在细胞内定位发挥着重要的作用,是环境变化引起基因表达水平变化的关键分子。

大多数转录因子的结构至少包括DNA结合域(DNA binding domain)和转录激活域(activation domain)2个不同的结构域。此外,很多转录因子还包含1个介导蛋白质-蛋白质相互作用的结构域,最常见的是二聚化结构域。DNA结合域主要有以下几种类型:①锌指(zinc finger)结构,一类含锌离子的形似手指的模体结构,N 端形成一对反向 β-折叠,C 端形成 α-螺旋,后者促进锌指与 DNA 大沟结合。②碱性螺旋-环-螺旋(basic helix-loop-helix,bHLH),这类模体结构至少包含 2 个 α-螺旋,以短肽段形成的环相连,其中 1 个 α-螺旋的 N-末端富含碱性氨基酸残基,为 DNA 结合区。bHLH 模体通常以二聚体形式存在,2 个 α-螺旋的碱性区之间的距离大约与 DNA 双螺旋的 1 个螺距相近(3.4 nm),使两个 α-螺旋的碱性区刚好分别嵌入 DNA 双螺旋的大沟内。③碱性亮氨酸拉链(basic leucine zipper,bZIP),这类模体的特点是在蛋白质 C-末端的氨基酸序列中,每 6 个氨基酸残基含 1 个疏水性的亮氨酸残基。当 C-末端形成 α-螺旋时,肽链每旋转两周就出现 1 个亮氨酸残基,并且都出现在 α-螺旋的同一侧。这样的两个肽链能以疏水力结合成二聚体,形似拉链(图 8-7)。

图 8-7　锌指、碱性亮氨酸拉链和螺旋-环-螺旋 DNA 结合域

上述转录因子(TFⅡ类)按一定次序与基因的转录调控区相互作用,协助真核 RNA pol Ⅱ 对前体 mRNA 的转录,这些转录因子的依次结合形成多亚基的功能性转录起始复合物(图 8-8)。基因转录的速率又可被转录激活因子或转录抑制因子进行正性或负性调节。由于转录因子的结构和功能不同,影响基因的转录激活过程,使真核基因转录激活调节表现出高度复杂多样,又高度特异精确。

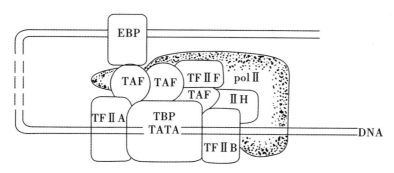

图 8-8　真核基因转录起始复合物的形成

(二)真核基因转录后水平的调控

真核生物基因经过转录生成初级 RNA 并不是成熟的形式,需经转录后的加工过程,才能执行功能,转录后加工过程也调控基因的表达状态。

1. mRNA 前体的选择性　剪接真核基因所转录的 mRNA 前体含有间隔排列的外

显子和内含子。通常情况下,内含子会被切除保留外显子,形成成熟的 mRNA,并被翻译成为相应的多肽链。在选择性剪接过程中,参与拼接的外显子并不按照其在基因组内的线性分布次序,内含子也可以不完全被切除,因此,选择性剪接的结果可能是同一条 mRNA 前体产生了不同的成熟 mRNA,由此产生不同的蛋白质。这些蛋白质的功能可以完全不同,显示了基因调控对生物多样性的决定作用。

2. mRNA 的稳定性 mRNA 在细胞内的稳定性直接影响到该基因表达产物的数量,是转录后调控的重要因素。mRNA 的稳定性与其 5′端的帽子结构和 3′端的 poly A 尾相关。5′端的帽子结构保护 mRNA 不被 5′-核酸外切酶降解,参与 mRNA 从细胞核向细胞质的转运,并可以与相应的帽结合蛋白结合而提高翻译的效率。3′端的 poly A 尾与其结合蛋白结合防止 3′-核酸外切酶降解 mRNA,增加 mRNA 的稳定性,也能增加真核细胞翻译的起始。

(三)真核基因翻译和翻译后水平的调控

众多的蛋白质因子参与基因的翻译过程,决定了蛋白质翻译水平调控的复杂性。翻译水平的调节主要发生在起始阶段和延长阶段,尤其起始阶段更为重要,如对起始因子活性的调节、Met-tRNA^{met} 与小亚基结合的调节、mRNA 与核糖体小亚基结合的调节等。对参与翻译起始因子的磷酸化过程是翻译起始阶段的重要调控形式,如 eIF-2α 的磷酸化抑制翻译起始,eIF-4E 及 eIF-4E 结合蛋白的磷酸化激活翻译起始。翻译后水平的调控涉及新合成蛋白质的活性和生物学功能,如对蛋白质进行可逆的磷酸化、甲基化、乙酰化等修饰,从而达到快速调节基因活性的作用。

(四)非编码 RNA 对真核基因表达的调控

小分子 RNA 包括 microRNA(或 miRNA)和小干扰 RNA(small interfering RNA,siRNA)两种类型。microRNA 含有 22 个核苷酸,可与其他蛋白质结合组成 RNA 诱导的沉默复合体(RNA-induced silencing complex,RISC),通过与其靶 mRNA 分子的 3′端非翻译区(3′-untranslatedregion,3′ UTR)互补匹配,抑制该 mRNA 分子的翻译。小干扰 RNA(small interfering RNA,siRNA)是一种双链 RNA,长度在 21~23 个核苷酸之间,通过参与 RISC 形成,特异互补结合并降解靶 mRNA,阻断翻译过程。这种由 siRNA 介导的基因表达抑制作用被称为 RNA 干扰(RNA interference,RNAi)。长链非编码 RNA(long noncoding RNA,lncRNA)是一类长度超过 200 个核苷酸的 RNA 分子,在转录及转录后水平都可以调控基因的表达,是当今分子生物学研究领域最热门的前沿之一。

小　结

基因表达是指基因转录成 mRNA,然后进一步翻译成蛋白质的过程。每一种生物含有大量的基因,这些基因在生命活动过程中的表达是可以被调节的,许多基因只在特定的时间和空间进行表达。

原核生物和真核生物在基因表达调控上存在巨大差异。原核生物的基因组较小,基因结构简单,并且原核生物的转录和翻译过程是偶联的,即可在同一时间和位置发生,基因表达的调节主要在转录水平进行。操纵子模型是原核生物基因表达的重要方式。所谓操纵子是原核生物基因表达的调节序列或功能单位,包括在功能上彼此相关的结构基因以及结构基因前面的调控部位,调控部位由调节基因、启动子序列和操纵基因组成,调节基因产物可与操纵基因结合进而调节结构基因的表达。根据调控机制的不同可分为负性调节和正性调节。在负性调节中,调节基因的产物是阻遏蛋白,能阻止结构基因转录。在正性调节中,在没有调节蛋白存在时,结构基因不表达,调节基因的产物是激活蛋白,诱导物的存在使激活蛋白处于活性状态,进而激活结构基因的转录。大肠杆菌的乳糖操纵子和色氨酸操纵子是目前研究较为透彻的原核生物基因表达调控的经典模式。乳糖操纵子可受葡萄糖的阻遏而关闭和乳糖的诱导而开启,并被 cAMP 及其受体复合物活化。色氨酸操纵子可受色氨酸对阻遏蛋白负调控和弱化子的弱化作用调控。

　　真核生物的基因数量远远大于原核生物,基因组的大部分是调节序列,具有单顺反子、重复序列及基因不连续性等结构特点。真核生物的 DNA 和蛋白质还形成复杂的染色体结构,转录和翻译分别在细胞核和细胞质中进行,在转录和翻译后均存在复杂的加工修饰过程。真核基因组具有的这些特点决定了真核生物基因表达调控过程比原核生物要复杂和精细很多。真核生物基因表达调控包括了染色质激活、转录起始、转录后修饰、翻译起始、翻译后修饰等多个过程和步骤。转录前的调节主要在染色质水平上基因的活化过程,染色质有紧密的压缩状态转变为疏松的开放状态。转录水平的调节主要是顺式作用元件和反式作用因子的相互作用,顺式作用元件包括启动子、增强子和沉默子等元件。反式作用因子按功能特性可分为通用转录因子和特异转录因子,结合 DNA 的结构域主要有锌指结构、碱性亮氨酸拉链和螺旋-环-螺旋模体等。转录后水平的调控主要是对 mRNA 前体的选择性剪接、mRNA 的稳定性的调节以及参与蛋白质翻译的各种因子活性的调节。

（耿慧霞）

 思考题

　　1.什么是基因组?什么是基因?原核生物和真核生物的基因特点有何不同?

　　2.简述原核生物的操纵子学说,并以乳糖操纵子为例说明原核生物基因转录的正、负两种调节方式。

　　3.什么是顺式作用元件和反式作用因子?两者相互作用的分子基础是什么?

　　4.详细阐述原核生物和真核生物的基因表达调控的差异。

糖代谢

糖类(carbohydrates)是对人类十分重要的有机化合物,人体50%以上的能量由糖类提供。体内糖的主要形式是葡萄糖(glucose)和糖原(glycogen),葡萄糖是糖在血液中的运输形式,在机体糖代谢中占据主要地位。糖原是葡萄糖的多聚体,是糖在体内的储存形式。糖作为机体内重要的碳源,可以代谢转化为其他含碳化合物,如脂肪酸、非必需氨基酸、核苷酸等。糖与脂类或蛋白质结合形成的糖脂或糖蛋白则参与构成体内多种重要的生物活性物质。

细胞内的葡萄糖代谢包括分解、储存、合成三个方面,各代谢途径多是由酶催化的一系列化学反应组成。这些代谢过程受机体神经体液因素精细调控,保持动态平衡,使血糖浓度维持恒定。本章主要介绍葡萄糖在体内的重要代谢途径、生理意义和调控机制。

第一节 糖的消化、吸收及转运

糖是人类食物的主要成分,食物中含量最多的糖类是淀粉(starch),也含有少量糖原、麦芽糖、乳糖、蔗糖和葡萄糖等。淀粉中的葡萄糖单位由 α-1,4-糖苷键连接形成直链,由 α-1,6-糖苷键形成分支。

一、糖的消化

淀粉的主要消化部位在小肠,小肠中含有胰腺分泌的 α-淀粉酶,催化淀粉水解成麦芽糖、麦芽三糖、α-极限糊精和含分支的异麦芽糖,这些寡糖进一步在小肠黏膜刷状缘消化。α-糖苷酶水解麦芽糖和麦芽三糖,α-极限糊精酶催化水解 α-极限糊精和异麦芽糖的 α-1,4-糖苷键及 α-1,6-糖苷键,最终将这些寡糖水解成为葡萄糖。肠黏膜细胞的蔗糖酶和乳糖酶分别水解蔗糖和乳糖。有些人由于乳糖酶缺乏,不能有效地消化奶制品中的乳糖,食用牛奶后发生乳糖消化吸收障碍,引起腹胀、腹泻等症状,称为乳糖不耐症。

二、糖的吸收和转运

糖类被消化成单糖后在小肠吸收。葡萄糖被小肠上皮细胞摄取是一个耗能的主动摄取过程,需要 Na^+ 依赖型葡萄糖转运蛋白(sodium-dependent glucose transporter,SGLT)参与。当小肠上皮细胞内的葡萄糖浓度增高到一定程度,葡萄糖经小肠上皮细胞基底面扩散到血液中,经门静脉进入血液循环,供机体组织细胞摄取利用。血液中葡萄糖进入组织细胞是通过细胞膜上的葡萄糖转运蛋白(glucose transporter,GLUT)实现的。

第二节　糖的无氧分解

糖的无氧分解即糖酵解(glycolysis),指机体处于不能利用氧或氧供不足时,葡萄糖或糖原分解生成丙酮酸进而还原生成乳酸的过程,其中葡萄糖分解成的丙酮酸过程称为糖酵解途径。在缺氧状态下,丙酮酸还原为乳酸完成糖酵解(图9-1)。在有氧状态下,丙酮酸氧化为乙酰辅酶 A,进入三羧酸循环氧化为 CO_2 和 H_2O。

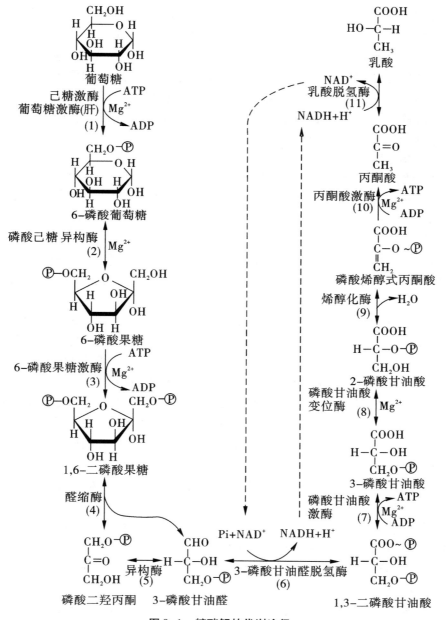

图 9-1　糖酵解的代谢途径

一、糖酵解的反应过程

糖酵解的代谢过程分为两个阶段:第一阶段是由葡萄糖分解为丙酮酸,即糖酵解途径;第二阶段是丙酮酸还原生成乳酸。糖酵解过程中的催化酶都存在于细胞质,因此糖酵解的全部反应在细胞质中进行。

(一)葡萄糖经糖酵解途径生成丙酮酸

1. 葡萄糖磷酸化生成6-磷酸葡萄糖　葡萄糖进入细胞后首先发生磷酸化反应,生成6-磷酸葡萄糖(glucose-6-phosphate,G-6-P),催化该反应的酶是己糖激酶(hexokinase),是糖酵解的关键酶,催化反应为不可逆的反应,需要ATP与Mg^{2+}参与。哺乳动物体内有4种己糖激酶的同工酶(Ⅰ~Ⅳ型)。肝中存在的是Ⅳ型,又称葡萄糖激酶(glucokinase)。葡萄糖激酶对葡萄糖的亲和力低,K_m为10 mmol/L,而其他己糖激酶的K_m在0.1 mmol/L左右;葡萄糖激酶另一个特点是受激素调控。这种差别反映肝细胞与其他细胞在糖代谢上的不同,肝外其他细胞代谢葡萄糖主要满足本细胞能量需求,而肝细胞只在血糖显著升高时才加快对葡萄糖的利用,有效调节血糖水平,在维持血糖浓度恒定中发挥重要作用。

2. 6-磷酸葡萄糖转变为6-磷酸果糖　由磷酸己糖异构酶催化,将6-磷酸葡萄糖转变为6-磷酸果糖(fructose-6-phosphate,F-6-P),是需要Mg^{2+}参与的可逆反应。

3. 6-磷酸果糖磷酸化成1,6-二磷酸果糖　在6-磷酸果糖激酶-1(6-phosphofructokinase-1,PFK-1)的催化下,6-磷酸果糖磷酸化生成1,6-二磷酸果糖(fructose-1,6-bisphosphate,F-1,6-BP)。该反应为糖酵解途径的第二次磷酸化反应,需要ATP与Mg^{2+}参与,反应不可逆,是糖酵解的第二个限速步骤。

4. 1,6-二磷酸果糖裂解成2分子磷酸丙糖　此反应由醛缩酶(aldolase)催化,反应生成2分子磷酸丙糖,即3-磷酸甘油醛和磷酸二羟丙酮。反应可逆,且有利于己糖生成,故称醛缩酶。

5. 磷酸二羟丙酮转变为3-磷酸甘油醛　3-磷酸甘油醛和磷酸二羟丙酮为同分异构体,在磷酸丙糖异构酶(triose phosphate isomerase)催化下可互相转变,3-磷酸甘油醛可参与后续反应,磷酸二羟丙酮可不断转变为3-磷酸甘油醛。磷酸二羟丙酮还可以转变为3-磷酸甘油,是联系糖代谢和脂代谢的重要枢纽物质。

上述的5步反应为糖酵解的耗能阶段,1分子葡萄糖经两次磷酸化反应消耗了2分子ATP,产生了2分子3-磷酸甘油醛,而产生ATP的步骤是在之后反应中进行。

6. 3-磷酸甘油醛氧化为1,3-二磷酸甘油酸　反应由3-磷酸甘油醛脱氢酶(glyceraldehyde-3-phosphate dehydrogenase)催化脱氢,以NAD^+为辅酶接受氢和电子,反应生成的1,3-二磷酸甘油酸是高能磷酸化合物,可将能量转移给ADP形成ATP。

7. 1,3-二磷酸甘油酸转变成3-磷酸甘油酸　由磷酸甘油酸激酶(phosphoglycerate kinase,PGK)催化,1,3-二磷酸甘油酸的高能磷酸基转移到ADP生成ATP和3-磷酸甘油酸,这是糖酵解过程中第一个产生ATP的反应。这种底物氧化过程中产生的能量直接将ADP磷酸化生成ATP的方式称为底物水平磷酸化(substrate level phosphorylation)。

8. 3-磷酸甘油酸转变为2-磷酸甘油酸　反应由磷酸甘油酸变位酶

（phosphoglycerate mutase）催化，磷酸基团从 3-磷酸甘油酸的 C_3 转移到 C_2 位。

9. 2-磷酸甘油酸脱水生成磷酸烯醇式丙酮酸　在烯醇化酶（enolase）催化下，2-磷酸甘油酸脱水生成磷酸烯醇式丙酮酸（phosphoenolpyruvate，PEP）。此反应引起分子内部能量重新分布，形成一个高能磷酸键。

10. 磷酸烯醇式丙酮酸转变成丙酮酸　糖酵解的第三个限速步骤，反应由丙酮酸激酶（pyruvate kinase）催化，需 K^+ 和 Mg^{2+} 参与，反应不可逆。这是糖酵解过程中第二次以底物水平磷酸化方式生成 ATP 的反应。

（二）丙酮酸还原为乳酸

在无氧或缺氧条件下，丙酮酸被还原为乳酸。反应由乳酸脱氢酶（lactate dehydrogenase，LDH）催化，还原反应所需的 NADH+H^+ 是上述第六步反应中的 3-磷酸甘油醛脱氢产生，作为供氢体脱氢后成为 NAD^+，再作为 3-磷酸甘油醛脱氢酶的辅酶，使糖酵解过程能重复进行。

除葡萄糖外，其他己糖也可转变成磷酸己糖而进入糖酵解途径进行代谢。

二、糖酵解的生理意义

糖酵解时 1 mol 的磷酸丙糖经 2 次底物水平磷酸化，可生成 2 mol ATP。由于 1 mol 葡萄糖可裂解为 2 mol 磷酸丙糖，因此 1 mol 葡萄糖经糖酵解共生成 4 mol ATP，扣除葡萄糖和 6-磷酸果糖磷酸化时消耗的 2 mol ATP，净生成 2 mol ATP。

糖酵解的生理意义主要是快速供能。在生理状况下，大多数组织有足够氧的供应，主要依靠有氧氧化方式获取能量，很少进行糖酵解。剧烈运动时，能量需求增加，糖分解加速，即使呼吸和循环加快以增加氧的供应量，仍不能满足机体对能量的需求，此时肌肉处于相对缺氧状态，需通过糖酵解快速补充所需的能量。剧烈运动后，血中乳酸堆积，这是糖酵解加强的结果。人们从平原地区进入高原的初期，机体相对缺氧，组织细胞也往往通过增强糖酵解获得能量。少数组织如视网膜、睾丸、肾髓质等代谢极为活跃，在不缺氧的情况下也常通过糖酵解方式获得能量。成熟红细胞无线粒体，只能依赖糖酵解提供能量。在某些病理情况下，如严重贫血、大量失血、呼吸障碍、肿瘤等，组织细胞也需通过糖酵解来获取能量。

三、糖酵解的调节

糖酵解途径的多数反应是可逆的，而己糖激酶、6-磷酸果糖激酶-1、丙酮酸激酶催化的反应是不可逆的。3 种酶催化反应速率最慢，活性受到变构效应剂和激素的调节，是控制糖酵解的关键酶。

（一）6-磷酸果糖激酶-1

6-磷酸果糖激酶-1 是糖酵解过程中最重要的关键酶，该酶是四聚体的变构酶，受多种变构效应剂的调节（图 9-2）。

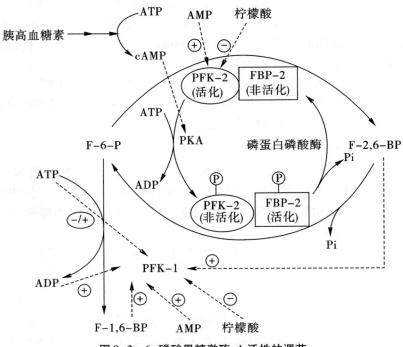

图 9-2　6-磷酸果糖激酶-1 活性的调节

　　ATP 和柠檬酸是 6-磷酸果糖激酶-1 的变构抑制剂。ATP 既是 6-磷酸果糖激酶-1 的反应底物,又是该酶的变构抑制剂。当细胞 ATP 含量较低时,ATP 主要作为底物参与酶促反应过程;细胞内 ATP 浓度较高时,ATP 才能作为抑制剂与 6-磷酸果糖激酶-1 结合并抑制酶的活性。6-磷酸果糖激酶-1 的变构激活剂有 ADP、AMP、1,6-二磷酸果糖和 2,6-二磷酸果糖(fructose-2,6-bisphosphate,F-2,6-BP)。AMP 与 ATP 竞争结合酶的变构结合部位,解除 ATP 的抑制作用。1,6-二磷酸果糖是 6-磷酸果糖激酶-1 的产物,又是该酶的变构激活剂,这种产物正反馈调节方式比较少见,有利于糖的分解。

　　2,6-二磷酸果糖与 1,6-二磷酸果糖结构相似,是 6-磷酸果糖激酶-1 最强的变构激活剂。2,6-二磷酸果糖是以 6-磷酸果糖为底物由 6-磷酸果糖激酶-2(6-phosphofructokinase-2,PFK2)催化产生。6-磷酸果糖激酶-2 的变构激活剂是底物 6-磷酸果糖,在糖供应充分时,6-磷酸果糖激活该酶中的 6-磷酸果糖激酶-2 的活性、抑制果糖二磷酸酶-2 活性,产生大量 2,6-二磷酸果糖。相反,在葡萄糖供应不足的情况下,胰高血糖素通过 cAMP 和蛋白激酶 A 途径,通过 6-磷酸果糖激酶-2 磷酸化,抑制该酶的活性,同时激活果糖二磷酸酶-2 活性,减少 2,6-二磷酸果糖产生。

(二)丙酮酸激酶

　　丙酮酸激酶的变构激活剂是 1,6-二磷酸果糖;变构抑制剂是 ATP、乙酰 CoA、长链脂肪酸和肝内丙氨酸。丙酮酸激酶还受共价修饰方式的调节,胰高血糖素通过 cAMP-蛋白激酶 A 途径使丙酮酸激酶磷酸化而失活。

(三) 己糖激酶或葡萄糖激酶

己糖激酶活性受反应产物 6-磷酸葡萄糖的变构抑制,饥饿时长链脂酰 CoA 对此酶也具有变构抑制作用,减少肝和其他组织对葡萄糖的摄取利用。肝内葡萄糖激酶分子不存在 6-磷酸葡萄糖的变构部位,活性不受 6-磷酸葡萄糖的调节。胰岛素可在转录水平诱导葡萄糖激酶基因的表达,使酶的合成量增加。

第三节　糖的有氧氧化

糖的有氧氧化(aerobic oxidation)是机体利用氧将葡萄糖彻底氧化成 CO_2 和 H_2O 的过程。有氧氧化是葡萄糖氧化分解供能的主要方式,也是人体获得能量的主要途径(图 9-3)。

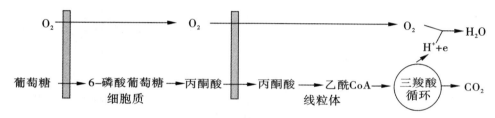

图 9-3　葡萄糖有氧氧化概况

一、糖的有氧氧化过程

糖的有氧氧化分为 3 个阶段:①葡萄糖在胞质中经糖酵解途径生成丙酮酸;②丙酮酸进入线粒体氧化脱羧生成乙酰 CoA;③乙酰 CoA 进入三羧酸循环,并通过氧化磷酸化作用产生 ATP。

(一) 葡萄糖经糖酵解途径生成丙酮酸

这一阶段反应在细胞质进行。葡萄糖经糖酵解途径生成丙酮酸,在缺氧的条件下被还原为乳酸,即糖的无氧分解过程;在有氧的条件下,丙酮酸进入线粒体生成乙酰CoA,再进入三羧酸循环彻底氧化。

(二) 丙酮酸进入线粒体氧化脱羧生成乙酰 CoA

进入线粒体的丙酮酸,在丙酮酸脱氢酶复合体(pyruvate dehydrogenase complex)的催化下,氧化脱羧生成乙酰 CoA,总反应式为:

$$丙酮酸+NAD^++HS-CoA \longrightarrow 乙酰 CoA+NADH+H^++CO_2$$

丙酮酸脱氢酶复合体是糖有氧氧化的关键酶,催化的反应是不可逆的。真核细胞中,该复合体存在于线粒体,由丙酮酸脱氢酶(E_1)、二氢硫辛酰胺转乙酰酶(E_2)和二氢硫辛酰胺脱氢酶(E_3)三种酶按一定比例组合而成,以 E_2 为核心,排列形成有特定空间结构的多酶复合体,参与的辅酶有焦磷酸硫胺素(TPP)、硫辛酸、FAD、NAD^+、辅酶A。丙酮酸脱氢酶复合体催化的多步反应过程中,中间产物始终不离开酶复合体,形成紧密相连的连锁反应,提高了催化效率。反应分为 5 步进行:①E_1 催化丙酮酸脱羧形成羟乙基-TPP;②在 E_2 催化下,羟乙基被氧化成乙酰基,转移到硫辛酰胺,形成乙酰硫辛酰胺。③E_2 继续催化使乙酰硫辛酰胺的乙酰基转移给辅酶 A 生成乙酰 CoA,同时硫辛酰胺还原成二氢硫辛酰胺;④E_3 催化二氢硫辛酰胺脱氢重新生成硫辛酰胺,脱下的氢传递给 FAD,生成 $FADH_2$;⑤E_3 催化 $FADH_2$ 将氢转移给 NAD^+,形成 $NADH+H^+$（图 9-4）。

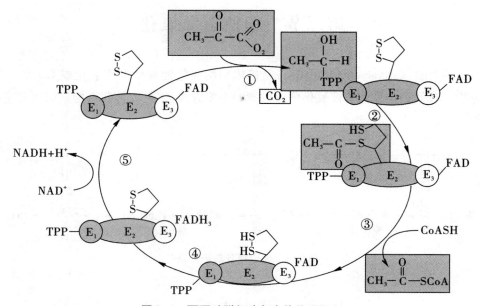

图 9-4　丙酮酸脱氢酶复合体作用机制

（三）乙酰 CoA 进入三羧酸循环彻底氧化分解

三羧酸循环(tricarboxylic acid cycle,TAC)的第一步是乙酰 CoA 与草酰乙酸缩合生成柠檬酸,再经过 4 次脱氢、2 次脱羧等一系列酶促反应重新生成草酰乙酸,完成一轮循环。其中氧化反应脱下的氢经呼吸链传递至氧生成水,并释放出能量,使 ADP 磷酸化生成 ATP。至此,细胞中葡萄糖或糖原的葡萄糖单位,在有氧条件下彻底氧化为 CO_2 和 H_2O。

二、三羧酸循环

三羧酸循环是线粒体内一系列酶促反应构成的循环反应系统,由 Krebs 于 1937 年提出,也称为 Krebs 循环。循环中首先生成含有 3 个羧基的柠檬酸(citric acid),故命名为三羧酸循环,又称柠檬酸循环(citric acid cycle)。三羧酸循环在线粒体基质中进行,全过程包括 8 步酶促反应。

Krebs 与三羧酸循环

H. A. Krebs(1900—1981 年),英籍德裔生物化学家。1925 年在汉堡大学获医学博士学位。在代谢研究方面有两项杰出成就:1932 年,与同事共同发现了尿素循环,阐明了人体内尿素生成的途径;1937 年,提出了著名的三羧酸循环。三羧酸循环是糖类、脂类、氨基酸的最终代谢通路,也是糖类、脂类、氨基酸代谢联系的枢纽,被称为 Krebs 循环(Krebs cycle)。这是代谢研究领域的里程碑式重大发现。1953 年,Krebs 因这两个重要循环的发现荣获诺贝尔生理学或医学奖。

(一)三羧酸循环的反应过程

1. 柠檬酸的生成　乙酰 CoA 在柠檬酸合酶(citrate synthase)催化下,乙酰 CoA 与草酰乙酸缩合成柠檬酸,并释放出 HS–CoA。此反应是三羧酸循环的第一个限速步骤,反应不可逆,所需能量来自乙酰 CoA 的高能硫酯键的水解。

$$
\begin{array}{c}
O=C-COOH \\
| \\
CH_2 \\
| \\
COOH
\end{array}
\quad + \quad
\begin{array}{c}
O \\
\| \\
C-CH_3 \\
| \\
SCoA
\end{array}
\quad + H_2O \longrightarrow
\begin{array}{c}
CH_2COOH \\
| \\
HO-C-COO^- \\
| \\
CH_2COOH
\end{array}
\quad + HSCoA + H^+
$$

草酰乙酸　　　乙酰CoA　　　　　　　　柠檬酸　　　辅酶A

2. 异柠檬酸的形成　柠檬酸与异柠檬酸(isocitrate)为同分异构体。柠檬酸在顺乌头酸酶催化下,将 C_3 的羟基转移至 C_2,生成异柠檬酸。顺乌头酸作为反应的中间产物,与酶结合在一起以复合物的形式存在。

$$
\begin{array}{c}
COO^- \\
| \\
CH_2 \\
| \\
{}^-OOC-C-OH \\
| \\
CH_2 \\
| \\
COO^-
\end{array}
\xrightarrow{\quad H_2O \quad}
\left[
\begin{array}{c}
COO^- \\
| \\
CH \\
\| \\
{}^-OOC-C \\
| \\
CH_2 \\
| \\
COO^-
\end{array}
\right]
\xrightarrow{\quad H_2O \quad}
\begin{array}{c}
COO^- \\
| \\
H-C-OH \\
| \\
{}^-OOC-C-H \\
| \\
CH_2 \\
| \\
COO^-
\end{array}
$$

柠檬酸　　　　　　　[酶–顺乌头酸]复合物　　　　　　　异柠檬酸

3. 异柠檬酸氧化脱羧　异柠檬酸在异柠檬酸脱氢酶(isocitrate dehydrogenase)催化下进行氧化脱羧,生成 α–酮戊二酸(α–ketoglutarate),脱氢由 NAD^+ 接受,生成 $NADH+H^+$。该反应在生理条件下是不可逆的,是三羧酸循环中最重要限速步骤。

$$\text{异柠檬酸} \xrightarrow[\text{Mg}^{2+}]{\text{NAD}^+ \quad \text{NADH+H}^+ \quad \text{CO}_2} \text{α-酮戊二酸}$$

异柠檬酸   α-酮戊二酸

4. α-酮戊二酸氧化脱羧　α-酮戊二酸氧化脱羧生成琥珀酰 CoA(succinyl CoA)，催化该反应的酶是 α-酮戊二酸脱氢酶复合体(α-ketoglutarate dehydrogenase complex)，这种多酶复合体的组成和催化反应方式与丙酮酸脱氢酶复合体相似。这是三羧酸循环中第三个限速步骤，反应不可逆，反应脱下的氢由 NAD$^+$ 接受，生成 NADH+H$^+$。α-酮戊二酸氧化脱羧时释放较多的自由能，一部分以高能硫酯键形式储存在琥珀酰 CoA 内。

$$\text{α-酮戊二酸} + \text{NAD}^+ + \text{HS—CoA} \longrightarrow \text{琥珀酰CoA} + \text{NADH+H}^+ + \text{CO}_2$$

α-酮戊二酸   琥珀酰CoA

5. 琥珀酰 CoA 转变为琥珀酸　反应由琥珀酰 CoA 合成酶(succinyl CoA synthetase)催化，琥珀酰 CoA 中的高能硫酯键水解释放能量，使 GDP 磷酸化生成 GTP，这是三羧酸循环中唯一的一次直接生成高能磷酸键的反应，属于底物水平磷酸化反应。

$$\text{琥珀酰CoA} \xrightarrow[\quad]{\text{GDP+Pi} \quad \text{GTP}} \text{琥珀酸} + \text{HSCoA}$$

琥珀酰CoA   琥珀酸

6. 琥珀酸脱氢生成延胡索酸　琥珀酸(succinic acid)在琥珀酸脱氢酶(succinate dehydrogenase)催化下脱氢生成延胡索酸。反应脱下的氢由 FAD 接受，生成 FADH$_2$，是三羧酸循环的第三次脱氢反应。琥珀酸脱氢酶结合在线粒体内膜上，是三羧酸循环中唯一与线粒体内膜结合的酶。

$$\begin{array}{cccc}
\text{COO}^- & & & \text{COO}^- \\
| & \text{FAD} & \text{FADH}_2 & | \\
\text{CH}_2 & & & \text{C—H} \\
| & \rightleftharpoons & & || \\
\text{CH}_2 & & & \text{H—C} \\
| & & & | \\
\text{COO}^- & & & \text{COO}^-
\end{array}$$

琥珀酸　　　　　　延胡索酸

7. 延胡索酸加水生成苹果酸　在延胡索酸酶(fumarate hydratase)催化下,延胡索酸加水生成苹果酸。

$$\begin{array}{ccc}
\text{COO}^- & & \text{COO}^- \\
| & & | \\
\text{C—H} & & \text{HO—C—H} \\
|| & +\text{H}_2\text{O} \rightleftharpoons & | \\
\text{H—C} & & \text{H—C—H} \\
| & & | \\
\text{COO}^- & & \text{COO}^-
\end{array}$$

延胡索酸　　　　　　苹果酸

8. 苹果酸脱氢生成草酰乙酸　苹果酸经苹果酸脱氢酶(malate dehydrogenase)催化,脱氢生成草酰乙酸。脱下的氢由辅酶 NAD$^+$ 接受,生成 NADH+H$^+$。细胞内草酰乙酸不断用于合成柠檬酸,故这一可逆反应总是向生成草酰乙酸的方向进行。

$$\begin{array}{cccc}
\text{COO}^- & & & \text{COO}^- \\
| & \text{NAD}^+ & \text{NADH+H}^+ & | \\
\text{HO—C—H} & & & \text{C=O} \\
| & \rightleftharpoons & & | \\
\text{H—C—H} & & & \text{CH}_2 \\
| & & & | \\
\text{COO}^- & & & \text{COO}^-
\end{array}$$

苹果酸　　　　　　草酰乙酸

三羧酸循环反应过程总结于图 9-5。

三羧酸循环的总反应为:

$\text{CH}_3\text{CO} \sim \text{SCoA} + 3\text{NAD}^+ + \text{FAD} + \text{GDP} + \text{Pi} + 2\text{H}_2\text{O} \rightarrow 2\text{CO}_2 + 3\text{NADH} + 3\text{H}^+ + \text{FADH}_2 + \text{HS} \sim \text{CoA} + \text{GTP}$

(二)三羧酸循环的特点

1. 三羧酸循环由草酰乙酸和乙酰 CoA 缩合成柠檬酸开始,经多次氧化脱氢反应,重新生成草酰乙酸而形成循环,每经过 1 次循环消耗 1 个乙酰 CoA 的乙酰基。三羧酸循环反应过程中有 2 次脱羧反应,生成 2 分子 CO$_2$,这是体内 CO$_2$ 的主要来源。

2. 三羧酸循环是机体主要的产能方式。1 分子乙酰 CoA 通过三羧酸循环共发生 4 次脱氢反应,生成 3 分子 NADH+H$^+$ 和 1 分子 FADH$_2$。1 分子 NADH+H$^+$ 的氢传递给氧可生成 2.5 分子 ATP,而 1 分子 FADH$_2$ 的氢传递给氧时生成 1.5 分子 ATP。同时发生 1 次底物水平磷酸化生成 1 分子 GTP(相当于 1 分子 ATP)。1 分子乙酰 CoA 经过一次循环共生成 10 分子 ATP。

3. 三羧酸循环中有 3 步不可逆反应,分别由柠檬酸合酶、异柠檬酸脱氢酶和 α-酮戊二酸脱氢酶复合体所催化,所以整个循环过程不可逆,这 3 种酶也是三羧酸循环的关键酶。

4.三羧酸循环的中间产物在反应前后并无量的变化,不可能通过三羧酸循环直接从乙酰 CoA 合成草酰乙酸或三羧酸循环中其他产物,中间产物也不能直接在三羧酸循环中被氧化为 CO_2 及 H_2O。

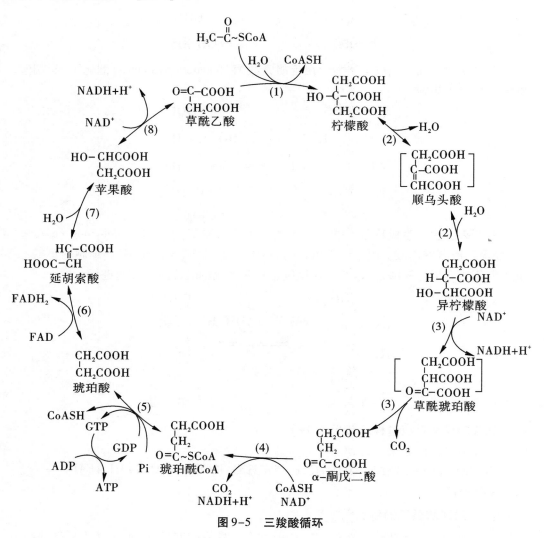

图 9-5　三羧酸循环

(三)三羧酸循环的生理意义

1.三羧酸循环是糖、脂肪和氨基酸三大营养物质氧化分解的共同通路　糖经糖酵解途径生成丙酮酸,再经氧化脱羧生成乙酰 CoA 进入三羧酸循环。脂肪经脂肪酶水解为甘油和脂肪酸,甘油先转变为磷酸二羟丙酮,进一步转变为乙酰 CoA 进入三羧酸循环;脂肪酸经 β-氧化生成乙酰 CoA 进入三羧酸循环。蛋白质分解产生的氨基酸,经脱氨基作用生成 α-酮酸,进一步氧化分解生成乙酰 CoA,进入三羧酸循环。由此可见,糖、脂肪和蛋白质均经过三羧酸循环彻底氧化生成水和 CO_2,并为 ATP 的生成提供足够的能量。

2. 三羧酸循环是糖、脂肪、氨基酸代谢联系的枢纽　　三大营养物质通过三羧酸循环在一定程度上相互转变。如在能量充足的条件下，从食物中摄取的部分糖可以转变成脂肪储存。这些葡萄糖分解产生的乙酰 CoA 通过柠檬酸-丙酮酸循环转运至细胞质，作为原料合成脂肪酸。许多氨基酸经分解代谢也生成三羧酸循环的中间产物，通过草酰乙酸异生成葡萄糖。而葡萄糖产生的丙酮酸可转变成为草酰乙酸和三羧酸循环的其他二羧酸化合物，用于合成一些非必需氨基酸如谷氨酸、天冬氨酸等。

三、糖有氧氧化的意义

糖有氧氧化是机体获得 ATP 的主要方式，糖在有氧条件下彻底氧化释放的能量远多于糖酵解。生理条件下，人体绝大多数组织细胞通过糖的有氧氧化获取能量，不仅产能效率高，且产生的能量逐步释放，利于 ATP 的生成，能量的利用率也高。1 分子葡萄糖在体内彻底氧化可生成 30（或 32）分子 ATP（表 9-1）。2 分子 ATP 差别的原因在糖有氧氧化的第一阶段，糖酵解途径中 3-磷酸甘油醛在胞质中脱氢生成的 $NADH+H^+$，需通过穿梭系统转运至线粒体内氧化磷酸化产生 ATP。由于不同组织 $NADH+H^+$ 进入线粒体的穿梭系统不同，产生 ATP 数目亦不同。

葡萄糖有氧氧化的总反应为：

葡萄糖+30/32（ADP+Pi）+6O_2——→30/32ATP+6CO_2+36H_2O

表 9-1　　葡萄糖有氧氧化生成的 ATP

	反应	辅酶	ATP 生成
第一阶段	葡萄糖→6-磷酸葡萄糖		−1
	6-磷酸果糖→1,6-二磷酸果糖		−1
	2×3-磷酸甘油醛→2×1,3-二磷酸甘油酸	NAD^+	3 或 5 *
	2×1,3-二磷酸甘油酸→2×3-磷酸甘油酸		2
	2×磷酸烯醇式丙酮酸→2×丙酮酸		2
第二阶段	2×丙酮酸→2×乙酰 CoA	NAD^+	5
第三阶段	2×异柠檬酸→2×α-酮戊二酸	NAD^+	5
	2×α-酮戊二酸→2×琥珀酰 CoA	NAD^+	5
	2×琥珀酰 CoA→2×琥珀酸		2
	2×琥珀酸→2×延胡索酸	FAD	3
	2×苹果酸→2×草酰乙酸	NAD^+	5
	由 1 分子葡萄糖共生成		30 或 32

* 获得的 ATP 数量取决于 $NADH+H^+$ 进入线粒体的穿梭机制

四、有氧氧化的调节

机体在不同的状态下对能量的需求有很大的差异，需要对有氧氧化代谢的速率进行相应的调节。代谢调节的实质是对代谢途径的关键酶的调节,除了对糖酵解途径的调节外,有氧氧化主要是调节丙酮酸脱氢酶复合体和三羧酸循环的3个关键酶。

(一)丙酮酸脱氢酶复合体的调节

丙酮酸脱氢酶复合体有变构调节和共价修饰调节两种方式。变构抑制剂包括 ATP、乙酰 CoA、NADH、脂肪酸等。变构激活剂是 ADP、辅酶 A、NAD^+ 和 Ca^{2+} 等。当 ATP/ADP 比值增高时,反映出机体能量充足,丙酮酸脱氢酶复合体的酶活性受到抑制。$NADH/NAD^+$ 和乙酰 CoA/ CoA 比值增高多见于机体处于长期饥饿、大量脂肪动员的状态,通过变构抑制丙酮酸脱氢酶复合体的活性,减少糖的有氧氧化,多数组织器官以脂肪酸为能源物质,以维持血糖浓度恒定,确保葡萄糖对脑等重要组织的供给。丙酮酸脱氢酶复合体也存在共价修饰调节机制,丙酮酸脱氢酶受相应的蛋白激酶催化发生磷酸化而失活,受相应的磷酸酶催化去磷酸化则恢复活性。

(二)三羧酸循环的调节

三羧酸循环的3个关键酶分别是柠檬酸合酶、异柠檬酸脱氢酶和 α-酮戊二酸脱氢酶复合体。柠檬酸合酶的活性可决定乙酰 CoA 进入三羧酸循环的速率,但合成的柠檬酸可转移至细胞质,再分解成为乙酰 CoA,参与脂酸的合成,所以柠檬酸合酶的活性升高并不一定使三羧酸循环速率加快。一般认为,三羧酸循环中最重要的关键酶是异柠檬酸脱氢酶,其次是 α-酮戊二酸脱氢酶复合体,主要的调节因素是 ATP 和 NADH 的浓度。当 ATP/ADP 和 $NADH/NAD^+$ 比值升高时,异柠檬酸脱氢酶和 α-酮戊二酸脱氢酶复合体活性均被反馈抑制。琥珀酰 CoA 可变构抑制 α-酮戊二酸脱氢酶复合体的活性。另外,当线粒体内 Ca^{2+} 浓度升高时,不仅激活异柠檬酸脱氢酶和 α-酮戊二酸脱氢酶复合体,对丙酮酸脱氢酶复合体也有激活作用,从而加快糖的有氧氧化过程。

在正常情况下,糖酵解途径和三羧酸循环的速度是相协调的。三羧酸循环需要多少乙酰 CoA,则糖酵解途径相应产生多少丙酮酸以生成乙酰 CoA。这种协调不仅通过高浓度的 ATP、NADH 对关键酶的变构抑制作用,亦通过柠檬酸对6-磷酸果糖激酶-1的变构抑制作用而实现。

氧化磷酸化的速率也影响三羧酸循环的运转。三羧酸循环中有4次脱氢反应,如果不能通过氧化磷酸化过程传递并与 O_2 结合生成 H_2O,$NADH+H^+$ 和 $FADH_2$ 将保持还原状态,使三羧酸循环的脱氢反应受到抑制。三羧酸循环的调节如图9-6所示。

(三)巴斯德效应

酵母菌只能在无氧条件下生醇发酵,如转移至有氧环境,生醇发酵即被抑制。这种有氧氧化抑制生醇发酵的现象称为巴斯德效应(Pasteur effect)。肌肉组织的糖代谢调节也有类似效应,组织供氧充足时,糖酵解途径产生 $NADH+H^+$ 可进入线粒体内氧化,丙酮酸因缺乏还原当量难以还原成乳酸而进入有氧氧化途径,表现出糖的有氧氧化抑制糖酵解的效应。缺氧时,$NADH+H^+$ 不能进入线粒体内氧化,细胞质中 $NADH+H^+$ 浓度升高,使丙酮酸易于还原生成乳酸。

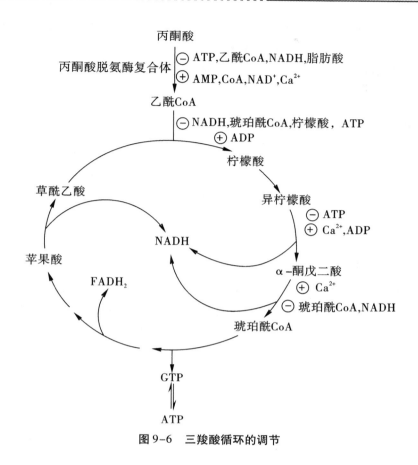

图 9-6 三羧酸循环的调节

第四节 磷酸戊糖途径

磷酸戊糖途径(pentose phosphate pathway)指从糖酵解的中间产物 6-磷酸葡萄糖开始形成的旁路,通过氧化、基团转移两个阶段生成 3-磷酸甘油醛和 6-磷酸果糖,又返回糖酵解的代谢途径。磷酸戊糖途径的主要生理功能不是产生 ATP,而是产生具有重要生理功能的 NADPH 和 5-磷酸核糖,反应发生在细胞质中。

一、磷酸戊糖途径的主要反应过程

磷酸戊糖途径分为两个阶段:第一阶段是氧化反应,产生 NADPH、5-磷酸核糖和 CO_2;第二阶段是基团的转移反应,最终生成 3-磷酸甘油醛和 6-磷酸果糖。

(一)第一阶段

6-磷酸葡萄糖由 6-磷酸葡萄糖脱氢酶(glucose-6-phosphatedehydrogenase)催化脱氢生成 6-磷酸葡萄糖酸内酯,脱下的氢由 $NADP^+$ 接受生成 $NADPH+H^+$,产物 6-磷酸葡萄糖酸内酯在内酯酶的作用下水解为 6-磷酸葡萄糖酸。后者在 6-磷酸葡萄糖酸脱氢酶的催化下,发生脱氢、脱羧反应,生成 5-磷酸核酮糖和 CO_2,脱下的氢仍由

NADP⁺接受生成 NADPH+H⁺。5-磷酸核酮糖在异构酶的催化下成为 5-磷酸核糖,或者由差向异构酶催化转变为 5-磷酸木酮糖。

在第一阶段的 1 分子 6-磷酸葡萄糖生成 5-磷酸核糖过程中,生成 2 分子 NADPH+H⁺和 1 分子磷酸戊糖两种重要的代谢产物。

6-磷酸葡萄糖　　6-磷酸葡萄糖酸内酯　　6-磷酸葡萄糖酸　　　　5-磷酸核酮糖　　5-磷酸核糖

(二)第二阶段

此阶段主要包括转酮醇酶和转醛醇酶催化的反应,将磷酸戊糖转变为三碳、四碳、六碳和七碳的单糖磷酸酯,最后生成 6-磷酸果糖和 3-磷酸甘油醛,进入糖酵解途径(图 9-7)。这一阶段反应过程是必要的,因为细胞对 NADPH 的消耗量远大于磷酸戊糖,多余的磷酸戊糖需要经过此阶段反应返回糖酵解途径再次利用。

磷酸戊糖途径的总反应为:

$3×6$-磷酸葡萄糖$+6$ NADP⁺ $\longrightarrow 2×6$-磷酸果糖$+3$-磷酸甘油醛$+6$NADPH$+6$H⁺$+3$CO₂

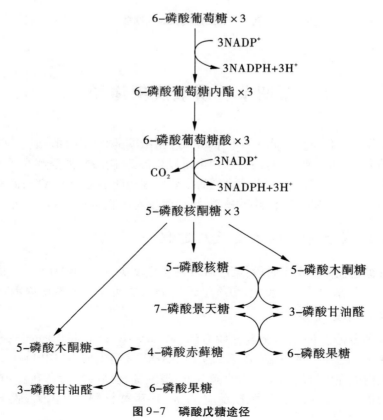

图 9-7　磷酸戊糖途径

笔记栏

6-磷酸葡萄糖脱氢酶是磷酸戊糖途径的关键酶,其活性决定 6-磷酸葡萄糖进入磷酸戊糖途径的流量。影响 6-磷酸葡萄糖脱氢酶活性的主要因素是 NADPH/NADP⁺ 比值,NADPH 对该酶有强烈抑制作用。磷酸戊糖途径是一"旁路",当组织对 NADPH 或磷酸核糖的需要量增加时,葡萄糖就会流入这一途径,特别是在脂肪酸和胆固醇合成旺盛的组织。

二、磷酸戊糖途径的生理意义

磷酸戊糖途径的主要生理意义是产生 5-磷酸核糖和 NADPH。

(一)为核酸的生物合成提供核糖

5-磷酸核糖是核酸和核苷酸合成的原料,体内合成核酸和核苷酸所需的核糖并不依赖于食物中摄取,而是通过磷酸戊糖途径生成。磷酸戊糖途径是葡萄糖在体内生成磷酸核糖的唯一途径。由于细胞增殖和基因表达过程均依赖核酸和核苷酸合成,生长旺盛的组织或损伤后修复再生的组织磷酸戊糖途径十分活跃。

(二)NADPH 作为供氢体参与多种代谢反应

1. NADPH 是多种生物合成反应的供氢体　脂肪酸和胆固醇生物合成过程中的多步还原反应,都需 NADPH+H⁺ 供氢,所以脂类合成旺盛的组织如肝、乳腺、肾上腺皮质、脂肪组织等磷酸戊糖途径比较活跃。机体合成非必需氨基酸时,也需要 NADPH 的参与。

2. NADPH 参与羟化反应　NADPH 是加单氧酶体系的辅酶之一,参与体内羟化反应。NADPH+H⁺ 作为供氢体,广泛参与类固醇激素和胆汁酸等的生成以及药物、毒物和激素等非营养物质的生物转化过程。

3. NADPH 参与维持谷胱甘肽的还原状态　NADPH 是谷胱甘肽还原酶的辅酶,可维持谷胱甘肽(glutathione;GSH)的还原状态。谷胱甘肽的半胱氨酸巯基是主要功能基团。还原型谷胱甘肽作为细胞的抗氧化剂,保护 DNA、蛋白质或酶免受过氧化物等氧化剂的损害。体内的氧化型谷胱甘肽(GSSG)在谷胱甘肽还原酶的催化下还原成为还原型谷胱甘肽(GSH),此反应需要 NADPH 供氢,这对于维持细胞中还原型谷胱甘肽的正常含量,保护细胞完整性有重要意义。

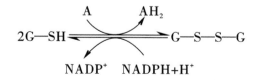

遗传性 6-磷酸葡萄糖脱氢酶缺陷者,磷酸戊糖途径不能正常进行,造成 NADPH+H⁺ 减少,还原型谷胱甘肽含量低下,H_2O_2 积聚导致对脂类的氧化损伤导致红细胞膜的破坏而发生溶血。这种现象常因食用蚕豆而诱发,故称为蚕豆病。蚕豆中所含蚕豆嘧啶葡糖苷、蚕豆嘧啶、伴蚕豆嘧啶核苷及异脲咪等都是强氧化物质。

第五节　糖原的合成与分解

　　糖原(glycogen)是体内糖的储存形式,是机体能迅速动用的能量储备。进食后吸收的大量葡萄糖可在肝和肌肉组织合成糖原储存起来,以免血糖浓度过度升高。葡萄糖供应不足时,肝细胞将储存的糖原迅速分解为葡萄糖并释放入血,维持血糖浓度的恒定。糖原主要分布在肝和肌肉组织的细胞质中,称为肝糖原和肌糖原。人体肝糖原总量约70 g,是血糖的重要来源。肌糖原总量为120～400 g,主要为肌肉收缩提供能量,不能补充血糖。糖原是葡萄糖多聚体,糖原中的葡萄糖基通过 α-1,4-糖苷键连接形成直链,分支处葡萄糖基以 α-1,6-糖苷键连接,每条链都终止于一个非还原端。糖原合成及分解反应都是从糖原分支的非还原性末端开始。

一、糖原合成

　　由葡萄糖合成糖原的过程称糖原合成(glycogenesis)。除葡萄糖外,其他单糖如半乳糖和果糖等也能合成糖原。

(一)尿苷二磷酸葡萄糖的生成

　　葡萄糖首先生成6-磷酸葡萄糖,再变构生成1-磷酸葡萄糖。1-磷酸葡萄糖在 UDPG 焦磷酸化酶(UDPG pyrophosphorylase)催化下,与尿苷三磷酸(UTP)反应生成尿苷二磷酸葡萄糖(uridine diphosphate glucose,UDPG)和焦磷酸(PPi),生成的 UDPG 是糖原合成的葡萄糖供体。此反应是可逆的,由于焦磷酸在体内迅速被焦磷酸酶水解,使反应向合成 UDPG 方向进行。

1-磷酸葡萄糖 　　　　　　　　　　　　　　　UDPG

(二)糖链的延长

　　UDPG 作为糖原合成的葡萄糖供体,可看作"活性葡萄糖"。在糖原合酶(glycogen synthase)催化下,将 UDPG 葡萄糖基转移到糖原引物的非还原性末端,以 α-1,4-糖苷键相连,延伸糖链。糖原合酶是糖原合成过程中的关键酶。糖原引物是指细胞内原有较小的糖原分子。糖原引物的合成依赖糖原蛋白(glycogenin)的作用。糖原蛋白催化 UDPG 分子的葡萄糖基转移到自身酪氨酸残基,形成最初的糖原引物。

$$\text{糖原}_n\text{-UDPG} \xrightarrow{\text{糖原合酶}} \text{糖原}_{n-1}\text{-UDP}$$

　　糖原合酶只能延长糖链,但不能形成分支。当糖链延长至12～18个葡萄糖基时,由分支酶将6～7个葡萄糖基的糖链转移到邻近糖链上,以 α-1,6-糖苷键相连接,形成糖原的分支(图9-8)。分支的形成不仅增加糖原的水溶性,更重要的是增加糖原的非还原端数目,有利于糖原分解时磷酸化酶的迅速作用。

糖原合成是耗能过程,1 个葡萄糖转变为糖原分子中的 1 个葡萄糖单位,共消耗 2 分子 ATP,其中葡萄糖磷酸化时消耗 1 个 ATP,焦磷酸水解时损失 1 个高能磷酸键。

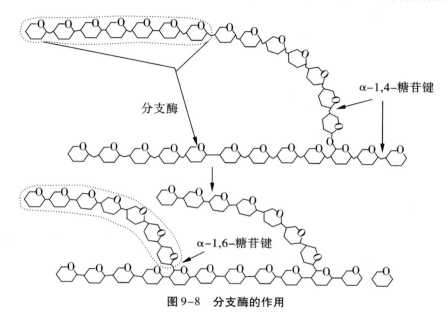

图 9-8　分支酶的作用

二、糖原分解

糖原分解(glycogenolysis)指糖原水解成 6-磷酸葡萄糖或葡萄糖的过程。糖原分解反应的化学实质是糖原非还原端的葡萄糖基被磷酸解,转变为 6-磷酸葡萄糖。在肝细胞,6-磷酸葡萄糖可水解生成游离葡萄糖,以补充血糖。在肌肉组织,6-磷酸葡萄糖沿糖酵解途径进行代谢,为肌肉收缩提供能量。

(一)糖原磷酸解为 1-磷酸葡萄糖

在糖原磷酸化酶(glycogen phosphorylase)的催化下,从糖链非还原端开始,逐个分解以 α-1,4-糖苷键连接的葡萄糖基,形成 1-磷酸葡萄糖,此反应需要的磷酸基团来自无机磷酸。糖原磷酸化酶是糖原分解的关键酶。

$$糖原_{n-1}+Pi \xrightarrow{\text{糖原磷酸化酶}} 1\text{-磷酸葡萄糖}+糖原_n$$

当糖原分支糖链上的葡萄糖基逐个磷酸解到距分支点只有 4 个葡萄糖基时,空间位阻效应使糖原磷酸化酶的作用终止,由脱支酶(debranching enzyme)将分支处的 4 个葡萄糖基去除。脱支酶具有葡聚糖转移酶活性和 α-1,6-葡萄糖苷酶活性,葡聚糖转移酶催化将剩余 4 个葡萄糖基中的前 3 个转移至邻近糖链的非还原端,并以 α-1,4-糖苷键连接。分支处剩余的一个葡萄糖基则由 α-1,6-葡萄糖苷酶催化水解脱落,成为游离的葡萄糖(图 9-9)。

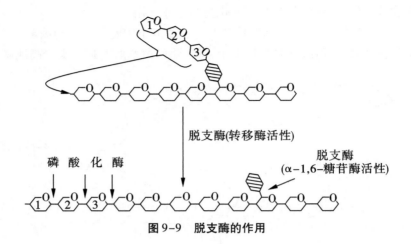

图 9-9　脱支酶的作用

(二)1-磷酸葡萄糖转变为 6-磷酸葡萄糖

在磷酸葡萄糖变位酶的催化下,1-磷酸葡萄糖转变为 6-磷酸葡萄糖。在细胞内,反应接近平衡,即此酶在糖原合成和糖原分解反应过程都起作用。

(三)6-磷酸葡萄糖水解为葡萄糖

葡萄糖-6-磷酸酶(glucose-6-phosphatase)催化 6-磷酸葡萄糖水解成葡萄糖。肝和肾组织细胞中含葡萄糖-6-磷酸酶,能将 6-磷酸葡萄糖水解成游离葡萄糖,释放到血液,维持血糖浓度的恒定。肌肉组织中缺乏葡萄糖-6-磷酸酶,肌糖原分解产生的 6-磷酸葡萄糖不能转变为葡萄糖,只有通过糖酵解途径为肌肉收缩提供能量。

$$1-磷酸葡萄糖 \xrightarrow{磷酸葡萄糖变位酶} 6-磷酸葡萄糖 \xrightarrow[(肝、肾)]{葡萄糖-6-磷酸酶} 葡萄糖$$

糖原合成与分解的代谢过程可归纳如图 9-10。

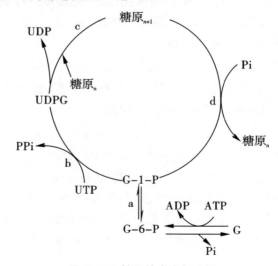

图 9-10　糖原的合成与分解

a. 磷酸葡萄糖变位酶；b. UDPG 焦磷酸化酶；
c. 糖原合酶与分支酶；d. 糖原磷酸化酶与脱支酶

三、糖原合成与分解的调节

糖原的合成与分解分别通过两条不同途径进行,这种合成与分解循两条不同途径进行的现象,是生物体代谢反应的普遍规律,以保证对代谢进行精细的调节。糖原合酶和糖原磷酸化酶分别是糖原合成和分解代谢途径的关键酶,通过对两种酶活性进行调节,决定糖原合成和分解的方向。两种酶均通过共价修饰和变构调节两种方式快速调节。

(一)共价修饰调节

1. 糖原合酶活性的调节　糖原合酶有 a、b 两种形式。去磷酸化的糖原合酶 a 具有活性。糖原合酶 a 在蛋白激酶 A 的催化下发生磷酸化,转变成无活性的糖原合酶 b。而在磷蛋白磷酸酶-1 的作用下,无活性的糖原合酶 b 去磷酸转变为有活性的糖原合酶 a。

2. 糖原磷酸化酶活性调节　糖原磷酸化酶也以 a、b 两种形式存在。在糖原磷酸化酶 b 激酶的催化下,糖原磷酸化酶 b 磷酸化,使无活性的糖原磷酸化酶 b 转变成有活性的糖原磷酸化酶 a。相反,糖原磷酸化酶 a 可经磷蛋白磷酸酶-1 的催化下去磷酸化,成为无活性的糖原磷酸化酶 b。

糖原合酶和糖原磷酸化酶的共价修饰调节受细胞内 cAMP 水平的调节。胰高血糖素通过肝细胞膜受体激活腺苷酸环化酶,使细胞内 cAMP 浓度升高,激活蛋白激酶 A,进一步催化有活性的糖原合酶 a 磷酸化成为无活性的糖原合酶 b,抑制糖原合成。同时蛋白激酶 A 也催化无活性的磷酸化酶 b 激酶磷酸化而被激活,有活性的磷酸化酶 b 激酶催化活性很低的磷酸化酶 b,使其磷酸化成为活性强的磷酸化酶 a,加速糖原的分解。肾上腺素作用于肝和肌肉组织,通过信号转导使细胞内 cAMP 浓度升高,既促进肝糖原分解补充血糖,也促进肌糖原通过糖酵解途径氧化供能。细胞内 cAMP 发挥作用后,很快被磷酸二酯酶水解成 AMP,蛋白激酶 A 即转变为无活性形式。

使糖原合酶、糖原磷酸化酶 a 和磷酸化酶 b 激酶去磷酸化的磷蛋白磷酸酶-1 的活性也受到精细调节。磷蛋白磷酸酶抑制剂可抑制磷蛋白磷酸酶-1 的活性,而磷蛋白磷酸酶抑制剂也受蛋白激酶 A 的调控,其磷酸化的形式为活性形式。

糖原合酶和糖原磷酸化酶共价修饰调节方式相似,但效果不同。在相同的磷酸化与去磷酸化形式下,一个酶被激活,另一个酶活性被抑制,这种调控方式避免了糖原合成与分解同时进行造成的无效循环,保证在不同条件下糖原代谢仅向一个方向进行(图 9-11)。

(二)变构调节

葡萄糖是糖原磷酸化酶的变构抑制剂。当血糖浓度升高时,葡萄糖进入肝细胞并与磷酸化酶 a 结合,使其构象改变而失活,减少肝糖原的分解。肌肉组织糖原合酶和糖原磷酸化酶的变构效应剂是 AMP、ATP 和 6-磷酸葡萄糖。AMP 变构激活磷酸化酶 b,促进糖原分解供能。ATP 和 6-磷酸葡萄糖对糖原合酶有激活作用,同时又是磷酸化酶的变构抑制剂,使糖原合成增加,分解减少。

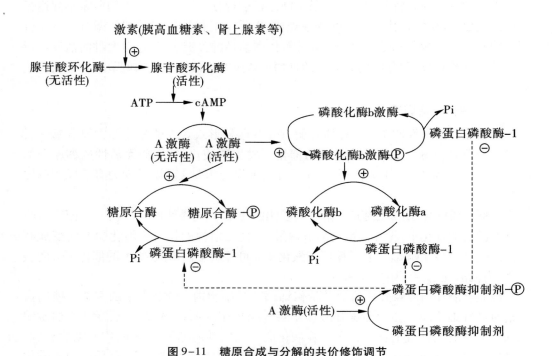

图 9-11　糖原合成与分解的共价修饰调节

第六节　糖异生作用

由非糖物质转变为葡萄糖或糖原的过程称为糖异生(gluconeogenesis),能转变为葡萄糖的物质主要有乳酸、甘油和生糖氨基酸等。肝是糖异生的主要器官,肾皮质也能进行糖异生并释放葡萄糖入血,但在正常情况下肾糖异生能力只有肝的 1/10。长期饥饿时肾糖异生能力大为增强,可占糖异生的 40% 左右。糖异生对于机体维持血糖恒定具有重要意义,体内糖原储备有限,空腹 10 多个小时肝糖原就消耗殆尽,此时除减少周围组织对葡萄糖的利用外,主要依赖肝将氨基酸、乳酸等非糖物质转变成葡萄糖,维持血糖恒定。

一、糖异生途径

糖异生途径是从丙酮酸生成葡萄糖的具体反应过程,乳酸和生糖氨基酸是通过丙酮酸进入糖异生途径的。糖异生途径基本上是糖酵解途径的逆过程,糖酵解途径中多数反应是可逆的,但由己糖激酶、6-磷酸果糖激酶-1 及丙酮酸激酶催化的反应是不可逆的,糖异生时需有另外的酶催化,完成糖异生反应过程。

（一）丙酮酸转变为磷酸烯醇式丙酮酸

丙酮酸生成磷酸烯醇式丙酮酸经两步反应,分别由丙酮酸羧化酶(pyruvate carboxylase)和磷酸烯醇式丙酮酸羧激酶(phosphoenolpyruvate carboxykinase)催化,此过程称为丙酮酸羧化支路。

丙酮酸羧化酶的辅酶是生物素,CO_2通过生物素传递给丙酮酸生成草酰乙酸,消耗1分子ATP。草酰乙酸在磷酸烯醇式丙酮酸羧激酶催化下,脱羧生成磷酸烯醇式丙酮酸,反应由GTP提供能量和磷酸基团,释放CO_2。

丙酮酸　　　　　　　　　　草酰乙酸　　　　　　　磷酸烯醇式丙酮酸

丙酮酸羧化酶仅存在于线粒体中,故丙酮酸须进入线粒体才能被羧化为草酰乙酸。磷酸烯醇式丙酮酸羧激酶在线粒体及胞质中均存在。草酰乙酸可先在线粒体中转变为磷酸烯醇式丙酮酸再转运到细胞质,也可以在细胞质中转变为磷酸烯醇式丙酮酸。由于草酰乙酸不能穿过线粒体膜进入细胞质,可借助两种方式从线粒体转运到胞质:一种是线粒体内的草酰乙酸先在苹果酸脱氢酶催化下,还原生成苹果酸,苹果酸出线粒体,再由胞质中的苹果酸脱氢酶将苹果酸氧化重新生成草酰乙酸;另一种方式是草酰乙酸经天冬氨酸氨基转移酶催化,转氨基生成天冬氨酸,天冬氨酸出线粒体后,再经天冬氨酸氨基转移酶催化,脱氨基生成草酰乙酸,完成将草酰乙酸从线粒体转运到细胞质的过程。

（二）1,6-二磷酸果糖转变为6-磷酸果糖

1,6-二磷酸果糖在果糖二磷酸酶-1催化下,水解C_1位的磷酸基团,生成6-磷酸果糖,此反应释放较多的自由能,但无ATP生成,所以易于进行。

（三）6-磷酸葡萄糖水解生成葡萄糖

在葡萄糖-6-磷酸酶催化下,6-磷酸葡萄糖脱磷酸生成葡萄糖,完成己糖激酶催化反应的逆过程。葡萄糖-6-磷酸酶主要存在于肝和肾中,肌肉组织不含此酶。

非糖物质需首先转变成糖异生途径的中间产物,才能异生成为葡萄糖。脂肪代谢产物甘油可在甘油激酶的作用下磷酸化为3-磷酸甘油,然后脱氢生成磷酸二羟丙酮,进入糖异生途径。生糖氨基酸首先通过联合脱氨基作用等,生成丙酮酸或三羧酸循环的中间物,再转变成苹果酸后透过线粒体膜进入细胞质,在苹果酸脱氢酶的作用下生成草酰乙酸,进入糖异生途径生成葡萄糖。糖异生的主要途径归纳如图9-12。

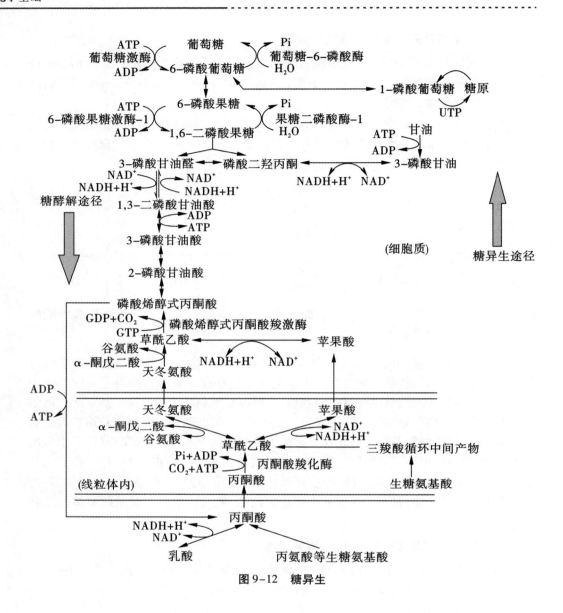

图 9-12　糖异生

二、乳酸循环与糖异生作用

　　葡萄糖在肌肉组织通过糖酵解生成的乳酸,通过血液循环运输到肝,进入肝细胞内脱氢生成丙酮酸,经糖异生途径转变为葡萄糖,葡萄糖通过血液循环重新运输到肌肉组织利用,此过程称为乳酸循环或 Cori 循环(图 9-13)。乳酸循环的形成是由肝和肌肉组织中酶的特点所致。肝细胞中葡萄糖-6-磷酸酶活性较强,糖异生活跃,可将 6-磷酸葡萄糖水解为葡萄糖;而肌肉组织糖异生酶活性低,且缺乏葡萄糖-6-磷酸酶,难以将乳酸异生成葡萄糖。在剧烈运动或呼吸、循环功能障碍等生理、病理情况下,糖酵解作用加强,肌糖原经糖酵解产生大量乳酸,大部分经血液运到肝,通过糖异生作用合成肝糖原或葡萄糖以补充血糖,而血糖又可供肌肉利用。乳酸循环避免了乳酸的损失,也防止因乳酸堆积引起酸中毒。乳酸循环是一个耗能的过程,2 分子乳酸异生为 1

分子葡萄糖需消耗 6 分子 ATP。

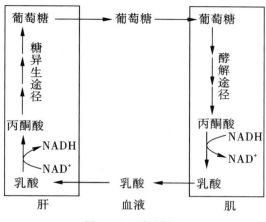

图 9-13　乳酸循环

三、糖异生的生理意义

(一)维持血糖浓度恒定

糖异生最重要的生理意义是在空腹或饥饿情况下维持血糖浓度的恒定。饥饿情况下,机体以生糖氨基酸、甘油等为原料异生成葡萄糖,维持血糖水平恒定。正常成人的脑组织不能利用脂肪酸,主要依赖葡萄糖供给能量。红细胞没有线粒体,完全依靠糖酵解获得能量。骨髓、神经等组织由于代谢活跃,经常进行糖酵解。处于安静状态的正常人每天需要葡萄糖的量是,大脑约为 125 g,肌肉组织约为 50 g,血液中细胞约 50 g,仅这些组织消耗葡萄糖的量已达 225 g。单纯依靠肝糖原的储备维持血糖浓度恒定最多不超过 12 h。因此,饥饿时维持血糖浓度的恒定主要依靠糖异生作用完成。

(二)补充或恢复肝糖原的储备

进食后补充及恢复肝糖原储备时,大部分葡萄糖先在肝外细胞中分解为乳酸或丙酮酸等三碳化合物,再进入肝细胞异生成糖原,称为三碳途径,也称为糖原合成的间接途径。而肝细胞直接摄取葡萄糖,经活化为 UDPG,在糖原合酶作用下合成糖原的过程,称为直接途径。由于肝细胞直接摄取葡萄糖的能力由葡萄糖激酶活性所决定,而葡萄糖激酶 K_m 很高导致肝细胞对葡萄糖的摄取能力低。因此一般认为,进食后相当一部分肝糖原的补充和恢复是通过三碳途径完成的。

(三)维持酸碱平衡

长期饥饿时,机体的酮体代谢旺盛,体液 pH 值降低,诱导肾小管上皮细胞中的磷酸烯醇式丙酮酸羧激酶的合成,使肾糖异生增强。糖异生的原料主要是生糖氨基酸如谷氨酰胺和谷氨酸等,通过脱氨基作用,产生 α-酮戊二酸进入糖异生途径。同时,肾小管细胞将脱下的 NH_3 分泌入肾小管腔,与原尿中 H^+ 结合,降低原尿 H^+ 的浓度,有利于排氢保钠作用的进行,对于维持机体酸碱平衡状态,防止酸中毒有重要作用。

四、糖异生作用的调节

糖异生途径与糖酵解途径是两条方向相反的代谢途径。糖异生途径中 4 个关键酶（丙酮酸羧化酶、磷酸烯醇式丙酮酸羧激酶、果糖二磷酸酶-1、葡萄糖 6-磷酸酶）催化的反应是糖酵解途径中 3 个限速步骤的逆反应。在这三对逆向反应中，一种酶催化反应的产物，是另一条途径中催化相反反应的酶底物，这种由不同酶催化的底物互变反应称为底物循环（substrate cycle）。在细胞中，依赖激素及变构效应剂调节两条代谢途径中的关键酶，使两条途径的酶活性不完全相等，使代谢反应只能向 1 个方向进行。

第一个底物循环在 6-磷酸果糖和 1,6-二磷酸果糖之间进行。2,6-二磷酸果糖和 AMP 是 6-磷酸果糖激酶-1 的变构激活剂，但对果糖二磷酸酶-1 具有变构抑制作用，促使反应向糖酵解方向进行，并抑制糖异生。胰高血糖素通过 cAMP 和蛋白激酶 A，使 6-磷酸果糖激酶-2 磷酸化而失活，降低肝细胞内 2,6-二磷酸果糖含量，促进糖异生作用而抑制糖酵解。胰岛素的作用与之相反。在饱食条件下，血中胰岛素水平升高，2,6-二磷酸果糖含量也随之增加，促使糖酵解途径加速，糖异生作用被抑制。

第二个底物循环在磷酸烯醇式丙酮酸与丙酮酸之间进行。乙酰 CoA 变构激活丙酮酸羧化酶，同时反馈抑制丙酮酸脱氢酶。饥饿条件下大量脂肪酸氧化产生乙酰 CoA，激活丙酮酸羧化酶，促进丙酮酸进入糖异生途径（图 9-14）。

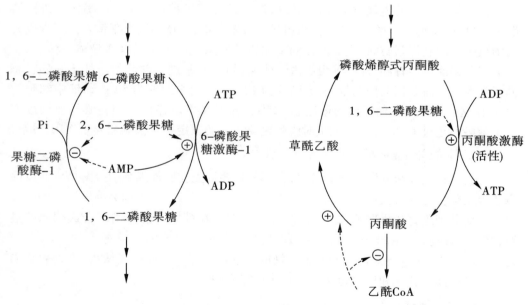

图 9-14　糖异生的调节

1,6-二磷酸果糖是丙酮酸激酶的变构激活剂。胰高血糖素通过抑制 2,6-二磷酸果糖的合成，使 1,6-二磷酸果糖生成减少，降低丙酮酸激酶活性。还可以通过 cAMP-蛋白激酶 A 信号系统，使丙酮酸激酶磷酸化失活，抑制糖酵解途径。胰高血糖素还能诱导肝中磷酸烯醇式丙酮酸羧激酶的表达，增加酶的含量，促进糖异生。而胰岛素则显著降低磷酸烯醇式丙酮酸羧激酶的表达水平，并与 cAMP 有对抗作用，故胰岛素具有抑制糖异生的作用。

第七节　血糖及其调节

血糖(blood sugar)指血液中的葡萄糖,与机体各组织细胞的代谢和功能关系密切。血糖水平变化是反映机体内糖代谢状况的一项重要指标。正常人空腹糖浓度为 3.89~6.11 mmol/L。空腹血糖浓度高于 7.1 mmol/L 称为高血糖,低于 2.8 mmol/L 称为低血糖。

一、血糖的来源和去路

正常时血液中葡萄糖来源和去路保持平衡,以维持空腹血糖浓度相对恒定。血糖的来源主要包括:①食物消化吸收的糖,是血糖的主要来源;②肝糖原分解,是空腹时血糖的直接来源;③糖异生作用,长期饥饿时非糖物质通过糖异生补充血糖。血糖的去路主要包括:①氧化分解提供能量;②在肝、肌肉等组织合成糖原;③转变为其他糖类物质,如磷酸核糖等;④转变为非糖物质,如脂肪、非必需氨基酸等(图 9-15)。

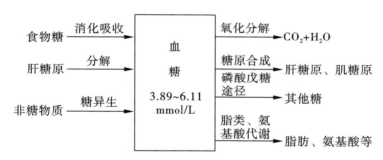

图 9-15　血糖的来源和去路

二、血糖水平的调节

血糖水平调节涉及糖、脂肪、氨基酸等物质代谢,也是肝、肌肉、脂肪等组织代谢协调的结果。各种代谢之间和各器官之间能够精确地协调,主要依赖激素水平的调节。参与调节血糖的激素分为两大类:一类是降低血糖的胰岛素;另一类是升高血糖的激素,主要有胰高血糖素、糖皮质激素、肾上腺素等。

(一)胰岛素

胰岛素(insulin)是由胰岛 β 细胞合成分泌的蛋白质激素,分泌受血糖控制。胰岛素降低血糖的作用机制主要是:

1. 促进肌肉和脂肪等肝外组织细胞膜上葡萄糖载体转运葡萄糖进入细胞内的作用。

2. 通过增强磷酸二酯酶活性,降低细胞 cAMP 水平,增强糖原合酶活性,抑制糖原磷酸化酶,加速糖原合成,减少糖原分解。

3. 通过激活丙酮酸脱氢酶磷酸酶,使丙酮酸脱氢酶脱磷酸而被激活,加速丙酮酸氧化为乙酰 CoA,加快糖的有氧氧化。

4. 通过抑制磷酸烯醇式丙酮酸羧激酶的合成,抑制肝内糖异生途径。还可以通过促进氨基酸进入骨骼肌组织并合成蛋白质,减少肝糖异生的原料,抑制肝糖异生。

5. 抑制脂肪组织的激素敏感性脂肪酶,减少脂肪动员,促进组织对葡萄糖的利用。

(二)胰高血糖素

胰高血糖素(glucagon)由胰腺 α-细胞分泌,是体内升高血糖的主要激素。血糖浓度降低或血液中氨基酸升高刺激胰高血糖素的分泌。其作用机制包括:

1. 经肝细胞膜受体激活蛋白激酶 A,抑制糖原合酶和激活糖原磷酸化酶,使肝糖原迅速分解,血糖升高。

2. 通过抑制 6-磷酸果糖激酶-2,激活果糖二磷酸酶-2,减少 2,6-二磷酸果糖的合成。2,6-二磷酸果糖是 6-磷酸果糖激酶-1 的最强的变构激活剂,也是果糖二磷酸酶-1 的抑制剂。因此,糖酵解被抑制,糖异生则加速。胰高血糖素还通过 cAMP-蛋白激酶 A 系统,使丙酮酸激酶磷酸化而失活,抑制糖酵解途径,增强糖异生作用。

3. 通过激活脂肪组织的激素敏感性脂肪酶,加速脂肪动员。这与胰岛素的作用相反,可升高血糖水平。

(三)糖皮质激素

糖皮质激素(glucocorticoids)是由肾上腺皮质分泌的类固醇激素,是引起血糖升高和肝糖原增加的激素。糖皮质激素的作用机制可能包括:

1. 促进肌肉等肝外组织的蛋白质分解,产生的氨基酸转移到肝进行糖异生,并诱导糖异生关键酶磷酸烯醇式丙酮酸羧激酶的合成,加速糖异生的进行。

2. 抑制丙酮酸的氧化脱羧,阻止葡萄糖的分解利用。

3. 协同促进其他脂肪动员的激素的效用,使血中脂肪酸增加,间接抑制肌肉、脂肪组织等肝外组织对葡萄糖的摄取和利用。

(四)肾上腺素

肾上腺素(adrenalin)是肾上腺髓质分泌的主要激素。肾上腺素通过肝和肌肉的细胞膜受体、cAMP、蛋白激酶 A 级联激活糖原磷酸化酶,加速糖原分解。肾上腺素主要在应激状态下发挥调节作用,对于经常性血糖波动,尤其是空腹进食情况下引起的血糖波动影响很小。

三、糖代谢异常

正常人体内存在一整套精细的调节糖代谢的机制,在一次性摄入大量葡萄糖后,血糖水平不会出现大的波动和持续升高。人体对摄入的葡萄糖具有很大耐受能力,这种现象被称为葡萄糖耐量(glucose tolerance)。临床上因糖代谢异常可引起低血糖(hypoglycemia)和高血糖(hyperglycemia)。

(一)低血糖

空腹血糖浓度低于 2.8 mmol/L 时称为低血糖。血糖水平过低对机体危害最大的是影响脑细胞的功能,即使是血浆中的葡萄糖含量短时间的降低,也有可能产生严重的脑功能障碍,原因是脑细胞所需要的能量主要来自葡萄糖的氧化。低血糖时会出现头晕、倦怠无力、心悸等症状,严重时出现昏迷,称为低血糖休克。如不及时给病人静脉补充葡萄糖,可导致死亡。引起低血糖的原因有:①胰腺病变引起的低血糖,如胰岛β-细胞瘤使胰岛素分泌过多,或胰岛 α-细胞功能低下等;②严重肝病导致肝功能下降,肝糖原合成和分解减少,糖异生作用减弱等。③内分泌异常引起的低血糖,如肾上腺皮质功能低下导致的糖皮质激素分泌不足,或脑垂体功能低下导致生长激素分泌不足等;④胃癌等恶性肿瘤的肿瘤细胞可能分泌类似于胰岛素样的物质,消耗过多的糖类;⑤饥饿或不能进食者等。

(二)高血糖

空腹血糖浓度高于 7.1 mmol/L 称为高血糖。当血中的葡萄糖浓度超过 8.96 ~ 10.00 mmol/L 时,部分近端小管上皮细胞对葡萄糖的吸收已达极限,葡萄糖不能被完全重吸收,随尿排出而出现糖尿。尿中开始出现葡萄糖时的最低血糖浓度,称为肾糖阈(renal glucose threshold)。持续性高血糖和尿糖,特别是空腹血糖和糖耐量曲线高于正常范围,主要见于糖尿病(diabetes mellitus)。在生理情况下也会出现高血糖和糖尿,如情绪激动时交感神经兴奋,肾上腺素分泌激增,使肝糖原迅速分解,血糖浓度上升。一次性大量进食葡萄糖或静脉输注葡萄糖溶液速度过快,也可能使血糖浓度升高,甚至出现糖尿。某些慢性肾炎、肾病综合征等引起肾小管对糖的重吸收障碍而出现糖尿,但血糖和糖耐量曲线均正常。

小　结

糖类是一类对人类十分重要的有机化合物,人体 50% 以上的能量由糖类提供。食物中含量最多的糖类是淀粉,淀粉的主要消化部位在小肠,经一系列酶催化水解成为葡萄糖而被吸收。葡萄糖的吸收是依赖特定葡萄糖转运蛋白的主动摄取过程。

糖酵解指机体处于不能利用氧或氧供不足时,葡萄糖或糖原分解生成丙酮酸进而还原生成乳酸的过程。糖酵解的代谢过程分为两个阶段:第一阶段是由葡萄糖分解为丙酮酸,即糖酵解途径;第二阶段是丙酮酸还原生成乳酸。糖酵解的全部反应在细胞质中进行,其中有三步不可逆反应,催化这三步反应的酶分别是己糖激酶、6-磷酸果糖激酶-1、丙酮酸激酶,这 3 种酶也是控制糖酵解的关键酶。糖酵解的生理意义是不消耗氧的情况下为机体迅速提供能量,每 1 mol 葡萄糖经糖酵解可净生成 2 mol ATP。

糖的有氧氧化是指机体利用氧将葡萄糖彻底氧化成 CO_2 和 H_2O 的过程,是人体获得能量的主要途径。糖的有氧氧化分为三个阶段。第一阶段是葡萄糖在胞质中经糖酵解途径生成丙酮酸;第二阶段丙酮酸进入线粒体氧化脱羧生成乙酰 CoA;第三阶段乙酰 CoA 进入三羧酸循环,并通过氧化磷酸化作用产生 ATP。三羧酸循环是以乙酰 CoA 与草酰乙酸缩合生成柠檬酸开始,经一系列反应又生成草酰乙酸的循环过程。此过程的三个关键酶是柠檬酸合酶、异柠檬酸脱氢酶和 α-酮戊二酸脱氢酶复合体,它们催化的反应是不可逆反应。三羧酸循环是糖、脂肪和氨基酸三大营养物质氧化分解的共同通路,也是糖、脂肪、氨基酸代谢联系的枢纽。糖有氧氧化是机体获得 ATP 的主要方式,1 分子葡萄糖在体内彻底氧化可生成 30(或 32)分子 ATP,因而糖的有氧氧化是机体主要的产能方式。调节糖的有氧氧化的关键酶包括己糖激酶、6-磷酸果糖

笔记栏

激酶-1、丙酮酸激酶、丙酮酸脱氢酶复合体、柠檬酸合酶、异柠檬酸脱氢酶和 α-酮戊二酸脱氢酶复合体。

磷酸戊糖途径是从糖酵解的中间产物 6-磷酸葡萄糖开始形成的代谢旁路,通过氧化、基团转移两个阶段生成 3-磷酸甘油醛和 6-磷酸果糖,又返回糖酵解的代谢途径,反应发生在细胞质中。磷酸戊糖途径的主要生理意义是产生 5-磷酸核糖和 NADPH。5-磷酸核糖是核酸和核苷酸合成的原料,NADPH 作为供氢体参与多种代谢反应。

糖原合成是由葡萄糖合成糖原的过程,糖原分解指糖原水解成 6-磷酸葡萄糖或葡萄糖的过程。糖原主要分布在肝和肌肉组织的细胞质中,分别称为肝糖原和肌糖原。糖原合酶和糖原磷酸化酶分别是糖原合成和糖原分解代谢的关键酶,通过对这 2 种酶进行调节,决定糖原合成和分解的方向。

糖异生作用是由非糖物质转变为葡萄糖或糖原的过程,能转变为葡萄糖的非糖物质主要有乳酸、甘油和生糖氨基酸等。糖异生的主要器官是肝,长期饥饿时肾糖异生能力大为增强。糖异生途径基本上是糖酵解途径的逆过程,关键酶是丙酮酸羧化酶、磷酸烯醇式丙酮酸羧激酶、果糖二磷酸酶-1 和葡萄糖-6-磷酸酶。糖异生对于机体维持血糖恒定具有重要意义。

血液中的葡萄糖称为血糖。正常人空腹糖浓度为 3.89 ~ 6.11 mmol/L。血糖的来源主要包括食物消化吸收的糖、肝糖原分解和糖异生补充。血糖的去路主要包括氧化分解提供能量、合成糖原、转变为其他糖类物质和转变为非糖物质。血糖调节主要依赖激素水平的调节。参与调节血糖的激素可分为两大类:一类是降低血糖的胰岛素;另一类是升高血糖的激素,主要有胰高血糖素、糖皮质激素、肾上腺素等。

(刘　彬)

思考题

1. 为什么说三羧酸循环是糖、脂和蛋白质三大物质代谢的共同通路?
2. 剧烈运动时,骨骼肌收缩产生大量乳酸,试述该乳酸的主要代谢去向。
3. 试述糖异生和糖酵解途径的关系和差异,机体通过何种方式实现两条代谢途径的单向性?
4. 简述 6-磷酸葡萄糖的代谢途径及其在糖代谢的重要作用。

第十章

脂类代谢

脂类（lipids）是脂肪和类脂的总称，是一类较难溶于水而易溶于有机溶剂的化合物。脂肪即甘油三酯（triglyceride. TG），也称三酯酰甘油。类脂主要包括胆固醇及其酯、磷脂和糖脂等。

第一节　脂类的消化和吸收

脂类及其衍生物具有十分重要的生理功能。脂肪酸与甘油结合生成的甘油三酯，是机体重要的能源物资和能量储存形式。脂肪酸与甘油、磷酸和含氮化合物结合生成甘油磷脂，是构成生物膜脂质双层的基本骨架，脂肪酸与鞘氨醇通过酰胺键结合生成鞘脂，也参与生物膜的构成。胆固醇可转变为一些重要生理活性物质，如类固醇激素、胆汁酸和维生素 D_3 等。

一、脂类的消化

小肠上段是脂类的主要消化部位，胆汁中主要成分是胆汁酸盐，胆汁酸盐能降低油相与水相之间的表面张力，有较强的乳化作用，与磷脂、胆固醇等组成混合微团，可使脂类乳化，极大地增加了脂类消化酶与脂类的接触面积，有利于脂肪酶水解脂肪。

胰液中含有丰富的水解脂类的酶和蛋白质，如胰脂酶（pancreatic lipase）、胆固醇酯酶（cholesteryl esterase），磷脂酶 A2（phospholipase）和辅脂酶（colipase）等。胰脂酶的作用是催化甘油三酯的 1、3 位酯键水解，生成 2-甘油一酯与 2 分子游离脂肪酸；磷脂酶 A2 催化磷脂 2 位酯键水解，生成游离脂肪酸和溶血磷脂；胆固醇酯酶催化胆固醇酯水解成胆固醇和游离脂肪酸。

$$
\begin{array}{c}
\text{CH}_2\text{OOCR}_1 \\
|\\
\text{R}_2\text{COOCH} \\
|\\
\text{CH}_2\text{OOCR}_3
\end{array}
\quad
\xrightarrow[\text{辅脂酶　胆汁酸盐}]{\text{H}_2\text{O}\quad\text{胰脂酶}\quad\text{R}_3\text{COOH}}
\quad
\begin{array}{c}
\text{CH}_2\text{OOCR}_1 \\
|\\
\text{R}_2\text{COOCH} \\
|\\
\text{CH}_2\text{OH}
\end{array}
$$

甘油三酯　　　　　　　　　　　　　　　　　　　　1,2-甘油二酯

笔记栏

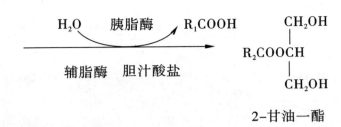

胰脂酶水解甘油三酯时,需要辅酯酶的协同作用。辅酯酶能与胰脂酶结合并同时与脂肪结合,使胰脂酶锚定于微团的水油界面上,防止胰脂酶在水油界面的变性,增加胰脂酶活性,促进脂肪水解。

二、脂类的吸收

脂类的吸收部位主要在十二指肠下段和空肠上段。其中短链(2~4C)和中链脂肪酸(6~10C)构成的甘油三酯,经胆汁酸盐乳化后即可被吸收。在肠黏膜细胞内脂肪酶的作用下,水解为脂肪酸及甘油,通过门静脉入肝。长链脂肪酸(12~26C)及2-甘油一酯被吸收后,则在肠黏膜细胞内质网的酯酰 CoA 转移酶催化下重新合成甘油三酯。新合成的甘油三酯与内质网上合成的载脂蛋白、磷脂、胆固醇等共同组装成乳糜微粒,经淋巴进入血液循环。在肠黏膜细胞中由甘油一酯合成脂肪的途径称为甘油一酯合成途径。

食物中的游离胆固醇可直接被肠黏膜细胞吸收,胆固醇酯则必须经胆固醇酯酶催化水解成胆固醇后才能被吸收,吸收入肠黏膜细胞内的游离胆固醇再酯化成胆固醇酯。

第二节 甘油三酯代谢

一、甘油三酯的分解代谢

甘油三酯分解主要是脂肪酸的氧化,产生大量 ATP 供机体需要。主要分为几个阶段进行。

(一)脂肪的动员

储存在脂肪细胞中的脂肪,被脂肪酶逐步水解为游离脂肪酸(free fatty acid, FFA)及甘油,并释放入血供给机体组织氧化利用的过程称为脂肪动员(fat mobilization)。

甘油三酯 →(甘油三酯脂肪酶, H_2O,脂肪酸)→ 甘油二酯 →(甘油二酯脂肪酶, H_2O,脂肪酸)→ 甘油一酯 →(甘油一酯脂肪酶, H_2O,脂肪酸)→ 甘油

脂肪组织中含有甘油三酯脂肪酶、甘油二酯脂肪酶和甘油一酯脂肪酶,分别催化相应的底物水解,最终将甘油三酯转变为脂肪酸和甘油。三种脂肪酶中甘油三酯脂肪

酶活性最小,是脂肪动员的限速酶。此酶活性易受各种因素的影响,故又称激素敏感性甘油三酯脂肪酶(hormone-sensitive triglyceride lipase,HSL)或激素敏感脂肪酶(hormonesensitive lipase,HSL)。当禁食、饥饿或交感神经兴奋时,肾上腺素、去甲肾上腺素、胰高血糖素和甲状腺素等激素分泌增加,作用于脂肪细胞膜受体,激活腺苷酸环化酶,使腺苷酸环化成cAMP,激活蛋白激酶A,使脂肪组织中甘油三酯脂肪酶激活,使脂肪动员加速,所以这类激素称为脂解激素。胰岛素与上述激素作用相反,使甘油三酯脂肪酶活性降低,抑制脂肪分解,故称抗脂解激素。激素敏感脂肪酶受控于多种激素,其活性大小直接影响脂肪动员的速度。

脂解作用生成的游离脂肪酸及甘油,可释放入血。游离脂肪酸不溶于水,不能在血浆中直接运输。血浆清蛋白具有结合游离脂肪酸的能力,每分子清蛋白可结合10分子FFA。FFA与清蛋白结合后由血液运送至全身各组织,主要是心、肝、骨骼肌等摄取利用。甘油溶于水,直接由血液运送至肝、肾、肠等组织。

(二)甘油的代谢

机体中的甘油主要来源于甘油三酯的水解,须先生成 α-磷酸甘油后,再参与代谢。

1.α-磷酸甘油的生成　肝、肾、小肠黏膜等组织富含甘油激酶,当甘油通过血液循环运送到这些组织时,经此酶和ATP作用,生成 α-磷酸甘油。脂肪细胞及骨骼肌等组织因甘油激酶活性很低,不能很好地利用甘油。

2.α-磷酸甘油的利用

(1)氧化分解　α-磷酸甘油在 α-磷酸甘油脱氢酶的催化下,生成磷酸二羟丙酮。磷酸二羟丙酮可循糖代谢途径氧化分解,并释放能量。

(2)转变成糖　α-磷酸甘油在一系列酶的作用下,经糖异生途径转变成糖。

(三)脂肪酸的氧化

脂肪酸是人及哺乳动物的主要能源物资,在氧供给充足的条件下,脂肪酸可在体内分解成水和二氧化碳,释放出大量能量,以ATP的形式供机体利用。除脑组织外,大多数组织都能氧化分解脂肪酸,其中以肝、心肌和骨骼肌能力最强。线粒体是脂肪酸氧化的主要细胞器,氧化的方式以 β-氧化为主,产物是乙酰CoA,其过程可分为三个阶段:

1.脂肪酸活化成脂酰CoA　脂肪酸在氧化之前,需经过活化,即由内质网及线粒体外膜上脂酰CoA合成酶(acyl-CoA synthetase)催化生成脂酰CoA。活化在线粒体外进行,需ATP、Mg^{2+}和辅酶A的参与。

$$脂酸+CoA-SH \xrightarrow[\substack{ATP \quad AMP}]{脂酰CoA合成酶 \\ Mg^{2+}} 脂酰CoA+PPi$$

在脂酰CoA的生成过程中,辅酶A实际上作为脂酰基载体,脂酰CoA分子中含有高能硫酯键,不仅可提高反应活性,同时增加脂肪酸的水溶性,提高了脂肪酸代谢活性。此反应消耗ATP,生成的PPi被细胞内焦磷酸酶迅速水解,阻止了逆反应的进行。故1分子脂肪酸活化,实际上消耗了2个高能磷酸键。

2.脂酰CoA进入线粒体　脂肪酸生成脂酰CoA的反应在细胞质进行,而催化脂肪酸氧化的酶系存在于线粒体基质,因此,活化的脂酰 CoA 需要进入线粒体内才能被氧化。长链脂酰 CoA 不能直接透过线粒体内膜,其脂酰基部分是由肉碱(carnitine,或称为 L-β 羟-γ-三甲基氨基丁酸)协助转运进入线粒体的。

线粒体外膜存在脂酰肉碱转移酶Ⅰ(carni tineacyl transferase Ⅰ),催化长链脂酰 CoA 与肉碱合成脂酰肉碱,后者在线粒体内膜的肉碱-脂酰基转位酶(carnitine - acylcarnitine translocase)的作用下,通过内膜进入线粒体基质(图 10-1)。此转位酶实际上是线粒体内膜转运肉碱及脂酰肉碱的载体,在转运 1 分子脂酰肉碱进入线粒体基质内的同时,将 1 分子肉碱转运出线粒体内膜外膜间腔。进入线粒体的脂酰肉碱,在位于线粒体内膜内侧面的肉碱脂酰基转移酶Ⅱ的作用下,转变成脂酰 CoA 并释出肉碱。脂酰 CoA 即可在线粒体基质中酶体系的作用下,进行 β 氧化。

脂酰 CoA 转运入线粒体的反应中肉碱脂酰基转移酶Ⅰ是脂肪酸氧化的限速酶。脂酰 CoA 进入线粒体是脂酸 β 氧化的主要限速步骤。当人处于饥饿、高脂低糖膳食或患糖尿病等情况下,糖供应不足或糖利用障碍,需要有脂肪酸氧化供能,此时肉碱脂酰基转移酶Ⅰ活性增高,脂肪酸的氧化就会增强。相反,饱食后,脂肪合成及丙二酰 CoA 增加,抑制肉碱脂酰基转移酶Ⅰ活性,脂肪酸的氧化被抑制。

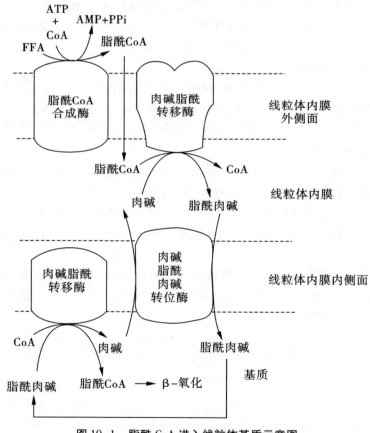

图 10-1 脂酰 CoA 进入线粒体基质示意图

3.脂肪酸的 β-氧化 1904 年德国化学家 Knoop 用不能被机体氧化分解的苯基

标记脂肪酸末端的甲基碳原子,以此喂养犬或兔,发现如喂标记偶数碳的脂肪酸,尿中排出的代谢物均为苯乙酸;若喂标记奇数碳的脂肪酸,则尿中出现苯甲酸。据此,他提出脂肪酸在体内的氧化分解是从羧基端β-碳原子开始,每次断裂两个碳原子的"β-氧化学说"。此后经酶学及同位素标记等技术证明了该学说的正确性。到20世纪50年代,Lynen 等基本阐明 β-氧化全部过程(图10-2)。

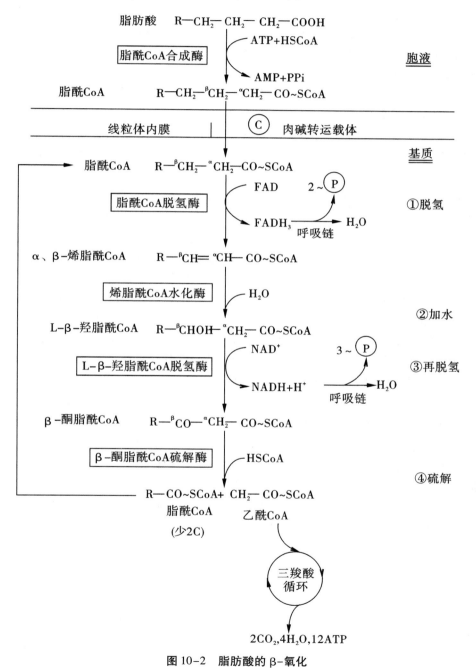

图 10-2　脂肪酸的 β-氧化

由于脂肪酸氧化过程发生在脂酰基羧基端的 β-碳原子,故称为 β-氧化。在线粒体基质中疏松结合的脂酸氧化多酶体系的催化下,脂酰 CoA 以辅酶 A 为载体的脂酰基每进行一次 β-氧化,经过脱氢、加水、再脱氢和硫解四步连续反应,生成 1 分子乙酰 CoA 以及比原来少两个碳原子的脂酰基 CoA。如此反复进行,直到含偶数碳的脂酰 CoA 全部变成乙酰 CoA。反应过程如下:

(1)脱氢 脂酰 CoA 在脂酰 CoA 脱氢酶的催化下,从 α、β-碳原子上各脱去 1 个氢原子,生成 α、β-烯脂酰 CoA,脱下的 2H 由 FAD 接受生成 $FADH_2$。

(2)加水 α、β-烯脂酰 CoA 在烯脂酰 CoA 水化酶的催化下,双键上加 1 分子水,生成 L-β-羟脂酰 CoA。

(3)再脱氢 L-β-羟脂酰 CoA 在 L-β-羟脂酰 CoA 脱氢酶的催化下,进一步脱去 2H,生成 L-β-酮脂酰 CoA,脱下的 2H 由 NAD^+ 接受,生成 $NADH+H^+$。

(4)硫解 β-酮脂酰 CoA 在脂酰 CoA 硫解酶的催化下,加辅酶 A,其碳链中 α 与 β 碳原子之间的结合键断裂,生成 1 分子乙酰 CoA 以及比原来少 2 个碳原子的脂酰 CoA。

催化脂酰 CoA 氧化的 4 种酶形成一个多酶复合物,使上述各反应步骤按顺序连续进行。如此反复循环,偶数饱和脂酰 CoA 即可完全氧化为乙酰 CoA。乙酰 CoA 一部分在线粒体内经三羧酸循环及氧化磷酸化最终生成水和二氧化碳,同时释放能量。一部分在肝细胞线粒体中缩合生成酮体,通过血液运送,在肝外组织氧化利用。成人体内含有极少量奇数碳原子的脂肪酸,经 β-氧化过程,除生成乙酰 CoA 外,最后还余下一分子丙酰 CoA;支链氨基酸氧化分解亦可产生丙酰 CoA,后者彻底氧化需在 β 羧化酶及异构酶的催化下生成琥珀酰基 CoA,然后进入三羧酸循环彻底氧化。

4.脂肪酸氧化时的能量释放和利用 脂肪酸在体内逐步氧化的过程中,伴有能量的释放。其中一部分以热能的形式散发出去,另一部分经氧化磷酸化,生成 ATP。现以 16 碳的软脂酸氧化为例,计算 ATP 的生成量。

1 分子的软脂酸经 7 次 β-氧化生成 7 分子 $FADH_2$,7 分子 $NADH+H^+$ 以及 8 分子乙酰 CoA。在 pH 值 7.0,25 ℃ 的标准条件下氧化磷酸化。1 分子 $FADH_2$ 经呼吸链氧化产生 1.5 分子 ATP,1 分子 $NADH+H^+$ 经呼吸链氧化生成 2.5 分子 ATP。一次 β-氧化产生 4 分子 ATP。7 次 β-氧化生成 4×7＝28 分子 ATP。1 分子乙酰 CoA 进入三羧酸循环彻底氧化成水和二氧化碳,产生 10 分子 ATP,8 分子乙酰 CoA 可生成 10×8＝80 分子 ATP。因此,1 分子软脂酸在体内彻底氧化后可生成 28+80＝108 分子 ATP,因为脂肪酸活化消耗 2 个高能键,相当于 2 分子 ATP,所以 1 分子软脂酸彻底氧化净生成 106 分子 ATP。

(四)酮体的生成和利用

乙酰乙酸(acetoacetate)、β-羟丁酸(β-hydroxybutyrate)和丙酮(acetone),这三种化合物总称为酮体(ketone bodies)。肝细胞中具有活性较强的合成酮体的酶系,所以酮体是肝分解氧化脂酸时特有的中间代谢物,酮体合成的原料是 β-氧化反应生成的乙酰 CoA,但肝内缺乏氧化和利用酮体的酶系,所以生成的酮体不能在肝中氧化,需经过细胞膜进入血液运输到肝外组织,进一步分解供能。

1.酮体的生成(图 10-3) 酮体生成的部位是肝细胞线粒体内,合成原料为乙酰 CoA。

（1）乙酰乙酰 CoA 的生成　2 分子乙酰 CoA 在肝线粒体乙酰乙酰硫解酶（thiolase）的催化下，缩合成乙酰乙酰 CoA，并释放出 1 分子辅酶 A。

（2）β-羟-β-甲戊二酸单酰 CoA 的生成　乙酰乙酰 CoA 在羟甲戊二酸单酰 CoA 合酶（β-hydroxy-β-methy glutaryl CoA synthase，HMG-CoA synthase）的催化下，再与 1 分子乙酰 CoA 缩合，生成 β-羟-β-甲戊二酸单酰 CoA（β-hydroxy-β-methyl-glutaryl -CoA，HMG-CoA），并释放出 1 分子辅酶 A。

（3）酮体的生成　β-羟-β-甲戊二酸单酰 CoA 在 HMG-CoA 裂解酶催化下，裂解成乙酰乙酸和乙酰 CoA。乙酰乙酸在线粒体内膜 β-羟丁酸脱氢酶催化下，被还原成 β-羟丁酸，该酶的辅酶为 $NADH+H^+$。乙酰乙酸也可自动脱羧生成丙酮。

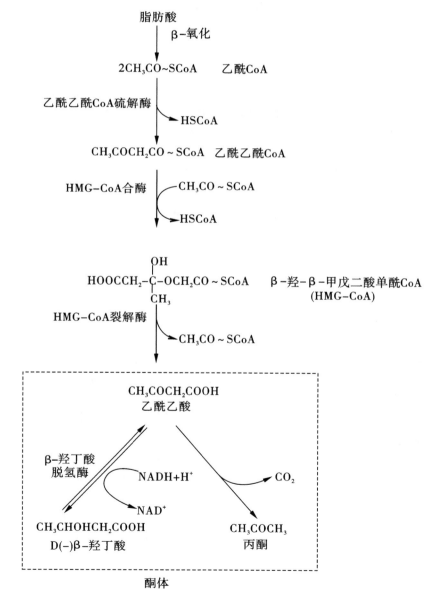

图 10-3　酮体的生成

2.酮体的氧化利用(图10-4)　肝线粒体内有活性很强的生成酮体的酶,但氧化酮体的酶活性很低。酮体生成后透出肝细胞膜,随血液被输送到肝外组织进行氧化。心肌、骨骼肌、肾、脑组织等都有活性很强的氧化酮体的酶,能利用酮体氧化供能。

(1)琥珀酰CoA转硫酶　心、肾、脑及骨骼肌的线粒体中该酶活性较高。在有琥珀酰CoA存在时,此酶能使乙酰乙酸活化,生成乙酰乙酰CoA。

(2)乙酰乙酰CoA硫解酶　心、肾、脑及骨骼肌线粒体中还有乙酰乙酰CoA硫解酶,使乙酰乙酰CoA硫解,生成2分子乙酰CoA,后者即可进入三羧酸循环彻底氧化。

(3)乙酰乙酸硫激酶　肾、心和脑的线粒体中的乙酰乙酸硫激酶,可直接活化乙酰乙酸生成乙酰乙酰CoA,后者在硫解酶的作用下,硫解为2分子乙酰CoA。

β-羟丁酸在β-羟丁酸脱氢酶的催化下,脱氢生成乙酰乙酸,然后再转变成乙酰CoA而被氧化。正常情况下,丙酮主要自肺、肾排除。

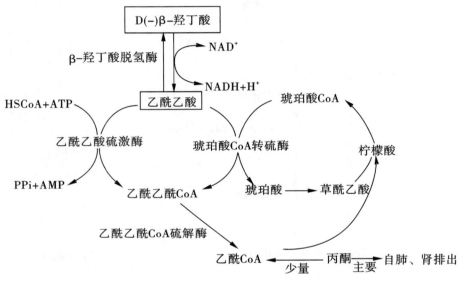

图10-4　酮体的氧化利用

3.酮体生成的生理意义　酮体是肝向肝外组织输出能量的重要形式。心肌和肾皮质利用酮体能力大于利用葡萄糖能力。脑组织不能直接氧化脂肪酸,当葡萄糖供应充足时,脑组织优先利用葡萄糖氧化供能。由于酮体易溶于水,分子小,能够通过血脑屏障和肌肉的毛细血管壁,在长期饥饿或糖供给不足的情况下,可替代糖成为脑、肌肉和肾组织的主要能源。

正常人血液中仅含少量酮体,为$0.03 \sim 0.05$ mmol/L($0.3 \sim 5$ mg/dL)。其中β-羟丁酸约占70%,乙酰乙酸占30%,丙酮量极微。饥饿、严重糖尿病时,由于脂肪动员加强,酮体生成增加,尤其是未加控制的糖尿病患者,血液酮体的含量可高出正常情况的数十倍,且丙酮可占酮体总量的一半,超过肝外组织利用酮体的能力,血中酮体含量明显升高,导致酮症酸中毒(ketoacidosis)。过多的酮体从尿中排出,成为酮尿症(ketonuria)。此时,血丙酮含量大大增加,通过呼吸道排出,产生特殊的"烂苹果气味"。

4.酮体生成的调节　脂肪酸的氧化及酮体生成受多种因素影响。

（1）饱食和饥饿的影响　饱食后,胰岛素分泌增加,脂解作用抑制,脂肪动员减少,进入肝的脂肪酸减少,酮体生成减少。饥饿时,胰高血糖素等脂解激素分泌增多,脂肪动员加强,血中游离脂肪酸浓度升高而使肝摄取脂肪酸增多,脂肪酸 β-氧化及酮体生成增加。

（2）糖代谢影响酮体生成　进入肝细胞的游离脂肪酸主要有两条去路:一是在细胞质中酯化成甘油三酯及磷脂;二是进入线粒体进行 β-氧化,生成乙酰 CoA 及酮体。饱食和糖供给充足时,肝糖原丰富,糖代谢旺盛,进入肝细胞的脂肪酸主要与 α-磷酸甘油反应,酯化成甘油三酯和磷脂。饥饿或糖供应不足时,糖代谢减弱,α-磷酸甘油及 ATP 不足,脂肪酸酯化减少,主要进入线粒体进行 β-氧化,酮体生成增多。

（3）丙二酸单酰 CoA 抑制酮体生成　饱食后,糖代谢正常进行时所生成的乙酰 CoA 及柠檬酸能变构激活乙酰 CoA 羧化酶,促进丙二酸单酰 CoA 的合成。丙二酸单酰 CoA 能竞争性抑制肉碱脂酰转移酶 I,阻止脂酰 CoA 进入线粒体进行 β-氧化,抑制酮体的生成。

二、甘油三酯的合成代谢

甘油三酯是机体储存能量的形式。在体内,糖类和蛋白质均可转变成甘油三酯而存储,以供禁食、饥饿时的需求。人体内许多组织都能合成甘油三酯,以肝合成能力最强。但肝细胞不能储存甘油三酯,需要与载脂蛋白 B_{100}、载脂蛋白 C 等载脂蛋白及磷脂、胆固醇组装成极低密度脂蛋白(very low density lipoprotein,VLDL),分泌入血,运输至肝外组织。脂肪细胞可大量储存甘油三酯,是机体储存甘油三酯的"脂库"。此外,小肠黏膜在脂类吸收后可由甘油一酯途径合成大量的甘油三酯。

（一）脂肪酸的合成代谢

人体内脂肪酸可来自食物,非必需脂肪酸也可在体内合成。内源性脂肪酸的合成需先合成软脂酸再加工延长或去饱和。

1. 合成部位　脂肪酸合成酶存在于肝、肾、脑、乳腺及脂肪等组织,位于线粒体外细胞质中。肝是人体合成脂肪酸的主要场所(合成能力较脂肪组织大 8~9 倍)。脂肪组织是储存脂肪的场所,本身虽能以葡萄糖为原料合成脂肪酸及脂肪,但主要是摄取和储存由小肠吸收的外源性脂肪酸和肝合成的内源性脂肪酸。

2. 合成原料　乙酰 CoA 是合成脂肪酸的主要原料,糖、脂肪和蛋白质分解代谢均可产生乙酰 CoA,但主要来自于葡萄糖。细胞内乙酰 CoA 全部在线粒体内产生,而合成脂肪酸的酶系存在于胞质中,所以线粒体中的乙酰 CoA 必须进入胞质中才能成为合成脂肪酸的原料。乙酰 CoA 不能自由透过线粒体内膜,需要通过特殊的转运系统进入胞质合成脂肪酸。此转运机制称为柠檬酸-丙酮酸循环(citrate pyruvate cycle)。乙酰 CoA 首先在线粒体内与草酰乙酸缩合成柠檬酸,通过线粒体内膜上的载体转运进入细胞质,胞质中 ATP 柠檬酸裂解酶,催化柠檬酸裂解释放出乙酰 CoA 及草酰乙酸。进入胞质的乙酰 CoA 可用以合成脂肪酸,草酰乙酸则在苹果酸脱氢酶的作用下还原成苹果酸,经线粒体内膜载体转运入线粒体,再转化成线粒体内的草酰乙酸,继续参与乙酰 CoA 的转运。苹果酸也可在苹果酸酶的作用下氧化脱羧、产生 CO_2 和丙酮酸,丙酮酸可通过线粒体内膜上的载体转运至线粒体内,重新生成线粒体内草酰乙酸,继续将乙酰 CoA 运转至胞质,用于软脂酸的合成。

脂肪酸的合成除需乙酰 CoA 外,还需 $NADPH+H^+$、HCO_3^-(CO_2)、生物素、ATP 及 Mn^{2+} 等。其中 $NADPH+H^+$ 主要来自磷酸戊糖途径。胞质中的异柠檬酸脱氢酶和苹果酸酶(两者均以 $NADP^+$ 为辅酶)催化的反应也可提供少量的 $NADPH+H^+$。

3. 软脂酸的合成过程

(1)丙二酸单酰 CoA 的合成 脂肪酸的合成主要在胞质中进行,胞质中含乙酰 CoA 羧化酶(acetyl CoA carboxylase)是脂肪酸合成的关键酶(限速酶),以生物素为辅基,Mn^{2+} 为激活剂。此酶是一种变构酶,有两种存在形式:一种是无活性的单体,分子量约 4 万;另一种是有活性的多聚体,通常由 10~20 个单体线状排列而成,分子量 60 万~80 万,活性为单体的 10~20 倍。后者催化 Mn^{2+} 羧化生成丙二酰单酰 CoA。

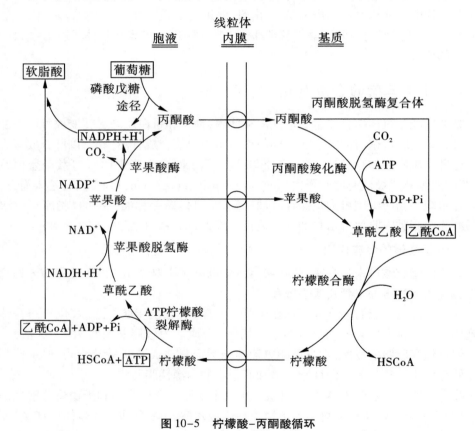

图 10-5 柠檬酸-丙酮酸循环

$$CH_3CO\sim SCoA+ATP+HCO_3^- \xrightarrow[\text{乙酰 CoA 羧化酶}]{\text{生物素 }Mn^{2+}} HOOCCH_2CO\sim SCoA+ADP+Pi$$

$\quad\quad$ 乙酰CoA $\quad\quad\quad\quad\quad\quad\quad\quad\quad\quad\quad\quad\quad\quad$ 丙二酸单酰CoA

乙酰 CoA 羧化酶活性受变构调节及共价修饰调节。柠檬酸、异柠檬酸及乙酰 CoA 可使此酶发生变构激活,软脂酰 CoA 及其他长链的脂酰 CoA 变构抑制该酶活性。同时乙酰 CoA 羧化酶也受共价修饰的调节,可被依赖 AMP 的蛋白激酶催化发生磷酸化而失活。胰高血糖素能激活此酶而抑制乙酰 CoA 羧化酶的活性,而胰岛素则通过蛋白磷酸酶的作用使其脱磷酸化而恢复活性。高糖低脂饮食可促进此酶的合成,并通过丙二酸单酰 CoA 的合成促进脂肪酸的合成。

（2）软脂酸的合成　各种生物合成脂肪酸的过程基本相似,均以乙酰 CoA 及丙二酸单酰 CoA 为原料,经过一个重复加成反应过程,每次循环(缩合-还原-脱水-再还原)延长 2 个碳原子。16 碳软脂酸的生成需要连续重复 7 次加成反应。大肠杆菌中,此加工过程是由 7 种酶蛋白聚合在一起构成的多酶复合体(fatty acid synthase complex)催化的;而在高等动物,这 7 种酶活性都在一条多肽链上,属于多功能酶,由一个基因编码。

大肠杆菌的脂肪酸合成酶复合体中,有酰基载体蛋白(acyl carrier protein,ACP),其辅基与辅酶 A 相同,为 4′-磷酸酰基氨基乙硫醇(4′-phosphopantetheine),是脂肪酸合成过程中酯酰基的载体,脂肪酸合成的各步反应均在 ACP 的辅基上进行。

哺乳类动物脂肪酸合酶是由两个相同的亚基首位相连组成的二聚体,二聚体解聚则活性丧失。7 种酶活性均在分子量为 250 kD 的一条多肽链上。每个亚基含有 3 个结构域。结构域 1 含有乙酰基转移酶、丙二酸单酰转移酶及酮脂酰合酶,参与底物的缩合反应。结构域 2 含有 β-酮脂酰还原酶、β-羟脂酰脱水酶及烯脂酰还原酶,催化还原反应。该结构域还有肽段——酰基载体蛋白(ACP)结构域。结构域 3 含有硫脂酶(thioesterase,TE),与脂肪酸的释放有关。ACP 的丝氨酸残基连有 4′-磷酸酰基氨基乙硫醇,作为脂肪酸合成过程中脂酰基的载体,可与脂酰基相连,用 E2-泛-SH 表示。此外,在每一亚基的酮脂酰合成酶结构域中的一个半胱氨酸残基的 SH 基也能与脂酰基相连,用 E1-半胱 SH 表示。脂肪酸的合成步骤见图 10-6。

细菌、哺乳动物脂肪酸合成过程类似。丁酰-E 是脂肪酸合成酶催化合成的第一轮产物。通过这一轮反应,即酰基转移、缩合、还原、脱水、再还原等步骤,碳原子由 2 个增加至 4 个。然后丁酰由 E2-泛-SH 转移至 E1-半胱-SH 上,E2-泛-SH(即 ACP 的 SH)基又可与一新的丙二酰 CoA 结合,进行缩合、还原、脱水、再还原等步骤的第二轮反应。经过 7 次循环以后,生成 16 个碳原子的软脂酰-E2,然后经硫酯酶的水解,即生成终产物游离的软脂酸。软脂酸合成的总反应式为:

$$CH_3COSCoA+7HOOCCH_2COSCoA+14NADPH+14H+\rightarrow CH_3(CH_2)_{14}COOH+7CO_2+6H_2O+8HSCoA+14NADP^+$$

4. 脂肪酸碳链的加长　脂肪酸合酶复合体催化合成的脂肪酸是软脂酸。更长碳链的脂肪酸合成是对软脂酸的加工、延长来完成。碳链延长在肝细胞的内质网或线粒体内进行。

（1）内质网脂肪酸碳链延长酶系　软脂酸碳链延长主要通过此酶系的作用。以丙二酸单酰 CoA 为二碳单位的供给体,由 NADPH 供氢,每通过缩合、加氢、脱水和再加氢等反应使碳链延长 2 个碳原子。过程与细胞质中软脂酸合成相似,但酯酰基不是以 ACP 为载体,而是链接在 CoASH 上进行。一般可将脂肪酸碳链延长至 24 碳,但以18 碳的硬脂酸为最多。

（2）线粒体脂肪酸碳链延长酶系　在线粒体脂肪酸延长酶系的催化下,软脂酰 CoA 与乙酰 CoA 缩合,生成 β-酮硬脂酰 CoA,经过还原、脱水、再还原为硬脂酰 CoA,反应基本是 β-氧化的逆过程。但催化的酶不完全相同,每次使脂肪酸碳链延长 2 个碳原子。一般可延长至 24 或 26 个碳原子,但仍以 18 碳硬脂酸为最多。

5. 不饱和脂肪酸的合成　人体所含有的不饱和脂肪酸主要有软油酸、油酸、亚油酸、亚麻酸和花生四烯酸等。人体可通过相应的去饱和酶引入双键合成前两种单不饱和脂肪酸,后三种多不饱和脂肪酸是营养必需脂肪酸,主要是从食物(主要是从植物油脂)中摄取。

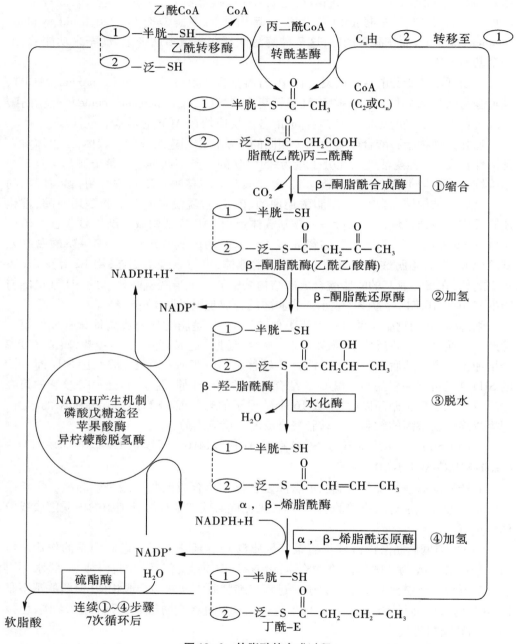

图 10-6 软脂酸的合成过程

(二)甘油三酯的合成代谢

1.合成部位 肝、脂肪组织及小肠的滑面内质网是甘油三酯合成的主要场所。以肝的合成能力最强,但肝不能储存脂肪。脂肪组织是合成脂肪的另一重要组织,它可利用由乳糜微粒(CM)或 VLDL 转运来的脂肪酸合成脂肪,但主要以葡萄糖为原料合成脂肪。脂肪细胞是机体储存脂肪的主要场所,可以大量储存脂肪。小肠黏膜细胞主要利用脂肪消化产物再合成脂肪,以乳糜微粒进行转运。

2. 合成原料　合成脂肪所需的甘油和脂肪酸主要来自于葡萄糖代谢。

3. 合成过程

(1)甘油一酯途径　小肠黏膜细胞主要利用消化吸收的甘油一酯及脂肪酸再合成甘油三酯。

(2)甘油二酯途径　肝细胞及脂肪细胞主要按此途径合成甘油三酯。以葡萄糖酵解途径生成的 α-磷酸甘油为起始物,在内质网中 α-磷酸甘油脂酰基转移酶的催化下,与两分子脂酰基 CoA 合成磷脂酸。磷脂酸在磷脂酸磷酸酶的催化下脱去磷酸,生成甘油二酯。在转酰基酶的作用下,甘油二酯与一分子脂酰 CoA 合成甘油三酯。反应过程中 α-磷酸甘油脂酰基转移酶是甘油三酯合成的关键酶。

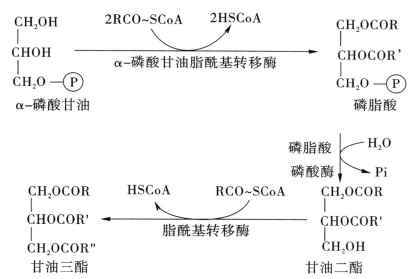

三、甘油三酯代谢的调节

(一)代谢物的调节

ATP、NADPH 及乙酰 CoA 是脂肪酸合成的原料,可促进脂肪酸的合成。脂酰 CoA 是乙酰 CoA 羧化酶的变构抑制剂,抑制脂肪酸合成。凡能引起这些代谢水平有效改变的因素均可调节脂肪酸的合成。例如:进食高脂肪食物,或因饥饿导致脂肪动员加强时,细胞内软脂酰 CoA 增多,可反馈抑制乙酰 CoA 羧化酶,从而抑制体内脂肪酸的合成。而糖类摄入增加,糖代谢加强时,由糖氧化及磷酸戊糖途径提供的乙酰 CoA 及 NADPH 增多,有利于脂肪酸的合成。此外,糖代谢加强,使细胞内 ATP 增多,抑制异柠檬酸脱氢酶活性,造成异柠檬酸及柠檬酸堆积,透出线粒体渗至胞质,可以变构激活乙酰 CoA 羧化酶,使脂肪酸合成增加。

(二)激素的调节

胰岛素、胰高血糖素、肾上腺素及生长激素均可参与脂肪合成的调节。胰岛素能诱导乙酰 CoA 羧化酶、脂肪酸合酶及柠檬酸裂解酶的合成,促进脂肪酸的合成。也可通过促进乙酰 CoA 羧化酶的去磷酸化而使酶活性增强,加速脂肪酸和甘油三酯的合成。胰高血糖素能通过腺苷酸环化酶增加 cAMP,激活蛋白激酶 A,使乙酰 CoA 羧化酶磷酸化而降低活性,抑制脂肪酸的合成。此外,胰高血糖素也可抑制甘油三酯的合成,增加长链脂酰 CoA 对乙酰 CoA 羧化酶的反馈抑制,使脂肪酸合成被抑制。肾上腺素、生长素也可抑制乙酰 CoA 羧化酶,增加脂肪酸合成的原料,使脂肪酸合成增加。

第三节 磷脂代谢

磷脂(phospholipids)由甘油或鞘氨醇、脂肪酸和含氮化合物组成。含甘油的磷脂称为甘油磷脂(glycerophospholipids),含鞘氨醇或二氢鞘氨醇的称为鞘磷脂(sphingo-phospholipids)。人体内含量最多的磷脂是甘油磷脂。磷脂分子中既有脂肪酰基等疏水基团,又有磷酰含氮碱或羟基等亲水基团,在非极性溶剂及水中都有很大的溶解度。磷脂是生物膜的重要组成成分,细胞质膜主要是磷脂酰胆碱,线粒体膜主要含心磷脂。磷脂酰肌醇是第二信使的前体。磷脂也是血浆脂蛋白的组成成分。

一、甘油磷脂的代谢

体内甘油磷脂中以磷脂酰胆碱含量最多,其次是磷脂酰乙醇胺,它们占组织和血液中磷脂总量的 75% 以上。甘油磷脂的结构通式如下:

$$
\begin{array}{c}
\qquad\qquad\qquad\qquad\overset{\displaystyle O}{\parallel}\\
\qquad\qquad CH_2-O-C-R_1\\
\overset{\displaystyle O}{\parallel}\qquad\quad |\\
R_2-C-O-CH\qquad\quad O\\
\qquad\qquad |\qquad\qquad\parallel\\
\qquad\qquad CH_2-O-P-O-\boxed{X}\\
\qquad\qquad\qquad\quad |\qquad\qquad\text{取代基}\\
\qquad\qquad\qquad\quad OH
\end{array}
$$

甘油 C_2 上连接的脂酰基多是花生四烯酸,根据 C_3 上磷酸基连接的取代基(X)不同,甘油磷脂分为磷脂酰胆碱(卵磷脂)、磷脂酰乙醇胺(脑磷脂)、磷脂酰丝氨酸、磷脂酰甘油、二磷脂酰甘油(心磷脂)及磷脂酰肌醇等。

磷脂酸 $X=-H$

磷脂酰胆碱(卵磷脂) $X=-CH_2CH_2N^+(CH_3)_3$

磷脂酰乙醇胺(脑磷脂) $X=-CH_2CH_2NH_2$

磷脂酰丝氨酸 $X=-CH_2CHNH_2COOH$

磷脂酰甘油 $X=-CH_2CHOHCH_2OH$

二磷脂酰甘油(心磷脂)　$X = \ —CH_2CHOHCH_2O—\overset{\displaystyle O}{\underset{\displaystyle OH}{P}}—O—CH_2$

$$\begin{matrix} CH_2OCOR_1 \\ CHOCOR_2 \end{matrix}$$

磷脂酰肌醇

$X=$

磷脂分子具有亲水端和疏水端,它既含有极性强的磷酸及取代基团(极性头),又含有两条疏水的脂酰基长链(疏水尾)。在水溶液中,磷脂的亲水的极性头趋向水相,疏水尾则相互聚集,避免与水接触,形成稳定的脂质双分子层,是生物膜的基本结构。

各种甘油磷脂如脱去一个脂酰基(通常是 C_2 上的脂酰基)则产生相应的溶血磷脂。

(一)甘油磷脂的合成

1. 合成部位　人体各组织细胞的内质网中均有合成磷脂的酶系,肝、肠、肾等组织中磷脂合成均很活跃,其中以肝最为活跃。肝细胞合成的磷脂除自身利用外,还用于组成脂蛋白参与脂类的运输。

2. 合成原料　包括脂肪酸、甘油、磷酸盐、胆碱(choline)、乙醇胺、丝氨酸、肌醇(inositol)等。其中脂肪酸、甘油主要由葡萄糖代谢转变而来,其 2 位的多不饱和脂肪酸为必需脂肪酸,只能从植物油摄取。胆碱可由食物提供或以丝氨酸和甲硫氨酸为原料在体内合成。丝氨酸是合成磷脂酰丝氨酸的原料,脱羧后生成的乙醇胺又是合成磷脂酰乙醇胺的前体。乙醇胺在酶的催化下,由 S-腺苷甲硫氨酸提供 3 个甲基即可生成胆碱。

甘油磷脂合成还需 ATP 和 CTP 参与。ATP 供能,CTP 在甘油磷脂合成中不但供能,也是合成 CDP-乙醇胺,CDP-胆碱及 CDP-甘油二酯等重要活性中间产物所必需的。

3. 合成的基本过程

(1)甘油二酯途径　磷脂酰胆碱和磷脂酰乙醇胺主要经此途径合成。胆碱和乙醇胺先经 ATP 磷酸化,生成磷酸胆碱和磷酸乙醇胺,然后再由 CTP 活化,生成活性的胞苷二磷酸胆碱(CDP-胆碱)和胞苷二磷酸乙醇胺(CDP-乙醇胺)。CDP-乙醇胺和 CDP-胆碱再与甘油二酯作用,生成磷脂酰乙醇胺和磷脂酰胆碱,磷脂酰乙醇胺也可甲基化生成磷脂酰胆碱。

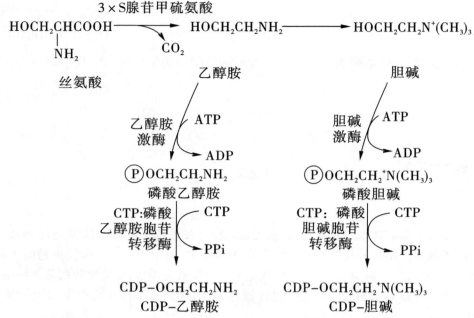

（2）CDP-甘油二酯途径　磷脂酰肌醇、磷脂酰丝氨酸和二磷脂酰甘油等主要由此途径合成。由葡萄糖生成磷脂酸的过程与上述途径相同，不同的是甘油二酯先活化成 CDP-甘油二酯，作为合成这类磷脂的活性前体，然后在相应合成酶的催化下，与肌醇、丝氨酸或磷脂酰甘油缩合，生成磷脂酰肌醇、磷脂酰丝氨酸和心磷脂。磷脂酰丝氨酸也可继续转变成磷脂酰乙醇胺和磷脂酰胆碱。

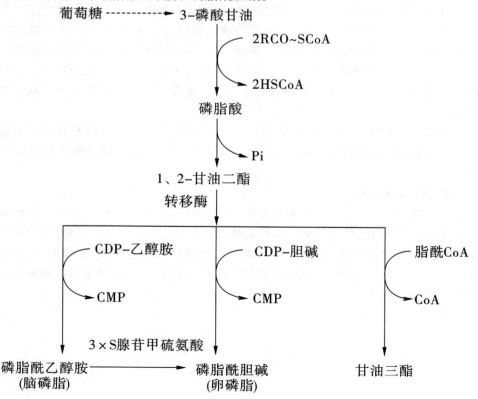

笔记栏

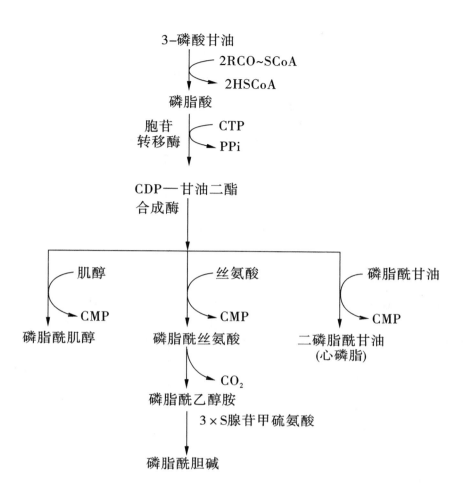

(二)甘油磷脂的分解

生物体内能够降解磷脂的酶称为磷脂酶(phospholipase),包括磷脂酶 A_1、A_2、B_1、
B_2、C 及 D。甘油磷脂可在多种磷脂酶的作用下降解成它们的各组成成分。磷脂酶 A_1
和 A_2 分别作用于甘油磷脂的 1 和 2 位酯键;磷脂酶 B_1 和 B_2 分别作用于溶血磷脂的 1
和 2 位酯键;磷脂酶 C 作用于 3 位磷酸酯键;磷脂酶 D 作用于磷酸与取代基之间的
酯键。

溶血磷脂酰胆碱由磷脂酶 A_1 作用于 C_1 上的酯键或磷脂酶 A_2 作用于 C_2 上的酯
键生成,是一种较强的表面活性物质,能使红细胞膜或其他细胞膜破坏引起溶血或细
胞坏死。溶血磷脂酰胆碱在磷脂酶 B_1(或 B_2)催化下使其脱去另一脂肪酰基,从而失
去溶解细胞膜的作用。

笔记栏

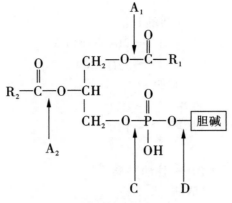

磷脂酰胆碱

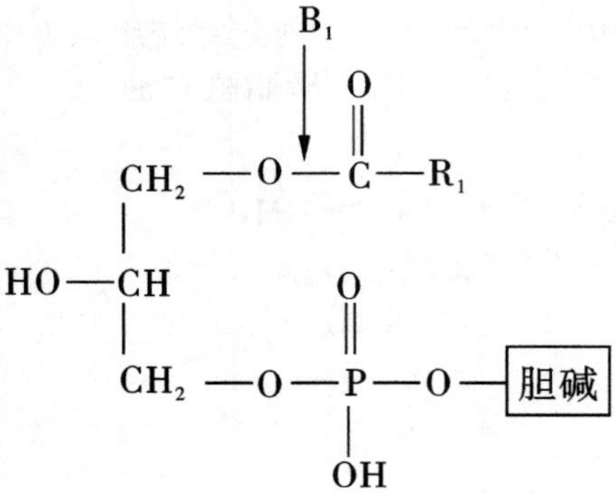

溶血磷脂酰胆碱 1

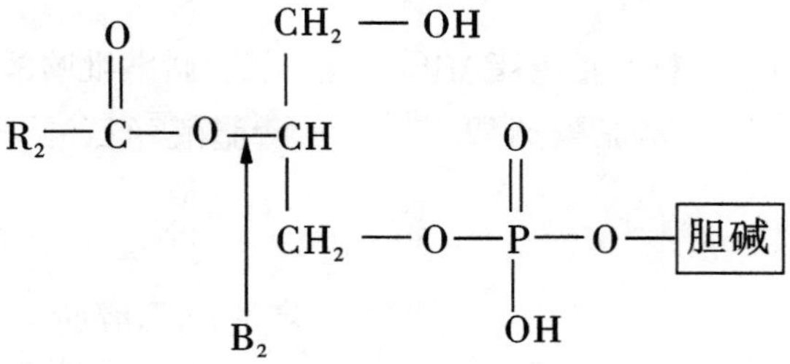

溶血磷脂酰胆碱 2

二、鞘磷脂的代谢

含鞘氨醇(sphingosine)或二氢鞘氨醇的脂类,称为鞘脂(sphingolipid)。鞘氨醇的氨基通过酰胺键与 1 分子脂肪酸相连形成神经酰胺(ceramide),为鞘脂的母体结构。按照取代基团 X 的不同鞘脂可分为两种:X 含磷酸基团的称为鞘磷脂,为糖基称为鞘糖脂。

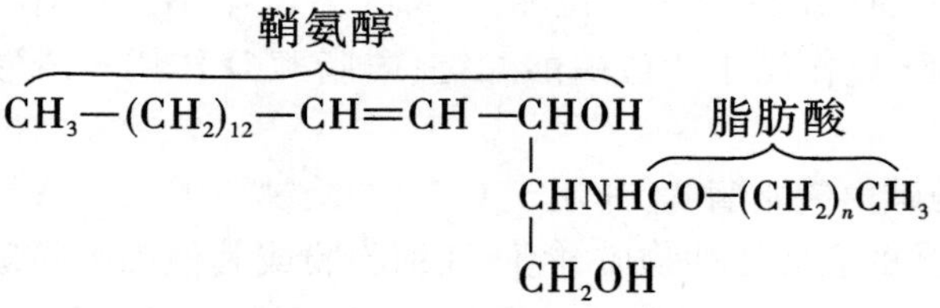

鞘氨醇

$$CH_3-(CH_2)_{12}-CH=CH-CHOH$$

脂肪酸

$$CHNHCO-(CH_2)_nCH_3$$

$$CH_2OH$$

神经酰胺

$$CH_3-(CH_2)_{12}-CH=CH-\overset{\displaystyle\overbrace{\hspace{2em}}^{\text{鞘氨醇}}}{CH}-OH \quad \overbrace{}^{\text{脂肪酸}}$$

$$\underset{|}{CHNHCO(CH_2)_nCH_3}$$

$$\underset{\underset{\text{取代基}}{}}{CH_2-O-X}$$

鞘脂

(一)鞘磷脂的合成

人体含量最多的鞘磷脂是神经鞘磷脂。鞘氨醇的氨基可与脂肪酸以酰胺键连接,生成 N-脂酰鞘氨醇(又称神经酰胺),N-脂酰鞘氨醇的末端羟基若与磷酸胆碱以磷酯键相连即为神经鞘磷脂。神经鞘磷脂是构成生物膜的重要成分,以神经系统组织膜中最常见。

人体各组织细胞内质网均含有合成鞘磷脂的酶系,以脑组织活性最高,合成鞘磷脂的原料包括软脂酰 CoA、丝氨酸、磷酸吡哆醛、NADPH+H+ 及 $FADH_2$。首先,软脂酰 CoA 与丝氨酸在内质网 3-酮二氢鞘氨醇合成酶及磷酸吡哆醛的作用下,缩合并脱羧生成 3-酮基二氢鞘氨醇,后者由 NADPH 供氢,在还原酶催化下,加氢生成二氢鞘氨醇,然后在脱氢酶的催化下脱氢,脱下的氢由 FAD 接受,即生成鞘氨醇。鞘氨醇在脂酰转移酶的催化下,其氨基与脂酰 CoA 进行酰胺缩合,生成 N-脂酰鞘氨醇,后者再由 CDP-胆碱提供磷酸胆碱即生成神经鞘磷脂。

(二)鞘磷脂的分解

脑、肝、脾、肾细胞等的溶酶体含有鞘磷脂酶(sphingomyelinase)。此酶属磷脂酶 C,能水解磷酸酯键,生成磷酸胆碱及 N-脂酰鞘氨醇。如果先天缺乏此酶,鞘磷脂不能降解而在细胞内积存,则会引起肝、脾胀大及痴呆等鞘磷脂沉积症。

第四节　胆固醇代谢

胆固醇是具有环戊烷多氢菲烃核及一个羟基的固醇类化合物,最早在动物胆石中分离出,故称为胆固醇。胆固醇及其衍生物,不溶于水而溶于有机溶剂,以游离胆固醇及胆固醇酯两种形式存在。广泛分布于全身各组织中,其中 25% 分布于脑及神经组织,约占脑组织重量的 20%;在肾上腺、卵巢等合成类固醇激素的内分泌器官中,胆固醇含量较高,可达 1%～5%。肝、肾、肠等内脏及皮肤组织亦含有较多的胆固醇,含量为每 100 g 组织 200～500 mg,以肝含量最多。肌肉组织含量为每 100 g 组织 100～200 mg;体内胆固醇的来源有两种,即食物的消化吸收(外源性)和体内合成(内源性)。食物中胆固醇来自动物性食物,如内脏、蛋黄、奶油及肉类等,但人体内胆固醇主要由体内合成。

胆固醇在肠道中的吸收率随食物中胆固醇含量增加而下降,但吸收的绝对量仍随着食物中胆固醇的量增加而逐渐增加。

一、胆固醇的合成

(一)合成部位

成人除脑组织及成熟红细胞外,几乎全身各组织细胞均可合成胆固醇,每天合成胆固醇 1.0～1.5 g。肝合成胆固醇的能力最强,占 70%～80%,小肠的合成能力次之,占 10%。肝合成的胆固醇除在肝内被利用及代谢外,还可参与组成脂蛋白,进入血液被输送到肝外各组织。胆固醇合成酶系存在于细胞质及滑面内质网膜。

(二)合成原料

糖代谢生成的乙酰 CoA 是胆固醇合成的主要原料。乙酰 CoA 是在线粒体内合成,不能通过线粒体内膜,需要在线粒体内与草酰乙酸缩合成柠檬酸,再通过线粒体内膜的载体进入细胞质。细胞质中柠檬酸在裂解酶的作用下,裂解生成乙酰 CoA,作为合成胆固醇的原料。每转运 1 分子乙酰 CoA,由柠檬酸裂解成乙酰 CoA 时消耗 1 分子 ATP。胆固醇合成还需要 $NADPH+H^+$ 供给氢,ATP 供能,实验表明,每合成 1 分子胆固醇需 18 分子乙酰 CoA,36 分子 ATP 及 16 分子的 $NADPH+H^+$,乙酰 CoA 和 ATP 大多来自糖的有氧氧化,$NADPH+H^+$ 则主要来自磷酸戊糖途径。

(三)合成的基本过程

胆固醇的合成过程复杂,有近 30 步酶促反应,可概括为三个阶段。

1.甲羟戊酸的生成 在细胞质,2 分子乙酰 CoA 在乙酰乙酰 CoA 硫解酶的催化下,缩合成乙酰乙酰 CoA,然后在 HMG-CoA 合酶催化下再与 1 分子乙酰 CoA 合成 β-羟-β-甲基戊二酸单酰 CoA(此反应与肝内酮体生成的前几步相同,但合成部位不同)。后者经内质网 HMG-CoA 还原酶(HMG-CoA reductase)的催化,由 $NADPH+H^+$ 供氢生成甲羟戊酸(mevalonic acid,MVA)。HMG-CoA 还原酶是胆固醇合成的限速酶。

2.鲨烯的生成 MVA 由 ATP 提供能量,在一系列酶的催化下,经脱羧、磷酸化生成为活泼的 5 碳焦磷酸化合物,然后 3 分子 5 碳化合物缩合成 15 碳的焦磷酸法呢酯(farnesyl pyrophosphate)。2 分子 15 碳焦磷酸法呢酯再缩合,即可成为 30 碳的多烯烃化合物——鲨烯(squalene)。

3.胆固醇的合成(图10-7) 鲨烯结合在固醇载体蛋白上,经内质网加氧酶、环化酶等催化的多步反应,先环化成羊毛固醇,再经过一系列氧化、脱羧和还原等步骤,脱去 3 分子二氧化碳形成 27 碳的胆固醇。

(四)胆固醇合成的调节

人体内胆固醇合成受多种因素调节,它们形成复杂的连锁反馈机制,控制合成过程。

1.HMG-CoA 还原酶的调节 HMG-CoA 还原酶是胆固醇合成的限速酶。其活性受变构调节、共价修饰调节和酶含量调节。细胞质的蛋白激酶 A 使 HMG-CoA 还原酶磷酸化而失活,磷蛋白磷酸酶可催化 HMG-CoA 还原酶脱磷酸而恢复酶的活性。食入或体内合成的胆固醇可抑制 HMG-CoA 还原酶基因转录,酶蛋白合成减少,活性降低,导致胆固醇合成减少。胆固醇合成产物甲羟戊酸、胆固醇及胆固醇氧化产物 7β-羟胆

笔记栏

固醇、25-羟胆固醇是 HMG-CoA 还原酶的变构抑制剂。

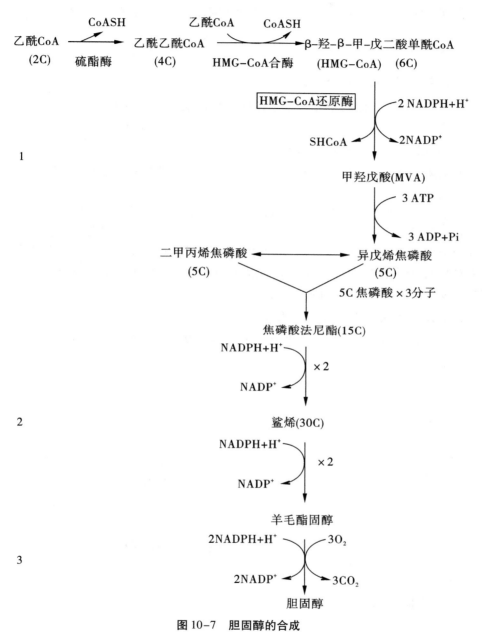

图 10-7　胆固醇的合成

　　2. 饥饿与饱食　饥饿与禁食时,HMG-CoA 还原酶合成量减少,活性下降。同时合成胆固醇的原料乙酰 CoA、ATP、NADPH+H⁺也不足,最后使胆固醇合成减少。当摄入高糖,高饱和脂肪酸饮食时,肝 HMG-CoA 还原酶活性增加,原料充足,胆固醇合成加强。

　　3. 激素　胰岛素能诱导肝 HMG-CoA 还原酶的合成,增加胆固醇的合成;胰高血糖素降低 HMG-CoA 还原酶活性,减少胆固醇合成;糖皮质激素对一些激素诱导HMG-CoA 还原酶的合成起拮抗作用,因而降低胆固醇合成;甲状腺激素既可使胆固

笔记栏

醇转化为胆汁酸,促进胆固醇排泄,又可增加 HMG-CoA 还原酶活性,增强胆固醇合成。但前者作用大于后者,所以甲状腺功能亢进患者血清胆固醇含量下降。

二、胆固醇的转化

(一)胆固醇转化成胆汁酸

胆固醇在体内代谢的主要去路是在肝中转化成胆汁酸(bile acid)。正常人每天合成 1.0~1.5 g 胆固醇,其中约 2/5(0.4~0.6 g)转变成为胆汁酸,随胆汁排出。

(二)胆固醇转化为类固醇激素

胆固醇是肾上腺、睾丸、卵巢等内分泌腺合成类固醇激素的原料。合成胆固醇激素是胆固醇在体内代谢的重要途径。

肾上腺皮质细胞中储存大量胆固醇酯,含量高达 2%~5%,其中 90% 来自血液,10% 自身合成。在肾上腺皮质细胞线粒体内膜上的羟化、裂解等酶的催化下,胆固醇首先合成皮质激素的重要中间物——孕酮,然后,肾上腺皮质 3 个区带细胞内所含的不同羟化酶,将孕酮转变成皮质醇、醛固酮和雄激素等不同的类固醇激素。睾酮和雌二醇主要由胆固醇在性腺中转变生成。

(三)胆固醇转变成 7-脱氢胆固醇

皮肤中的胆固醇经酶促氧化生成 7-脱氢胆固醇,再经紫外线照射可以生成维生素 D_3。

胆固醇 → 脱氢酶 → 7-脱氢胆固醇 → 光解(皮肤) → 维生素 D_3

第五节　血浆脂蛋白代谢

一、血脂与血浆脂蛋白

血浆中所含的脂类统称为血脂。

(一)血脂的组成和含量

血脂包含甘油三酯、胆固醇和胆固醇酯、磷脂以及游离脂肪酸等。甘油三酯动员释放入血的游离脂肪酸须与血浆中清蛋白结合成复合体而转运。血脂有两个来源:一为外源性,从食物摄入的脂类经消化吸收进入血液;二是内源性,由肝、脂肪细胞以及其他组织合成后释放入血。由于年龄、性别、饮食等因素对脂类代谢的影响,血脂的正常参考值波动较大。

表 10-1　正常成人空腹血脂的组成及含量

组成	血浆含量		空腹时主要来源
	mg/dL	mmol/L	
总脂	400～700(500)		
甘油三酯	10～150(100)	0.11～1.69(1.13)	肝
总胆固醇	100～250(200)	2.59～6.47(5.17)	肝
胆固醇酯	770～200(145)	1.81～5.17(3.75)	
游离胆固醇	40～70(55)	1.02～1.81(1.42)	
总磷脂	150～250(200)	48.44～80.73(64.58)	肝
磷脂酰胆碱	50～200(100)	16.1～64.6(32.3)	肝
神经磷脂	50～130(70)	16.1～42.0(22.6)	肝
磷脂酰乙醇胺	15～35(20)	4.8～13.0(6.4)	肝
游离脂肪酸	5～20(15)		脂肪组织

注:括号内为均值

(二)血脂的主要来源和去路

1.血脂的主要来源　食物中的脂类经消化吸收进入血液,脂库中甘油三酯动员释放的脂类,体内合成的脂类。

2.血脂的主要去路　氧化分解,构成生物膜,进入脂库储存,转变成其他物质。

血脂的含量及其变动可反映体内脂类代谢的情况。

(三)血浆脂蛋白的分类、组成及结构

甘油三酯、胆固醇及其酯的水溶性差,而正常人血浆中脂类含量平均高达 500 mg/dL,表明血液中的脂类不是以自由状态存在,而是以一种可溶性的形式存在和运输的。血浆中游离脂肪酸是由清蛋白携带运输的,其他脂类与水溶性强的蛋白质、磷脂形成脂蛋白在血浆中转运。

1.血浆脂蛋白的分类　血浆脂蛋白是由脂类和蛋白质组成的微粒,脂蛋白中的蛋白质部分为载脂蛋白(apoprotein,apo)。各种脂蛋白所含脂类及蛋白质的量不同,其理化性质(密度、颗粒大小、表面电荷、电泳速率及免疫性)也不同,用超速离心法和电泳法可将脂蛋白分为四类。

(1)超速离心法(密度分类法)　将血浆在一定密度的盐溶液中进行超速离心,脂蛋白因密度不同沉降速度也不同,据此按密度由大到小将脂蛋白分为四类:乳糜微粒(chylomicron,CM)、极低密度脂蛋白(very low density lipoprotein, VLDL)、低密度脂蛋白(low density lipoprotein, LDL)及高密度脂蛋白(high density lipoprotein, HDL)。此外,还有一种中间密度脂蛋白(intermidiate density lipoprotein, IDL),它是 VLDL 在血浆中代谢的中间产物,其组成、颗粒大小和密度介于 VLDL 和 LDL 之间。

(2)电泳分类法　不同脂蛋白的质量和表面电荷不同,在同一电场中具有不同的电泳速度。按其电泳速度的快慢,可将脂蛋白分离成四条区带,即 α-脂蛋白(αlipoprotein，α - LP）、前 β - 脂蛋白（preβ - lipoprotein，preβ - LP）、β - 脂蛋白（β - lipoprotein，β - LP）和乳糜微粒（CM）。这四类脂蛋白分别与密度分类法的 HDL、VLDL、LDL、CM 相对应（图 10-8）。

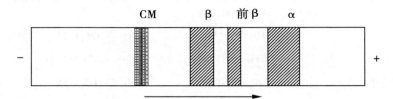

图 10-8　血浆脂蛋白琼脂糖凝胶电泳图谱

2. 血浆脂蛋白的组成　血浆脂蛋白含有载脂蛋白、甘油三酯、磷脂、胆固醇及胆固醇酯，不同脂蛋白中蛋白质及脂类组成的比例和含量各不相同。CM 的颗粒最大，含甘油三酯最多，达 80% ~ 95%，而蛋白质含量最少，约 1%，密度最小。VLDL 也以甘油三酯为主要成分，而磷脂、胆固醇及蛋白质含量均比 CM 多。LDL 含胆固醇最多，可达 50%。HDL 含蛋白质最多，将近 50%，甘油三酯含量最少，颗粒最小，密度最大。

表 10-2　血浆脂蛋白的分类、性质、组成及功能

性质	CM 乳糜微粒	VLDL （前-β 脂蛋白）	LDL （β-脂蛋白）	HDL （β-脂蛋白）
密度/(g/mL)	< 0.96	0.96 ~ 1.006	1.006 ~ 1.063	1.063 ~ 1.210
Sf 值	> 400	20 ~ 40	0 ~ 20	沉降
颗粒直径/μm	80 ~ 500	25 ~ 80	20 ~ 25	7.5 ~ 10
化学组成/%				
蛋白质	0.5 ~ 2	5 ~ 10	20 ~ 25	50
甘油三酯	80 ~ 95	50 ~ 70	10	5
总胆固醇	1 ~ 4	15	45 ~ 50	20
游离胆固醇	1 ~ 2	5 ~ 7	8	5
胆固醇酯	3	10 ~ 12	40 ~ 42	15 ~ 17
磷脂	5 ~ 7	15	20	25
载脂蛋白组成				
	A IV、B_{48}、 C I、C II C III	B_{100}、C III、 E	B_{100}	A I、 A II
主要合成部位	小肠黏膜细胞	肝细胞	血浆	肝、肠、血浆
功能	转运外源性 三酰甘油 及胆固醇	转运内源性 三酰甘油 及胆固醇	转运内源性 胆固醇	逆向转运 胆固醇

Sf 为漂浮率，血浆脂蛋白在密度为 1.063 的 NaCl 溶液中，26 ℃时，1Sf = 10^{-13} cm/(s · dyn · g)

脂蛋白颗粒中的蛋白质部分称为载脂蛋白(apo),现已发现的载脂蛋白有 20 多种,主要有 apo A、B、C、D、E 等。apo A 还可分为 A-Ⅰ、A-Ⅱ和 A-Ⅳ,apo B 又可分为 B_{100} 和 B_{48},apo C 则可分为 C-Ⅰ、C-Ⅱ、C-Ⅲ。载脂蛋白在不同脂蛋白的分布及含量不同,apo B_{48} 是 CM 特征载脂蛋白,LDL 几乎只含有 apo B_{100},HDL 主要含 apo A-Ⅰ 及 A-Ⅱ。载脂蛋白主要有以下几个方面的生理功能:①维持脂蛋白的结构。②激活脂蛋白代谢的关键酶。如 apo C-Ⅱ激活脂蛋白脂肪酶(Lipoprotein Lipase, LPL),促进甘油三酯水解。③识别受体。apo E 能识别肝细胞 CM 残余颗粒受体,使之进入肝细胞内代谢;apo B_{100} 能识别 LDL 受体,促进 LDL 代谢。由于各种脂蛋白所含载脂蛋白的种类及含量不同,它们的功能亦不相同。

3.血浆脂蛋白的结构 血浆脂蛋白一般以微粒形式分散在血浆中,在颗粒表面覆盖的是极性分子或亲水基团。载脂蛋白、磷脂和游离胆固醇的亲水基团暴露在表面与水接触,使脂蛋白能在血液中运转。疏水性较强的甘油三酯及胆固醇酯均位于脂蛋白内核。CM 和 VLDL 的内核含大量甘油三酯及少量胆固醇酯,HDL 及 LDL 的疏水内核主要含胆固醇酯。HDL 的蛋白质/脂类比值最高,故大部分表面被蛋白质分子覆盖,并与磷脂交错穿插(图 10-9)。

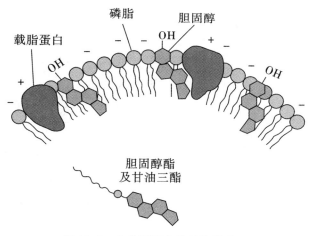

图 10-9　血浆脂蛋白的结构模式图

二、血浆脂蛋白代谢

各种血浆脂蛋白的组成差别很大,运输的脂类也不相同。

(一) CM

CM 的主要功能是运输外源性甘油三酯及胆固醇。其特点是颗粒最大、密度最低、含甘油三酯最多,蛋白质少于 2%。

CM 在小肠黏膜细胞中合成。小肠黏膜细胞中合成的甘油三酯、磷脂和胆固醇,与该细胞合成的 apo B_{48}、A-Ⅰ、A-Ⅱ、A-Ⅳ等组装成新生 CM,经淋巴管进入血液,从 HDL 获得 apo C、apo E,并将部分 apo A 转移给 HDL,生成成熟的 CM。CM 颗粒中的 apo CⅡ是脂蛋白脂肪酶(LPL)的激活剂,该酶存在于肌肉、心及脂肪组织的毛细血管表面,催化脂蛋白中甘油三酯水解产生甘油和脂肪酸。在 LPL 的反复作用下,CM 内核的甘油三酯逐渐被水解,水解产物被肝外组织摄取,CM 颗粒逐渐变小,其外层的 apo A、apo C,磷脂及胆固醇脱离 CM 参与新生 HDL 的形成。CM 转变成富含胆固醇酯、apo B_{48} 及 apo E 的 CM 残粒。CM 残粒最后被肝细胞膜上的 apo E 受体结合并被肝细胞摄取利用(图 10-10)。

正常人血浆中 CM 代谢迅速,半衰期为 5 ~ 15 min,所以空腹 12 ~ 14 h 后,血浆中不含 CM。

A
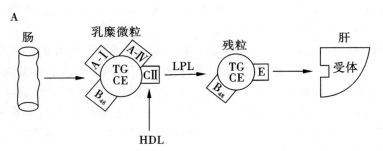

B
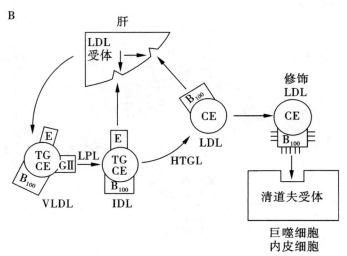

C
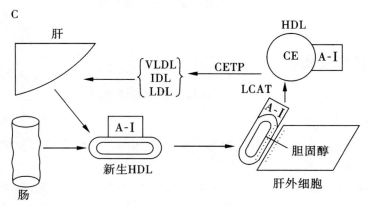

图 10-10 血脂转运及脂蛋白代谢

A. 外源性乳糜微粒代谢;B. 内源性 VLDL 及 LDL 代谢;C. 胆固醇逆向转运:HDL 代谢。图中 TG 指甘油三酯;CE 为胆固醇酯

（二）VLDL

VLDL 的主要功能是运输内源性甘油三酯,主要在肝细胞合成,其次是小肠黏膜细胞。肝细胞利用葡萄糖、脂肪酸、甘油等合成甘油三酯,并与磷脂、胆固醇、apo B_{100}、apo E 等形成 VLDL。VLDL 分泌入血后,从 HDL 处获得 apo E 及 apo C,由 apo C Ⅱ 激活肝外组织毛细血管内皮细胞表面的 LPL,水解 VLDL 中甘油三酯,同时其表面的 apo C、磷脂及胆固醇向 HDL 转移,HDL 的胆固醇酯转移到 VLDL。VLDL 颗粒逐渐变小,密度逐渐加大,apo B_{100} 及 apo E 的含量相对增加,转变成中间密度脂蛋白(IDL)。其颗粒中甘油三酯与胆固醇含量近似。部分 IDL 与肝细胞膜上的 apo E 受体结合,被肝细胞摄取代谢,未被肝细胞摄取的 IDL 继续在 LPL 作用下,进一步水解,表面 apo E 转移至 HDL。此时,IDL 中剩下的脂类主要是胆固醇酯,载脂蛋白主要是 apo B_{100},转变成 LDL。

正常人血中 VLDL 半衰期为 6 ~ 12 h。

（三）LDL

LDL 由血浆 VLDL 转变而来,它的主要功能是转运肝合成的内源性胆固醇。血浆 LDL 降解可以通过 LDL 受体(LDL receptor)途径完成,LDL 与肝及全身各组织细胞膜上特异 LDL 受体结合后被内吞入细胞,然后被溶酶体中的多种酶水解,降解的产物供组织利用。血浆中的 LDL 还可被单核吞噬系统中的巨噬细胞清除,经此途径代谢的 LDL 占每日 LDL 降解量的 1/3(图 10-11)。

正常人血浆中 LDL 半衰期为 2 ~ 4 d。

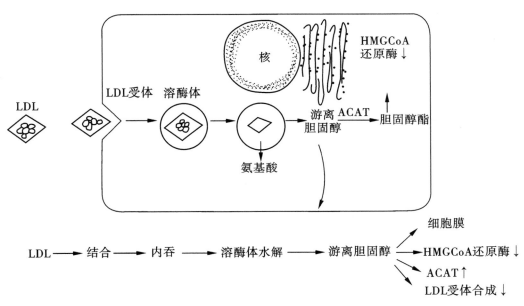

图 10-11　低密度脂蛋白受体代谢途径

（四）HDL

HDL 主要在肝合成,其次是小肠。它的主要功能是将肝外组织中的胆固醇运到肝内进行代谢。初合成分泌入血的 HDL 称为新生 HDL,有磷脂、少量胆固醇及载脂蛋白 A、C、E 组成的呈圆盘状的双脂层结构。在血液中,新生的 HDL 表面的 apoA Ⅰ 激活卵磷脂胆固醇脂酰基转移酶(lecithin eholesterol acyl transferase,LCAT),在此酶作用下,HDL 表面卵磷脂的 2 脂酰基转移至胆固醇 3 位羟基生成溶血卵磷脂及胆固醇酯,生成的胆固醇酯不断转入 HDL 的核心,使圆盘状的 HDL 逐步成为单脂层的球状 HDL,即为成熟的 HDL,成熟的 HDL 可被肝细胞 HDL 受体识别,转入肝细胞内进行降解。HDL 可将肝外组织中的胆固醇通过血液循环转运到肝脏内进行代谢,被称为胆固醇的逆向转运。

正常人血中 HDL 半衰期为 3 ~ 5 d。

三、血浆脂蛋白代谢异常

高脂血症是指血浆胆固醇、甘油三酯含量超过正常值上限。由于血脂在血中以脂蛋白形式运输,实际上高脂血症也认为是高脂蛋白血症。正常人上限标准因地区、膳食、年龄、劳动状况、职业以及测定方法不同而有差异。一般以成人空腹 12 ~ 14 h 甘油三酯超过 2.26 mmol/L(200 mg/dL),胆固醇超过 6.21 mmol/L(240 mg/dL),儿童胆固醇超过 4.14 mmol/L(160 mg/dL)为高脂血症标准(表 10-3)。

表 10-3　高脂蛋白血症的类型

类型	含量升高的脂蛋白	血脂变化
Ⅰ	CM	甘油三酯↑↑↑,胆固醇↑
Ⅱa	LDL(β)	胆固醇↑↑
Ⅱb	LDL(β)及 VLDL(前 β)	胆固醇↑↑,甘油三酯↑↑
Ⅲ	LDL(电泳出现宽 β 带)	胆固醇↑↑,甘油三酯↑↑
Ⅳ	VLDL(前 β)	甘油三酯↑↑
Ⅴ	VLDL(前 β)及 CM	甘油三酯↑↑↑,胆固醇↑

上述分类法的根据是血清脂蛋白电泳图谱

小　结

脂类包括脂肪和类脂,脂肪的主要功能是储能和氧化供能,类脂包括胆固醇及其酯、磷脂和糖脂等,是构成生物膜的主要成分。

脂肪组织中储存的甘油三酯被脂肪酶最后水解为游离脂肪酸及甘油,并释放入血供给全身各组织氧化利用,这一过程称为脂肪动员。脂肪动员的限速酶是甘油三酯脂肪酶,又称激素敏感脂肪酶。机体对甘油三酯的动员主要通过激素对此酶调控而实现的。

脂肪酸是人及哺乳动物的重要能源物质,在氧供给充足的条件下,脂肪酸可在体内分解成二氧化碳和水,释放出大量能量,以 ATP 形式供机体利用。线粒体是脂肪酸氧化的主要部位,氧化的方式是 β-氧化,经过脱氢、加水、再脱氢和硫解四步连续反应,生成 1 分子乙酰 CoA 以及比原来的少两个碳原子的脂酰 CoA。乙酰 CoA 进入三羧酸循环继续氧化,最终生成水和二氧化碳,同时释放能量。在肝细胞中,脂肪酸 β-氧化反应生成的乙酰 CoA,可转变成乙酰乙酸、β-羟丁酸和丙酮等氧化中间产物,称为酮体。酮体生成的部位是肝细胞线粒体内。由于肝内缺乏氧化和利用酮体的酶系,所以生成的酮体不能在肝中氧化。酮体是机体利用脂肪酸氧化供能的一种形式。

脂肪酸合成是在细胞质的脂肪酸合成酶体系作用下,以乙酰 CoA 为原料逐步缩合而成的,乙酰 CoA 需要先羧基化成丙二酰 CoA 后才能参与合成,最终可合成含 16 碳的软脂酸。更长链的脂肪酸则是对软脂酸的加工,使其碳链延长。碳链延长在肝细胞内质网和线粒体中进行。

机体可利用 3-磷酸甘油与活化的脂肪酸经酯化生成磷脂酸,然后经脱磷酸及再酯化即可合成甘油三酯。在小肠亦可利用吸收的甘油一酯与活化的脂肪酸合成甘油三酯。

必需脂肪酸指体内需要但不能合成的脂肪酸,需从食物中摄取,人体必需脂肪酸包括亚油酸、亚麻酸和花生四烯酸。

含磷酸的脂类称为磷脂,其中含甘油的磷脂称为甘油磷脂,含鞘氨醇的称为鞘脂。人体内含量最多的磷脂是甘油磷脂。甘油磷脂的合成以磷脂酸为前体,需 CTP 参与。甘油磷脂的降解是在磷脂酶 A、B、C、D 的催化下的水解反应。

人体胆固醇既可以自身合成也可以从食物摄取,胆固醇合成的原料主要是乙酰 CoA,需要 ATP 供能和 $NADPH+H^+$ 供氢。每合成 1 分子胆固醇需 18 分子乙酰 CoA,36 分子 ATP 及 16 分子的 $NADPH+H^+$。胆固醇在体内可转化成胆汁酸、类固醇激素和维生素 D_3。胆固醇在肝中转化成胆汁酸是胆固醇在体内代谢的主要去路。

血浆脂蛋白是血浆中脂类的运输形式,主要成分有甘油三酯、磷脂、胆固醇及胆固醇酯和载脂蛋白。用超速离心法和电泳法可将血浆脂蛋白分为四类。高密度脂蛋白(HDL)、极低密度脂蛋白(VLDL)、低密度脂蛋白(LDL)和乳糜微粒(CM)。CM 主要转运外源性甘油三酯及胆固醇,VLDL 主要转运内源性甘油三酯,LDL 主要将肝合成的内源性胆固醇转运至肝外组织,而 HDL 则参与胆固醇的逆向转运。

（金 戈）

思考题

1. 试述乙酰辅酶 A 在脂类代谢中的作用。

2. 简述哪些代谢途径以 HMGCoA 为中间代谢物?

3. 何为酮体? 酮体产生有何生理和病理意义?

4. 为什么胆碱缺乏会诱发脂肪肝?

5. 什么是血浆脂蛋白,用超速离心法可将血浆脂蛋白分为几类? 主要功能是什么?

6. 1 mol 三软脂肪酰甘油酯彻底氧化可净生成多少 ATP?

7. 简述脂肪动员及其调控。

8. 试述人体胆固醇的来源与去路以及胆固醇合成的调节。

9. 试述 LDL 受体代谢途径。

10. 试述 HDL 的代谢及功能。

第十一章

生物氧化

物质在生物体内进行的氧化统称生物氧化(biological oxidation),是在一系列氧化还原酶催化下分步进行的,具有氧化还原反应的共同特征。每一步反应,都由特定的酶催化。生物氧化主要包括脱氢、加氧、失电子三种方式。

按照发生部位及生理意义的不同将生物体内进行的氧化反应分为两大类:一类发生在机体各个组织细胞,是糖、脂肪和蛋白质等营养物质的氧化分解,生成 H_2O 和 CO_2,伴有 ATP 生成的过程。这类反应过程需要摄取 O_2 并释放 CO_2,故又形象地称之为细胞呼吸(cellular respiration)。另一类主要发生在肝,通过氧化反应增加代谢物、药物、毒物等非营养物质水溶性,促进排泄的过程,又称生物转化,通常不伴有 ATP 的生成。本章重点讨论糖、脂肪和蛋白质在体内的氧化供能过程。

营养物质在体内的氧化过程可以分为三个阶段(图11-1):第一阶段是糖、脂肪和蛋白质的简单分解代谢,产生其基本组成单位如葡萄糖、氨基酸、甘油、脂肪酸等,这一阶段主要通过食物的消化过程完成;在第二阶段,这些基本组成单位通过不同的代谢通路生成相同的二碳化合物——乙酰 CoA,如糖的有氧氧化、脂肪酸的 β-氧化、氨基酸的转氨基作用等;第三阶段是乙酰 CoA 进入三羧酸循环氧化分解,生成 CO_2,并使 NAD^+ 和 FAD 还原成 NADH+H^+、$FADH_2$,经呼吸链将电子传递给氧生成水,能量用于 ATP 合成。

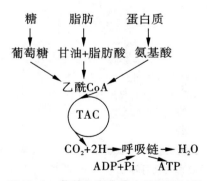

图 11-1　营养物质在体内的氧化过程

第一节　ATP 与能量代谢

ATP 几乎是生物组织细胞能够直接利用的唯一能源物质,素有生物体的"能量货币"之称。糖、脂类及蛋白质等物质氧化分解中释放出的能量,通过 ADP 磷酸化为 ATP 的过程,以化学能的形式储存在 ATP 分子内。

高能磷酸化合物是指哪些水解时能释放较大自由能的含有磷酸基的化合物,水解时释放的标准自由能(ΔG)大于 21 kJ/mol(5 kcal/mol)。ATP 是一种游离核苷酸,由腺嘌呤、核糖与三分子磷酸构成(图 11-2),磷酸与磷酸间借磷酸酐键相连,水解磷酸酐键释放的自由能(ΔG)为 30.5 kJ/mol,而一般的磷酸酯键水解释放的自由能只有 8~12 kJ/mol。因此常称此磷酸酐键为高能磷酸键。

对于高能键和高能化合物的名称实际是不够确切的,因为一种化合物水解时释放自由能的多少取决于该化合物整个分子的结构,以及反应的底物自由能与产物自由能的差异,而不是由哪个特殊化学键的破坏所致。但为了叙述及解释问题方便,高能磷酸键的概念仍沿用至今。生物体内常见的高能化合物包括高能磷酸化合物和含有辅酶 A 的高能硫酯化合物等(表 11-1)。

表 11-1　几种常见高能化合物水解时释放的能量

化合物	kJ/mol	kcal/mol
磷酸烯醇式丙酮酸	−61.9	−14.8
1,3-二磷酸甘油酸	−49.3	−11.8
磷酸肌酸	−43.1	−10.3
乙酰 CoA	−31.5	−7.5
ATP	−30.5	−7.3
S-腺苷蛋氨酸	−29.3	−7.0
F-6-P	−15.6	−3.8
谷氨酰胺	−14.2	−3.4
G-6-P	−13.48	−3.3

一、ATP 的生成方式

人体内 ATP 的生成有底物水平磷酸化(substrate level phosphorylation)和氧化磷酸化(oxidative phosphorylation)两种方式。

代谢物在氧化分解过程中,由于脱氢或脱水引起分子内部能量的重新分布,形成高能磷酸键,将高能磷酸基团转移给 ADP,使之磷酸化生成 ATP 的过程,称为底物水平磷酸化。例如:

1,3-二磷酸甘油酸+ADP↔3-磷酸甘油酸+ATP

$$磷酸烯醇式丙酮酸+ADP \rightarrow 烯醇式丙酮酸+ATP$$
$$琥珀酰 CoA+H_3PO_4+GDP \leftrightarrow 琥珀酸+CoASH+GTP$$

氧化磷酸化即由代谢物脱下的氢,通过线粒体呼吸链传递给氧生成水,释放的能量用于 ATP 合成。氧化磷酸化中的氧化是代谢物脱氢或失电子的过程,而磷酸化是指 ADP 与 Pi 合成 ATP 的过程。氧化是磷酸化的基础,而磷酸化是氧化的结果。

二、ATP 循环

生物体不能直接利用营养物质分解产生的化学能,需要将这些能量转移至 ATP 分子的磷酸酐键上,直接为细胞的各种生理活动提供能量,生物体内能量的生成、转移和利用都以 ATP 为中心。当机体需要能量时,通过水解 ATP 的磷酸酐键释放能量,为生物体利用。ATP 水解产生的 ADP/AMP 则通过营养物质分解代谢释放能量,经过磷酸化反应重新生成 ATP,构成了 ATP/ADP 循环。ATP 分子性质稳定,但寿命仅数分钟,不在细胞中储存,而是不断进行 ATP/ADP 的再循环,其相互转变的量十分可观,转变过程中伴随自由能的释放和获得,完成不同生命过程间能量的穿梭转换。

三、ATP 的转移和储存

(一)ATP 的转移

ATP 是生命活动利用能量的主要直接供给形式,作为细胞的主要供能物质参与体内的许多代谢反应。体内某些生物合成过程除需要 ATP 外,尚需其他三磷酸核苷的参与,如 UTP 参与糖原合成、GTP 参与蛋白质合成、CTP 参与磷脂合成过程等,这些三磷酸核苷的合成和补充都依赖 ATP,ATP 可将其 ～P 转移给其他相应的二磷酸核苷形成三磷酸核苷。

$$UDP+ATP \rightarrow UTP+ADP$$
$$GDP+ATP \rightarrow GTP+ADP$$
$$CDP+ATP \rightarrow CTP+ADP$$

作为 DNA 合成的原料,dNTP 由 dNDP 的生成过程也需要 ATP 供能。

$$dNDP+ATP \rightarrow dNTP+ADP$$

(二)ATP 的储存

磷酸肌酸是高能键能量的储存形式。ATP 分子寿命很短,不能在细胞中储存。当 ATP 充足时,ATP 可以与肌酸在肌酸激酶(creatine kinase, CK)催化下生成磷酸肌酸(creatine phosphate, CP),储存于骨骼肌、心肌和脑组织中。当迅速消耗 ATP 时,磷酸肌酸在肌酸激酶催化下将高能磷酸基团转移给 ADP,生成 ATP,以补充 ATP 的不足。肝、肾等其他组织中肌酸含量很少。磷酸肌酸的生成反应如图 11-2。

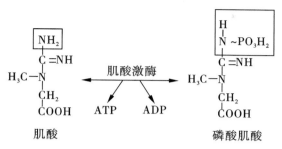

图 11-2　磷酸肌酸的生成

第二节　氧化磷酸化

氧化磷酸化在线粒体进行,代谢物脱下的氢经呼吸链传递最终与氧结合生成水,释放能量偶联驱动 ADP 磷酸化生成 ATP,这一过程又称为偶联磷酸化,是机体 ATP 形成的主要方式。

一、呼吸链

氧化呼吸链(oxidative respiratory chain)是由一系列的递氢体(hydrogen transfer)和递电子体(eletron transfer)按一定的顺序排列所组成的体系,将代谢物脱下的氢原子交给氧生成水,同时伴有 ATP 生成。在氧化呼吸链中,参与氧化还原作用的酶和辅酶按一定顺序排列在线粒体内膜。其中传递氢的酶或辅酶称之为递氢体,传递电子的酶或辅酶称之为递电子体。由于递氢也传递电子($2H^+ + 2e$),所以氧化呼吸链又称电子传递链。

(一)呼吸链的组成

已发现组成呼吸链的成分有多种,主要可分为五大类。

1. 烟酰胺腺嘌呤二核苷酸和烟酰胺腺嘌呤二核苷酸磷酸　烟酰胺腺嘌呤二核苷酸(nicotinamide adenine dinuleotide NAD$^+$)或称辅酶Ⅰ(coenzyme Ⅰ,Co Ⅰ),是体内多种不需氧脱氢酶的辅酶。分子中除含烟酰胺(维生素 PP)外,还含有核糖、磷酸及一分子腺苷酸(AMP),其结构如图 11-3(R=H:NAD$^+$;R=H$_2$PO$_3$:NADP$^+$)。

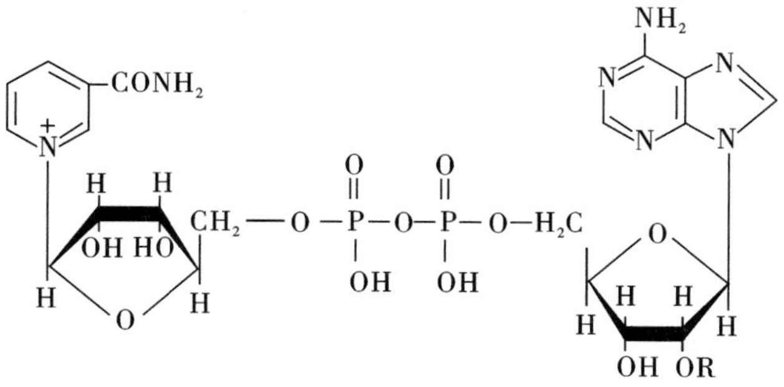

图 11-3　NAD(P)$^+$

烟酰胺中的氮(吡啶氮)为五价的氮,能可逆地接受电子而还原为三价氮,同时与氮对位的碳也能可逆地加氢还原。反应时,NAD^+的烟酰胺部分可接受一个氢原子及一个电子,尚有一个质子(H^+)留在介质中(图11-4)。因此还原型的NAD^+书写为$NADH+H^+$的形式。

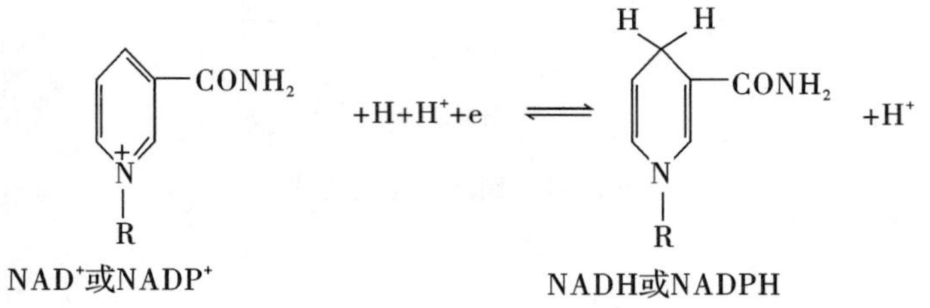

NAD^+或$NADP^+$ $\quad +H+H^++e \Longleftrightarrow \quad$ $NADH$或$NADPH \quad +H^+$

图11-4　$NADH+H^+$的生成

此外,亦有脱氢酶的辅酶为烟酰胺腺嘌呤二核苷酸磷酸($NADP^+$),又称辅酶Ⅱ(CoⅡ)。与NAD^+不同之处是在腺苷酸部分中核糖的$2'$位碳上羟基的氢被磷酸基取代。

2. 黄素蛋白　黄素蛋白(flavoproteins)是以黄素单核苷酸(FMN)和黄素腺嘌呤二核苷酸(FAD)为辅基的不需氧脱氢酶。FAD 和 FMN 均含核黄素(维生素 B_2),FMN 结构如图11-5。

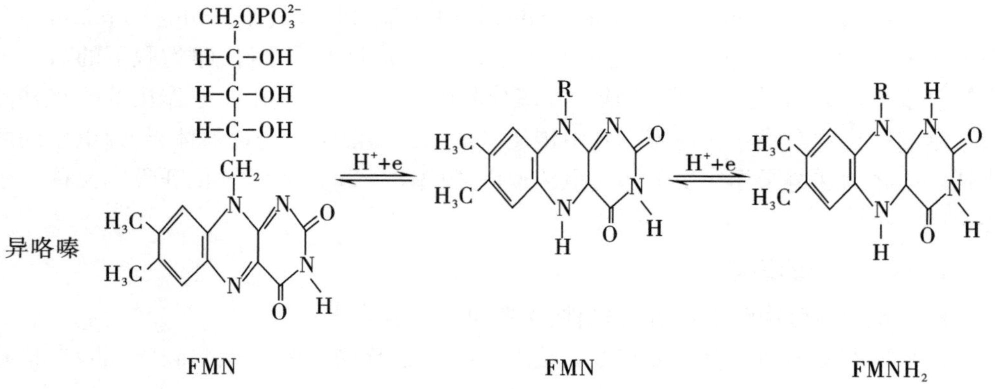

异咯嗪

FMN $\quad$ H^++e $\quad$ FMN $\quad$ H^++e $\quad$ $FMNH_2$

图11-5　FMN 的结构

在 FAD 和 FMN 分子中的异咯嗪部分可以进行可逆的加氢反应(图11-6)。通过自身的氧化还原反应将氢或电子传递给下一个电子传递体。

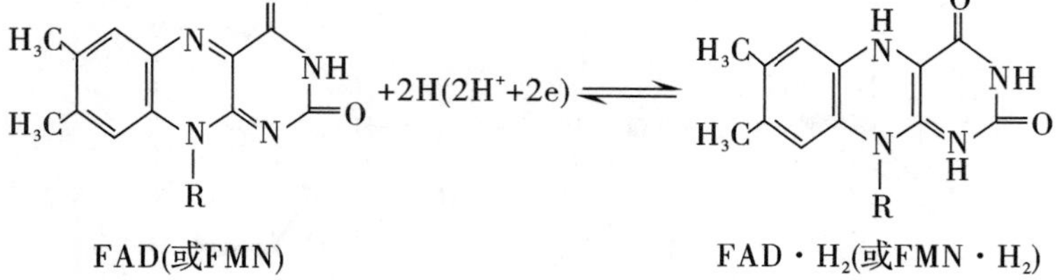

FAD(或FMN) $\quad +2H(2H^++2e) \Longleftrightarrow \quad$ FAD·H_2(或FMN·H_2)

图11-6　FAD、FMN 分子的脱氢加氢反应

多数黄素蛋白参与呼吸链组成,与电子转移有关,如 NADH 脱氢酶(NADH dehydrogenase)以 FMN 为辅基,是呼吸链的组分之一,介于 NADH 与其他电子传递体之间;琥珀酸脱氢酶的辅基为 FAD,可从底物转移还原当量 $H^+ + e$ 到呼吸链,此外脂酰 CoA 脱氢酶与琥珀酸脱氢酶相似,亦属于 FAD 为辅基的黄素蛋白类。

3. 铁硫蛋白　氧化呼吸链含有多种铁硫蛋白(iron sulfur proteins,Fe-S),又称铁硫簇,由铁与无机硫或蛋白质肽链上半胱氨酸残基的硫相连接。最简单的铁硫蛋白是单个铁原子与 4 个半胱氨酸残基上的硫相连,而复杂的铁硫蛋白可以含 2 个、4 个铁原子并通过无机硫原子及半胱氨酸残基的硫相连,如 Fe_2S_2,Fe_4S_4(图 11-7)。

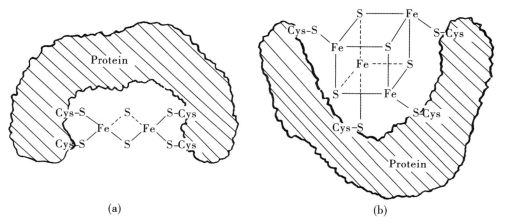

图 11-7　铁硫蛋白结构示意图

(a):Fe_2S_2　(b):Fe_4S_4

氧化状态时,铁硫蛋白中的铁原子是三价,当铁硫蛋白还原后,其中的三价铁变为二价铁,一般认为,在两个铁原子中,只有 1 个被还原,铁硫蛋白可能是一种单电子传递体。

$$Fe^{2+} \rightleftharpoons Fe^{3+} + e$$

4. 泛醌　泛醌(ubiquinone)亦称辅酶 Q(coenzyme Q,CoQ),是一种脂溶性苯醌,带有一个很长的疏水侧链,由异戊二烯构成。不同泛醌的异戊二烯单位数目不同,哺乳类动物组织中泛醌侧链多由 10 个异戊二烯单位组成。泛醌脂溶性强,能在线粒体内膜中自由扩散。泛醌能进行可逆的电子传递,接受 1 个电子和 1 个质子还原成半醌,再接受 1 个电子和质子则还原成二氢泛醌,后者又可脱去电子和质子而被氧化为泛醌(图 11-8)。

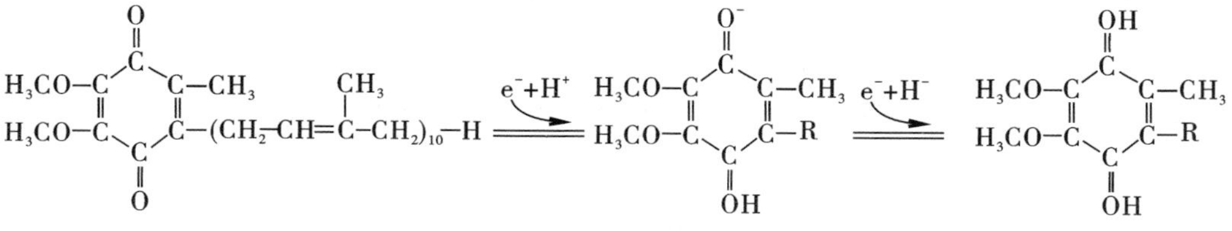

图 11-8　泛醌传递氢的过程

5.细胞色素　1926 年 Keilin 首次使用分光镜观察昆虫飞翔肌振动时,发现有特殊的吸收光谱,因此把细胞内的吸光物质定名为细胞色素(cytochrome,Cyt)。细胞色素是一类含有铁卟啉辅基的色蛋白,属于递电子体。不同的细胞色素具有不同的吸收光谱,根据它们吸收光谱不同,将细胞色素分为 Cyt a、Cyt b、Cyt c 三类,每一类又因其最大吸收峰的微小差别再分为若干亚类。各种细胞色素的酶蛋白结构不同,辅基的结构也有差异。细胞色素辅基中的铁原子通过可逆地得失电子($Fe^{2+} \leftrightarrow Fe^{3+} + e$)而传递电子,为单电子传递体(图 11-9)。

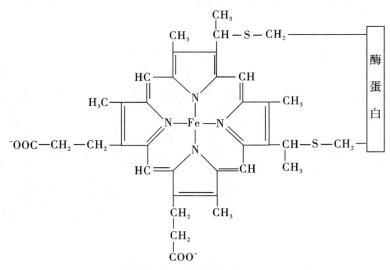

图 11-9　细胞色素 C 的辅基与酶蛋白的连接方式

(二)呼吸链中各种传递体的排列顺序

在实验室用胆酸等去污剂处理后再以离子交换层析分离线粒体内膜蛋白质,可纯化出线粒体内膜的呼吸链成分,得到 4 种仍具有电子传递功能的蛋白质——酶复合物和 2 种独立的电子传递体(表 11-2)。2 种独立的电子传递体为泛醌(Co Q)和细胞色素 c(Cyt c)。

表 11-2　组成呼吸链的 4 种酶复合体

酶复合体	酶名称	辅助因子	功能
复合体Ⅰ	NADH-泛醌还原酶	FMN,Fe-S	将电子从 NADH 传递给泛醌
复合体Ⅱ	琥珀酸-泛醌还原酶	FAD,Fe-S	将电子从琥珀酸传递给泛醌
复合体Ⅲ	泛醌-细胞色素 C 还原酶	硫铁蛋白,Fe-S	将电子从泛醌传递给 Cyt c
复合体Ⅳ	细胞色素 C 氧化酶	硫铁蛋白,Cu^{2+}	将电子从 Cyt c 传递给氧

复合体Ⅰ又称 NADH-泛醌还原酶或 NADH 脱氢酶,由黄素蛋白、铁硫蛋白等蛋白及其辅基组成。复合体Ⅰ催化一对电子从还原型的 NADH 传递给泛醌的过程中,偶联质子的泵出过程,将 4 个 H^+ 从内膜基质侧泵到内膜胞质侧,故复合体Ⅰ有质子泵

功能,泵出质子所需的能量来自电子传递过程。

复合体Ⅱ将电子从琥珀酸传递到泛醌,是三羧酸循环中的琥珀酸脱氢酶,又称琥珀酸-泛醌还原酶,其功能是将电子从琥珀酸传递给泛醌。人复合体Ⅱ又称黄素蛋白2,含底物琥珀酸的结合位点、3个铁硫中心辅基和1个FAD辅基。琥珀酸的脱氢反应使FAD转变为还原型$FADH_2$,再将电子传递到铁硫中心,然后传递给泛醌。该过程传递电子释放的自由能较小,不足以将H^+泵出线粒体内膜,因此复合体Ⅱ没有质子泵的功能。代谢途径中另外一些含FAD的脱氢酶,如脂酰CoA脱氢酶、α-磷酸甘油脱氢酶、胆碱脱氢酶,可以不同方式将底物脱下的2个H^+和2个电子经FAD传递给泛醌,进入氧化呼吸链。

复合体Ⅲ,又称泛醌-细胞色素c还原酶,含有Cyt b、Cyt c_1、铁硫蛋白及其他多种蛋白质,将电子从泛醌传递给Cyt c。Cyt c被还原的同时,质子从线粒体内膜转移至内膜外,每次传递一对电子偶联将4个H^+从内膜基质侧泵到内膜胞质侧。因此,复合体Ⅲ也具有质子泵的作用。

Cyt c不包含在上述复合体中,是氧化呼吸链唯一水溶性球状蛋白,与线粒体内膜外表面疏松结合。Cyt c可将从Cyt c_1获得的电子传递到复合体Ⅳ。

复合体Ⅳ,又称细胞色素c氧化酶,包括Cyt a和Cyt a_3,由于二者结合紧密,很难分离,故称为Cyt aa_3。Cyt aa_3中含有2个铁卟啉辅基和2个铜原子,铜原子可进行$Cu^+ \leftrightarrow Cu^{2+}+e$反应传递电子。电子从Cyt c通过复合体Ⅳ到氧,使O_2还原与H^+生成H_2O,同时引起质子从线粒体基质向膜间隙移动,每次传递一对电子的同时偶联将2个H^+从内膜基质侧泵到内膜胞质侧,故复合体Ⅳ也有质子泵的功能。

(三)呼吸链的类型

呼吸链按其组成成分、排列顺序和功能上的差异分为2种,NADH氧化呼吸链和琥珀酸氧化呼吸链。

1. NADH氧化呼吸链　NADH氧化呼吸链由复合体Ⅰ、复合体Ⅲ、复合体Ⅳ及CoQ和Cyt c组成。多种代谢物如苹果酸、乳酸等脱氢时,辅酶NAD^+接受氢生成$NADH+H^+$,通过复合体Ⅰ传递给CoQ生成$CoQH_2$,后者把2H中$2H^+$释放于介质中,将2个电子经复合体Ⅲ(Cyt b、Fe-S、Cyt b)、Cyt c和复合体Ⅳ,最终交给O_2生成O^{2-},再与介质中的$2H^+$结合生成H_2O。

$$NADH \rightarrow 复合体Ⅰ \rightarrow C_0Q \rightarrow 复合体Ⅲ \rightarrow 复合体Ⅳ \rightarrow O_2$$

2. 琥珀酸氧化呼吸链　琥珀酸氧化呼吸链($FADH_2$氧化呼吸链)由复合体Ⅱ、复合体Ⅲ、复合体Ⅳ及CoQ和Cyt c组成。琥珀酸、脂酰CoA和α-磷酸甘油等脱下的氢直接经复合体Ⅱ(FAD、Fe-S、Cyt b_{560})传递给CoQ,形成$CoQH_2$,以后传递与NADH氧化呼吸链相同,最终将2e传递给氧,生成H_2O。

$$琥珀酸 \rightarrow 复合体Ⅱ \rightarrow C_0Q \rightarrow 复合体Ⅲ \rightarrow 复合体Ⅳ \rightarrow O_2$$

二、氧化磷酸化

氧化磷酸化指代谢底物在生物氧化中脱掉的氢,经呼吸链传递给氧生成水的过程中偶联ADP磷酸化生成ATP的过程,是人体产生ATP的主要方式。

（一）氧化磷酸化偶联部位的确定

氧化磷酸化的偶联部位即 ATP 的生成部位。分别是 NADH 与 CoQ 之间（复合体Ⅰ）、CoQ 与 Cyt c 之间（复合体Ⅲ）、Cyt aa₃ 与 O₂ 之间（复合体Ⅳ），主要根据下述 2 种方法确定。

1. P/O 比值　P/O 比值指在氧化磷酸化过程中消耗一个氧原子同时消耗的无机磷的原子数。因为在氧化磷酸化中，磷原子只用于 ATP 合成，每形成 1 个高能磷酸键，消耗 1 个磷原子，因此 P/O 比值就是指消耗 1 个氧原子所生成的 ATP 的分子数。已发现丙酮酸脱氢反应产生 NADH+H⁺，通过 NADH 氧化呼吸链传递，P/O 比值接近 2.5，说明 NADH 氧化呼吸链可能存在 3 个 ATP 生成部位。而琥珀酸脱氢时，P/O 比值接近 1.5，说明琥珀酸氧化呼吸链可能存在 2 个 ATP 生成部位。根据 NADH、琥珀酸氧化呼吸链 P/O 比值的差异，提示在 NADH 和泛醌之间存在 1 个 ATP 生成部位。而抗坏血酸底物直接通过 Cyt c 传递电子进行氧化，P/O 比值接近 1，推测 Cyt c 和 O₂ 之间应存在 ATP 生成部位，而另一个 ATP 生成部位在泛醌和 Cyt c 之间。通过实验证实，一对电子经 NADH 氧化呼吸链传递，P/O 比值约为 2.5，可产生 2.5 分子 ATP；一对电子经琥珀酸氧化呼吸链传递，P/O 比值约为 1.5，可产生 1.5 分子 ATP（表 11-3）。

表 11-3　离体线粒体的 P/O 比值

底物	呼吸的组成	P/O 比值
（1）β-羟丁酸	NAD+→FMN→CoQ→Cyt→O₂	2.4 ~ 2.8
（2）琥珀酸	FAN→CoQ→Cyt→O₂	1.7
（3）抗坏血酸	Cyt→Cyt aa₃→O₂	0.88
（4）细胞色素 c	Cyt aa₃→O₂	0.61 ~ 0.68

2. 氧化还原电位　电子传递过程即是一系列的氧化还原反应。电子传递过程中释放的自由能 $\triangle G'^O$ 与标准氧化还原电位差值（$\triangle E'^O$）之间存在下述关系：$\triangle G'^O = nF\triangle E'^O$。

n 为传递的电子数目，F 为法拉弟常数（96.5 kJ/mol·V）。

从 NAD⁺ 到 CoQ 段测得的还原电位差约 0.36 V，从 CoQ 到 Cyt c 电位差为 0.19 V，从 Cyt aa₃ 到分子氧为 0.58 V，分别对应复合体Ⅰ、Ⅲ、Ⅳ的电子传递。计算结果，它们相应的 ΔG 分别约为 69.5、36.7、112 kJ/mol，而生成每摩尔 ATP 需能约 30.5 kJ（7.3 kcal），可见复合体Ⅰ、Ⅲ、Ⅳ的传递一对电子释放的能量足够用于生成 ATP 所需的能量。说明在复合体Ⅰ、Ⅲ、Ⅳ中各存在 1 个 ATP 生成部位。

（二）氧化磷酸化的偶联机制

英国生化学家 P. Mitchell 于 1961 年提出的化学渗透假说（chemiosmotic hypothesis）比较完善地阐明了氧化磷酸化偶联机制。化学渗透假说基本要点是：电子经呼吸链传递时释放的能量，通过复合体的质子泵功能，驱动质子从线粒体基质侧转移到内膜的膜间腔侧，由于质子不能自由穿过线粒体内膜返回基质，这种质子的泵出引起内膜两侧的质子浓度和电位的差别,形成跨线粒体内膜的质子电化学梯度(H⁺浓度梯度和跨膜电位差),储存电子传递释放的能量。当质子顺浓度梯度回流基质时驱动 ADP 与 Pi 生成 ATP(图 11-10)。

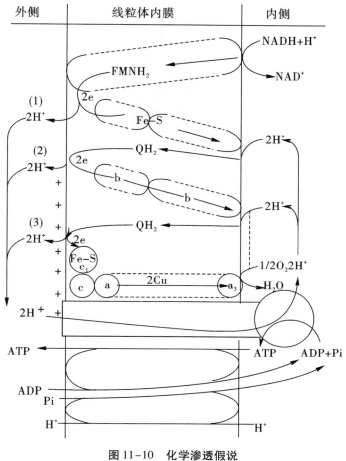

图 11-10　化学渗透假说

ATP 是由位于线粒体内膜上的 ATP 合酶(ATP synthase)催化合成的。ATP 合酶是生物体能量代谢的关键酶,电镜下由头、茎、体三部分组成,又称为三分子体。从功能上 ATP 合酶可分为亲水的 F_1 和疏水的 F_0 两个部分,头和茎是 F_1 部分,贯穿线粒体内膜,主要由 $\alpha_3\beta_3\gamma\delta\varepsilon$ 亚基组成,功能是催化生成 ATP。催化部位在 β 亚基中,但 β 亚基必须与 α 亚基结合才有活性。F_0 镶嵌在线粒体内膜,由 a_1、b_2、$c_{9\sim12}$ 亚基组成,主要是构成质子通道(图 11-11)。

当 H⁺ 顺浓度递度经 F_0 中 a 亚基和 c 亚基之间回流时,γ 亚基发生旋转,3 个 β 亚基的构象发生改变,使 ATP 生成并释放。β 亚基有 3 种构象:紧密型(T),有 ATP 合成活性,与 ATP 紧密结合;疏松型(L),无活性,可与 ADP 及 Pi 疏松结合;开放型(O),无活性,与 ATP 亲和力低。ADP 和 Pi 结合到 L 型 β 亚基上,由质子流能量驱动 β 亚基的构象变化为 T 型,合成 ATP,再转换为 O 型,使合成的 ATP 释出(图 11-12)。

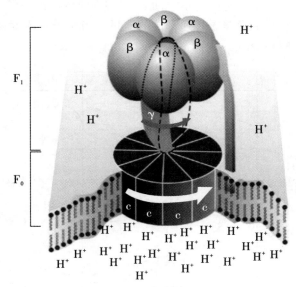

图 11-11　ATP 合酶结构示意图

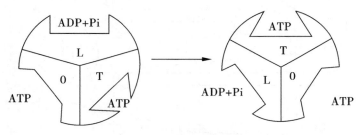

图 11-12　ATP 合酶 β 亚基的构象改变

(三)氧化磷酸化抑制剂

通过影响电子的传递或 ATP 合酶的功能而影响能量的生成和利用的药物或毒物称为氧化磷酸化抑制剂。常见的氧化磷酸化抑制剂分为三类,即呼吸链抑制剂、氧化磷酸化抑制剂和解偶联剂。

1.**呼吸链抑制剂**　这类抑制剂能在特异部位阻断呼吸链中的电子传递。例如鱼藤酮(rotenone)专一抑制 NADH→CoQ 的电子传递。抗霉素 A(actinomycin A)专一抑制 CoQ→Cyt c 的电子传递。CN^- 和 NaN_3 可紧密结合复合体Ⅳ中氧化型 Cyt a_3,阻断电子由 Cyt a 到 Cyt a_3 间传递。CO 与还原型 Cyt a_3 结合,阻断电子传递给 O_2(图 11-13)。

2.**氧化磷酸化抑制剂**　这类抑制剂主要抑制 ATP 的合成。如寡霉素(oligomycin)可与 ATP 合酶的寡霉素敏感结合蛋白(OSCP)结合,阻塞 H^+ 通道,破坏跨线粒体内膜的质子电化学梯度,抑制 ATP 合成。另外,二环己基碳二亚胺(dicyclohexyl carbodiimide,DCC)可与 ATP 合酶的 DCC 结合蛋白结合,阻断 H^+ 通道,抑制 ATP 合成。

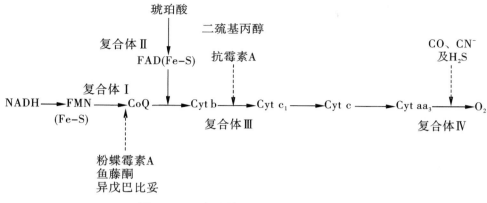

图 11-13　呼吸链抑制剂对呼吸链的影响

3.解偶联剂　解偶联剂(uncoupler)的作用是使氧化和磷酸化脱偶联,电子可沿呼吸链传递并建立跨内膜的质子梯度储存能量,但不能使 ADP 磷酸化合成 ATP。解偶联剂作用的基本机制是质子不经过 ATP 合酶回流驱动 ATP 的合成,而是经过其他途径进入基质,因而 ATP 的生成受到抑制,氧化释放的能量以热的形式散发。解偶联剂 2,4-二硝基酚(dinitrophenol,DNP)为脂溶性物质,在线粒体内膜中可自由移动,进入基质时释出 H^+,返回膜间腔侧时结合 H^+,从而破坏了质子的电化学梯度。

哺乳动物棕色脂肪组织的线粒体含有有一种特别的解偶联蛋白(uncoupling protein,UCP_1),在线粒体内膜形成质子通道,内膜膜间腔侧的 H^+ 可经此通道返回线粒体基质,使氧化磷酸化解偶联不生成 ATP,释放的能量以热的形式散发。新生儿硬肿症是因为早产儿缺乏棕色脂肪组织,组织产热量不足,不能维持正常体温而使皮下脂肪凝固所致。

(四)氧化磷酸化的调节

氧化磷酸化是细胞主要的产能过程,机体的氧化磷酸化受到物质代谢和能量代谢多方面因素的影响。

1.ATP/ADP 值对氧化磷酸化的影响　机体根据能量需求调节氧化磷酸化速率和 ATP 的生成量。线粒体中氧的消耗量是被严格调控的,其消耗量取决于 ADP 的含量,因此,ADP 是调节机体氧化磷酸化速率的主要因素,底物 ADP 和 Pi 充足时电子传递的速率和耗氧量才会提高。细胞内 ADP 的浓度以及 ATP/ADP 的比值能够迅速感应机体能量状态的变化。当机体蛋白质合成等耗能代谢途径活跃时,对能量的需求大为增加,ATP 分解为 ADP 和 Pi 的速率增加,使 ATP/ADP 的比值降低、ADP 的浓度增加,ADP 进入线粒体后迅速用于磷酸化,氧化磷酸化随之加速,合成的 ATP 用于满足需求,直到 ATP/ADP 的比值回升至正常水平后,氧化磷酸化速率也随之放缓。通过这种方式使 ATP 的合成速率适应机体的生理需要。另外,ATP 和 ADP 的相对浓度也同时调节三羧酸循环、糖酵解途径,满足氧化磷酸化对还原当量的需求。ADP 的浓度较低时,氧化磷酸化速率降低,也同时通过变构调节的方式抑制糖酵解途径、降低三羧酸循环的速率,协调调节产能的相关途径。

2.甲状腺激素对氧化磷酸化的影响　甲状腺激素诱导细胞膜上 Na^+-K^+-ATP 酶

的生成,使 ATP 加速分解为 ADP 和 Pi,ADP 增多促进氧化磷酸化,其中甲状腺激素 T_3 还诱导解偶联蛋白基因表达,所以甲状腺功能亢进症患者基础代谢率增高。

3. 线粒体 DNA 突变对氧化磷酸化的影响 线粒体 DNA(mtDNA)呈裸露的环状双螺旋结构,缺乏蛋白质保护和损伤修复系统,容易受到损伤而发生突变,其突变率远高于核内的基因组 DNA。线粒体 DNA 包含 37 个基因,用于表达呼吸链复合体中 13 个亚基以及线粒体内 22 个 tRNA 和 2 个 rRNA。复合体 I 中的 7 个亚基、复合体 III 中的 1 个亚基、复合体 IV 中的 3 个亚基以及 ATP 合酶的 2 个亚基均由 mtDNA 表达产生。因此 mtDNA 突变可直接影响电子的传递过程或 ADP 的磷酸化,ATP 生成减少,能量代谢紊乱。mtDNA 突变部位、突变的程度和各器官对 ATP 的需求不同,产生不同的疾病,但功能障碍首先出现在耗能较多的组织。

三、细胞质中 NADH 的氧化

生物氧化的脱氢反应可发生在细胞的胞质或线粒体基质中。在线粒体内产生的 NADH 可直接通过呼吸链进行电子传递,但亦有脱氢反应在线粒体外进行,如 3-磷酸甘油醛脱氢、乳酸脱氢和氨基酸联合脱氨基反应等,产生的 NADH 不能通过线粒体内膜,需经穿梭机制进入线粒体基质才能被氧化,体内主要有两种穿梭机制。

(一)α-磷酸甘油穿梭

α-磷酸甘油穿梭(glycerol-α-phosphate shuttle)主要发生在脑及骨骼肌中。细胞质中生成的 NADH 在磷酸甘油脱氢酶催化下,将 2H 传递给磷酸二羟丙酮,还原生成 α-磷酸甘油。此 α-磷酸甘油通过线粒体外膜,到达线粒体内膜的膜间腔侧。线粒体内膜的膜间腔侧具有磷酸甘油脱氢酶的同工酶,含 FAD 辅基,接受 α-磷酸甘油的 2H 生成 $FADH_2$ 和磷酸二羟丙酮,$FADH_2$ 直接将 2H 传递给泛醌进入氧化呼吸链。此机制通过 α-磷酸甘油与磷酸二羟丙酮之间的氧化还原反应实现穿梭过程,使线粒体外来自 NADH 的 H 进入线粒体的琥珀酸氧化呼吸链氧化,因此,1 分子的 NADH 经此穿梭能产生 1.5 分子 ATP(图 11-14)。

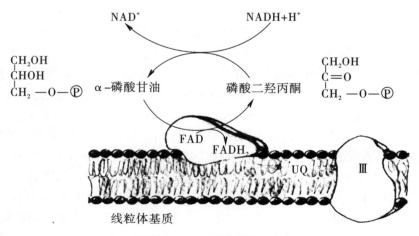

图 11-14 α-磷酸甘油穿梭

笔记栏

（二）苹果酸-天冬氨酸穿梭

苹果酸-天冬氨酸穿梭（malate aspartate shuttle）在肝、肾和心肌组织中极为活跃，涉及转氨基作用。胞质中生成的 NADH，首先使草酰乙酸还原为苹果酸，此反应由苹果酸脱氢酶催化。胞质中的苹果酸通过线粒体内膜的苹果酸-α-酮戊二酸转运蛋白进入线粒体基质，经苹果酸脱氢酶催化重新生成草酰乙酸并释出 NADH。基质中的草酰乙酸转变为天冬氨酸后经线粒体内膜上的天冬氨酸-谷氨酸转运蛋白重新回到胞质，进入基质的 NADH 则通过 NADH 氧化呼吸链进行氧化，产生 2.5 分子 ATP（图 11-15）。

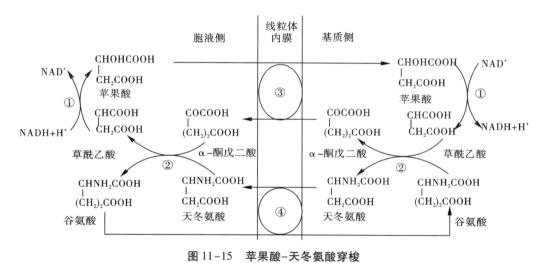

图 11-15　苹果酸-天冬氨酸穿梭
①苹果酸脱氢酶　②天冬氨酸转氨酶　③α-酮戊二酸载体　④酸性氨基酸载体

第三节　细胞内其他氧化体系

一、微粒体加氧酶类

加氧酶催化加氧反应。根据向底物分子中加入氧原子的数目，将加氧酶分为加单氧酶（monooxygenase）和加双氧酶（dioxygenase）。加单氧酶主要分布在肝、肾组织微粒体中，少数组织的线粒体内膜也存在加单氧酶，加单氧酶主要参与类固醇激素（性激素、肾上腺皮质激素）、胆汁酸盐、胆色素、活性维生素 D 的生成和某些药物、毒物的生物转化过程。加单氧酶催化 O_2 分子中的一个原子加入底物分子上使之羟化，另一个氧原子被 NADPH+H$^+$ 提供的氢还原生成水，因此又称为羟化酶（hydroxylase）或混合功能氧化酶（mixed function oxidase）。加单氧酶催化氧化过程中无高能磷酸化合物生成，反应如下：

$$RH + NADPH + H^+ + O_2 \rightarrow ROH + NADP^+ + H_2O$$

加单氧酶是含有黄素蛋白及细胞色素的酶体系，是由细胞色素 P$_{450}$、NADPH-细胞

色素 P_{450} 还原酶、NADPH 和磷脂组成的复合物。细胞色素 P_{450} 是一种以血红素为辅基的 b 族细胞色素,还原型的细胞色素 P_{450} 与 CO 结合后在 450 nm 有最大吸收峰,故名细胞色素 P_{450},能与氧直接反应,将电子传递给氧(图 11-16)。

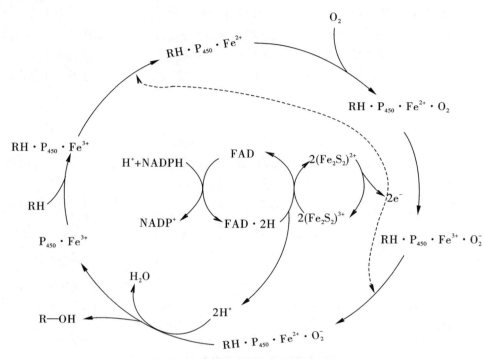

图 11-16　微粒体加单氧酶催化作用

二、活性氧的毒性作用

O_2 得到单个电子产生超氧阴离子(O_2^-),超氧阴离子再接受单个电子还原生成过氧化氢,H_2O_2 再接受单个电子还原生成羟自由基($OH\cdot$)。这些未被完全还原的氧分子,其氧化性远大于 O_2,称为活性氧类(reactive oxygen species,ROS)。

$$O_2 \xrightarrow{e^-} \cdot O_2^- \xrightarrow{e^-+2H^+} H_2O_2 \xrightarrow[H_2O]{e^-+H^+} OH \xrightarrow{e^-+H^+} H_2O$$

线粒体的呼吸链是机体产生 ROS 的主要部位,呼吸链的各复合体在传递电子的过程,将漏出的电子直接交给氧,能够产生 ROS。除呼吸链外,胞质中的黄嘌呤氧化酶、微粒体中的细胞色素 P_{450}。氧化还原酶等催化的反应,需要氧为底物,也可产生 O_2^-。细胞过氧化酶体中,FAD 将从脂肪酸等底物获得的电子交给 O_2 可生成 H_2O_2 和羟自由基 $\cdot OH$,但这些酶产生的 ROS 远低于线粒体呼吸链。另外,细菌感染、组织缺氧等病理过程,电离辐射、吸烟、药物等外源因素也可导致细胞产生大量的活性氧类。

活性氧类化学性质非常活泼,氧化性强,其中羟自由基的氧化活性最强。O_2^- 可迅速氧化一氧化氮(NO)产生过氧亚硝酸盐(ONOO⁻,也属于 ROS),后者能使脂质氧化、蛋白质硝基化而损伤细胞膜和膜蛋白。羟自由基等可直接引起蛋白质、核酸等各种生物分子的氧化损伤，破坏细胞的正常结构和功能。线粒体是细胞产生 ROS 的主要部位，因此线粒体 DNA、基质中代谢途径的酶等最容易受其攻击而损伤或突变，对能量代谢旺盛的组织如脑、心肌、肝、肾等影响极大，导致疾病、衰老。生物进化已使机体发生了有效的抗氧化体系及时清除活性氧，防止其累积造成有害影响。

三、活性氧的清除

正常机体存在的各种抗氧化酶、小分子抗氧化剂等，形成了重要的防御体系以对抗活性氧的损害。

广泛分布的超氧化物歧化酶（superoxide dismutase，SOD）可催化 1 分子 $\cdot O_2^-$ 氧化生成 O_2，另一分子 O_2^- 还原生成 H_2O_2，2 个相同的底物歧化产生了 2 个不同的产物：

$$2O_2^{2-}+2H^+ \longrightarrow H_2O_2+O_2$$

生成的过氧化氢可被过氧化氢酶（catalase）分解为 H_2O 和 O_2。过氧化氢酶主要存在于过氧化酶体、胞质及微粒体中，含有 4 个血红素辅基，催化活性极强，每秒可催化超过 40 000 底物分子转变为产物。其催化反应如下：

$$2H_2O_2 \longrightarrow 2H_2O + O_2$$

过氧化氢具有一定的生理作用，粒细胞和吞噬细胞中的 H_2O_2 可杀死吞噬的细菌，甲状腺上皮细胞和粒细胞中的 H_2O_2 可使 I 氧化生成 I_2，进而使蛋白质碘化，这与甲状腺激素的生成有关。

谷胱甘肽过氧化物酶（glutathione peroxidase，GPx）也是体内防止活性氧损伤的主要酶，可去除 H_2O_2 和其他过氧化物类。谷胱甘肽过氧化物酶含硒（Se）代半胱氨酸残基，是活性必需基团。在细胞质、线粒体及过氧化酶体中，谷胱甘肽过氧化物酶通过还原型的谷胱甘肽将 H_2O_2 还原为 H_2O，同对产生氧化型的谷胱甘肽。它催化的反应如下：

$$H_2O_2+2G-SH \longrightarrow 2H_2O+GS-SG$$
$$ROOH+2G-SH \longrightarrow ROH+GS-SG+H_2O$$

生成的 GS-SG（氧化型谷胱甘肽）又可在谷胱甘肽还原酶催化下由 $NADPH+H^+$ 供氢还原生成 G-SH（还原型谷胱甘肽）：

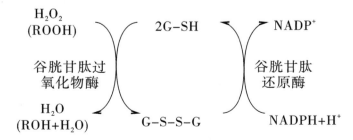

体内其他小分子自由基清除剂有维生素 C、维生素 E、β-胡萝卜素、泛醌等，与体内的抗氧化酶共同组成人体抗氧化体系。

小　结

　　生物氧化指营养物质在体内氧化分解并提供能量的过程。ATP 几乎是生物组织细胞能够直接利用的唯一能源物质。糖、脂类及蛋白质等物质氧化分解中释放出的能量，通过 ADP 磷酸化为 ATP 的过程，以化学能的形式储存在 ATP 分子内。人体内 ATP 的生成有底物水平磷酸化和氧化磷酸化两种方式，其中氧化磷酸化是 ATP 生成的主要方式。当机体需要能量时，通过水解 ATP 的磷酸酐键释放能量，为生物体利用。ATP 水解产生的 ADP/AMP 则通过营养物质分解代谢释放的能量，经过磷酸化反应重新生成 ATP，构成了 ATP/ADP 循环。氧化磷酸化在线粒体进行，代谢物脱下的氢经呼吸链传递最终与氧结合生成水，释放能量偶联驱动 ADP 磷酸化生成 ATP。机体的氧化磷酸化受到物质代谢和能量代谢多方面因素的影响，ADP 是调节机体氧化磷酸化速率的主要因素，底物 ADP 和 Pi 充足时电子传递的速率和耗氧量才会提高。细胞内 ADP 的浓度以及 ATP/ADP 的比值能够迅速感应机体能量状态的变化。通过影响电子的传递或 ATP 合酶的功能而影响能量的生成和利用的药物或毒物称为氧化磷酸化抑制剂。常见的氧化磷酸化抑制剂分为三类，即呼吸链抑制剂、氧化磷酸化抑制剂和解偶联剂。

　　氧化呼吸链是由一系列的递氢体和递电子体按一定的顺序排列所组成的体系，将代谢物脱下的氢原子交给氧生成水，同时伴有 ATP 生成。氧化呼吸链又称电子传递链。已发现组成呼吸链的成分主要有五大类：①烟酰胺腺嘌呤二核苷酸和烟酰胺腺嘌呤二核苷酸磷酸；②黄素蛋白；③铁硫蛋白；④泛醌；⑤细胞色素，组成 4 个酶复合体和两个独立的电子传递体（CoQ 和 Cyt c），按其组成成分、排列顺序和功能上的差异分为两种，形成 NADH 氧化呼吸链和琥珀酸氧化呼吸链两条氧化呼吸链。在线粒体外产生的 NADH 不能通过线粒体内膜，需经穿梭机制进入线粒体基质才能被氧化，体内主要有两种穿梭机制，α-磷酸甘油穿梭主要发生在脑及骨骼肌中，苹果酸-天冬氨酸穿梭在肝、肾和心肌组织中。

　　除线粒体氧化体系外，体内还存在一些其他氧化体系，其中最重要的是微粒体中的加单氧酶。加单氧酶主要分布在肝、肾组织微粒体中，参与类固醇激素（性激素、肾上腺皮质激素）、胆汁酸盐、胆色素、活性维生素 D 的生成和某些药物、毒物的生物转化过程。加单氧酶催化 O_2 分子中的一个原子加入底物分子上使之羟化，另一个氧原子被 NADPH+H$^+$ 提供的氢还原生成水，因此又称为羟化酶或混合功能氧化酶。

　　超氧阴离子（O_2^-）、过氧化氢和羟自由基（OH·）称为活性氧类（ROS）。线粒体的呼吸链是机体产生 ROS 的主要部位。活性氧类化学性质非常活泼，氧化性强，其中羟自由基的氧化活性最强。活性氧能使脂质氧化、蛋白质硝基化而损伤细胞膜和膜蛋白。也可直接引起蛋白质、核酸等各种生物分子的氧化损伤，破坏细胞的正常结构和功能，对能量代谢旺盛的组织如脑、心肌、肝、肾等影响极大，导致疾病、衰老。正常机体存在的各种抗氧化酶、小分子抗氧化剂等，形成了重要的防御体系以对抗活性氧的损害。包括广泛分布的超氧化物歧化酶、过氧化氢酶、谷胱甘肽过氧化物酶等。体内其他小分子自由基清除剂有维生素 C、维生素 E、β-胡萝卜素、泛醌等，与体内的抗氧化酶共同组成人体抗氧化体系。

（赵春澎）

思考题

1. 体内生成 ATP 的方式有哪两种？

2. 简述生物氧化过程中呼吸链的三个能量生成部位。

3. 简述体内两条呼吸链的组成。

4. 试述心肌组织细胞质内的 1 分子 $NADH+H^+$ 彻底氧化成水的过程及生成的 ATP 数目。

5. 从呼吸链的角度简述 CO 中毒引起的能量代谢障碍如何发生。

6. 简述体内活性氧的产生途径、毒性作用及清除方式。

第十二章

氨基酸代谢

蛋白质是构成生命的重要生物大分子,氨基酸则是构成蛋白质的基本结构单元。蛋白质的代谢过程包括合成代谢和分解代谢,蛋白质的合成是以 mRNA 为模板以氨基酸为原料合成蛋白质的过程。蛋白质的分解代谢则是指蛋白质降解为游离氨基酸,再进行代谢转变的过程,所以氨基酸代谢是蛋白质分解代谢的中心内容。本章主要介绍蛋白质的分解代谢及相关的营养作用。

第一节　蛋白质的营养作用

一、蛋白质营养的重要性

(一)蛋白质是维持组织细胞的生长、更新和修补的必需物质

蛋白质是构成组织细胞的主要成分。正常人体每日膳食中须提供足量优质的蛋白质,才能满足机体日常的生理需要。对于生长发育期的儿童、妊娠期的妇女及康复期的病人,每日供给足量优质的蛋白质尤为重要。

(二)蛋白质参与体内多种重要的生理活动

人体具有许多特殊生物学功能的蛋白质,例如酶、某些激素、抗体和某些调节蛋白等。肌肉的收缩、物质的运输、血液的凝固等也需要蛋白质的参与。此外,氨基酸分解代谢过程产生的胺类、神经递质、激素、嘌呤、嘧啶等含氮化合物也参与机体的生理过程。蛋白质和氨基酸的这些功能不能由糖或脂类代替。因此,蛋白质是整个生命活动过程的重要物质基础。

(三)蛋白质可以作为能源物质氧化供能

蛋白质的分解代谢生成的 α-酮酸可以直接或间接进入三羧酸循环氧化分解。每克蛋白质在体内氧化分解产生 17.19 kJ(4.1 kcal)的能量。一般情况下,成人每日约 18% 的能量来自蛋白质的代谢,但作用可以由糖及脂类代替。因此,氧化供能是蛋白质的次要生理功能。

二、氮平衡

氮平衡(nitrogen balance)是一种间接反映体内蛋白质代谢状况的方法,即通过测定摄入氮量与排出氮量的对比关系反映蛋白质在体内代谢的动态平衡。由于蛋白质的氮元素含量平均约为 16%,而食物中的含氮物质绝大部分是蛋白质。因此测定食物的含氮量可以大致估算出其所含蛋白质的量。蛋白质在体内分解代谢后所产生的含氮物质主要由尿液、粪便排出。测定摄入食物的含氮量(摄入氮)及尿液、粪便中的含氮量(排出氮)就可以了解人体内蛋白质的合成与分解代谢状况。人体氮平衡状况有三种,即氮的总平衡、氮的正平衡和氮的负平衡。

(一)氮的总平衡

摄入氮量等于排出氮量,反映体内蛋白质的合成代谢和分解代谢处于动态平衡,见于正常成人。

(二)氮的正平衡

摄入氮量大于排出氮量,表明体内蛋白质的合成代谢大于分解代谢,部分摄入的氮用于合成体内蛋白质。见于生长发育期的儿童、妊娠期的妇女及恢复期的病人。

(三)氮的负平衡

摄入氮量小于排出氮量,表明体内蛋白质的合成代谢小于分解代谢,见于机体蛋白质供给量不足,例如饥饿、严重烧伤、出血及临床慢性消耗性疾病患者。

蛋白质代谢处在动态平衡中,即使食物中不含有蛋白质,机体每天也有蛋白质的分解。实验表明,人体在不进食含氮膳食的情况下,每千克体重每日排出的氮量大约为 53 mg,相当于体重 60 kg 的正常成年人每日分解 20 g 蛋白质,即成人每日最低的蛋白质分解量。由于食物蛋白质与人体蛋白质结构组成的差异,食物蛋白质不能完全为人体利用,故成人每日最低需要补充 30 ~ 50 g 蛋白质。为了长期保持氮的总平衡,需增加摄入量才能满足机体代谢需求。我国营养学会推荐成人每日蛋白质需要量为 80 g。

三、蛋白质的营养价值

蛋白质的营养价值(nutrition value)指食物蛋白质在体内的利用率。由于各种蛋白质所含氨基酸的种类和数量不同,营养价值差异很大。组成人体蛋白质的氨基酸有 20 种,根据体内的合成能力可以分为营养必需氨基酸和营养非必需氨基酸两类。人体内有 8 种氨基酸是体内需要而又不能自身合成,必须由食物供应的氨基酸,称为营养必需氨基酸(essential amino acid)。包括赖氨酸、色氨酸、苯丙氨酸、甲硫(蛋)氨酸、苏氨酸、亮氨酸、异亮氨酸、缬氨酸。其余 12 种氨基酸可以利用其他物质在体内合成,称为营养非必需氨基酸(non-essential amino acid)。其中组氨酸和精氨酸虽然能在人体内合成,但合成量不多,若长期缺乏或需要量增加也可能会造成负氮平衡,因此有人将这两种氨基酸也归为营养必需氨基酸。

食物蛋白质的必需氨基酸含量、种类及比例决定其营养价值的高低。一般来说,含有必需氨基酸种类多和数量足的蛋白质具有比较高的营养价值,反之营养价值则比较低。由于动物性蛋白质所含必需氨基酸的种类和比例均与人体需要接近,故动物性蛋白质营养价值通常较高。而对于营养价值较低的蛋白质,可以通过混合食用,使必需氨基酸互相补充而提高食物的综合营养价值,这种现象称为蛋白质的互补作用。例如,谷类蛋白质含赖氨酸较少而含色氨酸较多,豆类蛋白质含赖氨酸较多而含色氨酸较少,两者混合食用即可提高食物蛋白质的综合营养价值。临床上为保证某些患者的氮正平衡,通过静脉输注混合氨基酸溶液,以加强对患者的营养支持作用。

第二节 蛋白质的消化、吸收与腐败

一、蛋白质的消化

蛋白质是生物大分子物质,具有种属特异性,直接进入体内会产生过敏反应。通过消化酶的作用可消除食物蛋白质的特异性和抗原性。蛋白质在消化道中各种酶的作用下,水解为氨基酸吸收进入机体。食物蛋白质的消化自胃中开始,主要在小肠中进行。

(一)蛋白质在胃中的消化

胃蛋白酶(pepsin)是由胃黏膜主细胞分泌的胃蛋白酶原(pepsinogen)经胃酸激活而生成,胃蛋白酶原也能通过自身激活作用转变成胃蛋白酶。胃蛋白酶的最适 pH 值为 1.5~2.5,对蛋白质肽键作用的特异性较差,主要水解由芳香族氨基酸、甲硫氨酸和亮氨酸等形成的肽键。经胃蛋白酶作用后,蛋白质主要分解成多肽及少量氨基酸。此外胃蛋白酶还具有凝乳作用,能使乳汁中的酪蛋白与钙离子凝集成副酪蛋白钙,乳液凝成乳块后在胃中停留时间延长,有利于乳汁中蛋白质的充分消化。

(二)蛋白质在小肠的消化

小肠是蛋白质消化的主要场所。由于食物在胃中停留时间较短,因此蛋白质在胃中的消化很不完全。这些复杂的酸性食糜伴随着胃的蠕动被推入小肠,酸性食糜刺激小肠的分泌活动。小肠中蛋白质的初级消化产物及未被消化的蛋白质经过胰液及肠黏膜细胞分泌的多种蛋白酶及肽酶的共同作用,进一步水解为小肽和氨基酸。

小肠中消化蛋白质的酶主要是胰酶。胰液中的蛋白酶可以分为内肽酶(endopeptidase)和外肽酶(exopeptidase)。内肽酶水解蛋白质肽链内部的一些肽键,如胰蛋白酶(trypsin)、糜蛋白酶(chymotrypsin)和弹性蛋白酶(elastase),这类酶对不同氨基酸组成的肽键有一定的特异性。胰蛋白酶水解由碱性氨基酸的羧基组成的肽键;糜蛋白酶水解由芳香族氨基酸的羧基组成的肽键;弹性蛋白酶主要水解由脂肪族氨基酸的羧基组成的肽键。外肽酶主要有羧基肽酶 A(carboxypeptidase A)、羧基肽酶 B、氨基肽酶,从肽链的羧基或氨基末端开始,每次水解掉一个氨基酸残基。外肽酶对不同氨基酸残基组成的肽键也有一定的特异性。羧基肽酶 A 主要水解除脯氨酸、精氨酸、赖氨酸以外的氨基酸组成羧基末端的肽键,羧基肽酶 B 主要水解由碱性氨基酸组成的羧基末端肽键(图 12-1)。蛋白质在胰酶的作用下,最终产物为氨基酸和一些小肽。

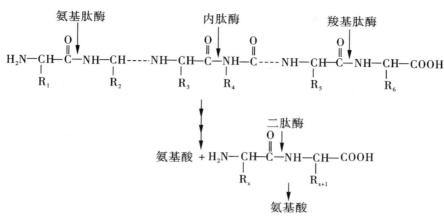

图 12-1　内肽酶与外肽酶作用示意图

　　胰腺分泌的各种蛋白酶和肽酶也以无活性的酶原形式存在,进入十二指肠后由肠激酶激活。肠激酶由十二指肠肠黏膜细胞分泌,也是一种蛋白水解酶,特异性的作用于胰蛋白酶原,将其氨基末端的六肽水解,产生有活性的胰蛋白酶。胰蛋白酶又将糜蛋白酶原、弹性蛋白酶原和羧基肽酶原激活。胰蛋白酶的自身激活作用较弱(图 12-2)。由于胰液中各种蛋白水解酶最初均以酶原形式存在,胰液中还存在着胰蛋白酶抑制剂,保护胰腺组织蛋白免受蛋白酶的自身消化作用。

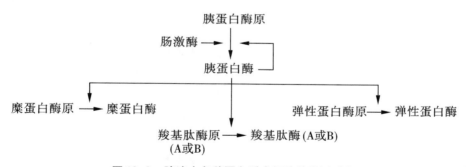

图 12-2　胰液中各种蛋白质水解酶的激活过程

　　蛋白质经过胃液和胰液中各种酶的水解的产物中,1/3 为氨基酸,2/3 为小肽,小肽的水解主要在小肠黏膜细胞内进行。小肠黏膜细胞的刷状缘及细胞质中存在着氨基肽酶(aminopeptidase)及二肽酶(dipeptidase)。氨基肽酶从肽链的氨基末端逐个水解氨基酸,最后生成二肽。二肽再经二肽酶水解,最终生成两个游离氨基酸。蛋白质消化的效率很高。正常成人摄入食物蛋白质的 95% 可被完全水解。

二、氨基酸的吸收

氨基酸的吸收主要在小肠完成,是一个耗能的主动转运过程。

(一)氨基酸的主动转运机制

小肠黏膜细胞黏膜面上具有转运氨基酸的载体蛋白(carrier protein),能与氨基酸及 Na$^+$ 形成三联体,将氨基酸及 Na$^+$ 转运入细胞,Na$^+$ 则借 Na$^+$–K$^+$–ATP 酶排出细胞外,这一过程消耗 ATP。已知人体至少有 7 种转运蛋白(transporter)参与氨基酸和小肽的吸收,包括中性氨基酸转运蛋白、碱性氨基酸转运蛋白、酸性氨基酸转运蛋白、亚氨基酸转运蛋白、β–氨基酸转运蛋白、二肽转运蛋白和三肽转运蛋白。氨基酸的主动转运不仅存在于小肠黏膜细胞,也存在于肾小管细胞、肌细胞等细胞膜上。

(二)γ–谷氨酰基循环对氨基酸的转运作用

在小肠黏膜细胞、肾小管细胞和脑组织中氨基酸吸收还可通过 γ–谷氨酰基循环(γ–glutamyl cycle)完成,此循环由 Meister 提出,故又称为 Meister 循环。首先是谷胱甘肽对氨基酸的转运,其次是谷胱甘肽的再合成,由此构成一个循环(图 12–3)。通过此循环,每转运 1 分子氨基酸,需要消耗 3 分子 ATP,位于细胞膜的 γ–谷氨酰基转移酶是关键酶。

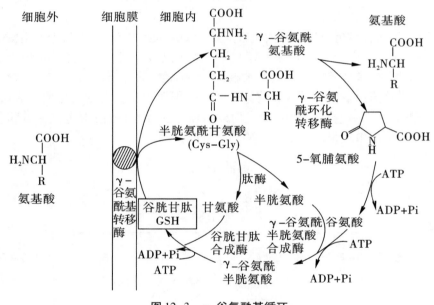

图 12–3　γ–谷氨酰基循环

(三)小肽的吸收

除了氨基酸的吸收外,研究发现肠黏膜细胞上还存在着二肽和三肽的转运体系,此种转运也是一个耗能的主动吸收过程。吸收作用在小肠近端较强,不同二肽的吸收具有相互竞争作用。

三、氨基酸在肠中的腐败

食物中的蛋白大约有 95% 被消化吸收,部分未被消化蛋白质和部分来不及吸收的氨基酸进入大肠。腐败作用(putrefaction)是指大肠下部细菌对未消化蛋白质或未吸收氨基酸的分解过程,以无氧分解为主。腐败作用可以产生少量脂肪酸及维生素等被机体利用的物质,但大多数的腐败产物对人体有害,例如胺类(amines)、氨(ammonia)、酚类(phenol)、吲哚(indole)及硫化氢等。

（一）肠道细菌脱羧基作用生成胺类物质

肠道细菌的蛋白酶催化将未消化的蛋白质水解成氨基酸,再经氨基酸脱羧酶作用,产生胺类物质,如组氨酸脱羧基生成组胺,赖氨酸脱羧基生成尸胺,色氨酸脱羧基生成色胺,酪氨酸脱羧基生成酪胺,苯丙氨酸脱羧基生成的苯乙胺。组胺和尸胺具有降低血压的作用,酪胺具有升高血压的作用。正常情况下,这些物质经肝代谢转化为无毒形式排出体外。其中酪胺和苯乙胺,若不能在肝转化而进入脑组织,则可经 β-羟化形成 β-羟酪胺和苯乙醇胺,结构与儿茶酚胺类神经递质相似,称为假神经递质（false neurotransmitter,图 12-4）。假神经递质增多,可干扰儿茶酚胺的作用,使大脑神经传导发生异常抑制,这可能与肝性脑病的发生有关。

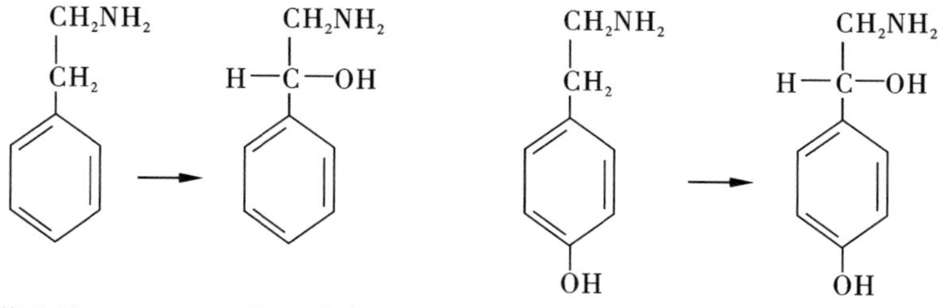

CH₂NH₂ CH₂ 苯乙胺 → CH₂NH₂ H-C-OH 苯乙醇胺
CH₂NH₂ CH₂ OH 酪胺 → CH₂NH₂ H-C-OH OH β-羟酪胺

图 12-4　假神经递质

（二）肠道细菌脱氨基作用生成氨

肠道中的氨主要有两个来源:一是未被吸收的氨基酸在肠道细菌作用下脱氨基而生成,这是肠道氨的主要来源;二是血液中的尿素渗入肠道,受肠道细菌尿素酶的水解作用而生成。这些氨均可被吸收入血液在肝合成尿素。氨主要在结肠被吸收,而且氨（NH₃）比铵离子（NH₄⁺）易于吸收,由于 NH₃ 与 NH₄⁺ 的相互转变受 pH 值的影响,降低肠道的 pH 值可以减少肠道氨的吸收,临床常用弱酸液灌肠防止高血氨症。

（三）其他有害物质的生成

除了胺类和氨以外,通过腐败作用还可产生其他有害物质,例如苯酚、吲哚、硫化氢等。正常情况下,这些有害物质大部分随粪便排出,只有小部分被吸收,经肝的代谢转变而排出体外,故不会发生中毒现象。

第三节　氨基酸的一般代谢

一、氨基酸代谢的概况

食物蛋白质经过消化后,主要以氨基酸的形式吸收,通过血液循环运输到全身组织,这种来源的氨基酸称为外源性氨基酸。机体组织蛋白分解的氨基酸和机体通过代谢合成的氨基酸(非必需氨基酸),称为内源性氨基酸。外源性氨基酸和内源性氨基酸共同构成了机体的氨基酸代谢库（metabolic pool）,通常以游离氨基酸总量计算,包括细胞内液、细胞间液和血液中的氨基酸。由于氨基酸不能自由通过细胞膜。所以在体内的分布是不均匀的。肌肉中氨基酸占总代谢库的50%以上,肝约占10%,肾约占4%,血浆占1%~6%。氨基酸的主要功能是合成蛋白质,也可以合成多肽及其他含氮的生理活性物质。除了维生素之外(维生素PP例外),体内的各种含氮物质几乎都由氨基酸转变而来,包括肽类激素、黑色素、嘌呤碱、嘧啶碱、肌酸、胺类、NO等。

氨基酸分解代谢的主要途径是脱氨基作用,生成氨和相应的 α-酮酸;另一条分解途径是脱羧基作用,生成 CO_2 和胺类。氨是具有潜在毒性的物质,在体内主要合成尿素排出体外。不同的氨基酸结构不同,代谢也有各自的特点。体内氨基酸代谢的概况见图12-5。各组织器官在氨基酸代谢中的作用也有所不同,以肝最为重要。肝蛋白质的更新速度比较快,氨基酸代谢活跃,大部分氨基酸在肝进行分解代谢(支链氨基酸的分解代谢主要在肌肉组织中进行),氨的去除也主要是在肝合成尿素得以实现。

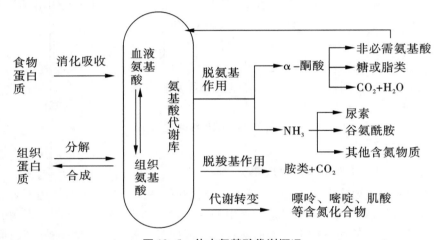

图 12-5　体内氨基酸代谢概况

二、组织蛋白质的降解

组织蛋白质的降解是内源性氨基酸的重要来源。体内蛋白质处于不断合成与降解的动态平衡中。正常成人每天有1%~2%的组织蛋白被降解,降解产生的氨基酸又有75%~80%被利用,合成新的机体蛋白。不同蛋白质的降解速率各不相同,短则数秒,长则数月甚至更长。真核细胞中蛋白质的降解有两条途径:一是不依赖ATP的过程,在溶酶体内进行。溶酶体内的蛋白酶可以降解细胞外来的蛋白质、膜蛋白和长寿命的细胞内蛋白质。另一个途径是依赖ATP和泛素的过程,在细胞质中进行,主要降解异常蛋白和短寿命的蛋白质。

三、氨基酸的脱氨基作用

氨基酸的脱氨基作用是氨基酸在体内分解的主要方式。脱氨基作用是指氨基酸在酶的催化下脱去氨基生成 α-酮酸的过程。体内氨基酸的脱氨基方式主要有氧化脱氨基、转氨基、联合脱氨基和非氧化脱氨基等,以联合脱氨基最为重要。

（一）转氨基作用

1. 转氨酶与转氨基作用　转氨基作用是在转氨酶（transaminase）的作用下将一种氨基酸的 α-氨基转移到一种 α-酮酸的酮基上，原来的 α-酮酸生成相应的 α-氨基酸，原来的氨基酸则转变成相应 α-酮酸。

$$\begin{array}{c}
R_1 \\
| \\
H-C-NH_2 \\
| \\
COOH
\end{array}
+
\begin{array}{c}
R_2 \\
| \\
C=O \\
| \\
COOH
\end{array}
\xrightarrow{\text{转氨酶}}
\begin{array}{c}
R_1 \\
| \\
C=O \\
| \\
COOH
\end{array}
+
\begin{array}{c}
R_2 \\
| \\
H-C-NH_2 \\
| \\
COOH
\end{array}$$

转氨基反应为可逆的反应过程，平衡常数接近于 1。因此，转氨基作用既是氨基酸的分解代谢过程，也是体内非必需氨基酸合成的重要途径。

参与蛋白质合成的 20 种 α-氨基酸中，除赖氨酸、苏氨酸、脯氨酸不参加转氨基作用外，其余均可由特异的转氨酶催化参与转氨基作用。不同氨基酸与 α-酮酸之间的转氨基作用只能由专一的转氨酶催化，体内存在着多种转氨酶。在各种转氨酶中，以 L-谷氨酸与 α-酮酸的转氨酶最为重要。L-谷氨酸脱去氨基生成的 α-酮酸是 α-酮戊二酸。例如，丙氨酸转氨酶（alanine transaminase, ALT）和天冬氨酸转氨酶（aspartate transaminase, AST）分别催化谷氨酸与丙酮酸和谷氨酸与草酰乙酸之间的转氨基反应，它们在体内广泛存在，但各组织中含量不同（表 12-1）。

$$\begin{array}{c}
COOH \\
| \\
(CH_2)_2 \\
| \\
CHNH_2 \\
| \\
COOH
\end{array}
+
\begin{array}{c}
CH_3 \\
| \\
C=O \\
| \\
COOH
\end{array}
\underset{}{\overset{ALT}{\rightleftharpoons}}
\begin{array}{c}
COOH \\
| \\
(CH_2)_2 \\
| \\
C=O \\
| \\
COOH
\end{array}
+
\begin{array}{c}
CH_3 \\
| \\
CHNH_2 \\
| \\
COOH
\end{array}$$

谷氨酸　　丙酮酸　　　α-酮戊二酸　　丙氨酸

$$\begin{array}{c}
COOH \\
| \\
(CH_2)_2 \\
| \\
CHNH_2 \\
| \\
COOH
\end{array}
+
\begin{array}{c}
COOH \\
| \\
CH_2 \\
| \\
C=O \\
| \\
COOH
\end{array}
\underset{}{\overset{AST}{\rightleftharpoons}}
\begin{array}{c}
COOH \\
| \\
(CH_2)_2 \\
| \\
C=O \\
| \\
COOH
\end{array}
+
\begin{array}{c}
COOH \\
| \\
CH_2 \\
| \\
CHNH_2 \\
| \\
COOH
\end{array}$$

谷氨酸　　草酰乙酸　　　α-酮戊二酸　天冬氨酸

表 12-1　正常成人各组织中 ALT 及 AST 活性（单位/克组织）

组织	ALT	AST	组织	ALT	AST
肝	44 000	142 000	胰腺	2 000	28 000
肾	19 000	91 000	脾	1 200	14 000
心	7 100	156 000	肺	700	10 000
骨骼肌	4 800	99 000	血清	16	20

人体各组织中转氨酶含量差别很大，AST 在心肌组织中的活性最高，ALT 在肝脏

组织中的活性最高。当某种原因使细胞膜通透性增高或细胞破坏时,转氨酶由细胞内释放入血,造成血清中转氨酶活性升高。例如,急性肝炎患者血清 ALT 活性显著升高;心肌梗死患者血清中 AST 明显上升。临床上可以此作为疾病诊断和预后的参考指标。

2. 转氨基作用的机制　转氨酶的辅酶是维生素 B_6 的磷酸酯,即磷酸吡哆醛,结合于转氨酶活性中心赖氨酸的 ε-氨基上。在转氨基过程中,磷酸吡哆醛从氨基酸接受氨基转变成磷酸吡哆胺,同时氨基酸转变成相应的 α-酮酸。磷酸吡哆胺进一步将氨基转移给另一种 α-酮酸生成相应的氨基酸,磷酸吡哆胺又恢复为磷酸吡哆醛,反应过程如图 12-6。

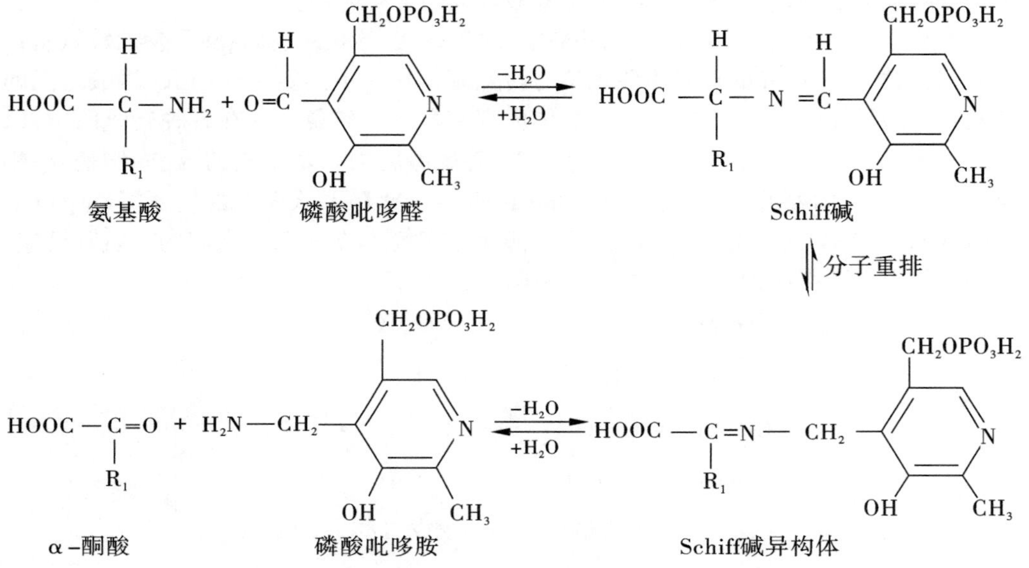

图 12-6　转氨基作用机制

(二)L-谷氨酸的氧化脱氨基作用

氧化脱氨基作用是指氨基酸先经脱氢氧化,生成不稳定的亚氨基酸,后者再水解产生 α-酮酸及 NH_3 的过程。L-谷氨酸的氧化脱氨基作用是在 L-谷氨酸脱氢酶(L-glutamate dehydrogenase)催化下,L-谷氨酸氧化脱氨生成 α-酮戊二酸和氨,辅酶是 NAD^+ 或 $NADP^+$。L-谷氨酸是哺乳类动物组织中唯一可以高速率进行氧化脱氨基的氨基酸。哺乳类动物肝、肾、脑等组织中广泛存在着 L-谷氨酸脱氢酶,是一种不需氧脱氢酶。

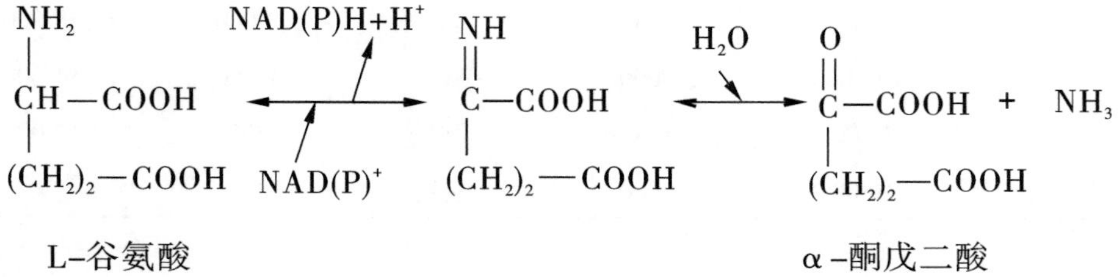

L-谷氨酸脱氢酶是一种变构酶,由 6 个相同的亚基聚合而成,每个亚基的分子量为 56 000。其活性可受一些物质的调节,如 GTP 和 ATP 是此酶的变构抑制剂,而 GDP 和 ADP 是其变构激活剂。当体内 GTP 和 ATP 不足时,谷氨酸加速氧化脱氨,对机体的能量代谢有重要的调节作用。

(三)联合脱氨基作用

转氨基作用只是把氨基酸的氨基转移给了 α-酮戊二酸或其他的 α-酮酸,并没有脱去氨基,需要在其他酶的作用下进一步代谢脱去氨基,即联合脱氨基作用。联合脱氨基作用主要有两条途径。

1. 转氨基偶联氧化脱氨基作用　氨基酸首先与 α-酮戊二酸在转氨酶作用下生成相应的 α-酮酸和谷氨酸,谷氨酸经 L-谷氨酸脱氢酶作用,脱去氨基生成 α-酮戊二酸(图 12-7)。L-谷氨酸脱氢酶主要分布于肝、肾、脑等组织中,所以此种联合脱氨基作用主要在肝、肾、脑等组织中进行,其逆反应也是体内非必需氨基酸合成的主要途径。

图 12-7　转氨基偶联氧化脱氨基作用

2. 嘌呤核苷酸循环　肌肉组织缺乏 L-谷氨酸脱氢酶,无法进行转氨基偶联氧化脱氨基作用,主要通过嘌呤核苷酸循环(purine nucleotide cycle)脱去氨基。氨基酸首先通过连续的转氨基作用将氨基转移给草酰乙酸,生成天冬氨酸。天冬氨酸与次黄嘌呤核苷酸(IMP)反应生成腺苷酸代琥珀酸,然后裂解生成延胡索酸和腺嘌呤核苷酸(AMP)。AMP 在腺苷酸脱氨酶(此酶在肌组织中活性较强)催化下脱去氨基,完成氨基酸的脱氨基作用(图 12-8)。嘌呤核苷酸循环的脱氨基作用是不可逆的,不能通过逆过程合成非必需氨基酸。

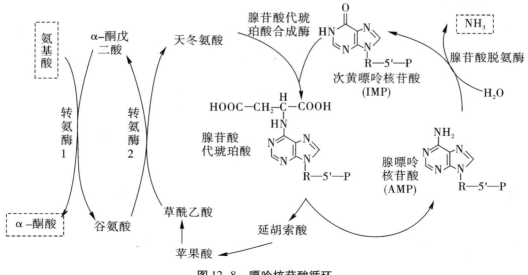

图 12-8　嘌呤核苷酸循环

四、氨的代谢

脱氨基作用及消化道蛋白质的腐败作用产生的氨进入血液,形成血氨。氨具有潜在毒性,脑组织对氨的作用尤为敏感,会影响脑的能量代谢,甚至导致昏迷。正常情况下,机体能及时将氨转变为无毒的尿素排出体外,正常人血氨浓度一般不超过 47 ~ 65 μmol/L。

(一)体内血氨的来源和去路

1. 血氨的来源

(1)氨基酸脱氨基作用和胺类分解产生的氨　联合脱氨基作用是血氨的主要来源。氨基酸经脱羧基作用生成胺,再经单胺氧化酶或二胺氧化酶作用生成游离氨和相应的醛,是血氨的另一个来源。

(2)肠道细菌腐败作用产生的氨　肠道产氨的量较多,每日约 4 g。当肠道腐败作用增强时,氨的产生量会进一步增加。肠道内产生的氨主要在结肠吸收入血。

(3)肾小管上皮细胞分泌的氨　血液中的谷氨酰胺流经肾时,可被肾小管上皮细胞中的谷氨酰胺酶分解生成谷氨酸和 NH_3。肾小管上皮细胞分泌的氨可以铵盐的形式随尿液排出体外,或者被重吸收入血成为血氨。NH_3 容易透过生物膜,而 NH_4^+ 不易透过生物膜。所以肾产氨的去路取决于原尿 pH 值。原尿 pH 值偏酸时,排入原尿中的 NH_3 与 H^+ 结合成为 NH_4^+,随尿排出体外。若原尿的 pH 值较高,则 NH_3 易被重吸收入血。因此对临床上血氨增高的病人使用利尿剂时,不宜使用碱性利尿药。

2. 血氨的去路　氨是有毒的物质,人体必须及时将体内氨排泄或代谢转变,以避免血氨浓度升高。氨的主要去路是在肝合成尿素后随尿液排出体外;此外还可以合成谷氨酰胺、合成非必需氨基酸和其他含氮化合物。正常人也可通过肾泌氨作用,以铵盐的形式经尿排出。

(二)氨在血液中的运输

体内氨主要以丙氨酸和谷氨酰胺两种形式经血液运输,在肝合成尿素或运至肾以铵盐形式随尿排出。

1. 丙氨酸的运氨作用　肌肉组织的氨基酸经转氨基作用将氨基转移给丙酮酸生成丙氨酸,丙氨酸经血液运至肝。在肝中,丙氨酸通过联合脱氨基作用释放出氨,用于合成尿素。肝产生的丙酮酸则可经糖异生途径生成葡萄糖,由血液输送到肌肉组织,经糖酵解转变成丙酮酸,丙酮酸可以再接受氨基生成丙氨酸。丙氨酸和葡萄糖反复地在肌肉和肝之间进行氨的转运,称为丙氨酸-葡萄糖循环(alanine-glucose cycle)(图12-9)。通过此循环,肌肉组织的氨以无毒的丙氨酸形式运输到肝,肝又为肌肉组织提供了生成丙酮酸的葡萄糖。

2. 谷氨酰胺的运氨作用　谷氨酰胺是由脑和肌肉组织向肝和肾运氨的主要方式。在脑和肌肉等组织,氨与谷氨酸在谷氨酰胺合成酶(glutamine synthetase)的催化下生成谷氨酰胺,由血液输送到肝或肾,再经谷氨酰胺酶(glutaminase)水解成谷氨酸及氨。谷氨酰胺的合成与分解是由不同的酶催化的不可逆过程,合成过程需要消耗 ATP。谷氨酰胺既是氨的解毒产物,也是氨的储存及运输形式。临床上氨中毒病人服用或输入谷氨酸盐以降低氨的浓度,利用的就是这个道理。

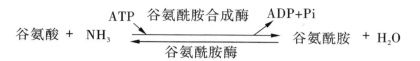

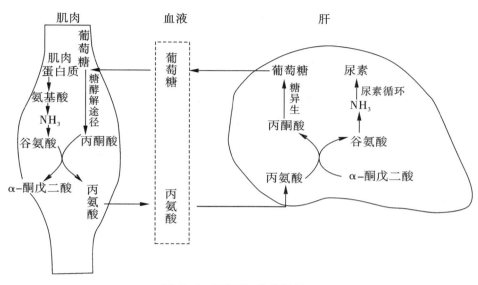

图 12-9　丙氨酸-葡萄糖循环

谷氨酰胺还可以提供氨基使天冬氨酸转变成天冬酰胺。正常细胞能合成足量的天冬酰胺满足蛋白质合成的需求,但白血病细胞却不能或很少合成天冬酰胺,白血病细胞的蛋白质合成所需的天冬酰胺主要依赖于血液从其他组织运输而来。因此临床上应用天冬酰胺酶(asparaginase)水解从血液运输而来的天冬酰胺,抑制白血病细胞的蛋白质合成,达到治疗白血病的目的。

(三)氨在肝合成尿素是氨的主要去路

各组织产生的氨被运输到肝中合成尿素后,随尿液排出体外,只有少部分氨在肾以铵盐形式由尿排出或被重新利用合成非必需氨基酸等物质。正常成人尿素排氮占机体排氮总量的80%～90%,可见肝在氨代谢中的重要作用。

1. 尿素合成的鸟氨酸循环学说　1932 年德国学者 Hans Krebs 和 Kurt Henseleit 等人利用大鼠肝切片做体外实验,将不同的氨基酸与大鼠肝切片培养后,发现在供能的条件下,可由 CO_2 和氨合成尿素。若在反应体系中加入少量的精氨酸、鸟氨酸或瓜氨酸可加速尿素的合成,而这几种氨基酸的含量并不减少(图 12-10)。因此,Krebs 等人首次提出了鸟氨酸循环(ornithine cyclc)学说,又称尿素循环(urea cycle)或 Krebs-Henseleit 循环。Krebs 和 Henseleit 提出的鸟氨酸循环是一个循环机制,即首先鸟氨酸与氨及 CO_2 结合生成瓜氨酸;瓜氨酸再接受 1 分子氨而生成精氨酸;精氨酸水解产生尿素,并重新生成鸟氨酸。接着,鸟氨酸参与第二轮循环(图 12-11)。

鸟氨酸循环的具体过程比较复杂,大体可以分为以下五步,其中前两步在线粒体中发生,后三步在胞质中进行。

生物化学基础

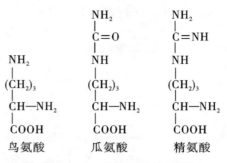

图 12-10　鸟氨酸、瓜氨酸和精氨酸

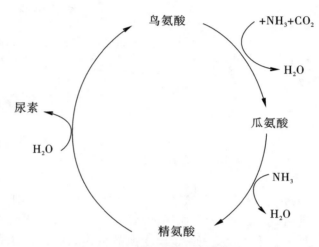

图 12-11　尿素生成的鸟氨酸循环

（1）NH_3、CO_2 和 ATP 缩合成氨基甲酰磷酸　在肝细胞线粒体内,在 Mg^{2+}、ATP 及 N-乙酰谷氨酸（N-acetyl glutamatic acid,AGA）存在时,氨与 CO_2 在氨基甲酰磷酸合成酶 Ⅰ（carbamoyl phosphate synthetase Ⅰ,CPS-Ⅰ）的催化下,合成氨基甲酰磷酸（carbamoyl phosphate）。

$$CO_2+NH_3+H_2O+2ATP \xrightarrow[\text{N-乙酰谷氨酸,}Mg^{2+}]{\text{氨基甲酰磷酸合成酶 I}} H_2N{-}\overset{\overset{O}{\|}}{C}{-}O \sim PO_3^{2-} +2ADP+Pi$$
氨基甲酰磷酸

此反应不可逆,消耗 2 分子 ATP。CPS-Ⅰ是鸟氨酸循环的关键酶,此酶是一种变构酶,AGA 是此酶的变构激活剂。

真核细胞中有两种 CPS,线粒体的 CPS-Ⅰ利用游离 NH_3 为氮源合成氨基甲酰磷酸,参与尿素合成;胞质的 CPS-Ⅱ利用谷氨酰胺作氮源,参与嘧啶的从头合成。

（2）氨基甲酰磷酸与鸟氨酸反应生成瓜氨酸　氨基甲酰磷酸是高能化合物,性质活泼,在鸟氨酸氨基甲酰转移酶（ornithine carbamoyl transferase,OCT）作用下,氨基甲酰磷酸将氨甲酰基转移给鸟氨酸生成瓜氨酸,此反应不可逆,OCT 也存在于肝细胞的线粒体中。

鸟氨酸　　　　　氨基甲酰磷酸　　　　　　　　　　　　　瓜氨酸

（3）瓜氨酸与天冬氨酸反应生成精氨酸代琥珀酸　瓜氨酸生成后,经线粒体膜上的瓜氨酸载体被转运到线粒体外。在胞质中,瓜氨酸在精氨酸代琥珀酸合成酶（argininosuccinate synthetase）的催化下与天冬氨酸缩合为精氨酸代琥珀酸,同时产生 AMP 及焦磷酸,此反应需 ATP 与 Mg^{2+} 的参与,天冬氨酸在此作为氨基的供体提供了尿素分子中的第二个氮原子。

瓜氨酸　　　　　天冬氨酸　　　　　　　　　　　　　　精氨酸代琥珀酸

（4）精氨酸代琥珀酸裂解生成精氨酸和延胡索酸　精氨酸代琥珀酸在精氨酸代琥珀酸裂解酶的催化下生成精氨酸和延胡索酸。延胡索酸经三羧酸循环的中间步骤转变为草酰乙酸,草酰乙酸与谷氨酸进行转氨基作用又可生成天冬氨酸。

精氨酸代琥珀酸　　　　　　　　　　　　精氨酸　　　延胡索酸

（5）精氨酸水解释放尿素　在胞质中,精氨酸在精氨酸酶的催化下水解产生尿素和鸟氨酸。鸟氨酸通过线粒体内膜上鸟氨酸载体的转运再进入线粒体,并参与瓜氨酸合成。如此反复,构成鸟氨酸循环。

$$
\begin{array}{ccccc}
\text{NH}_2 & & \text{NH}_2 & & \text{NH}_2 \\
| & & | & & | \\
\text{C}\!=\!\text{NH} & & \text{C}\!=\!\text{O} & + & (\text{CH}_2)_3 \\
| & \xrightarrow[\text{H}_2\text{O}]{\text{精氨酸酶}} & | & & | \\
\text{NH} & & \text{NH}_2 & & \text{CH}\!-\!\text{NH}_2 \\
| & & & & | \\
(\text{CH}_2)_3 & & & & \text{COOH} \\
| & & & & \\
\text{CH}\!-\!\text{NH}_2 & & & & \\
| & & & & \\
\text{COOH} & & & & \\
\text{精氨酸} & & \text{尿素} & & \text{鸟氨酸}
\end{array}
$$

鸟氨酸循环生成尿素的详细步骤及其在细胞中的定位总结于图 12-12。

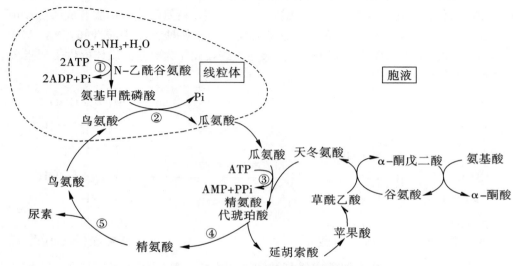

图 12-12 尿素生成的中间步骤和细胞定位

①氨基甲酰磷酸合成酶 I；②鸟氨酸氨基甲酰转移酶；③精氨酸代琥珀酸合成酶；④精氨酸代琥珀酸裂解酶；⑤精氨酸酶

由以上可以看出,尿素合成是一个耗能的过程,合成 1 分子尿素需要消耗 4 个高能磷酸键。尿素分子中的 2 个氮原子,1 个来自氨,另 1 个来自天冬氨酸,而天冬氨酸又可由其他氨基酸通过转氨基作用而生成。

精氨酸除了可以水解释放尿素外,也可以经一氧化氮合酶(nitric oxide synthase,NOS)催化生成一氧化氮(NO)和瓜氨酸,称为一氧化氮合酶支路,NO 在细胞信号转导中具有特殊的作用。

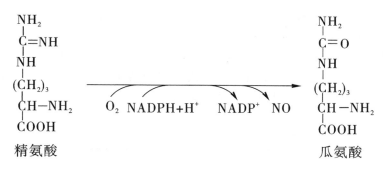

精氨酸   瓜氨酸

2. 鸟氨酸循环的调节　鸟氨酸循环受到精细的调节。

（1）食物蛋白质的影响　尿素合成受食物蛋白质的影响。高蛋白膳食时,蛋白质分解增多,尿素合成速度加快,尿素可占排出氮的90%。低蛋白膳食时,尿素合成速度减慢,尿素可占排出氮的60%。

（2）CPS-Ⅰ的调节　CPS-Ⅰ是鸟氨酸循环的关键酶,其变构激活剂 AGA,由 N-乙酰谷氨酸合成酶催化乙酰 CoA 和谷氨酸生成,精氨酸是 AGA 合成酶的激活剂,精氨酸浓度增高时,尿素合成增加。

（3）尿素合成酶系的调节　尿素合成的酶系中,精氨酸代琥珀酸合成酶的活性最低,是尿素合成过程的关键酶,精氨酸代琥珀酸合成酶活性的变化是调节尿素合成速度的重要因素。

3. 尿素合成障碍可以起高氨血症和氨中毒　在正常情况下,血氨的来源与去路保持动态平衡,血氨始终保持较低的水平。当肝功能严重损伤时,鸟氨酸循环发生障碍,血氨浓度升高,称为高氨血症(hyperammonemia),高血氨的毒性作用机制尚不完全清楚。一般认为,氨进入脑组织,可与 α-酮戊二酸结合成谷氨酸,谷氨酸又与氨进一步结合生成谷氨酰胺,从而使 α-酮戊二酸和谷氨酸减少,影响三羧酸循环作用,使脑组织中 ATP 生成减少,导致大脑功能障碍。另一种可能性是谷氨酸、谷氨酰胺增多,导致脑组织细胞胶体渗透压增高引起脑水肿,导致脑的功能障碍。

五、α-酮酸的代谢

氨基酸脱氨基后产生的 α-酮酸(α-keto acid)主要有以下三条代谢途径。

（一）彻底氧化分解提供能量

α-酮酸通过不同的反应途径转变成丙酮酸、乙酰 CoA 或三羧酸循环的中间产物,再循三羧酸循环途径彻底氧化分解,释放能量以供机体生理活动所需。可见,氨基酸(蛋白质)也是一类供能物质。

（二）经氨基化生成营养非必需氨基酸

体内的营养非必需氨基酸可通过相应的 α-酮酸接受氨基而生成,这些 α-酮酸也可来自于糖代谢的中间产物,例如丙酮酸、草酰乙酸、α-酮戊二酸经氨基化反应分别生成丙氨酸、天冬氨酸和谷氨酸。

（三）代谢转变成糖及脂类化合物

分别用不同氨基酸饲养人工糖尿病犬,发现大多数氨基酸可以使犬尿中葡萄糖含量增多,有些使犬尿中酮体含量增多,有些使犬尿中葡萄糖和酮体含量均增多。据此将氨基酸分为生糖氨基酸（glucogenic amino acid）、生酮氨基酸（ketogenic amino acid）和生糖兼生酮氨基酸（glucogenic and ketogenic amino acid）三大类。凡能生成丙酮酸或三羧酸循环中间产物的氨基酸均为生糖氨基酸；凡能生成乙酰 CoA 或乙酰乙酸的氨基酸均为生酮氨基酸；凡能生成丙酮酸或三羧酸循环中间产物同时也能生成乙酰 CoA 或乙酰乙酸者为生糖兼生酮氨基酸（表 12-2）。

表 12-2　生糖、生酮、生糖兼生酮氨基酸

类别	氨基酸
生糖氨基酸	甘氨酸、丝氨酸、缬氨酸、组氨酸、精氨酸、半胱氨酸、脯氨酸、丙氨酸、谷氨酸、谷氨酰胺、天冬氨酸、天冬酰胺、甲硫氨酸
生酮氨基酸	亮氨酸、赖氨酸
生糖兼生酮氨基酸	异亮氨酸、苯丙氨酸、酪氨酸、苏氨酸、色氨酸

第四节　个别氨基酸的代谢

某些氨基酸因侧链不同，具有其特殊的代谢途径和重要的生理意义。本节着重介绍个别氨基酸的代谢方式，包括脱羧基作用、一碳单位的代谢、含硫氨基酸的代谢、芳香族氨基酸的代谢及支链氨基酸的代谢。

一、氨基酸的脱羧基作用

有些氨基酸可在氨基酸脱羧酶（decarboxylase）催化下进行脱羧基作用（decarboxylation），生成相应的胺类物质，氨基酸脱羧酶的辅酶为磷酸吡哆醛。体内多种胺类物质具有重要生物活性。胺类物质经胺氧化酶氧化成为相应的醛类、NH_3 和 H_2O_2。醛类进一步氧化成羧酸，羧酸代谢成为 CO_2 和 H_2O 或随尿排出。胺氧化酶属于黄素酶类，在肝的活性最高。

$$\underset{\text{氨基酸}}{\text{HOOC—}\overset{\overset{\displaystyle R}{|}}{\text{CH}}\text{—NH}_2} \xrightarrow[\text{脱羧酶}]{-CO_2} \underset{\text{胺}}{R-CH_2-NH_2} \xrightarrow[\text{单胺氧化酶}]{\overset{O_2 \quad H_2O_2}{\underset{}{H_2O \quad NH_3}}} \underset{\text{醛}}{RCHO} \xrightarrow{+1/2\ O_2} \underset{\text{羧酸}}{RCOOH}$$

（一）谷氨酸脱羧生成 γ-氨基丁酸

γ-氨基丁酸（γ-aminobutyric acid, GABA）是谷氨酸在谷氨酸脱羧酶作用下生成的。谷氨酸脱羧酶在脑、肾组织中活性很高，所以脑中 GABA 的含量较多。GABA 是一种抑制性神经递质，对中枢神经有抑制作用。

$$\begin{array}{c} COOH \\ | \\ (CH_2)_2 \\ | \\ CH-NH_2 \\ | \\ COOH \end{array} \xrightarrow[\hspace{1cm}CO_2]{\text{L-谷氨酸脱羧酶}} \begin{array}{c} COOH \\ | \\ (CH_2)_2 \\ | \\ CH_2NH_2 \end{array}$$

L-谷氨酸   γ-氨基丁酸

（二）半胱氨酸脱羧生成牛磺酸

半胱氨酸首先氧化成磺酸丙氨酸,再脱去羧基生成牛磺酸(taurine)。牛磺酸是结合胆汁酸的重要组成成分。

$$\begin{array}{c} CH_2SH \\ | \\ CH-NH_2 \\ | \\ COOH \end{array} \xrightarrow{3[O]} \begin{array}{c} CH_2SO_3H \\ | \\ CH-NH_2 \\ | \\ COOH \end{array} \xrightarrow[\hspace{1cm}CO_2]{\text{磺酸丙氨酸脱羧酶}} \begin{array}{c} CH_2SO_3H \\ | \\ CH_2NH_2 \end{array}$$

L-半胱氨酸   磺酸丙氨酸   牛磺酸

（三）组氨酸脱羧生成组胺

组氨酸在组氨酸脱羧酶催化下生成组胺(histamine)。组胺在体内分布广泛。乳腺、肺、肝、肌肉及胃黏膜中组胺含量较高,主要存在于肥大细胞中。组胺是一种强烈的血管舒张剂,并能增加毛细血管的通透性。

$$\begin{array}{c} HC = C-CH_2CHCOOH \\ | \quad\quad | \quad\quad | \\ HN \quad N \quad\quad NH_2 \\ \backslash \;\; / \\ C \\ | \\ H \end{array} \xrightarrow[\hspace{1cm}CO_2]{\text{组氨酸脱羧酶}} \begin{array}{c} HC = C-CH_2CH_2NH_2 \\ | \quad\quad | \\ HN \quad N \\ \backslash \;\; / \\ C \\ | \\ H \end{array}$$

L-组氨酸   组胺

（四）色氨酸脱羧生成 5-羟色胺

色氨酸首先在色氨酸羟化酶的作用下生成 5-羟色氨酸(5-hydroxytryptophan),再经 5-羟色氨酸脱羧酶作用生成 5-羟色胺(5-hydroxytryptamine,5-HT)。5-羟色胺广泛分布于体内各组织。脑内的 5-羟色胺可作为神经递质,具有抑制作用;在外周组织,5-羟色胺有收缩血管的作用。5-羟色胺经单胺氧化酶催化生成 5-羟色醛,进一步氧化可生成 5-羟吲哚乙酸随尿排出。

色氨酸 →(色氨酸羟化酶)→ 5-羟色氨酸

5-羟色氨酸 →(5-羟色氨酸脱羧酶)→ 5-羟色胺

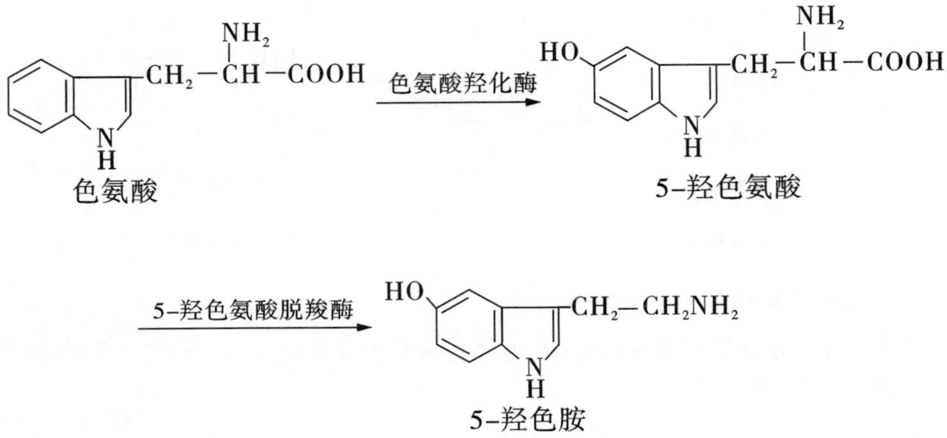

(五)多胺类物质的生成

多胺是指含有多个氨基的物质。体内有些氨基酸脱羧基后会产生多胺类物质。如鸟氨酸在鸟氨酸脱羧酶催化下生成腐胺(putrescine),S-腺苷甲硫氨酸(S-adenosyl methionine SAM)在SAM脱羧酶催化下脱羧生成S-腺苷-3-甲硫基丙胺。在丙胺转移酶催化下S-腺苷-3-甲硫基丙胺与腐胺反应生成精脒(spermidine),再在丙胺转移酶催化下,将另一分子S-腺苷-3-甲硫基丙胺的丙胺基转移到精脒分子上,合成精胺(spermine)。精脒和精胺均属于多胺。反应如下:

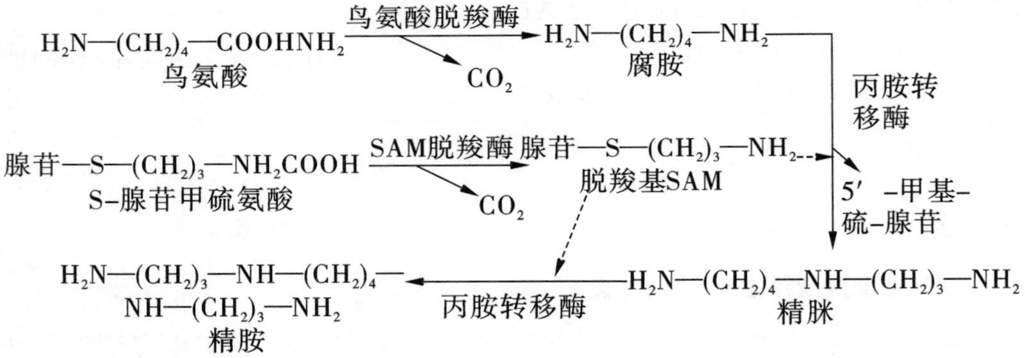

精脒与精胺是调节细胞生长的重要物质。鸟氨酸脱羧酶(orinithine decarboxylase)是多胺合成的限速酶。生长旺盛的组织,如胚胎、再生肝、生长激素作用的细胞及癌组织等,鸟氨酸脱羧酶活性均较强,多胺的含量也较高。多胺促进细胞增殖的机制可能与其稳定细胞结构、与核酸分子结合,并增强核酸与蛋白质合成有关。体内的多胺生成后大部分在肝与乙酰基结合随尿排出,也可以氧化成 CO_2 和 NH_3。

二、一碳单位代谢

一碳单位(one carbon unit)是指某些氨基酸在分解代谢中产生的含一个碳原子的基团,包括甲基(—CH_3, methyl)、甲烯基(—CH_2—, methylene)、甲炔基(—CH=, methenyl)、甲酰基(—CHO, formyl)及亚氨甲基(—CH=NH, formimino)。它们主要来自甘氨酸、组氨酸、丝氨酸、色氨酸的代谢。一碳单位不能游离存在,通常与四氢叶酸(tetrahydrofolic acid,FH_4)结合而转运。

（一）四氢叶酸是一碳单位的载体和辅酶

一碳单位在体内的代谢需要载体四氢叶酸。哺乳类动物的四氢叶酸由叶酸衍生而来,叶酸经二氢叶酸还原酶(dihydrofolate reductase)两次还原转变为四氢叶酸(图12-13)。

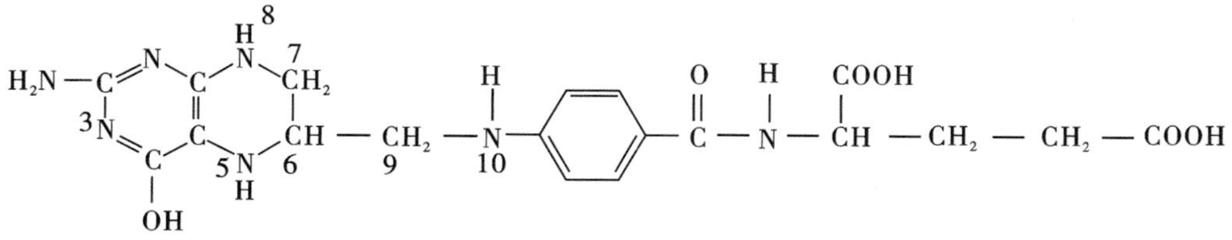

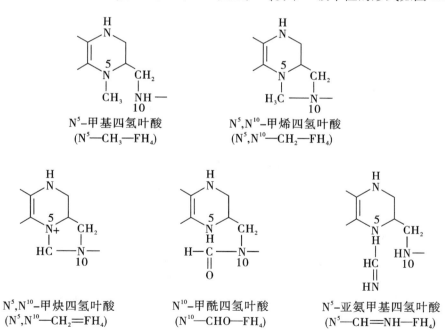

5,6,7,8-四氢叶酸(FH_4)

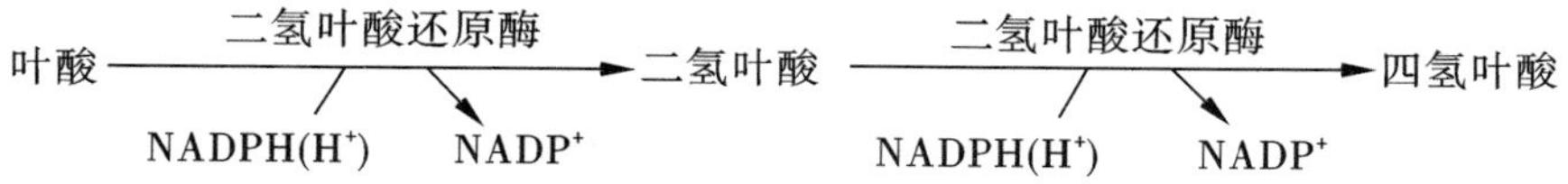

$$叶酸 \xrightarrow[\text{NADPH(H}^+)\quad\text{NADP}^+]{\text{二氢叶酸还原酶}} 二氢叶酸 \xrightarrow[\text{NADPH(H}^+)\quad\text{NADP}^+]{\text{二氢叶酸还原酶}} 四氢叶酸$$

图12-13　四氢叶酸的结构与生成

一碳单位结合于FH_4分子的N^5和N^{10}位上,FH_4携带一碳单位的形式如图12-14。

N^5-甲基四氢叶酸
(N^5—CH_3—FH_4)

N^5,N^{10}-甲烯四氢叶酸
(N^5,N^{10}—CH_2—FH_4)

N^5,N^{10}-甲炔四氢叶酸
(N^5,N^{10}—CH_2=FH_4)

N^{10}-甲酰四氢叶酸
(N^{10}—CHO—FH_4)

N^5-亚氨甲基四氢叶酸
(N^5—CH=NH—FH_4)

图12-14　一碳单位与四氢叶酸的结合

（二）一碳单位的来源

一碳单位主要来源于甘氨酸、组氨酸、丝氨酸、色氨酸的代谢。

甘氨酸在甘氨酸氧化酶的作用下分解产生CO_2、NH_3和N^5,N^{10}-亚甲基四氢叶酸。

$$\begin{array}{c} CH_2-COO^- \\ | \\ NH_3^+ \end{array} \quad +NAD^+ +FH_4 \longrightarrow NH_4^+ +CO_2+N^5,N^{10}-CH_2-FH_4+NADH$$

甘氨酸

丝氨酸降解为甘氨酸的过程中产生 N^5,N^{10}-亚甲基四氢叶酸,反应是可逆的,催化该反应的酶为丝氨酸羟甲基转移酶。

$$\begin{array}{c} CH_2-CH-COO^- \\ | \quad\quad | \\ OH \quad NH_3^+ \end{array} +FH_4 \Longleftrightarrow \begin{array}{c} CH_2-COO^- \\ | \\ NH_3^+ \end{array} +N^5,N^{10}-CH_2-FH_4$$

丝氨酸   甘氨酸

组氨酸在组氨酸酶作用下脱去氨基,再继续水解,使咪唑环裂开,生成亚氨甲酰谷氨酸,由谷氨酸亚氨甲酰转移酶将亚氨甲酰转移至四氢叶酸上生成 N^5-亚氨甲基四氢叶酸。

组氨酸   亚氨甲基谷氨酸   谷氨酸

色氨酸分解生成甲酸的过程中产生 N^{10}-甲酰四氢叶酸。

色氨酸

(三)一碳单位的相互转变

不同的一碳单位可以通过氧化还原反应而彼此转变,但是 $N^5-CH_3-FH_4$ 的生成是不可逆的(图12-15)。$N^5-CH_3-FH_4$ 可将甲基转移给同型半胱氨酸生成甲硫氨酸。活性甲硫氨酸是体内最重要的甲基供给体,而 $N^5-CH_3-FH_4$ 则可看作是体内的甲基的间接来源(详见甲硫氨酸代谢)。

(四)一碳单位的生理功能

一碳单位是氨基酸分解代谢的产物,主要生理作用是作为合成嘌呤和嘧啶的原料,在核酸的生物合成中占有重要地位。例如,$N^{10}-CHO-FH_4$ 与 $N^5,N^{10}=CH-FH_4$ 分别提供嘌呤合成时 C_2 与 C_8 的来源;$N^5,N^{10}-CH_2-FH_4$ 提供胸苷酸(dTMP)合成时甲基的来源。由此可见,一碳单位将氨基酸代谢与核苷酸代谢联系起来。一碳单位代谢障碍就将影响核苷酸及核酸的合成代谢,进而阻碍细胞的增殖,造成某些病理改变,例如巨幼红细胞性贫血等。磺胺药及某些抗肿瘤药物分别通过干扰细菌及恶性肿瘤细胞的四氢叶酸合成,影响一碳单位代谢与核酸的生物合成而发挥药理作用。

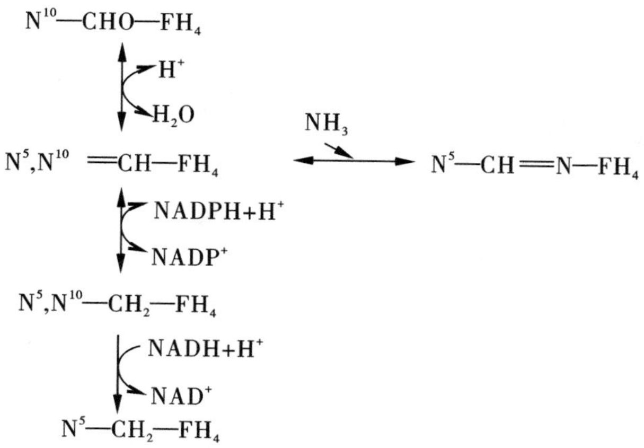

$$N^{10}\text{—CHO—FH}_4$$
$$\downarrow H^+$$
$$\downarrow H_2O$$
$$N^5, N^{10} \text{=CH—FH}_4 \quad \longleftarrow \overset{NH_3}{\longrightarrow} \quad N^5\text{—CH=N—FH}_4$$
$$\downarrow \text{NADPH+H}^+$$
$$\downarrow \text{NADP}^+$$
$$N^5, N^{10}\text{—CH}_2\text{—FH}_4$$
$$\downarrow \text{NADH+H}^+$$
$$\downarrow \text{NAD}^+$$
$$N^5\text{—CH}_2\text{—FH}_4$$

图 12-15　一碳单位的相互转变

三、含硫氨基酸的代谢

体内含硫氨基酸主要有甲硫氨酸、半胱氨酸和胱氨酸三种。甲硫氨酸与一碳单位（$N^5\text{-CH}_2\text{-FH}_4$）的代谢关系密切,在体内甲硫氨酸可以转变为半胱氨酸。但半胱氨酸和胱氨酸不能转变为甲硫氨酸。

（一）甲硫氨酸的代谢

1. 甲硫氨酸与转甲基作用　甲硫氨酸分子中的 S-甲基可以通过转甲基作用合成多种含甲基的生理活性物质,如肾上腺素、肌酸、肉毒碱等。但是,甲硫氨酸在转甲基之前,须在腺苷转移酶催化下,与 ATP 生成 S-腺苷甲硫氨酸（S-adenosyl methionine, SAM）。SAM 中的甲基称为活性甲基,SAM 又称为活性甲硫氨酸。SAM 是体内的甲基直接供体,体内有 50 多种甲基化合物合成需要 SAM 提供甲基。

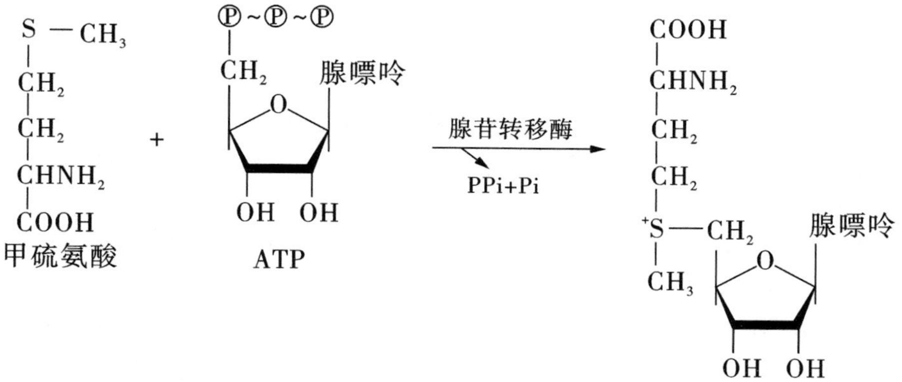

$$
\begin{array}{l}
\text{S—CH}_3 \\
|\\
\text{CH}_2 \\
|\\
\text{CH}_2 \\
|\\
\text{CHNH}_2 \\
|\\
\text{COOH} \\
\text{甲硫氨酸}
\end{array}
+
\begin{array}{c}
\text{Ⓟ~Ⓟ~Ⓟ} \\
|\\
\text{CH}_2 \quad \text{腺嘌呤}\\
O \\
\text{OH OH} \\
\text{ATP}
\end{array}
\xrightarrow[\text{PPi+Pi}]{\text{腺苷转移酶}}
\begin{array}{c}
\text{COOH} \\
|\\
\text{CHNH}_2 \\
|\\
\text{CH}_2 \\
|\\
\text{CH}_2 \\
|\\
{}^+\text{S—CH}_2 \quad \text{腺嘌呤}\\
|\qquad\quad O\\
\text{CH}_3 \\
\text{OH OH} \\
\text{S-腺苷甲硫氨酸}
\end{array}
$$

2. 甲硫氨酸为肌酸合成提供甲基　肌酸（creatine）以甘氨酸为骨架,由精氨酸提供脒基,S-腺苷甲硫氨酸提供甲基而合成。肌酸在肌酸激酶（creatine kinase 或

creatine phosphokinase,CPK)催化下,由 ATP 提供磷酸基团,生成磷酸肌酸(creatine phosphate)。磷酸肌酸是一种高能化合物,是组织中高能磷酸键的储存形式。磷酸肌酸在心肌、骨骼肌及大脑中含量丰富。

肌酸激酶由两种亚基组成,即 M 亚基(肌型)与 B 亚基(脑型),有三种同工酶:MM 型、MB 型及 BB 型。三种同工酶在各组织中的分布不同,MM 型主要在骨骼肌,MB 型主要在心肌,BB 型主要在脑。心肌梗死时,血中 MB 型肌酸激酶活性增高,可作为辅助诊断的指标。

肌酸和磷酸肌酸的代谢终产物是肌酐(creatinine),主要在骨骼肌中生成(图 12-16)。正常成人每日尿中肌酐的排出量恒定。当肾功能障碍时,肌酐排泄受阻,因此,血中肌酐浓度的改变对评价肾功能有一定意义。

图 12-16 肌酸的代谢

3. 甲硫氨酸与甲硫氨酸循环 S-腺苷甲硫氨酸在甲基转移酶(methyl transferase)的作用下将甲基转移给另一种物质使其甲基化,S-腺苷甲硫氨酸脱去甲基变成 S-腺苷同型半胱氨酸,后者进一步脱去腺苷,生成同型半胱氨酸(homocysteine)。同型半胱氨酸在甲硫氨酸合成酶作用下,接受 N^5-甲基四氢叶酸提供的甲基,重新生成甲硫氨酸,这一循环过程称为甲硫氨酸循环(methionine cycle)(图 12-17)。

甲硫氨酸循环中由 N^5—CH_2—FH_4 供给甲基合成甲硫氨酸,再由 SAM 提供甲基,进行甲基化反应。在此过程中,N^5—CH_2—FH_4 是体内甲基化反应的甲基间接供体,而 N^5—CH_2—FH_4 的甲基由其他非必需氨基酸提供,这样可以防止甲硫氨酸的大量消耗。另外,甲硫氨酸循环有利于四氢叶酸的再生。由 N^5—CH_2—FH_4 提供甲基使同型半胱氨酸转变成甲硫氨酸的反应是唯一能利用 N^5—CH_2—FH_4 的反应,催化此反应的 N^5—

$CH_2—FH_4$ 转甲基酶(又称甲硫氨酸合成酶)的辅酶是维生素 B_{12},维生素 B_{12} 缺乏时, $N^5—CH_2—FH_4$ 上的甲基不能转移,不利于甲硫氨酸的生成和四氢叶酸的再生(图 12- 17),使组织中游离的四氢叶酸含量减少,导致核酸合成障碍,影响细胞分裂。因此, 维生素 B_{12} 缺乏时可导致巨幼红细胞性贫血。

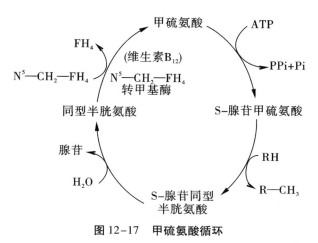

图 12-17　甲硫氨酸循环

(二)半胱氨酸的代谢

1. 半胱氨酸与胱氨酸的相互转变　半胱氨酸含有巯基(—SH),胱氨酸含有二硫 键(—S—S—),二者可通过氧化还原反应而相互转变。

$$2\ \begin{array}{c} CH_2SH \\ | \\ CHNH_2 \\ | \\ COOH \end{array} \quad \underset{+2H}{\overset{-2H}{\rightleftharpoons}} \quad \begin{array}{cc} CH_2—S—S—CH_2 \\ | \qquad\qquad | \\ CHNH_2 \qquad CHNH_2 \\ | \qquad\qquad | \\ COOH \qquad COOH \end{array}$$

半胱氨酸　　　　　胱氨酸

蛋白质中的胱氨酸由半胱氨酸残基氧化脱氢而来。在蛋白质分子中两个半胱氨 酸残基间所形成的二硫键对维持蛋白质分子空间构象起重要作用,而半胱氨酸的巯基 也是许多蛋白质或酶的活性基团。有些毒物,如芥子气、重金属盐等,能与酶分子的巯 基结合而抑制酶活性,发挥毒性作用。体内的还原型谷胱甘肽能保护酶分子上的巯 基,具有重要的生理作用。

2. 半胱氨酸代谢生成活性硫酸根　含硫氨基酸氧化分解均可以产生硫酸根,而半 胱氨酸是体内硫酸根的主要来源。半胱氨酸直接脱去巯基和氨基生成丙酮酸、NH_3 和 H_2S,H_2S 经氧化而生成 H_2SO_4。体内的硫酸根一部分以无机盐形式随尿排出,另一部 分则经 ATP 活化成活性硫酸根,即 3′-磷酸腺苷-5′-磷酸硫酸(3′-phospho- adenosine-5′-phosphosulfate,PAPS),反应过程如图 12-18。

PAPS 的性质比较活泼,可以提供硫酸根使某些物质形成硫酸酯(转硫酸基作 用)。例如类固醇激素形成硫酸酯而被灭活,一些外源性酚类化合物也可以形成硫酸 酯排出体外。这些反应在肝生物转化作用中有重要意义。此外,PAPS 还可参与硫酸 角质素及硫酸软骨素等分子中硫酸化氨基糖的合成。

$$ATP+SO_4^{2-} \xrightarrow{-PPi} AMP-SO_3 \xrightarrow{+ATP} 3-PO_3H_2-AMP-SO_3+ADP$$

腺苷-5′-磷酸硫酸 　　　　　　 PAPS

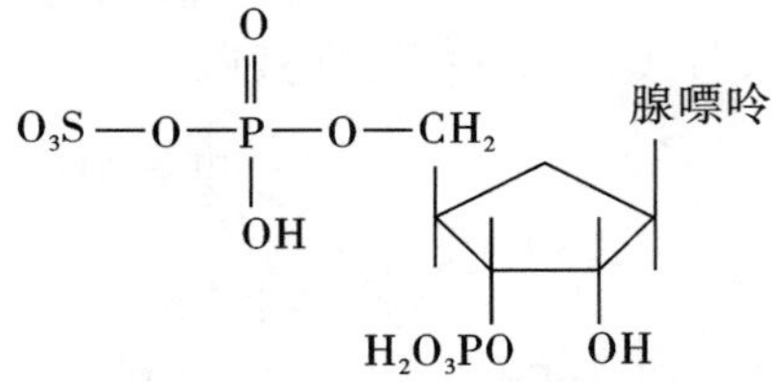

$$O_3S-O-\overset{\overset{\displaystyle O}{\|}}{\underset{\underset{\displaystyle OH}{|}}{P}}-O-CH_2 \quad 腺嘌呤$$

$$H_2O_3PO \quad OH$$

PAPS的结构

图 12-18　PAPS 的生成与结构

四、芳香族氨基酸的代谢

芳香族氨基酸主要有苯丙氨酸、酪氨酸和色氨酸三种。在体内苯丙氨酸可转变成酪氨酸进行代谢。色氨酸和苯丙氨酸同属营养必需氨基酸。

(一)苯丙氨酸的代谢

苯丙氨酸在苯丙氨酸羟化酶作用下羟基化为酪氨酸,催化此反应的苯丙氨酸羟化酶是一种加单氧酶,辅酶是四氢生物蝶呤,催化的反应不可逆,因此酪氨酸不能转变为苯丙氨酸。

正常情况下,苯丙氨酸主要代谢途径是转变成酪氨酸,少量经转氨基作用生成苯丙酮酸,因而正常人体内苯丙酮酸的量很少。若苯丙氨酸羟化酶先天性缺乏,苯丙氨酸不能正常地转变成酪氨酸,体内的苯丙氨酸蓄积,可经转氨基作用生成大量苯丙酮酸,进一步转变成苯乙酸等衍生物。此时,尿中出现大量苯丙酮酸及其代谢产物苯乳酸、苯乙酸等,称为苯丙酮酸尿症(phenyl keton uria,PKU)。苯丙酮酸的堆积对中枢神经系统有毒性,尤其在脑组织发育期,导致患儿智力低下。

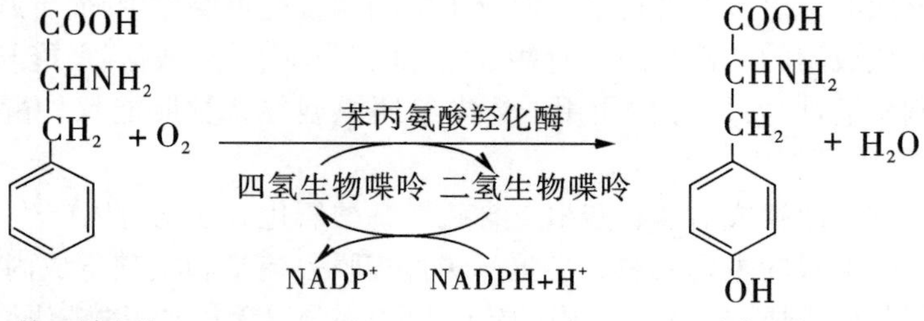

COOH　　　　　　　　　　　　　　　　COOH

CHNH_2　　　　　　　　　　　　　　　CHNH_2

$$\underset{苯丙氨酸}{CH_2} + O_2 \xrightarrow[\substack{四氢生物喋呤\ 二氢生物喋呤 \\ NADP^+ \quad NADPH+H^+}]{苯丙氨酸羟化酶} \underset{酪氨酸}{CH_2} + H_2O$$

OH

(二)酪氨酸的代谢

1. 合成儿茶酚胺类激素　酪氨酸在肾上腺髓质和神经组织中经酪氨酸羟化酶(tyrosine hydroxylase)作用,生成 3,4 二羟苯丙氨酸(3,4-dihydroxyphenylalanine,dopa),又称多巴。多巴在多巴脱羧酶的作用下转变成多巴胺。多巴胺是一种中枢神经递质,帕金森病(Parkinson disease)患者脑内多巴胺的合成受到抑制,出现震颤麻痹症状。在肾上腺髓质,多巴胺侧链的 β 碳原子可再被羟化,生成去甲肾上腺素,后者经 N-甲基转移酶催化,由活性甲硫氨酸提供甲基,转变成肾上腺素。多巴胺、去甲肾上腺素、肾上腺素统称为儿茶酚胺(catecholamine),即含邻苯二酚的胺类。酪氨酸羟化酶是儿茶酚胺合成的限速酶。

2. 合成黑色素 在酪氨酸酶(tyrosinase)的催化下,酪氨酸羟化生成多巴,后者经氧化、脱羧等反应转变成吲哚-5,6-醌,黑色素(melanin)即是吲哚醌的聚合物。先天性酪氨酸酶缺乏患者,黑色素合成障碍,称为白化病(albinism)。

3. 酪氨酸的分解代谢 在酪氨酸转氨酶的催化下,酪氨酸脱去氨基生成对羟苯丙酮酸,后者经一系列复杂的反应生成尿黑酸,尿黑酸在尿黑酸氧化酶作用下转变成延胡索酸和乙酰乙酸,延胡索酸可以异生成糖,乙酰乙酸是酮体的一种,二者分别参与糖类和脂类代谢。因此,苯丙氨酸和酪氨酸都是生糖兼生酮氨基酸。若先天性尿黑酸氧化酶缺乏,尿黑酸氧化分解受阻,可出现尿黑酸尿症(alkaptonuria)。

苯丙氨酸和酪氨酸的代谢过程总结如图 12-19。

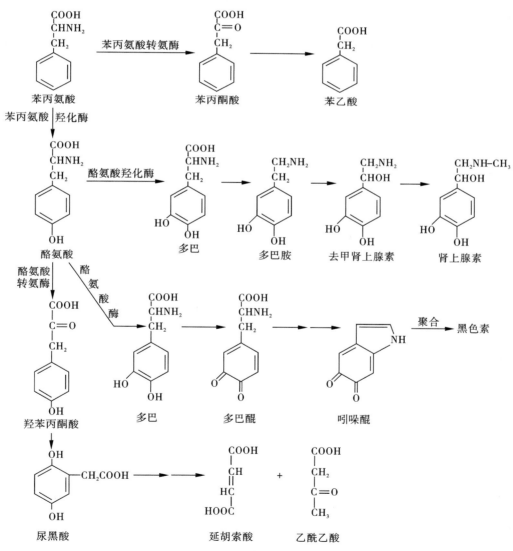

图 12-19　苯丙氨酸和酪氨酸的代谢过程

（三）色氨酸的代谢

色氨酸是一种含有苯环类结构的杂环氨基酸,大多数蛋白质中含量均较少,机体对其摄取少,分解亦少。除参加蛋白质合成外,色氨酸还可经氧化脱羧生成5-羟色胺。在肝中,色氨酸通过色氨酸加氧酶(tryptophane oxygenase)的作用,生成一碳单位(N^{10}-CHO-FH_4)和多种酸性中间代谢产物。色氨酸分解可产生丙酮酸与乙酰乙酰辅酶A,所以色氨酸也是一种生糖兼生酮氨基酸。此外,色氨酸分解还可产生烟酸,这是体内合成维生素的特例,但合成量甚少,不能满足机体的需要。

五、支链氨基酸的代谢

支链氨基酸主要有亮氨酸、异亮氨酸和缬氨酸三种,均为营养必需氨基酸。这三种氨基酸主要在肌肉中降解,首先经转氨基作用,生成相应的 α-酮酸,α-酮酸通过的氧化脱羧基作用,产生相应的脂酰辅酶A。三种脂酰辅酶A经 β-氧化生成相应的 α,β-烯脂酰辅酶A,循其不同代谢途径代谢。缬氨酸分解产生琥珀酸单酰辅酶A,亮氨酸产生乙酰辅酶A及乙酰乙酰辅酶A,异亮氨酸产生乙酰辅酶A及琥珀酸单酰辅酶A。所以,这三种氨基酸分别是生糖氨基酸、生酮氨基酸及生糖兼生酮氨基酸。

氨基酸代谢衍生的重要含氮化合物见表12-3。

表12-3　氨基酸代谢衍生的重要含氮化合物

氨基酸	衍生化合物	生理功能
Asp、Gln、Gly	嘌呤碱	含氮碱基、核酸成分
Asp	嘧啶碱	含氮碱基、核酸成分
Gly	卟啉化合物	血红素、细胞色素
Gly、Arg、Met	肌酸、磷酸肌酸	能量储存
Trp	烟酸、5-羟色胺	维生素、神经递质
Tyr、Phe	儿茶酚胺	神经递质、激素
Tyr、Phe	黑色素	皮肤色素
Cys	牛磺酸	结合胆汁酸成分
His	组胺	血管舒张剂
Glu	γ-氨基丁酸	神经递质
Orn、Met	精胺、精脒	细胞增殖促进剂
Arg	一氧化氮	细胞信号转导分子

小　结

氨基酸代谢是蛋白质分解代谢的中心内容。蛋白质是重要的营养物质,正常人体每日膳食中需提供足量优质的蛋白质,才能满足机体日常的生理需要。组织蛋白质降解产生的氨基酸和经食物消化吸收的氨基酸及自身合成的营养非必需氨基酸共同构成了氨基酸代谢库，氨基酸代谢库始终处在动态的平衡中。氮平衡是一种间接反映体内蛋白质代谢状况的方法，即通过测定摄入氮量与排出氮量的对比关系反映蛋白质在体内代谢的动态平衡。人体氮平衡状态有三种，包括氮的总平衡、氮的正平衡和氮的负平衡。

蛋白质的营养价值指食物蛋白质在体内的利用率。组成人体蛋白质的氨基酸有20种，其中8种氨基酸是体内需要而又不能自身合成，必须由食物供应的氨基酸，称为营养必需氨基酸，包括赖氨酸、色氨酸、苯丙氨酸、甲硫(蛋)氨酸、苏氨酸、亮氨酸、异亮氨酸、缬氨酸。其余12种氨基酸可以利用其他物质在体内合成，称为营养非必需氨基酸。食物蛋白质的必需氨基酸含量、种类及比例决定其营养价值的高低。一般来说，含有必需氨基酸种类多和数量足的蛋白质具有比较高的营养价值，反之营养价值则比较低。

食物蛋白质在消化道中各种酶的作用下，水解为氨基酸吸收进入机体。食物蛋白质的消化自胃中开始，主要在小肠中进行。蛋白质消化的效率很高，正常成人摄入食物蛋白质的95%可被完全水解，部分未被消化蛋白质和部分来不及吸收的氨基酸进入大肠。大肠下部细菌对未消化蛋白质或未吸收氨基酸的分解的过程成为腐败作用，多数的腐败产物对人体有害，例如胺类、氨、酚类、吲哚及硫化氢等。

氨基酸的分解代谢包括氨基酸的一般代谢和个别氨基酸的代谢。氨基酸的一般代谢即脱氨基作用，生成氨和相应的α-酮酸。氨基酸的脱氨基方式主要有转氨基、氧化脱氨基和联合脱氨基，以联合脱氨基最为重要。联合脱氨基作用包括转氨基联合氧化脱氨基和嘌呤核苷酸循环两种方式，转氨基联合氧化脱氨基主要发生于肝、肾等部位，嘌呤核苷酸循环主要发生在肌肉组织。脱氨基作用产生的氨是体内氨的主要来源，在体内以丙氨酸和谷氨酰胺的形式运输，主要在肝经鸟氨酸循环方式合成尿素排出体外。氨基酸脱氨基后产生的α-酮酸主要代谢途径有三条：①彻底氧化分解提供能量；②经氨基化生成营养非必需氨基酸；③代谢转变成糖及脂类化合物。

某些氨基酸因侧链不同，具有其特殊的代谢途径和重要的生理意义。有些氨基酸可在氨基酸脱羧酶催化下进行脱羧基作用，生成相应的胺类物质，这些胺类物质多具有不同的生物学功能，如γ-氨基丁酸、5-羟色胺、组胺、多胺等。一碳单位是指某些氨基酸在分解代谢中产生的含一个碳原子的基团，包括甲基、甲烯基、甲炔基、甲酰基及亚氨甲基，来自于甘氨酸、丝氨酸、组氨酸、色氨酸的代谢。一碳单位不能游离存在，通常与四氢叶酸结合运输和代谢，主要生理作用是作为合成嘌呤和嘧啶的原料，在核酸合成中占有重要地位。甲硫氨酸分子中的S-甲基可以通过转甲基作用合成多种含甲基的生理活性物质，如肾上腺素、肌酸、肉毒碱等。甲硫氨酸在转甲基之前，需在腺苷转移酶催化下，与ATP生成S-腺苷甲硫氨酸(SAM)，SAM是体内的甲基直接供体，体内有50多种甲基化合物合成需要SAM提供甲基。

(赵春澎)

笔记栏

思考题

1. 什么是营养必需氨基酸,有哪些种类?
2. 简述体内氨基酸的来源和主要代谢去路。
3. 氨基酸脱氨后产生的氨和 α-酮酸有哪些主要的代谢去路?
4. 简述叶酸、维生素 B_{12} 缺乏导致巨幼红细胞性贫血的生化机制。
5. 列举血氨的来源和去路,分析谷氨酸和精氨酸治疗肝性脑病的生化基础。
6. 试述天冬氨酸彻底氧化分解成 CO_2 和 H_2O 的反应历程,并计算产生的 ATP 的数量。
7. 何谓一碳单位? 有何生物学意义? 哪些氨基酸在代谢过程中可产生一碳单位?

第十三章

核苷酸代谢

　　核酸是以核苷酸为基本单位的生物大分子,是生物遗传的物质基础。核苷酸在体内分布广泛,主要以 5′-核苷酸的形式存在,以 5′-ATP 的含量最多。核苷酸具有多种生物学功能:①构成核酸的基本原料,这是核苷酸最主要的功能;②人体内能量的直接供体,其中 ATP 是人体能量的直接利用形式;③参与细胞内信号转导,如 cAMP、cGMP 都是细胞内重要的第二信使;④组成辅酶,如腺苷酸参与 NADP⁺、NAD⁺的生成;⑤活化中间产物,如 UDP 葡萄糖、CDP 二酯酰甘油、S-腺苷甲硫氨酸的生成。

　　食物中的核酸以核蛋白的形式存在,首先在胃中被胃酸水解为核酸和蛋白质。进入小肠后,在胰核糖核酸酶及脱氧核糖核酸酶的作用下,水解为单核苷酸,受单核苷酸酶催化,脱去磷酸转变为核苷,核苷受核苷酶催化,生成自由碱基和戊糖。

　　核酸消化后产生的磷酸和戊糖可以被重新利用,腺嘌呤也可以被重新利用参与核苷酸的合成,但其他嘌呤与嘧啶碱基则多被分解排出体外。因此,食物来源的嘌呤和嘧啶碱很少被机体利用,核苷酸不属于营养物质(图 13-1)。

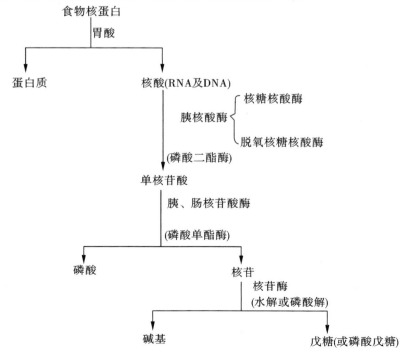

图 13-1　食物中核酸的消化过程

笔记栏

第一节 嘌呤核苷酸代谢

一、嘌呤核苷酸合成代谢

机体合成嘌呤核苷酸的途径包括从头合成途径(de novo synthesis pathway)和补救合成途径(salvage pathway)两条。从头合成途径是机体利用简单的前体分子合成嘌呤核苷酸的过程,补救合成途径则是利用细胞内嘌呤碱或嘌呤核苷合成核苷酸的过程,是机体核苷酸的再利用过程。

嘌呤核苷酸的从头合成途径是机体利用5-磷酸核糖、甘氨酸和天冬氨酸、一碳单位及 CO_2 等简单物质,经过一系列酶促反应,合成嘌呤核苷酸的过程。该过程主要发生在肝细胞的细胞质中,其次见于小肠黏膜及胸腺等处。具体过程可分为两个阶段,即次黄嘌呤核苷酸(IMP)的合成及腺嘌呤核苷酸(AMP)、鸟嘌呤核苷酸(GMP)生成(图 13-2)。

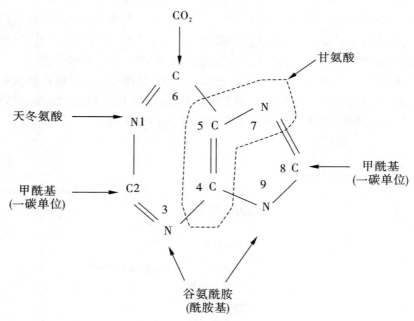

图 13-2 嘌呤碱基元素来源

1. IMP 的合成 IMP 的合成经历了十一个反应步骤。5-磷酸核糖(由磷酸戊糖途径产生)在磷酸核糖焦磷酸合成酶(PRPP 合成酶)的催化下,与 ATP 反应生成磷酸核糖焦磷酸(phosphoribosyl pyrophosphate,PRPP),是核苷酸从头合成过程的关键反应。在 PRPP 的基础上,经过一系列酶促反应逐一添加嘌呤环的各个原子,最后环化生成IMP(图 13-3)。

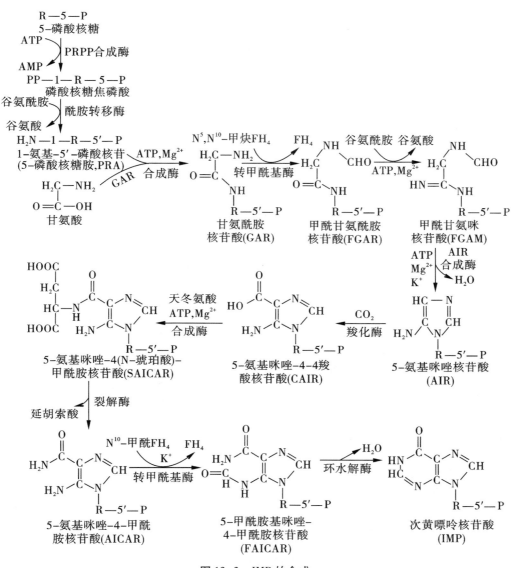

图 13-3　IMP 的合成

2. AMP 和 GMP 生成　IMP 是嘌呤核苷酸从头合成过程中重要的中间物质,是 AMP 和 GMP 的前体物质。IMP 可以分别转变成 AMP 和 GMP(图 13-4)。AMP 和 GMP 均可进一步磷酸化生成 ADP、GDP 或 ATP、GTP。

3. 合成过程的调节　PRPP 合成酶和磷酸核糖酰胺转移酶的活性变化可以控制 IMP 合成的速度,是影响嘌呤核苷酸从头合成过程的主要酶。合成产物 IMP、AMP 及 GMP 较多时,可以反馈抑制这两种酶的活性,减少 IMP 的生成。反之,则促进这两者的活性,加速 IMP 的生成。其中磷酸核糖酰胺转移酶是一类变构酶,其单体形式有催化活性,二聚体形式无活性。IMP、AMP 及 GMP 使其由活性形式转变为无活性形式,是一种负反馈调节。目前认为,在嘌呤核苷酸的从头合成调节中,PRPP 合成酶可能比磷酸核糖酰胺转移酶的作用更大(图 13-5)。

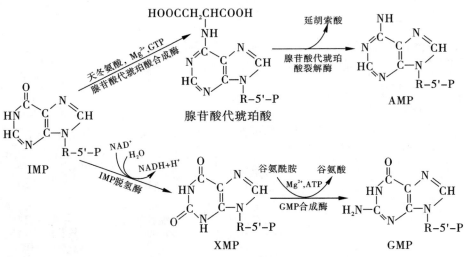

图 13-4　AMP 和 GMP 生成及转变

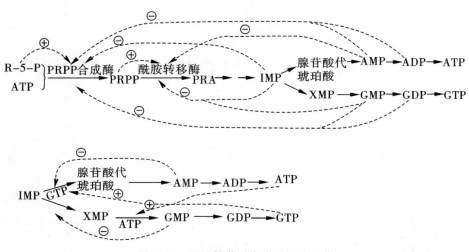

图 13-5　嘌呤核苷酸合成过程的调节

　　在 AMP 和 GMP 的生成过程中,AMP 抑制自身的生成量,而不抑制 GMP 的生成;同样,GMP 抑制自身的生成量,而不影响 AMP 的生成。此外,在 IMP 转变为 AMP 时需要 GTP,而在 IMP 转变成 GMP 的过程中需要 ATP。由此可见,过量的 AMP 或 GMP 一方面通过反馈抑制自身的生物合成,另一方面,可以通过 ATP 或 GTP 的分解供能促进 GMP 或 AMP 合成量的增加。这种交叉调节对 ATP 与 GTP 浓度的平衡具有重要的意义。

　　由上述反应过程可以看到,嘌呤核苷酸的从头合成途径是在嘌呤核糖分子上不断加成反应,最后环化生成嘌呤环,而不是简单的嘌呤碱与磷酸核糖的链接过程。这与嘧啶核苷酸的合成有所不同,也是嘌呤核苷酸从头合成途径一个重要的特征。

(二)嘌呤核苷酸的补救合成途径

组织细胞利用嘌呤碱或嘌呤核苷,合成嘌呤核苷酸的过程称为嘌呤核苷酸的补救合成途径。补救合成过程主要发生于脑组织和骨髓等处。

补救合成主要涉及腺嘌呤磷酸核糖转移酶(adenine phosphoribosyl transferase,APRT)和次黄嘌呤-鸟嘌呤磷酸核糖转移酶(hypoxanthine-guanine phosphoribosyl transferase,HGPRT),分别催化 AMP、IMP 和 GMP 的合成。APRT 受 AMP 的反馈抑制,HGPRT 受 IMP 和 GMP 的反馈抑制。PRPP 是 5-磷酸核糖的供体。

利用嘌呤核苷进行嘌呤核苷酸的补救合成途径主要用于 AMP 的生成,由腺苷激酶催化,以腺嘌呤核苷为底物,ATP 提供能量及磷酸基团,生成 AMP。

嘌呤核苷酸的补救合成途径过程简单,消耗能量少。人体的某些组织如脑组织只能进行嘌呤核苷酸的补救合成(图 13-6)。

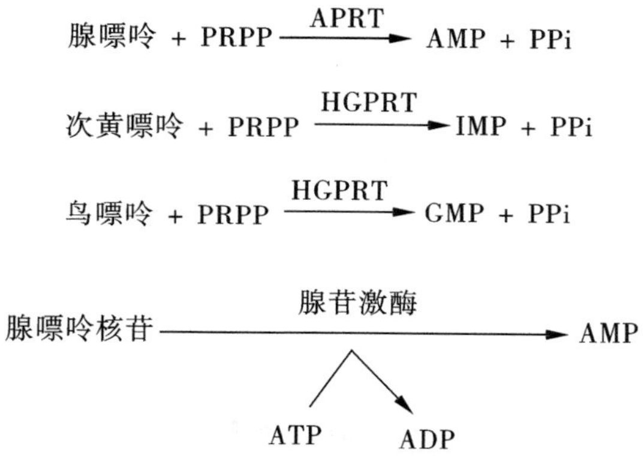

$$\text{腺嘌呤} + \text{PRPP} \xrightarrow{\text{APRT}} \text{AMP} + \text{PPi}$$

$$\text{次黄嘌呤} + \text{PRPP} \xrightarrow{\text{HGPRT}} \text{IMP} + \text{PPi}$$

$$\text{鸟嘌呤} + \text{PRPP} \xrightarrow{\text{HGPRT}} \text{GMP} + \text{PPi}$$

$$\text{腺嘌呤核苷} \xrightarrow{\text{腺苷激酶}} \text{AMP}$$
ATP → ADP

图 13-6　嘌呤核苷酸的补救合成途径

二、嘌呤核苷酸分解代谢

细胞核苷酸的分解代谢类似于食物中核苷酸的消化过程。嘌呤核苷酸在核苷酸酶催化脱去磷酸生成嘌呤核苷,嘌呤核苷经核苷磷酸化酶催化生成嘌呤碱。嘌呤碱既可以参加补救合成途径,也可以进一步水解。在人体内,嘌呤碱生成尿酸,随尿排出体外。AMP 生成次黄嘌呤,经黄嘌呤氧化酶作用生成黄嘌呤,进而转化为尿酸。GMP 生成鸟嘌呤,在鸟嘌呤酶作用下经黄嘌呤也转化为尿酸(图 13-7)。

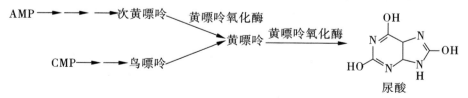

图 13-7　嘌呤核苷酸的分解代谢

第二节　嘧啶核苷酸代谢

一、嘧啶核苷酸合成代谢

与嘌呤核苷酸的合成代谢相同,嘧啶核苷酸的合成过程也包括从头合成途径和补救合成途径。

(一)嘧啶核苷酸的从头合成途径

与嘌呤核苷酸的从头合成不同,嘧啶核苷酸的从头合成是先合成嘧啶环,然后与磷酸核糖相连形成嘧啶核苷酸的过程,该途径主要发生于肝细胞的胞质中。磷酸核糖结构由 PRPP 提供,而嘧啶碱基的元素来源是谷氨酰胺、天冬酰胺和 CO_2(图 13-8)。

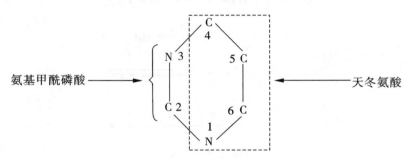

图 13-8　嘧啶碱基的元素来源

嘧啶核苷酸的从头合成过程(图 13-9)可分为三个阶段,即氨基甲酰磷酸的合成、嘧啶环的形成和嘧啶核苷酸的生成。

1. 氨基甲酰磷酸的合成　嘧啶环的合成开始于氨基甲酰磷酸的生成。在肝细胞质的氨基甲酰磷酸合成酶Ⅱ的催化下,以谷氨酰胺作为氮源,与 CO_2 反应生成氨基甲酰磷酸。曾经在氨基酸代谢中提到,作为尿素合成的原料,氨基甲酰磷酸是在肝细胞线粒体中由氨基甲酰磷酸合成酶Ⅰ的催化下生成的。氨基甲酰磷酸合成酶Ⅰ与氨基甲酰磷酸合成酶Ⅱ的性质不同,存在的部位和催化的反应不同,生物学意义也不同。

2. 嘧啶环的形成　胞质中的氨基甲酰磷酸与天冬氨酸在天冬氨酸氨基甲酰转移酶(aspartate transcarbamoylase)的作用下,生成氨基甲酰天冬氨酸,后者经二氢乳清酸酶的催化,生成具有嘧啶环结构的二氢乳清酸,再经二氢乳清酸脱氢酶的作用,脱氢成为乳清酸(orotic acid),经磷酸核糖转移酶作用,与 PRPP 合成乳清酸核苷酸。

真核细胞中的氨基甲酰磷酸合成酶Ⅱ、天冬氨酸氨基甲酰转移酶和二氢乳清酸酶是在一条多肽链上的多功能酶,而二氢乳清酸脱氢酶和磷酸核糖转移酶亦是同一多肽链上的多功能酶,这种催化方式有利于嘧啶核苷酸的合成。

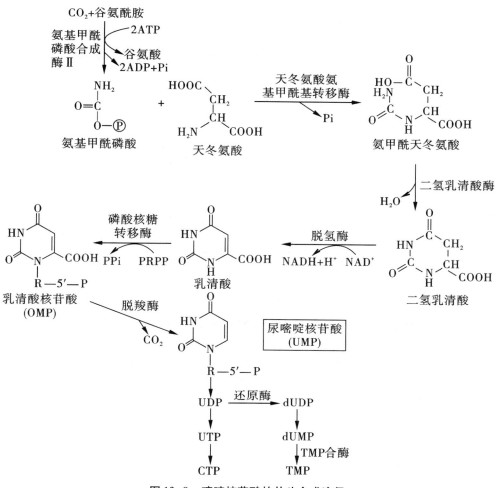

图 13-9 嘧啶核苷酸的从头合成途径

3. 嘧啶核苷酸的生成　乳清酸核苷酸经脱羧酶作用,脱去羧基,生成尿嘧啶核苷酸(uridine monophosphate,UMP)。UMP 可进一步在激酶的作用下,发生磷酸化生成 UDP 和 UTP(图 13-10)。

CTP 的生成是在三磷酸水平上进行的,UTP 在 CTP 合成酶的作用下,消耗一分子 ATP,接受由谷氨酰胺提供的氨基转变为 CTP。

嘧啶核苷酸的从头合成过程受到精细的调节。细菌的天冬氨酸氨基甲酰转移酶是嘧啶核苷酸从头合成的主要调节酶。哺乳类动物嘧啶核苷酸的从头合成主要受氨基甲酰磷酸合成酶Ⅱ的调节。这两种酶均受反馈抑制调节。PRPP 合成酶参与嘧啶与嘌呤两类核苷酸合成过程,受嘧啶核苷酸与嘌呤核苷酸的反馈抑制。同位素掺入实验表明,嘧啶与嘌呤的合成有着协调控制的关系,二者的合成速度通常是平衡的。

笔记栏

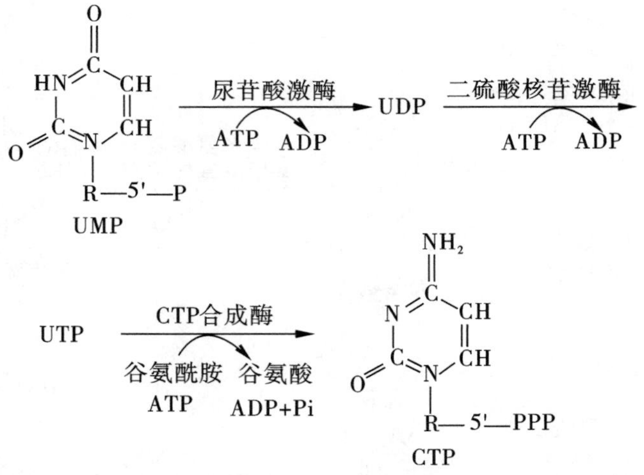

$$\text{UMP} \xrightarrow[\text{ATP} \quad \text{ADP}]{\text{尿苷酸激酶}} \text{UDP} \xrightarrow[\text{ATP} \quad \text{ADP}]{\text{二硫酸核苷激酶}}$$

$$\text{UTP} \xrightarrow[\substack{\text{谷氨酰胺} \quad \text{谷氨酸} \\ \text{ATP} \quad \text{ADP+Pi}}]{\text{CTP合成酶}} \text{CTP}$$

图 13-10　CTP 的生成

（二）嘧啶核苷酸的补救合成途径

机体利用嘧啶碱或嘧啶核苷合成嘧啶核苷酸的过程称为嘧啶核苷酸的补救合成途径。

嘧啶磷酸核糖转移酶是嘧啶核苷酸补救合成的关键酶,可以催化尿嘧啶、胸腺嘧啶及乳清酸生成相应的核苷酸,但不参与胞嘧啶合成。

尿苷激酶也可以用于嘧啶核苷酸的补救合成,催化尿嘧啶核苷酸的生成(图 13-11)。

$$\text{嘧啶+PRPP} \xrightarrow{\text{嘧啶磷酸核糖转移酶}} \text{磷酸嘧啶核苷+PPi}$$

$$\text{尿嘧啶核苷+ATP} \xrightarrow{\text{尿苷激酶}} \text{UMP+ADP}$$

图 13-11　嘧啶核苷酸的补救合成途径

脱氧胸苷可通过胸苷激酶而生成 dTMP。胸苷激酶在正常细胞中活性很低,再生肝中活性升高,恶性肿瘤中明显升高,并且与恶性程度有关,临床上可用于某些疾病的辅助诊断。

二、嘧啶核苷酸分解代谢

嘧啶核苷酸的分解代谢主要发生在肝。嘧啶核苷酸在磷酸酶作用下,水解除去磷酸生成的核苷,再经核苷酶作用,水解脱去核糖生成碱基,最终彻底分解排到体外。胞嘧啶可通过脱氨基转变为尿嘧啶,经还原为二氢尿嘧啶,水解开环,最终分解为 NH_3、CO_2 和 β-丙氨酸。胸腺嘧啶则生成 β-氨基异丁酸。

与嘌呤碱的分解产生尿酸不同,嘧啶核苷酸的分解产物均溶于水。若食入含 DNA 丰富的食物,尿中 β-氨基异丁酸的排泄量增加。对于经放射线治疗或化学治疗的肿瘤病人,尿中 β-氨基异丁酸量的增多(图 13-12)。

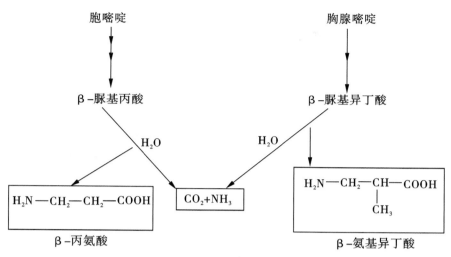

图 13-12　嘧啶核苷酸的分解代谢

第三节　核苷酸代谢异常与抗代谢物

一、核苷酸代谢异常

(一) Lesch-Nyhan 综合征

1964 年,Michael Lesch 和 William Nyhan 描述了一种严重的代谢病,其特征是智力迟钝,肌肉痉挛,表现为强制性的自残行为,甚至自毁容貌,常伴有攻击性性格,该病称为 Lesch-Nyhan 综合征,是次黄嘌呤-鸟嘌呤磷酸核糖转移酶的遗传性缺陷的隐性 X 性连锁遗传病,该病患者排泄的尿酸量可达正常排泄量的 6 倍,同时嘌呤核苷酸的从头合成量大大增加。由于缺少次黄嘌呤-鸟嘌呤磷酸核糖转移酶的生物活性,次黄嘌呤和鸟嘌呤不能用于合成 IMP 和 GMP,而降解为尿酸。另一方面,缺乏次黄嘌呤-鸟嘌呤磷酸核糖转移酶的细胞含有高浓度的 PRPP,用于 IMP 的从头合成,生成的过量 IMP 降解也形成尿酸,体内过多的尿酸导致 Lesch-Nyhan 综合征的临床表现。

(二) 痛风症

痛风症是由于尿酸生成量过多或尿酸排泄不充分造成体内堆积引起的一种疾病。尿酸盐溶解度很小,正常人血浆中尿酸含量仅为 $0.12 \sim 0.36$ mmol/L($2 \sim 6$ mg/dL)。当血中尿酸含量超过 8mg/dL 时,尿酸盐可在在肾以及关节处形成结晶,导致关节炎、尿路结石及肾疾病,在关节处的沉积会引起剧烈的疼痛。

痛风症的发生原因还不完全清楚。原发性痛风症多见于男性,常用家族史,可能与先天性的代谢缺陷有关。继发性痛风症常见于高嘌呤饮食、体内核酸大量分解或肾脏疾病,使尿酸的生成增多或排泄减少,造成血液中尿酸含量的升高。

治疗痛风的常用药物之一是别嘌呤醇(allopurinol)。别嘌呤醇与次黄嘌呤结构非常相似,差异仅在于 N_7 和 C_8 交换了位置。别嘌呤醇作为竞争性抑制剂可以抑制黄嘌呤氧化酶,减少尿酸的生成。另一方面,别嘌呤醇与 PRPP 反应生成别嘌呤核苷酸,消耗 PRPP 的含量。别嘌呤核苷酸与 IMP 结构相似,可以反馈抑制嘌呤核苷酸的从头合成酶系。这样,嘌呤核苷酸的合成量减少,其分解产物尿酸也随之下降(图 13-13)。

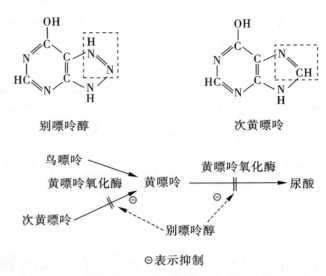

图 13-13　别嘌呤醇与次黄嘌呤的结构差异和抑制作用

二、核苷酸抗代谢物

核苷酸的抗代谢物是一些嘌呤、嘧啶、氨基酸及叶酸的类似物,以竞争性抑制方式干扰或阻断核苷酸的合成代谢,常用于肿瘤疾病的治疗。

(一)嘌呤类似物

常见的嘌呤类似物有 6-巯基嘌呤(6-mercaptopurine,6-MP)、6-巯基鸟嘌呤(6-TG)、8-氮杂鸟嘌呤(8-AG)等,以 6-MP 应用最为广泛,可以用于白血病、淋巴肉瘤的治疗。

6-MP 与次黄嘌呤相似,仅在于嘌呤环 C_6 上的巯基取代了羟基。6-MP 在体内经磷酸核糖化而生成 6-MP 核苷酸,与 IMP 结构相似,通过产物的负反馈调节,抑制嘌呤核苷酸从头合成的限速酶——磷酸核糖酰胺转移酶的活性,减少嘌呤核苷酸的从头合成。另一方面,6-MP 通过竞争性抑制次黄嘌呤-鸟嘌呤磷酸核糖转移酶的活性,使 PRPP 分子中的磷酸核糖不能用于合成鸟嘌呤及次黄嘌呤,降低补救合成的速度。6-MP 核苷酸也可抑制 IMP 转变为 AMP 和 GMP,使嘌呤核苷酸的合成受阻,进而影响 DNA 和 RNA 合成(图 13-14)。

(二)嘧啶类似物

常见的嘧啶类似物有 5-氟尿嘧啶(5-fluorouracil,5-FU)、溴代脱氧尿苷、三氟胸苷等,临床上可用于肝癌、胃癌、结肠癌、直肠癌及乳腺癌等疾病的治疗,以 5-FU 最常用。

5-FU 与胸腺嘧啶结构相似。5-FU 本身无生物活性,需要在体内经过生物转化后才能发挥功效。在体内,5-FU 主要转化为三磷酸氟尿嘧啶核苷(FUTP)和一磷酸核糖氟尿嘧啶核苷(FdUMP)。FUTP 与 UTP 的结构相似,可以 FUMP 的形式参与 RNA 分子的合成,带有异常核苷酸成分的 RNA 分子失去其应有的功能。FdUMP 与 dUMP 的结构相似,抑制胸苷酸合成酶的活性,使 dTMP 的合成受阻,影响 DNA 合成过程(图 13-15)。

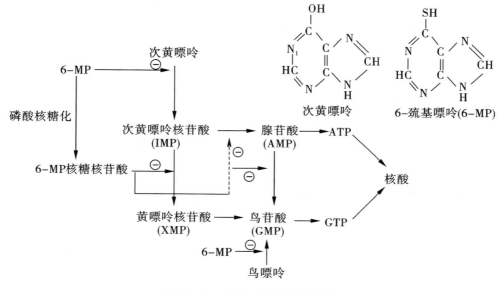

图 13-14 6-MP 核苷酸作用原理

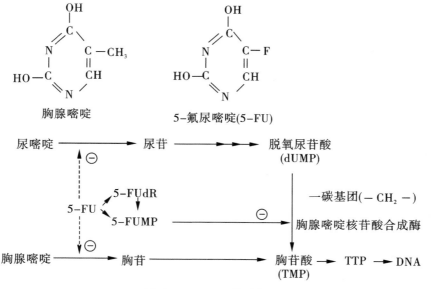

图 13-15 5-FU 作用原理

笔记栏

(三)氨基酸、叶酸类似物

氨基酸类似物有氮杂丝氨酸(amaserine)、6-重氮-5-氧正亮氨酸(diazonorleucine)等。它们的化学结构与谷氨酰胺类似,可以干扰谷氨酰胺在嘌呤核苷酸合成过程中的作用,阻断嘌呤核苷酸的从头合成。

叶酸类似物主要有氨蝶呤(aminopterin)、甲氨蝶呤(methotrexate,MTX),能竞争性抑制二氢叶酸还原酶,使叶酸不能还原成二氢叶酸(FH_2)及四氢叶酸(FH_4),影响了一碳单位在核苷酸代谢中的利用,抑制嘌呤核苷酸的合成。常用于治疗急性白血病和绒毛膜上皮细胞癌(图 13-16)。

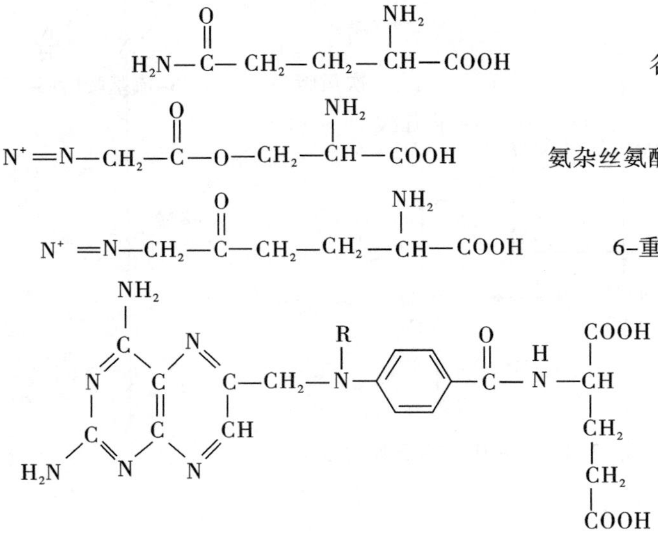

谷氨酰胺

氨杂丝氨酸(重氮乙酰丝氨酸)

6-重氮-5-氧正亮氨酸

R═H　氨蝶呤

R═CH_3　甲氨蝶呤

图 13-16　**氨基酸、叶酸类似物**

某些改变了核糖结构的核苷类似物,例如阿糖胞苷和环胞苷也是重要的抗癌药物,阿糖胞苷能抑制 CDP 还原成 dCDP,也能影响 DNA 的生物合成。

小　结

核苷酸具有多种重要的生理功能,其中最为重要的是作为核酸合成的原料。体内的核苷酸主要在细胞内合成,食物来源的嘌呤和嘧啶极少被机体利用,大多被排到体外。

体内嘌呤核苷酸的合成有从头合成与补救合成两条途径。从头合成以磷酸核糖、氨基酸、一碳单位及 CO_2 等简单物质为原料,在合成磷酸核糖焦磷酸(PRPP)的基础上,经过一系列酶促反应,逐步合成嘌呤环。首先合成 IMP,进而转变为 AMP 和 GMP。从头合成过程受到精确的反馈调节。补救合成途径是对嘌呤或嘌呤核苷的重新利用,主要涉及腺嘌呤磷酸核糖转移酶和次黄嘌呤-鸟嘌呤磷酸核糖转移酶,分别催化 AMP、IMP 和 GMP 的合成。补救合成途径在某些组织有重要的生理意义。

嘧啶核苷酸的合成也包括从头合成与补救合成两条途径。从头合成途径是先合成嘧啶环,然后与磷酸核糖相连形成嘧啶核苷酸的过程。磷酸核糖结构由 PRPP 提供,而嘧啶碱基的元素来源是谷氨酰胺、天冬酰胺和 CO_2。

嘌呤核苷酸在人体内分解代谢的终产物是尿酸,黄嘌呤氧化酶是此代谢过程的关键酶。嘧啶核苷酸最终分解为 NH_3、CO_2 和 β-丙氨酸和 β-氨基异丁酸。

核苷酸的抗代谢物是一些嘌呤、嘧啶、氨基酸及叶酸的类似物,以竞争性抑制方式干扰或阻断核苷酸的合成代谢,常用于肿瘤疾病的治疗。

(金 戈)

 思考题

1. 简述嘌呤核苷酸和嘧啶核苷酸从头合成途径的异同点。为什么核苷酸不属于营养物质?

2. 举例说明核苷酸的基本生物学功能。

3. 写出嘌呤和嘧啶核苷酸的碱基中原子的来源。

4. 试比较氨基甲酰磷酸合成酶Ⅰ与氨基甲酰磷酸合成酶Ⅱ的异同。

5. 哪些组织补救合成途径合成核苷酸?举例说明其主要合成方式。

6. 请阐述嘌呤类似物6-MP作用的生化机制。

7. 请阐述嘧啶类似物5-FU作用的生化机制。

第十四章
物质代谢调节与细胞信号转导

新陈代谢是生命的基本特征,包括物质代谢和能量代谢。生物体不断地与外界环境进行物质交换,食物中糖类、脂类和蛋白质等消化吸收后,部分氧化分解,为机体生命活动提供能量,另一部分参与合成代谢,合成机体结构及功能必需的物质。各物质代谢途径相对独立又相互联系,通过复杂、精细和完善的调节机制,保证物质代谢能够有条不紊的进行。一旦物质代谢出现失调,机体就会产生疾病,物质代谢停止,生命也随之终止。

人体是由成亿个细胞构成的有机体,细胞间需要复杂的信号传递系统进行传递,调节相关细胞的代谢和功能,适应环境变化,保证整体生命活动正常进行。细胞感受特定的化学信号并在细胞内传递而引发细胞反应的过程称为细胞信号转导(cellular signal transduction)。

第一节 物质代谢的特点及调节

一、物质代谢的特点

(一)整体性

体内代谢的物质包括糖类、脂类、蛋白质、维生素、无机盐和水。物质代谢不是彼此孤立进行的,在同一时间内机体进行多种物质代谢,且彼此间互相联系,相互转化,相互制约,构成一个庞大的物质代谢体系。例如:糖类、脂类、蛋白质沿着各自途径进行代谢,产生共同的中间代谢物乙酰辅酶 A,再经过不同的代谢路径彻底氧化分解或合成其他物质(图 14-1)。

(二)可调节性

机体物质代谢的速度、方向和效率均受到精细的调节,以保证物质代谢能够根据机体的生理状态和功能需要有序进行。这种精细的调节机制,使机体能够适应各种内外环境的变化,顺利完成各种生命活动。如物质代谢调节不足以协调各种物质代谢之间的平衡,不能适应机体内外环境的改变,将导致细胞和机体的功能失常,疾病发生。

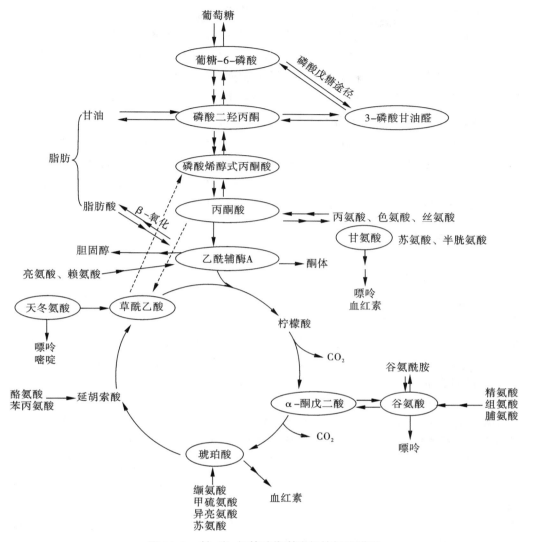

图 14-1 糖、脂、氨基酸代谢途径的相互联系

（三）组织特异性

机体各组织、器官所含的酶系的种类和含量不同,物质代谢的途径和功能也各具特点。肝是人体物质代谢的枢纽,在糖、脂、蛋白质等营养物质的代谢及药物、激素、毒物非营养物质的代谢中均发挥重要作用。脂肪组织含有脂蛋白脂肪酶及特有的激素敏感脂肪酶,用于合成脂肪而储存在脂肪细胞内,在机体需要时进行脂肪动员。成熟的红细胞没有线粒体,只能依靠糖酵解供能。

（四）体内各种代谢物都具有共同的代谢池

血液中的葡萄糖的来源包括食物中消化吸收的、肝糖原分解产生的、由氨基酸或甘油异生而成的,最终都以血糖的形式维持机体对能量的需要。

（五）ATP 是机体能量储存和利用的共同形式

生命活动离不开能量,但糖、脂、蛋白质分子的化学能不能直接被机体所利用。机体需氧化分解这些物质,将释放的能量以 ATP 的形式储存在高能磷酸键中,各种生命活动所需要的能量都由水解 ATP 的高能磷酸键而供给。ATP 作为机体可直接利用的能量载体,将产能的物质分解代谢与耗能的物质合成代谢联系在一起。

（六）NADPH 提供还原当量参与机体合成代谢

体内许多生物合成过程具有还原性反应。NADPH 作为主要的供氢体参与此类生物合成反应,NADPH 主要来源于葡萄糖的磷酸戊糖途径。所以,NADPH 在体内的作用实质是将物质的氧化分解与还原合成联系起来。如葡萄糖经磷酸戊糖途径分解生成的 NADPH,为乙酰辅酶 A 合成脂肪酸和胆固醇提供还原当量。

二、物质代谢的相互联系

（一）能量代谢的相互联系

糖、脂及蛋白质是人体的主要能源物质。人体所需能量的 50% ~70% 由糖提供,糖是机体的主要供能物质。脂肪是机体储能的主要形式,储量大,含水少,当能源物质摄入量超出机体需要量时,多余部分将以脂肪的形式储存。蛋白质的主要功能是维持组织细胞的生长、更新和修补,并执行其他各种生命活动,氧化供能是其次要功能,蛋白质提供的能量可占总能量的 15% ~20%。

三大营养物质的氧化供能分为三个阶段。第一阶段,三大营养物质分解产生各自的基本单位;第二阶段,各基本单位按不同的途径生成乙酰辅酶 A;第三阶段,乙酰辅酶 A 通过三羧酸循环和氧化磷酸化彻底氧化分解,生成 CO_2 和 H_2O。由于糖、脂、蛋白质都通过三羧酸循环和氧化磷酸化彻底氧化供能,任一供能物质的分解代谢占优势,都会抑制其他供能物质的氧化分解。如脂肪分解增强,生成 ATP 增多,ATP/ADP 比值增高,可变构抑制糖分解代谢关键酶 6-磷酸果糖激酶-1 活性,抑制糖的分解代谢。当糖摄入过多时,葡萄糖氧化分解增强,ATP 合成增多,可抑制异柠檬酸脱氢酶活性,导致柠檬酸堆积,并从线粒体释放,激活乙酰辅酶 A 羧化酶,促进脂肪酸合成,抑制脂肪分解。

（二）糖、脂和蛋白质代谢通过中间代谢物而相互联系

体内糖、脂、蛋白质和核酸等的代谢不是彼此孤立的,而是通过共同的中间代谢物、三羧酸循环和生物氧化等彼此联系、相互转变。一种物质代谢障碍可影响其他物质代谢,造成多种物质代谢失常,如糖尿病时同时发生糖代谢、脂代谢、蛋白质代谢甚至水盐代谢紊乱。

1. 葡萄糖转变为脂肪　当摄入的葡萄糖超过机体需要时,除合成糖原储存在肝及肌肉组织外,葡萄糖氧化分解产生大量的柠檬酸及 ATP,变构激活乙酰辅酶 A 羧化酶,促进乙酰辅酶 A 羧化成丙二酸单酰辅酶 A,进而合成脂肪酸。糖分解产生的磷酸二羟丙酮转变 α-磷酸甘油,与脂肪酸合成脂肪。因此,即使摄取食物中脂肪含量很低,如果高糖膳食过多,也能使人血浆甘油三酯升高,并导致肥胖。

脂肪分解产生的脂肪酸不能在体内转变为葡萄糖,因为脂肪酸分解生成的乙酰辅

酶A不能逆行转变为丙酮酸。尽管脂肪分解产生的甘油可以在肝、肾、肠等组织甘油激酶的作用下转变成磷酸甘油,进而转变成糖,但是甘油在脂肪中所占比例很少。此外,脂肪酸分解代谢能否顺利进行及进行的强度如何,还有赖于糖代谢正常进行。当饥饿或糖供给不足或糖代谢障碍时,尽管脂肪可以大量动员,并在肝生成大量酮体,但由于糖代谢不能满足相应的需要,草酰乙酸生成相对或绝对不足,大量酮体不能进入三羧酸循环氧化,在血中蓄积,造成高酮血症。

2. 葡萄糖与氨基酸的相互转变　组成蛋白质的20种氨基酸中,除生酮氨基酸(亮氨酸、赖氨酸)外,都能够通过脱氨作用,生成相应的α-酮酸。这些α-酮酸可转变成进入糖异生途径的中间代谢物,最终转变为葡萄糖。如丙氨酸经脱氨基作用生成的丙酮酸,可异生成葡萄糖。精氨酸、组氨酸、脯氨酸可先转变成谷氨酸,进一步脱氨生成α-酮戊二酸,再经草酰乙酸、磷酸烯醇式丙酮酸异生为葡萄糖。葡萄糖代谢的一些中间代谢物,如丙酮酸、α-酮戊二酸、草酰乙酸等也可氨基化生成某些非必需氨基酸。但8种必需氨基酸不能由糖代谢中间物转变而来。总之,20种氨基酸除亮氨酸及赖氨酸外均可转变为糖,而糖代谢中间代谢物仅能在体内转变成12种非必需氨基酸。

3. 氨基酸转变为脂肪　体内的氨基酸除亮氨酸和赖氨酸外都能转变为脂肪。无论是生糖、生酮,还是生糖兼生酮氨基酸,均能分解生成乙酰辅酶A,经还原缩合反应合成脂肪酸,也可用于合成胆固醇。但脂肪酸不能转变为氨基酸,仅脂肪中的甘油可异生成葡萄糖,进而转变为某些非必需氨基酸。

4. 葡萄糖和一些氨基酸转变为合成核苷酸的原料　合成核苷酸所需的甘氨酸、天冬氨酸、谷氨酰胺通常直接来源于食物中的营养物质。一碳单位由一些氨基酸分解过程中产生。核苷酸中的另一成分磷酸核糖是葡萄糖经磷酸戊糖途径分解的重要产物。所以,葡萄糖和一些氨基酸是体内合成核酸分子的组成成分的主要来源。

三、物质代谢调节的主要方式

物质代谢的可调节性是生命的基本特征之一,也是生物进化过程中形成的一种适应能力。物质代谢调节的复杂程度与生物进化程度密切相关,进化程度越高,物质代谢调节也越精细和复杂。单细胞生物主要通过细胞内代谢物浓度的变化,对酶的活性及含量进行调节,即细胞水平代谢调节。高等生物在细胞水平代谢调节的基础上,出现了激素水平代谢调节,通过内分泌细胞分泌的激素发挥调节作用。高等生物的代谢调节还涉及复杂的神经系统,在中枢神经系统控制下,多种激素相互协调,对机体代谢进行综合调节,即整体水平代谢调节。上述三级代谢调节中,细胞水平代谢调节是基础,激素及神经水平的调节通过细胞水平代谢调节实现。

(一)细胞水平的物质代谢调节

1. 酶在细胞区域化分布　同一时间细胞内有多种物质代谢反应同时进行。参与同一代谢途径的酶,相对独立地分布于细胞特定区域或亚细胞结构,即酶的区域化分布,糖酵解酶系、糖原合成和分解酶系、脂肪酸合成酶系分布在细胞质中,而三羧酸循环酶系、脂肪酸β-氧化酶系则分布于线粒体内,核酸合成酶系分布于细胞核内(表14-1)。酶的这种区隔分布,避免不同代谢途径之间彼此干扰,使同一代谢途径中的系列酶促反应能够顺利地连续进行,既提高了代谢途径的反应速度,更有利于各种因素对代谢反应的调控。例如:以乙酰辅酶 A 为原料的脂肪酸合成是在细胞质内进行,而脂肪酸 β-氧化循环生成的乙酰辅酶 A 是在线粒体内,这样的不同分布防止出现乙酰辅酶 A 合成与分解的无意义循环。

表 14-1　主要代谢途径酶系在细胞内的分布

代谢途径	酶分布	代谢途径	酶分布
DNA、RNA 合成	细胞核	糖酵解	细胞质
蛋白质合成	内质网、细胞质	戊糖磷酸途径	细胞质
糖原合成	细胞质	糖异生	细胞质
脂肪酸合成	细胞质	脂肪酸 β-氧化	线粒体
胆固醇合成	内质网、细胞质	多种水解酶	溶酶体
磷脂合成	内质网	柠檬酸循环	线粒体
血红素合成	细胞质、线粒体	氧化磷酸化	线粒体
尿素合成	细胞质、线粒体		

2. 关键酶活性决定整个代谢途径的速度和方向　物质代谢途径是由一系列的酶催化完成的,对整个代谢途径的反应速率和方向起决定作用的只有一个或几个酶,称为关键酶,也称限速酶。关键酶的特点包括:①常常催化代谢途径的第一步反应或分支点上的反应。②催化的反应速度最慢,催化活性能决定整个代谢途径的速度。③常催化单向反应或非平衡反应,催化活性能决定整个代谢途径的方向。例如:细胞中 ATP/ADP 的比值增加,一方面抑制 6-磷酸果糖激酶-1 的活性,使糖酵解速率减慢,另一方面激活果糖二磷酸酶-1,促进糖异生。④酶活性除受底物控制外,还受多种代谢物或效应调节。调节关键酶活性是细胞水平代谢调节的基本方式,也是激素水平代谢调节和整体代谢调节的重要环节(表 14-2)。对关键酶的调节包括酶活性调节和酶含量调节。

表 14-2　某些重要代谢途径的关键酶

代谢途径	调节酶
糖原分解	磷酸化酶
糖原合成	糖原合酶
糖酵解	己糖激酶
	6-磷酸果糖激酶-1
	丙酮酸激酶
糖有氧氧化	丙酮酸脱氢酶复合体
	柠檬酸合酶
	异柠檬酸脱氢酶

续表 14-2

代谢途径	调节酶
糖异生	丙酮酸羧化酶
	磷酸烯醇式丙酮酸羧激酶
	果糖二磷酸酶-1
脂肪酸合成	乙酰辅酶 A 羧化酶
胆固醇合成	HMG-CoA 还原酶

3. 酶活性调节 酶活性调节通过改变酶的分子结构改变酶活性,进而改变酶促反应速度,在数秒或数分钟内发挥调节作用,属快速调节。根据调节机制又分为变构调节和化学修饰调节。

(1)酶的变构调节 变构调节是指一些小分子化合物与酶蛋白分子活性中心外的特定部位特异结合,通过改变酶蛋白构象而改变酶的活性。经变构调节的酶称为变构酶,通过变构调节方式改变酶活性的小分子化合物称为变构效应剂。能增加酶活性的变构效应剂称为变构激活剂,抑制酶活性的变构效应剂称为变构抑制剂。变构效应剂可以是酶的底物,也可以是酶体系的终产物,或其他小分子代谢物。变构调节是生物界普遍存在的代谢调节方式(表 14-3)。

表 14-3　一些代谢途径中的变构酶及变构效应剂

代谢途径	变构酶	变构激活剂	变构抑制剂
糖酵解	己糖激酶	AMP、ADP、FDP、P_i	6-磷酸葡萄糖
	6-磷酸果糖激酶-1	FDP	柠檬酸
	丙酮酸激酶		ATP、乙酰 CoA
柠檬酸循环	柠檬酸合酶	AMP	ATP、长链脂酰 CoA
	异柠檬酸脱氢酶	AMP、ADP	ATP
糖异生	丙酮酸羧化酶	乙酰 CoA、ATP	AMP
糖原分解	磷酸化酶 b	AMP、1-磷酸葡萄糖、P_i	ATP、6-磷酸葡萄糖
脂肪酸合成	乙酰辅酶 A 羧化酶	柠檬酸、异柠檬酸	长链脂酰 CoA
氨基酸代谢	谷氨酸脱氢酶	ADP、亮氨酸、甲硫氨酸	GTP、ATP、NADH
嘌呤合成	谷氨酰胺 PRPP 酰胺转移酶		AMP、GMP
嘧啶合成	天冬氨酸转甲酰酶		CTP、UTP
核酸合成	脱氧胸苷激酶	dCTP、dATP	dTTP

变构酶通常由 2 个或 2 个以上的亚基组成的具有一定构象的四级结构的多聚体。组成变构酶的亚基包括催化亚基和调节亚基,有的亚基既有催化部位又有调节部位。变构效应剂与调节亚基以非共价键结合,引起酶蛋白构象改变,也有的表现为亚基的

笔记栏

聚合或解聚。乙酰辅酶 A 羧化酶是由 4 种不同亚基构成的原聚体,无活性,与变构激活剂柠檬酸或异柠檬酸结合后,10～20 个原聚体就会聚合成多聚体,酶活性增加。ATP 和 Mg^{2+} 可使多聚体发生解聚,酶丧失活性。

变构调节具有重要的生理意义。变构调节使机体能够根据需求调节代谢过程,通过代谢终产物的反馈抑制使代谢产物生成不致过多,避免造成浪费或对机体的损害。一些代谢中间产物,能够变构调节多条代谢途径的关键酶,使这些代谢途径协调进行,保证机体的整体需求。在能量供应充足时,6-磷酸葡萄糖抑制糖原磷酸化酶,阻断糖原分解,抑制糖酵解及有氧氧化,避免 ATP 产生过多。同时 6-磷酸葡萄糖激活糖原合酶,使过剩的磷酸葡萄糖合成糖原储存。

(2)酶的化学修饰调节 酶促化学修饰又称共价修饰,是指酶蛋白多肽链的某些氨基酸残基侧链基团在其他酶的催化下可逆地与一些基团共价结合,从而引起酶的活性改变。酶的化学修饰主要有磷酸化与去磷酸化、乙酰化与去乙酰化、甲基化与去甲基化、腺苷化与去腺苷化及 SH 与—S—S—互变等,其中磷酸化与去磷酸化是信号转导过程中重要的分子开关机制,也是细胞代谢过程中最常见的酶促化学修饰反应。酶蛋白分子中丝氨酸、苏氨酸及酪氨酸羟基是磷酸化修饰位点,在蛋白激酶催化下,由 ATP 提供磷酸基团,完成磷酸化。去磷酸化是蛋白磷酸酶催化的水解反应。

酶的化学修饰调节具有如下特点:①受化学修饰调节的关键酶大多数都具有无活性(或低活性)和有活性(或高活性)两种形式,分别在两种不同酶的催化下互相转变。催化互变的酶在体内受上游调节因素如激素的控制。②酶的化学修饰是另一种酶催化的酶促反应,具有逐级放大效应。催化化学修饰的酶自身也常受变构调节,并与激素调节相偶联,形成了由信号分子(激素等)、信号转导分子和效应分子(受化学修饰的关键酶)组成的级联反应,使细胞内酶活性调节更精细协调。通过级联酶促放大效应,极少量激素释放即可产生迅速而强大的生理效应,满足机体的需要。

4.酶含量调节 酶含量调节通过改变酶蛋白分子的合成或降解速度来改变细胞内酶的含量,进而改变酶促反应速度,一般需数小时甚至数天才能发挥调节作用,属迟缓调节。

(1)酶蛋白合成的诱导或阻遏 酶蛋白合成的诱导和阻遏是影响酶催化效率的重要因素,诱导剂和阻遏剂通常在酶蛋白生物合成的转录或翻译过程中发挥作用。酶的底物、产物、激素和药物均可诱导或阻遏酶蛋白基因的表达。体内也有一些酶的浓度在任何时间和任何条件下基本不变,这类酶称为组成(型)酶,如 3-磷酸甘油醛脱氢酶,常作为基因或蛋白质表达变化研究的内参照。

酶的底物或类似物通常是体内某些酶的诱导剂。蛋白质摄入增多促进氨基酸分解代谢加强,鸟氨酸循环底物增加,可诱导参与鸟氨酸循环的酶合成增加。研究表明当鼠饲料中蛋白质含量从 8% 增加至 70% 时,鼠肝精氨酸酶活性可增加 2～3 倍。代谢途径中的代谢产物通常是酶活性的阻遏剂。例如胆固醇合成的关键酶 HMG-CoA还原酶,在肝内的合成被胆固醇阻遏。很多药物和毒物可促进肝细胞微粒体加单氧酶(混合功能氧化酶)或其他一些药物代谢酶的诱导合成,一方面对一些毒物有一定的解毒作用,同时也使部分药物失活,产生耐药。

(2)酶蛋白的降解 改变酶蛋白分子的降解速度是调节酶含量的另一途径。细胞内酶蛋白的降解与许多非酶蛋白质的降解一样,有两条途径:一种是溶酶体蛋白水解酶非特异降解酶蛋白质,一种是通过 ATP 依赖的泛素-蛋白酶体途径特异性降解酶蛋白质。凡能改变或影响这两种蛋白质降解机制的因素均可通过调节酶蛋白的降解速度而调节酶含量。

（二）激素水平物质代谢调节

激素调节是高等生物代谢的重要调节方式,具有组织特异性和效应特异性等特点。激素(hormone)是由特定细胞分泌的化学物质,通过血液循环到达特定组织或细胞(即靶组织或靶细胞),与受体(receptor)特异性结合,通过细胞信号转导反应,调节细胞内物质代谢水平,产生生物学效应。由于受体存在的细胞部位和特性不同,激素信号的转导途径和生物学效应也有所不同。介导激素调节的受体有两类:一类是位于细胞膜表面的膜受体,另一类是分布于胞质或细胞核的细胞内受体。

1. 膜受体激素通过跨膜信号转导调节物质代谢　膜受体激素包括胰岛素、生长激素、促性腺激素、促甲状腺激素、甲状旁腺素、生长因子等肽类激素及肾上腺素等儿茶酚胺类激素,具有水溶性,不能透过脂双层构成的细胞膜,与相应的靶细胞膜受体特异性结合,通过跨膜传递将信息传递到细胞内,通过第二信使的传递将信号逐级放大,产生显著的代谢调节效应。

2. 胞内受体激素通过改变相关基因表达调节物质代谢　胞内受体激素包括类固醇激素、甲状腺激素、维生素 D 及视黄酸等,为脂溶性激素,可透过细胞膜进入细胞,与胞内相应的受体结合,形成激素受体复合物,作用于 DNA 上的激素反应元件,改变相应基因的转录,诱导(或阻遏)酶的表达,调节细胞内酶含量,影响细胞代谢。

（三）整体水平的物质代谢调节

高等动物的组织器官高度分化,具有各自的功能和代谢特点。维持机体的正常功能,不仅需要在细胞内物质代谢彼此协调,还需要协调各组织器官之间的物质代谢。代谢的整体水平调节是指机体通过神经-体液途径对组织器官中的物质代谢进行协调和整合,保证机体内环境的相对恒定,维持机体正常的生理功能。

1. 饱食状态下机体三大营养物质代谢与膳食组成有关　人体摄入的膳食多为混合膳食,经消化吸收后的主要营养物质以葡萄糖、氨基酸和乳糜微粒形式进入血液,体内胰岛素水平中度升高。机体主要通过分解葡萄糖,为机体各组织器官供能。未被分解的葡萄糖,在胰岛素作用下,部分合成肝糖原和肌糖原贮存,部分在肝内转换为丙酮酸和乙酰辅酶 A,合成甘油三酯,以极低密度脂蛋白形式输送至脂肪等组织。吸收的葡萄糖超过机体糖原贮存能力时,主要在肝大量转化成甘油三酯,由极低密度脂蛋白运输至脂肪组织贮存。吸收的甘油三酯部分经肝转换成内源性甘油三酯,大部分输送到脂肪组织、骨骼肌等转换、储存或利用。

人体摄入高糖膳食后,体内胰岛素水平明显升高,胰高血糖素降低。在胰岛素作用下,小肠吸收的葡萄糖部分在骨骼肌合成肌糖原、在肝合成肝糖原和甘油三酯,输送至脂肪等组织储存。大部分葡萄糖直接被输送到脂肪组织、骨骼肌、脑等组织转换成甘油三酯等非糖物质储存或利用。

进食高蛋白膳食后,体内胰岛素水平中度升高,胰高血糖素水平升高。在两者协同作用下,肝糖原分解补充血糖、供应脑组织等。由小肠吸收的氨基酸主要在肝通过丙酮酸异生为葡萄糖,供应脑组织及其他肝外组织;部分氨基酸转化为乙酰辅酶 A,合成甘油三酯,供应脂肪组织等肝外组织;还有部分氨基酸直接输送到骨骼肌。

进食高脂膳食后,体内胰岛素水平降低,胰高血糖素水平升高。小肠吸收的甘油三酯主要输送到脂肪组织。同时脂肪组织也分解脂肪生成脂肪酸,输送到其他组织。脂肪酸在肝脏发生氧化,产生酮体,供应脑等肝外组织。

2.空腹机体代谢以糖原分解、糖异生和中度脂肪动员为特征 空腹状态机体胰岛素水平降低,胰高血糖素升高,肝糖原被分解补充血糖,供给脑组织需要。当肝糖原耗尽时靠糖异生补充血糖。同时,脂肪动员中度增加,释放脂肪酸供应肝、肌等组织利用。肝内将脂肪酸转变为酮体,供应肌组织利用。

3.饥饿状态下机体的物质代谢调节特点与饥饿时间有关

(1)短期饥饿 短期饥饿指1~3 d未进食,肝糖原消耗殆尽,血糖水平呈下降趋势,胰岛素分泌的减少,胰高血糖素分泌增加,肝糖异生的作用大大增强,约占糖异生总量的80%,肾约占20%。糖异生的原料主要是蛋白质分解产生的氨基酸,其次是乳酸,还有少量来自脂肪动员产生的甘油。脂肪动员增强,酮体生成增多,脂肪酸和酮体成为心肌、骨骼肌和肾皮质的主要能源,部分酮体成为大脑的能量来源。骨骼肌蛋白质的分解增强,分解的氨基酸主要转变为丙氨酸和谷氨酰胺,释放入血,丙氨酸被肝细胞摄取,作为糖异生的原料之一。短期饥饿时机体由葡萄糖氧化供能为主转变为脂肪氧化供能为主,组织对葡萄糖的利用降低,但脑组织细胞仍是以葡萄糖为主要供能物质。

(2)长期饥饿 长期饥饿时机体发生与短期饥饿不同的代谢改变。不进食时间超过3 d,脂肪动员进一步加强,肝中酮体生成增多,大脑利用酮体显著增加,超过葡萄糖,占总耗氧量的60%。骨骼肌组织的能量来源主要是脂肪酸,以节省酮体供大脑利用。机体糖异生作用较短期饥饿明显减少,糖异生的原料主要是乳酸和丙酮酸。饥饿晚期肾皮质的糖异生作用增强,甚至相当于肝的糖异生水平。长期饥饿蛋白质分解减少,以避免结构蛋白质的分解,保证人体的基本生理功能。释放出氨基酸减少,负氮平衡有所改善。

4.应激使机体分解代谢加强 应激(stress)是机体对中毒、感染、发热、创伤、疼痛、大剂量运动或剧烈情绪激动等特殊内外环境刺激表现的一系列反应的"紧张状态"。应激反应可以是"一过性"的,也可以是持续性的。应激状态下,交感神经兴奋,肾上腺髓质和皮质激素分泌增多,血浆胰高血糖素、生长激素水平增加,而胰岛素分泌减少,引起一系列代谢改变。

(1)血糖水平升高 应激状态下肾上腺素、胰高血糖素分泌增加,在促进肝糖原分解的同时使糖异生加强,血糖升高,对保证大脑、红细胞的供能有重要意义。

(2)脂肪动员增强 脂解激素分泌增加而胰岛素分泌减少,使脂肪大量动员,血浆游离脂肪酸升高,成为心肌、骨骼肌及肾等组织主要能量来源。

(3)蛋白质分解加强 骨骼肌释出丙氨酸等增加,氨基酸分解增强,尿素生成及排出增加,机体呈负氮平衡。

第二节 细胞信号转导

细胞信号转导(cellular signal transduction)是指细胞感受特定的化学信号并在细胞内传递而引发细胞反应的过程。信号分子(signaling molecules)与靶细胞膜或细胞内的受体特异性识别并结合,启动特定的信号放大系统,靶细胞产生相应的生物学效应。依据细胞和刺激类型的不同,细胞反应可能涉及基因表达的改变、酶活性的改变、细胞骨架的重组、离子通道的开闭、DNA 合成的起始、细胞的死亡等。细胞信号转导的异常与许多常见疾病如肿瘤、内分泌代谢性疾病以及心血管疾病等密切相关。

一、细胞信号转导的相关概念

(一)细胞外信号分子

细胞外信号分子是由细胞分泌的调节靶细胞生命活动的化学物质的总称,又称为第一信使。细胞分泌的化学信号分子多达几百种,包括蛋白质、寡肽、氨基酸及其衍生物、核苷酸、类固醇激素、脂肪酸衍生物以及可溶性气体分子,如一氧化氮、一氧化碳和硫化氢等(表14-4)。

表 14-4　细胞间信号分子的分类、受体及功能

种类	信号分子	受体	功能
神经递质	乙酰胆碱、谷氨酸、去甲肾上腺素、γ-氨基丁酸	膜受体	离子通道开闭
生长因子	胰岛素样生长因子-1、表皮生长因子、血小板源性长因子	膜受体	酶蛋白和功能蛋白磷酸化和脱磷酸,改变细胞的代谢和基因表达
激素	蛋白质、多肽及氨基酸类激素	膜受体	同上
	类固醇激素、甲状腺素	胞内受体	影响转录

1. 细胞外信号分子的种类　根据细胞外信号分子的产生方式和作用机制分为以下几类。

(1)激素　详见本章第一节中的激素水平调节部分。

(2)神经递质　神经递质(neurotransmitter)是神经突触所释放的化学信号分子,通过突触间隙将信号传递给突触后的靶细胞,完成信息传递的功能。按化学本质的不同分为三类:①有机胺类,如乙酰胆碱、多巴胺、去甲肾上腺素、5-羟色胺等;②氨基酸类,如天冬氨酸、谷氨酸、γ-氨基丁酸、γ-甘氨酸等;③神经肽类,如 P 物质、脑啡肽。

(3)局部化学介质　大多数细胞都能分泌一种或多种局部的信息分子,又称旁分泌信号。此类信息物质分泌到细胞外液后,一般不进入血液循环,只通过组织液扩散到邻近的靶细胞,调节靶细胞的增殖、分化、代谢、免疫应答、炎症反应及其他多种生物功能。常见的旁分泌信号分子包括生长因子、细胞因子、组胺、花生四烯酸衍生物等。

（4）气体信号　已发现的气体信号分子主要包括一氧化氮、一氧化碳和硫化氢，这些物质半衰期短、化学性质活泼，在细胞内浓度的改变，触发特定的效应。一氧化氮由一氧化氮合酶（nitricoxide synthase，NOS）催化生成，底物分子是精氨酸。一氧化氮能舒张血管平滑肌，扩张血管。一氧化碳与一氧化氮有相似的功能，由血红素单加氧酶氧化血红素产生。

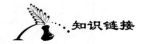

硝酸甘油和一氧化氮

1864 年，诺贝尔以硝酸甘油及硅藻土为主要原料，制造出了安全炸药。安全炸药的工业化生产给诺贝尔带来了荣誉和金钱，使他得以创立科学界的最高奖项——诺贝尔奖。然而，诺贝尔晚年患有严重的心脏病，医生曾建议他服用硝酸甘油以缓解心绞痛的发作，但诺贝尔拒绝了，因为早在研制安全炸药的实验过程中，诺贝尔就发现吸入硝酸甘油蒸气会引起剧烈的血管性头痛。1896 年，诺贝尔因心脏病发作而逝世。硝酸甘油可以有效地缓解心绞痛，但人们一直不了解其作用的药理机制。直到 20 世纪 80 年代，Robert F. Furchgott、Louis J. Ignarro 和 Ferid Murad 三位美国药理学家发现一氧化氮的信号转导作用，才合理解释这一困扰了医学界百余年难题。硝酸甘油及其有机硝酸酯通过释放一氧化氮，舒张血管平滑肌，从而扩张血管。这一发现使三位科学家共同获得 1998 年诺贝尔生理/医学奖。一氧化氮是在体内发现的第一种气体信号分子，能进入细胞直接激活效应酶，参与体内生理或病理过程，因此成为人们所关注的"明星分子"。

2. 细胞外信号分子的传递方式　细胞释放的信号分子，经扩散或转运，到达靶细胞产生作用。根据传递距离和方式，将信号分子的传递方式分为 4 种。

（1）内分泌传递　这是一种长距离的信号传递方式，绝大部分的激素通过此方式进行传递。信号分子借助血液或淋巴液循环转运至全身各处的靶细胞而发挥作用。以这种方式传递的信号，其作用缓慢而持久，对受体的亲和力较高。

（2）旁分泌传递　信号分子只经细胞间液局部被动扩散后，作用于邻近的靶细胞，绝大部分的生长因子、细胞因子通过此方式进行传递。此种传递方式作用快速而短暂。

（3）自分泌信号传递　细胞释放的信号分子作用于细胞自身或同类细胞，称为自分泌信号传递。许多生长因子以此种方式进行信号传递。肿瘤细胞常常产生和释放过量的生长因子，导致肿瘤细胞和邻近的非肿瘤细胞无限制的增殖。

（4）突触传递途径　神经递质通过邻近的突触传递，被看作是一种特殊的旁分泌传递方式，传递距离最短。

1 种信号分子一般通过 1 种方式进行信号传递,也能够以 2 种或 3 种方式传递信号。

(二)第二信使

在细胞内传递细胞调控信号的小分子化合物称为第二信使。如 cAMP、cGMP、Ca^{2+}、甘油二酯、三磷酸肌醇、神经酰胺等。一些气体如一氧化氮、一氧化碳也具有第二信使的作用。第二信使传递信号的机制是瞬时的浓度改变,细胞接收信号后第二信使浓度迅速变化,将信息传递给下游分子,很快被相应的酶水解或被转运出去,细胞回到初始状态,再接受新的信号。

二、细胞信号转导受体

受体(receptor)是位于细胞膜或细胞内的一类特殊蛋白质分子,能够特异性识别并结合信号分子,触发靶细胞产生特异生物学效应。受体的化学本质是蛋白质,个别糖脂也具有受体作用。与受体特异性结合的生物活性分子称之为配体(ligand),信号分子是最常见的一类配体。此外,一些药物、维生素和毒物也可作为配体发挥生物学作用。

(一)受体的种类

按照受体存在的亚细胞部位的不同,分为细胞膜受体和细胞内受体两大类。

1. 细胞膜受体　位于细胞膜表面,多数是跨膜糖蛋白,主要识别和结合水溶性信号分子,包括分泌型信号分子(神经递质、水溶性激素分子、细胞因子和生长因子等)和膜结合型信号分子(细胞表面抗原、细胞表面黏着分子等)。按照分子结构特点和信号转导方式的不同,分为离子通道受体、G 蛋白偶联受体、单个跨膜 α 螺旋受体和鸟苷酸环化酶活性受体。每种类型受体都有许多种,各种受体激活的信号转导通路由不同的信号转导分子组成,但同一类型受体介导的信号转导具有共同的特点。

(1)离子通道受体　离子通道受体(ion channel-linked receptor)是位于细胞膜上的配体门控离子通道,由均一或非均一的亚基构成寡聚体。这些亚基围成跨膜通道,其中部分亚基具有配体结合部位。这类受体通过配体的结合控制通道的开关,选择性地允许离子进出细胞,引起细胞内某种离子浓度的改变,细胞膜电位发生改变,使细胞去极化与超极化。所以,离子通道受体是将化学信号转变为电信号而传递信息,配体主要为神经递质。离子通道受体的典型代表是 N 型乙酰胆碱受体。

(2)G 蛋白偶联受体　G 蛋白偶联受体(G-protein coupled receptor,GPCR)是迄今研究最广泛和透彻的一类受体。已知的 G 蛋白偶联受体多达上千种,是一个功能不同的超大家族。这类受体分布极广,主要参与细胞物质代谢的调节和基因转录的调控。G 蛋白偶联受体由一条多肽链构成,分为 N 端的细胞外区、跨膜区和 C 端的细胞内区三部分。多肽链在细胞内外往返形成 7 个跨膜区段及 3 个细胞外环、3 个细胞内环,故又称七跨膜受体(图 14-2)。受体的胞内第二和第三个环可与鸟苷酸结合蛋白(guanylate binding protein,G 蛋白)相偶联,通过 G 蛋白通过 G 蛋白向下游传递信号。不同的 G 蛋白与不同的下游分子组成信号转导通路,产生不同的效应。

G 蛋白是位于细胞膜细胞质基质面的外周蛋白。G 蛋白由 α、β 和 γ 3 个亚基组成。当 G 蛋白以 αβγ 三聚体存在并与 GDP 结合时,为非活化型;当 α 亚基与 GTP 结

合并导致 βγ 二聚体脱落时,为活化型。不同的 G 蛋白与不同的下游分子组成信号转导通路,产生不同的效应(图 14-3)。M-乙酰胆碱受体、视紫红质受体、α_2 和 β 肾上腺素受体等均属此类。

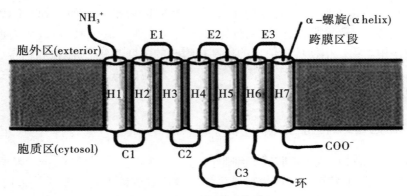

图 14-2 G 蛋白偶联型受体结构示意图

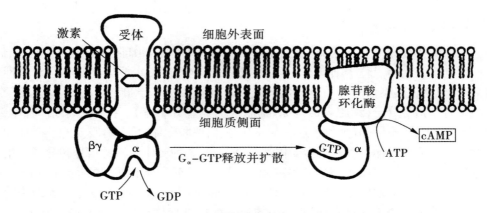

图 14-3 G 蛋白偶联型受体作用机制示意图

(3)单个跨膜 α 螺旋受体 单个跨膜 α 螺旋受体是一类具有单次跨膜结构的糖蛋白。根据受体是否具有催化作用分为催化型受体和非催化型受体。酪氨酸蛋白激酶受体属于催化型受体,该类受体由胞外配体结合区,跨膜区和胞质区组成。胞质区含有催化中心和调节序列。受体和配体结合后,可激活胞质区内的激酶活性,使受体自身磷酸化,或催化底物蛋白的酪氨酸残基磷酸化,进一步调节细胞内的生化反应,完成信号从细胞外向细胞内的传递。这类受体介导的信号转导主要参与调节细胞增殖和分化,但引起细胞产生效应的过程比较缓慢。胰岛素受体和生长因子受体等即属于此型受体。非催化性受体如生长激素受体、干扰素受体等,受体本身无激酶结构域,不具有酪氨酸激酶催化活性,但当配体与非催化型受体结合后,该受体可偶联并激活细胞质中的酪氨酸蛋白激酶而发挥作用。

(4)鸟苷酸环化酶活性受体 鸟苷酸环化酶(guanylante cyclase,GC)活性受体包括膜受体和细胞内受体。心钠肽和鸟苷蛋白等与膜受体结合后,受体活化,位于受体

C末端鸟苷酸环化酶活性区域催化产生第二信使cGMP,向胞内传递信号。位于细胞质的细胞内受体也具有可溶性鸟苷酸环化酶活性区域,主要配体是一氧化氮和一氧化碳。

2.细胞内受体　细胞内受体包括细胞质受体和细胞核内受体,相应配体是脂溶性信号分子如类固醇激素、甲状腺激素、维甲酸等。部分细胞内受体结合细胞内产生的信号分子,直接激活效应分子或通过一定的信号转导通路激活效应分子。大部分细胞内受体是反式作用因子,与进入细胞内的信号分子结合后,与DNA的顺式作用元件结合,参与基因表达的调控。

（二）受体-配体相互作用的特点

受体在细胞膜和细胞内的分布可能是区域性的,也可能是散在的。作用都是识别和接收外源信号。受体与配体的相互作用有以下特点:

1.高度的亲和力　受体与相应的配体的结合反应在极低的浓度下即可发生,而且能够充分起到调控作用。

2.高度的专一性　受体分子具有一定空间构象的配体结合部位,即配体结合结构域。该结构域选择性地与具有特定分子结构的配体相结合。受体与配体的特异性识别和结合保证了调控的准确性。

3.可逆性　受体与配体通过非共价键可逆地结合,生物效应发生后,受体-配体复合物解离,受体恢复到原来的状态,再次被利用,而配体则常被立即灭活。

4.可饱和性　受体与配体结合达到最大值后,不再随配体浓度的增加而加大。在受体数目一定时,激素与受体的结合率不再增加,可使受体饱和,即使提高配体浓度也不会增加信号转导的效应。

5.特定的作用模式　受体的分布和数量具有组织和细胞特异性,呈现特定的作用模式,与配体结合后引起特定的效应。

三、细胞信号转导途径

细胞内存在多种信号转导分子,依次相互识别、相互作用,有序地转换和传递信号。由一组分子形成的有序分子变化称为信号转导途径(signal transduction pathway)。每一条信号转导途径都由多种信号转导分子组成,分子间有序地相互作用,上游分子引起下游分子的数量、分布或活性状态的改变,使信号向下游传递。不同信号转导途径之间可发生交叉调控(cross-talking),形成复杂的信号转导网络(signal transduction network)。

（一）膜受体介导的信号转导途径

1.cAMP-蛋白激酶途径　cAMP-蛋白激酶途径以靶细胞内cAMP浓度改变和激活cAMP依赖性蛋白激酶——蛋白激酶A(protein kinase A,PKA)为主要特征,是激素调节物质代谢的主要途径。

cAMP是最早发现的第二信使。胰高血糖素、肾上腺素等与靶细胞膜上的特异受体结合,形成激素-受体复合物而激活受体。活化的受体与G蛋白结合,催化其由非活性转变为活性形式,激活腺苷酸环化酶,腺苷酸环化酶催化细胞质中的ATP生成cAMP,使胞质中cAMP浓度升高,在细胞内传递信息。腺苷酸环化酶分布广泛,除成熟红细胞外,几乎存在于所有组织的细胞质膜上。cAMP 经磷酸二酯酶降解而失活。细胞内中 cAMP 的浓度受腺苷酸环化酶活性和磷酸二酯酶活性的双重调节。

cAMP 对细胞的调节作用主要是通过激活蛋白激酶 A 实现的。蛋白激酶 A 是由 2 个催化亚基(C)和 2 个调节亚基(R)组成的一种四聚体,在无 cAMP 存在时呈四聚体的无活性态。当 cAMP 与调节亚基结合后,调节亚基脱落,形成具有催化活性的催化亚基二聚体,催化特异的底物蛋白或酶的磷酸化修饰,产生特定的生理效应。蛋白激酶 A 广泛参与调节物质代谢和基因表达等作用。

2. Ca^{2+}-依赖性蛋白激酶途径　Ca^{2+} 也是细胞内一种重要的第二信使。细胞质内游离 Ca^{2+} 的含量极少,仅为 0.01 ~ 1 μmol/L,远低于细胞外液 Ca^{2+} 的浓度(约 2.5 mmol/L),而细胞内质网/肌浆网是细胞内 Ca^{2+} 储存库。当细胞器或细胞外液的 Ca^{2+} 通过钙通道释放到细胞质时,能够迅速升高细胞质 Ca^{2+} 浓度,引起某些酶活性或蛋白质功能的改变,产生特定的效应。

(1)Ca^{2+}-磷脂依赖性蛋白激酶途径　此途径以生成脂类第二信使甘油二酯(diacylglycerol,DAG)和 1,4,5-三磷酸肌醇(inositol-1,4,5-triphosphate,IP$_3$)为特征。促甲状腺释放激素、去甲肾上腺素等作用于靶细胞膜上的特异性受体后,通过特定的 G 蛋白激活磷脂酰肌醇特异性磷脂酶 C,催化细胞膜组分磷脂酰肌醇水解,生成甘油二酯和 1,4,5-三磷酸肌醇。甘油二酯是脂溶性分子,生成后仍留在质膜上。1,4,5-三磷酸肌醇是水溶性分子,可在细胞内扩散,与存在于内质网或肌浆网膜的受体结合,使位于膜上的 Ca^{2+} 通道开放,Ca^{2+} 迅速释放,细胞质 Ca^{2+} 浓度迅速升高。

甘油二酯的主要靶分子是蛋白激酶 C(protein kinase C,PKC),属于蛋白丝/苏氨酸激酶,广泛分布于哺乳动物细胞的细胞质中,催化特异的底物蛋白质发生磷酸化修饰,广泛参与 DNA 与蛋白质的合成、细胞的生长分化、细胞分泌、肌肉收缩等生理活动的调节。

(2)Ca^{2+}-钙调蛋白依赖性途径　钙调蛋白(calmodulin,CaM)是结合 Ca^{2+} 的一种蛋白质,广泛分布于真核细胞中,由 148 个氨基酸残基组成,在细胞信号转导中具有广泛的调节作用。钙调蛋白分子具有钙结合位点,与 Ca^{2+} 结合,形成 Ca^{2+}/CaM 复合物,发生空间构象变化,激活 Ca^{2+}/CaM 依赖的蛋白激酶,发挥调节作用。

3. cGMP-蛋白激酶途径　该途径的特征是以鸟苷酸环化酶(guanylate cyclase,GC)催化 GTP 生成第二信使 cGMP,激活 cGMP 依赖性蛋白激酶(protein kinase G,PKG),通过细胞质中 cGMP 浓度的改变来完成信号转导过程。信号分子与膜结合鸟苷酸环化酶受体作用,或脂溶性信号分子进入胞内与可溶性鸟苷酸环化酶受体作用,受体构象改变产生催化活性,催化 GTP 生成 cGMP,进而激活 cGMP 依赖性蛋白激酶催化底物蛋白磷酸化产生生物学效应。

鸟苷酸环化酶可分为两类:一类为具有受体作用的跨膜蛋白质,主要分布于心血管组织、小肠、精子和视网膜杆状细胞。当心脏的血流负荷过大时,心房细胞分泌心钠肽,与靶细胞膜上受体结合后,激活鸟苷酸环化酶,催化 GTP 转变成 cGMP。cGMP 激活 cGMP 依赖性蛋白激酶 G,催化有关蛋白磷酸化,发生生物学效应。另一类为细胞质中的可溶性受体,主要分布于脑、肝、肾、肺等组织中,可被一氧化氮特异激活,使 cGMP 产生增加,通过激活 cGMP 依赖性蛋白激酶发挥作用,导致血管平滑肌松弛。临床上常用的血管扩张剂硝酸甘油能产生一氧化氮而发挥作用。

4.酪氨酸蛋白激酶途径　酪氨酸蛋白激酶(tyrosine protein kinase,TPK)介导的信息传递在细胞生长、增殖、分化等过程中起重要的调节作用,与肿瘤的发生也有密切关系。根据受体本身是否具有酪氨酸蛋白激酶活性可分为受体型酪氨酸蛋白激酶途径和非受体型酪氨酸蛋白激酶途径两大类。

(1)受体型酪氨酸蛋白激酶途径　此途径是以有丝分裂原激活蛋白激酶(mitogen activated protein kinase, MAPK)为代表的信号转导通路,目前了解最清楚的Ras/MAPK通路,如表皮生长因子的信号转导途径。受体本身具有酪氨酸激酶催化活性,与配体结合后发生自身磷酸化,形成与下游接头蛋白相结合的位点,通过蛋白质间相互作用结合SOS(son of sevenless)蛋白并将其活化。活化的SOS结合Ras蛋白,促进Ras释放GDP,结合GTP,形成活化的Ras-GTP蛋白,激活下游的Raf蛋白,活化的Raf蛋白再激活MAPK系统,产生生物学效应。该途径中的Ras蛋白是由一条多肽链组成的单体蛋白,由原癌基因Ras编码而得名。因其作用机制与G蛋白类似,也称为小G蛋白。

(2)非受体型酪氨酸蛋白激酶途径　生长激素、干扰素、红细胞生成素和一些白细胞介素的受体属于非催化性单个跨膜α螺旋受体,受体的胞内结构域中没有酪氨酸蛋白激酶活性区域,缺乏酪氨酸蛋白激酶活性,但在胞内近膜区存在Janus激酶(JAKs)的结合位点。JAKs是存在于细胞质的可溶性蛋白,具有酪氨酸蛋白激酶活性,故称之为非受体型酪氨酸蛋白激酶。细胞外信号分子与此类受体结合后,受体活化并与JAKs结合,激活JAKs。JAKs催化信号转导子和转录激动子(singal transductor and activator of transcription,STAT)磷酸化并形成二聚体进入细胞核,作为转录因子调控相关基因的表达。

(二)胞内受体介导的信号转导途径

位于细胞内的受体多为转录因子,与相应配体结合后,能与DNA的顺式作用元件结合,在转录水平调节基因表达,这类配体通常具有脂溶性,包括类固醇激素、甲状腺激素、$1,25-(OH)_2-D_3$以及视黄酸等。这些信号分子的特异受体都分布于细胞质或细胞核中,以细胞核受体为主。

胞内受体的一级结构具有同源性,只有其中的激素结合区的序列差异明显,具有高度特异性。不同受体能够特异性识别相对应的激素分子并选择性的结合。一般情况下,细胞质受体与热激蛋白构成无活性的复合物,阻止了受体向细胞核的移动及其与DNA的结合。当激素进入细胞与相应的受体结合后,受体构象发生变化,导致热激蛋白与其解聚,暴露出受体的核内转移部位及DNA结合部位,激素-受体复合物向核内转移。在细胞核中,活化受体再次聚合,与若干转录共激活因子组装成特异的转录复合物,与DNA分子的特异顺式作用元件结合,调控特异基因的表达,引起细胞功能改变。

四、细胞信号转导与医学

(一)细胞信号转导异常与疾病

1.细胞信号转导异常与受体病　因受体的数量、结构或调节功能变化,不能介导配体在靶细胞的效应,引起的疾病称为受体病(receptor disease)。根据受体异常的原因分为原发性和继发性两大类。原发性受体病属于遗传病,是先天性受体异常所致。如家族性高胆固醇血症、Kahn A型胰岛素抵抗糖尿病等。以Kahn A型胰岛素抵抗糖尿病为例,患者多为女性,胰岛素水平及生物活性正常,但胰岛素受体缺乏,胰岛素不能正常发挥调节作用,导致血糖浓度升高,代谢异常,出现多毛、原发性闭经等体征。继发性受体病是由于后天因素导致的受体异常,大部分属于自身免疫疾病,也有少部分属于受体调节疾病。已报道的有胰岛素抵抗症 B 型糖尿病、甲状腺功能亢进等。以自身免疫性甲状腺病为例,患者产生针对促甲状腺激素(TSH)受体的抗体,与甲状腺激素受体结合后能模拟甲状腺激素的作用,在没有甲状腺激素存在时激活甲状腺激素受体。同时由于该抗体与甲状腺激素受体结合阻断了甲状腺激素与受体的正常结合,减弱了正常甲状腺激素信号的传递。

2. 细胞信号转导异常与肿瘤　正常细胞的增殖受到严格控制,机体通过生长因子调控细胞的增殖能力。当各种原因导致细胞生长因子及生长因子受体介导的信号转导功能异常激活时,刺激细胞增殖的信号持续向下游传递,而不依赖外源信号及上游信号转导分子,最终导致细胞持续增殖,形成肿瘤。

3. 细胞信号转导异常与感染性疾病　霍乱毒素通过对 G 蛋白 α 亚基的共价修饰,使 G 蛋白处于持续激活状态,通过腺苷酸环化酶和 cAMP 的传递,持续激活蛋白激酶 A。蛋白激酶 A 催化小肠上皮细胞膜的蛋白质磷酸化使 Na^+ 通道和氯离子通道持续开放,水和电解质大量进入肠腔,引起腹泻和水电解质紊乱。百日咳毒素通过对 G 蛋白 α 亚基的共价修饰,使其失活而不能抑制腺苷酸环化酶的活性,导致气管上皮细胞 cAMP 水平增高,减少水、电解质和黏液分泌。

(二)细胞信号转导分子是重要的药物作用靶点

对各种疾病过程中的信号转导异常的认识,为研究新的疾病诊断和治疗手段提供了更多机会。各种病理过程中发现的信号转导分子结构和功能的改变为新药的筛选和开发提供了靶点,由此产生了信号转导药物这一概念。许多药物可通过阻断受体的作用治疗疾病,包括乙酰胆碱、肾上腺素、组胺 H_2 受体的阻断剂等。而有些药物则是通过影响胞内第二信使的浓度来治疗疾病,如氨茶碱、咖啡因等能抑制 cAMP-磷酸二脂酶的活性,提高 cAMP 含量,引起平滑肌松弛,发挥平喘作用。

小　结

新陈代谢是生命的基本特征,包括物质代谢和能量代谢。体内物质代谢包括整体性、可调节性、组织特异性等特点,糖、脂、蛋白质等物质在体内都形成共同的代谢池,利用共同的代谢途径参与机体的各种生命活动,ATP 是能量储存和利用的共同形式。体内许多生物合成过程具有还原性反应,NADPH 提供还原当量参与此类生物合成反应,NADPH 主要来源于葡萄糖的磷酸戊糖途径。体内糖、脂、蛋白质和核酸等物质的代谢不是彼此孤立的,而是彼此联系、相互转变、构成统一的整体。糖可以转变成脂肪、胆固醇、非必需氨基酸;生糖氨基酸可以转变成糖和脂肪;脂肪分解的甘油可糖异生转变成糖,或转变为非必需氨基酸,但脂肪酸不能转变为糖或氨基酸。

物质代谢的可调节性是生命的基本特征之一,也是生物进化过程中形成的一种适应能力。高等生物通过细胞水平、激素水平和整体水平对机体物质代谢进行调节。细胞水平调节的基本方式是调节代谢途径中关键酶活性和含量。酶活性的调节属快速调节,包括变构调节和化学修饰调节。变构调节是指变构效应剂引起酶构象发生改

笔记栏

变,使其催化活性改变的调节。化学修饰调节是指酶蛋白多肽链的某些氨基酸残基侧链基团在另一种酶的催化下,可逆地与一些基团共价结合,引起酶的活性改变。常见的化学修饰调节方式是磷酸化/脱磷酸化。酶含量调节是通过改变酶的合成和降解速率改变酶的含量,属迟缓调节。酶蛋白合成的诱导和阻遏是影响酶催化效率的重要因素,诱导剂和阻遏剂通常在酶蛋白生物合成的转录或翻译过程中发挥作用。激素水平的调节是高等生物代谢的重要调节方式,具有组织特异性和效应特异性等特点。激素是由特定细胞分泌的化学物质,通过血液循环到达靶组织或靶细胞,与靶细胞的受体特异性结合,通过细胞信号转导,调节细胞内物质代谢水平。根据结合受体存在的细胞部位和特性不同,可将激素分为膜受体激素和细胞内受体激素。高等动物的组织器官高度分化,具有各自的功能和代谢特点。维持机体的正常功能,不仅需要在细胞内物质代谢彼此协调,还需要协调各组织器官之间的物质代谢。整体水平的物质代谢调节是机体通过神经-体液途径对组织器官中的各种物质代谢进行协调和整合,保证机体内环境的相对恒定,维持机体正常的生理功能。

人体是由成亿个细胞构成的有机体,细胞间需要复杂的信号传递系统进行传递,调节相关细胞的代谢和功能。细胞感受特定的化学信号并在细胞内传递而引发细胞反应的过程称为细胞信号转导。细胞外信号分子与靶细胞膜或细胞内的受体特异性识别并结合,启动特定的信号放大系统,靶细胞产生相应的生物学效应。细胞外信号分子分为激素、神经递质、局部化学介质和气体信号四大类。受体是位于细胞膜或细胞内的一类特殊蛋白质分子,能够特异性识别并结合信号分子,触发靶细胞产生特异生物学效应。按受体存在的亚细胞部位的不同,分为细胞膜受体和细胞内受体两大类。在细胞内传递细胞调控信号的小分子化合物称为第二信使。如 cAMP、cGMP、Ca^{2+}、甘油二酯、三磷酸肌醇、神经酰胺等。

细胞内存在多种信号转导分子,依次相互识别、相互作用,有序地转换和传递信号。由一组分子形成的有序分子变化称为信号转导途径。每一条信号转导途径都由多种信号转导分子组成,分子间有序地相互作用,上游分子引起下游分子的数量、分布或活性状态的改变,使信号向下游传递。不同信号转导途径之间可发生交叉调控,形成复杂的信号转导网络。根据受体类型将细胞信号转导途径分为膜受体介导的信号转导途径和胞内受体介导的信号转导途径,本章介绍的膜受体介导的信号转导途径包括 cAMP-蛋白激酶途径、Ca^{2+}-依赖性蛋白激酶途径、cGMP-蛋白激酶途径和酪氨酸蛋白激酶途径。

(燕晓雯)

 思考题

1. 简述细胞水平调节的主要方式。
2. 试比较酶的变构调节与化学修饰调节的异同。
3. 饥饿和应激状态时机体如何进行代谢调节的?
4. 试述 G 蛋白对腺苷酸环化酶调节的机制。
5. 试述 cAMP 介导的信号传导途径。
6. 简述胞外信号分子受体的种类和主要特点。

第十五章

血液的生物化学

血液在封闭的血管内循环流动,正常人体的血液总量约占体重的 8%。血液由液态的血浆(plasma)与混悬在其中的红细胞、白细胞、血小板等有形成分组成。血浆占全血容积的 55%~60%。有形成分占 40%~45%,混悬在血浆之中。凝血过程中,血浆中的纤维蛋白原转变成纤维蛋白析出,血液凝固后析出的淡黄色的透明液体称作血清(serum),血清中无纤维蛋白原。

血浆中的固体成分可分为无机物和有机物两大类。无机物主要以电解质为主,主要的阳离子有 Na^+、K^+、Ca^{2+}、Mg^{2+},主要的阴离子有 Cl^-、HCO_3^-、HPO_4^{2-} 等,这些离子在维持血浆的晶体渗透压、酸碱平衡以及神经肌肉的正常兴奋性等方面起着重要作用。有机物主要包括蛋白质、非蛋白质含氮化合物、糖类、脂类和激素等。

第一节　血浆蛋白

一、血浆蛋白质的分类与性质

(一)血浆蛋白质的分类

血浆蛋白质是血浆的主要固体成分,正常人含量为 60~80 g/L。血浆蛋白质的种类很多,用双向电泳法可分离出 200 多种,其中既有单纯蛋白(如清蛋白)也有结合蛋白(如糖蛋白和脂蛋白)。各种蛋白质的含量相差较大,多者每升达数十克,少的仅有几毫克。用简便的醋酸纤维薄膜电泳方法,可将血清蛋白分离出清蛋白、α_1-球蛋白、α_2-球蛋白、β-球蛋白、和 γ-球蛋白五种(图 15-1)。用分辨率更高的聚丙烯酰胺凝胶电泳,可将血浆蛋白质分为 30 多个组分。

肝是合成血浆蛋白的主要器官。清蛋白几乎全部在肝中合成,α 和 β 球蛋白大部分在肝中合成,免疫球蛋白则主要来源于浆细胞。测定血浆总蛋白及各组成成分的含量有助于对某些疾病的诊断。

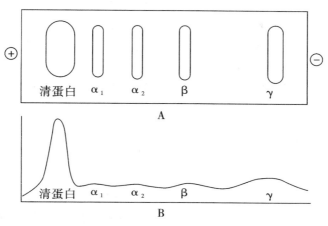

图 15-1　血清蛋白醋酸纤维薄膜电泳

按生理功能可以将血浆蛋白分为以下几类,如表 15-1。

表 15-1　人类血浆蛋白质按生理功能分类

种类	血浆蛋白
1. 结合蛋白或载体	清蛋白、载脂蛋白、运铁蛋白、铜蓝蛋白
2. 免疫防御系统蛋白	IgG、IgM、IgA、IgD、IgE 和补体 C1 ~ C9
3. 凝血和纤溶蛋白	凝血因子Ⅶ、Ⅷ、凝血酶原、纤溶酶原等
4. 酶	卵磷脂:胆固醇酰基转移酶等
5. 蛋白酶抑制剂	α_1 抗胰蛋白酶、α_2 巨球蛋白等
6. 激素	促红细胞生成素、胰岛素等
7. 参与炎症应答的蛋白	C 反应蛋白、α_2 酸性糖蛋白等

(二)血浆蛋白质的性质

1. 血浆蛋白质多数在肝合成　绝大多数血浆蛋白质在肝细胞合成,如清蛋白、纤维蛋白原和纤粘连蛋白等。少数血浆蛋白质可由其他组织合成,如 γ 球蛋白由浆细胞合成。

2. 血浆蛋白大多是糖蛋白　除清蛋白外,几乎所有血浆蛋白质均为糖蛋白,含有 N-或 O-连接的寡糖链。寡糖链的信息识别作用有利于血浆蛋白合成后的定向转移。在红细胞 ABO 系统中,血型物质 A 是在血型物质的糖链非还原端加上 N-乙酰半乳糖,血型物质 B 是在血型物质的糖链非还原端加上半乳糖。血型物质含糖达 80% ~ 90%,糖基的区别使红细胞能识别不同的抗体。

3. 许多血浆蛋白具有多态性　在人群中,如果某一蛋白质具有多态性说明它至少有两种表型,每一种表型发生率不少于 1% ~ 2%。ABO 血型就是一个典型的多态性例子。另外,α_1 抗胰蛋白酶、结合珠蛋白、运铁蛋白、铜蓝蛋白和免疫球蛋白等都有多态性。

4.各种血浆蛋白都具有特异的循环半衰期 正常成人清蛋白的半衰期约为20 d,结合珠蛋白的则约为5 d。在急性炎症或一些类型的组织损伤时,某些血浆蛋白水平增高,这些蛋白质被称为急性时相蛋白质(acute phase protein,APP),如C反应蛋白、α_1-抗胰蛋白酶、α_2-酸性蛋白和纤维蛋白原等,水平至少增高50%,最多可增至1 000倍。患慢性炎症或肿瘤时也会增高,表明急性时相蛋白质在人体炎症反应中起着一定的作用。急性时相期也有些蛋白质浓度降低,如清蛋白和转铁蛋白等。

二、血浆蛋白质的功能

(一)维持血浆的胶体渗透压

正常人的血浆胶体渗透压的大小取决于血浆蛋白的摩尔浓度。由于清蛋白在血浆中的分子量小、摩尔浓度高、总含量大,在生理pH值条件下带负电荷,能使水分子聚集在其分子表面,所以清蛋白是维持胶体渗透压的主要因素,占血浆胶体总渗透压的75%~80%。当清蛋白浓度过低时,血浆胶体渗透压下降,导致水分在组织间隙潴留,出现组织水肿。

(二)维持血浆的pH值

蛋白质是两性电解质,血浆蛋白质的等电点大部分在pH值4.0~7.3,血浆蛋白盐与其相应蛋白形成缓冲对,参与维持血浆正常的pH值。

(三)运输功能

脂溶性物质可与血浆蛋白质结合,在血液内运输。清蛋白能与游离脂肪酸、胆红素及某些药物结合,帮助这些物质溶解于血浆中运输。血浆中还有一些特殊的载体蛋白,如皮质激素传递蛋白、运铁蛋白、铜蓝蛋白、甲状腺素结合蛋白、视黄醇结合蛋白等,除结合并运输某种物质外,还具有调节被运输物质代谢的作用。

(四)免疫作用

抗体(antibody,Ab)又称免疫球蛋白(immunoglobulin,Ig),主要存在于血浆等体液中,能与相应抗原特异性结合,具有免疫功能。补体(complement)也是血浆中参与免疫反应的具有酶活性的蛋白质,可辅助特异性抗体介导的溶菌作用。

(五)催化作用

血浆中的功能性酶绝大多数由肝细胞合成后分泌入血浆,在血浆中发挥催化作用,如卵磷脂胆固醇酰基转移酶、脂蛋白脂肪酶、凝血酶系、纤溶酶等。

血浆非功能酶在细胞内合成并存在于细胞中,正常人血浆中含量极低,基本无生理作用,按其作用部位分为细胞酶和外分泌酶。当细胞更新或破坏时,细胞酶逸入血浆,在血浆中含量的变化具有重要的临床诊断意义。外分泌酶来源于外分泌腺,生理条件下仅少量逸入血浆,腺体病变时,进入血浆的量增多,可用于临床酶学检验。

(六)凝血、抗凝血和纤溶作用

血浆中存在众多的凝血因子、抗凝血因子及纤溶物质,在血液中相互作用、相互制约,以保持血流循环畅通。当血管损伤时发生血液凝固,防止流失过多的血液。

(七)营养作用

正常成人血浆中约含有200 g蛋白质,具有营养贮备的功能。血浆蛋白质可降解为氨基酸,供其他细胞合成蛋白质之用。血清清蛋白是反映机体营养状况的指标之一,疾病恢复期或术后禁食患者输入血清蛋白质能纠正负氮平衡,提高组织修复和抗感染能力。

第二节　血液凝固

血液凝固(blood coagulation)是指血液由流动的液体变成不能流动的胶冻状凝块的过程。血液凝固常发生在外伤出血或血管内膜受损时,是机体的一种自我保护机制。血液凝固时血浆中进行了系列酶促级联反应,原来溶解于血浆的纤维蛋白原转变成不溶性的纤维蛋白,网罗红细胞形成血凝块。血液凝固是止血过程的重要组成部分。

血液中存在凝血和抗凝血两种机制。血液保持流动状态是凝血与抗凝血和纤溶作用相互制约,保持动态平衡的结果,如果一个或多个因素发生改变,平衡被打破,就会发生出血或形成血栓。

一、凝血因子与抗凝血成分

(一)凝血因子

血浆与组织中直接参与凝血的物质称为凝血因子(coagulation factor)。按国际命名法以罗马数字编号的凝血因子有 13 种,即凝血因子 Ⅰ ~ Ⅷ,其中因子 Ⅵ 不存在,是血清中活化的凝血因子 Ⅴ。此外,还有前激肽释放酶、激肽释放酶,以及来自血小板的磷脂等。凝血因子及其部分特征见表 15-2。

凝血因子 Ⅱ、Ⅶ、Ⅸ、Ⅹ、Ⅺ、Ⅻ、Ⅷ 和前激肽释放酶都是丝氨酸蛋白酶,能对特定的肽链进行有限水解。正常情况下这些蛋白酶以无活性的酶原形式存在,必须通过其他酶的有限水解,才能暴露或形成活性中心,具有催化活性,这一过程称为凝血酶原的激活。一般习惯在凝血因子编号的右下角加一个"a"(activated)表示其"活化型"。

凝血因子 Ⅰ、Ⅱ、Ⅴ、Ⅶ、Ⅹ 主要由肝合成,凝血因子 Ⅰ 即纤维蛋白原是凝血酶的作用底物。因子 Ⅱ、Ⅶ、Ⅸ 和 Ⅹ 是依赖维生素 K 的凝血因子。因子 Ⅴ 是因子 Ⅹ 的辅因子,加速 Ⅹ 因子对凝血酶原的激活。

凝血因子 Ⅷ 作为因子 Ⅸ 的辅因子,在 Ca^{2+} 和磷脂存在下,参与因子 Ⅸ 对因子 Ⅹ 的激活成为 X_a,而因子 X_a 可激活凝血酶原,形成凝血酶。凝血因子 $Ⅷ_a$ 是一种转谷氨酰胺酶,能使可溶性纤维蛋白变成不溶性的纤维蛋白多聚体,稳固纤维蛋白凝块。

凝血因子 Ⅲ 是唯一不存在于正常人血浆中的凝血因子,它分布于各种不同的组织细胞中,又称组织因子(tissue factor,TF)。凝血因子 Ⅲ 的氨基末端伸展在细胞外,是因子 Ⅶ 的受体。因子 Ⅻ、Ⅺ、激肽释放酶原和高分子激肽原参与接触活化。当血浆暴露在带负电荷物质表面时,这些凝血因子发生一系列水解反应,除去一些小肽段而转变成有活性的 $Ⅻ_a$、$Ⅺ_a$、激肽释放酶和高分子激肽、启动血液凝固。

表 15-2　凝血因子及其特征

因子	别名	氨基酸残基数	碳水化合物含量/%	电泳部位(球蛋白)	生成部位(是否需维生素K)	血浆中浓度/(mg/L)	血清中	功能
I	纤维蛋白原	2 964	4.5	γ	肝(否)	2 000~4 000	无	结构蛋白
II	凝血酶原	579	8.0	α_2/β	肝(需)	150~200	无	蛋白酶原
III	组织因子	263		α/β	组织、内皮、单核细胞(否)	0	—	辅因子/启动物
IV	Ca^{2+}					90~110	有	辅因子
V	易变因子(前加速因子)	2 196		清蛋白	肝(否)	5~10	无	辅因子
VII	稳定因子	406	13	α/β	肝(需)	0.5~2	有	蛋白酶原
VIII	抗血友病球蛋白	2 332	5.8	α_2/β	肝、内皮细胞(否)	0.1	无	辅因子
IX	Christmas 因子、血浆凝血活酶成分	415	17	β	肝(需)	3~4	有	蛋白酶原
X	Stuart - Prower 因子	448	15	α	肝(需)	6~8	有	蛋白酶原
XI	血浆凝血活酶前质	1 214	5.0	β/γ	肝(否)	4~6	有	蛋白酶原
XII	Hageman 因子	596	13.5	β	肝(否)	2.9	有	蛋白酶原
XIII	纤维蛋白稳定因子	2 744	4.9	α_2/β	骨髓(否)	25	无	转谷氨酰胺酶原
	前激肽释放酶	619	12.9	γ	肝(否)	1.5~5	有	蛋白酶原
	高分子量激肽原	626	12.6	α	肝(否)	7.0	有	辅因子

(二)抗凝血成分

抗凝血机制由抗凝血成分和纤溶系统来完成。体内的抗凝血成分主要有抗凝血酶-III(antithrombin III,AT-III)、蛋白 C 系统和组织因子途径抑制物(tissue factor pathway inhibitor,TFPI)。

1.抗凝血酶-III　抗凝血酶-III是主要由肝细胞合成的一种单链糖蛋白,是一种广谱的丝氨酸蛋白酶抑制物,通过与凝血酶及凝血因子IX_a、X_a、XI_a、XII_a等分子活性中心的丝氨酸残基结合而抑制其活性。在缺乏肝素的情况下,抗凝血酶-III的抗凝作用慢而弱,但与肝素结合后,可使其抗凝活性增强 2 000 倍以上。正常情况下,血浆中几乎无肝素存在,抗凝血酶-Ⅲ主要与内皮细胞表面的硫酸乙酰肝素结合而增强血管内皮的抗凝作用。

2. 蛋白 C 系统　该系统主要包括蛋白 C、蛋白 S、血栓调节蛋白(thrombomodulin, TM)和蛋白 C 抑制物。蛋白 C 和蛋白 S 由肝合成,是依赖维生素 K 的糖蛋白,蛋白 C 是丝氨酸蛋白酶、蛋白 S 为辅因子。蛋白 C 以酶原的形式存在于血浆中,凝血酶、胰蛋白酶和高浓度的 V_a 均可激活蛋白 C。当血浆内有凝血酶(Ⅱ$_a$)生成时,凝血酶与血管内皮细胞上的血栓调节蛋白结合,激活蛋白 C,催化凝血因子 V_a 和Ⅷ$_a$的水解和灭活,抑制凝血因子 V 和凝血酶原的激活,此过程需要磷脂和 Ca^{2+} 参与。活化的蛋白 C 还促进纤维蛋白溶解。蛋白 C 抑制物是由肝细胞合成的一种单链糖蛋白,能与蛋白 C 结合形成复合物而灭活已活化的蛋白 C。

3. 组织因子途径抑制物　TFPI 是一种单链糖蛋白,主要由内皮细胞合成,巨核细胞也可少量合成。TFPI 是丝氨酸蛋白酶抑制物,能与凝血因子形成 X_a–TFPI 复合物,抑制凝血因子 X_a 的催化活性。同时在 Ca^{2+} 作用下,进一步与组织因子-Ⅶ$_a$复合物结合,形成 Xa–TFPI–组织因子-Ⅶa 四元复合物,灭活组织因子-Ⅶa 复合物而抑制凝血。

二、凝血途径

凝血过程可分为凝血酶原复合物的形成、凝血酶的生成和纤维蛋白的形成 3 个基本步骤(图 15-2)。凝血因子的活化是导致血液凝固的触发机制。而凝血因子 X 被激活成 X_a 是激活凝血酶原的关键步骤。

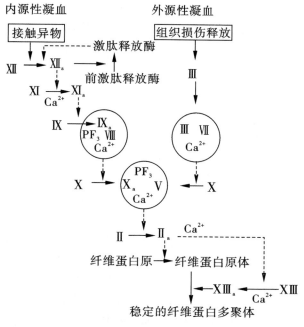

图 15-2　内源性、外源性及共同凝血途径

(一) 凝血酶原复合物的形成

凝血酶原复合物可通过内源性和外源性凝血途径生成,两条途径的主要区别在于启动方式和参与的凝血因子不相同,但两条途径中的某些凝血因子可以相互激活,相互联系,并不完全独立。

1. 内源性凝血途径 参加内源性凝血途径的凝血因子全部来自血液内。在血管壁发生损伤,内皮下组织暴露时,凝血因子ⅩⅡ与内皮胶原纤维结合,在激肽释放酶等参与下被活化成为ⅩⅡ$_a$,因子ⅩⅡ$_a$又将因子ⅩⅠ激活。在 Ca^{2+} 的存在下,ⅩⅠ$_a$激活因子ⅨⅩ。因子Ⅸ$_a$与Ⅷ$_a$结合,形成 $1:1$ 的复合物,进一步激活因子Ⅹ,这一反应需要 Ca^{2+} 参与,在活化的血小板膜磷脂表面完成。因子Ⅷ$_a$在此过程中作为辅因子,使因子Ⅸ$_a$对因子Ⅹ激活的效力提高 20 万倍。

2. 外源性凝血途径 外源性凝血途径指组织因子(因子Ⅲ)暴露于血液而启动的凝血过程。组织因子是存在于多种细胞质膜中的一种跨膜蛋白,在正常情况下,组织因子并不与血液接触,但在血管损伤或血管内皮细胞及单核细胞受到细菌内毒素、补体 C_{5a}、免疫复合物、白介素-1 和肿瘤坏死因子等刺激时,释放的组织因子与血液接触并与因子Ⅶ形成复合物。因子Ⅶ和组织因子单独存在时均无促凝活性,但因子Ⅶ与组织因子结合后很快被血液中痕量的活化的因子Ⅹa 激活,形成Ⅶ$_a$-Ⅲ复合物,在 Ca^{2+} 和磷脂的参与下,迅速激活因子Ⅹ。组织因子既是凝血因子Ⅶ的受体,又是因子Ⅶ$_a$激活因子Ⅹ的必需辅因子,能使因子Ⅶa 催化因子Ⅹ激活的效率提高 1 000 倍。

(二) 凝血酶的生成

无论内源性凝血途径还是外源性凝血途径,一旦形成Ⅹ$_a$,都进入凝血的共同途径,即凝血酶(thrombin)的生成和纤维蛋白(fibrin)的形成。因子Ⅹ$_a$、因子Ⅴ$_a$在 Ca^{2+} 和磷脂的参与下组成凝血酶原激活物,将凝血酶原激活为凝血酶。凝血酶是一种多功能凝血因子,主要作用是使纤维蛋白原(fibrinogen)转变为纤维蛋白单体,并交联形成纤维蛋白凝块。

(三) 纤维蛋白的形成

由纤维蛋白原至形成纤维蛋白凝块需经过 3 个阶段,即纤维蛋白单体的生成、纤维蛋白单体的聚合、纤维蛋白的交联。纤维蛋白在血浆中以纤维蛋白原形式存在,纤维蛋白原由两条 α 链、两条 β 链和两条 γ 链组成,每三条肽链(α、β、γ)绞合成索状,形成两条索状肽链,两者的 N-端通过二硫键相连,整个分子成纤维状(图 15-3)。α 及 β 链的 N-端分别有一段 16 个和 14 个氨基酸残基组成的一段小肽,称为纤维肽 A 和 B,A 和 B 都带有大量负电荷,产生的电荷的排斥作用使纤维蛋白原不能聚合。凝血酶将纤维肽 A 和 B 水解除去后,纤维蛋白原就转变成纤维蛋白。凝血酶能够激活凝血因子ⅩⅢ,活化的ⅩⅢ$_a$在 Ca^{2+} 的参与下,使纤维蛋白单体相互聚合,形成不溶于水的纤维蛋白多聚体。刚产生的纤维蛋白所形成的凝血块很不牢固,在凝血因子ⅩⅢ$_a$的催化下,相邻的纤维蛋白发生快速共价交联。ⅩⅢ$_a$是一转酰胺酶,催化 γ 肽链 C-端上的谷氨酰胺残基与邻近 γ 肽链上的赖氨酸残基的氨基共价结合,α 链之间也同样发生交联。经过共价交联的纤维蛋白网非常牢固,形成不溶的稳定的纤维蛋白凝块(图 15-3)。

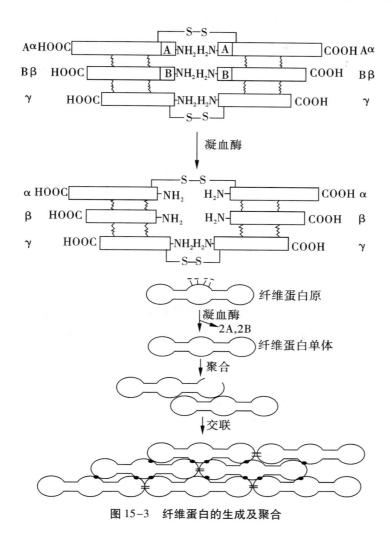

图 15-3　纤维蛋白的生成及聚合

三、血凝块的溶解

在出血停止、血管创伤愈合后形成的凝血块要被溶解和清除。血管内外的纤维蛋白被分解液化的过程称为纤维蛋白溶解(fibrinolysis),简称纤溶。纤溶系统由纤溶酶原(plasminogen)、纤溶酶(plasmin)、纤溶酶原激活物(plasminogen activator)和纤溶抑制物组成。纤维蛋白溶解过程包括纤溶酶原激活和纤维蛋白溶解2个阶段。

纤溶酶原由790个氨基酸残基组成,在纤溶酶原激活物的作用下发生有限水解,脱下一段肽链而激活成纤溶酶。纤溶酶原激活物包括组织型纤溶酶原激活物(t-PA)、尿激酶型纤溶酶原激活物(u-PA)和链激酶(SK)的作用下、凝血因子XII$_a$和激肽释放酶等。当血管壁发生损伤,内皮下组织暴露时,凝血因子XII被激活,一方面启动内源性凝血系统,另一方面通过激活激肽释放酶而激活纤溶系统,使凝血与纤溶相互配合,保持平衡。

纤溶酶属于丝氨酸蛋白酶,其最敏感的底物是纤维蛋白和纤维蛋白原,特异地催化由精氨酸或赖氨酸残基的羧基构成的肽键水解,产生一系列可溶性小肽,称为纤维蛋白降解产物。纤溶酶不仅能降解纤维蛋白和纤维蛋白原,还能分解凝血因子、血浆蛋白和补体(图15-4)。

凝血和纤溶2个过程在正常机体内相互制约,处于动态平衡,如果这种动态平衡被破坏,将会发生血栓形成或出血现象。

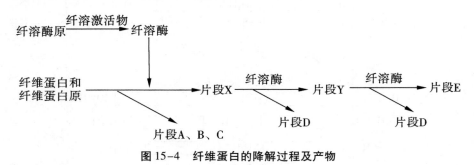

图15-4 纤维蛋白的降解过程及产物

第三节 血细胞代谢

一、红细胞的代谢

红细胞由骨髓造血干细胞定向分化形成。在红细胞发育的过程中,经历了原始红细胞、早幼红细胞、中幼红细胞、晚幼红细胞和网织红细胞等阶段,最后成为成熟的红细胞。在这一发育过程中,红细胞的形态和代谢过程发生了一系列的改变。成熟的红细胞除了质膜和细胞质外,无其他细胞器,因此不能进行核酸、蛋白质的合成以及糖的有氧氧化,所以红细胞内的代谢变化比一般细胞简单(表15-3)。

表15-3 红细胞生成过程中的代谢变化

代谢能力	有核红细胞	网织红细胞	成熟红细胞
分裂增殖能力	+	-	-
DNA 合成	+	-	-
RNA 合成	+	-	-
RNA 存在	+	+	-
蛋白质合成	+	+	-
血红素合成	+	+	-
脂类合成	+	+	-
三羧酸循环	+	+	-
氧化磷酸化	+	+	-
糖酵解	+	+	+
磷酸戊糖途径	+	+	+

注:"+"表示有该途径,"-"表示无该途径

（一）糖代谢

　　成熟红细胞主要以葡萄糖作为能量物质,血液循环中的红细胞每天从血液中摄取约 30 g 的葡萄糖,其中 90% ~ 95% 经糖酵解途径和 2,3-二磷酸甘油酸支路进行代谢,只有 5% ~ 10% 的葡萄糖通过磷酸戊糖途径进行代谢。

　　1. 糖酵解和 2,3-二磷酸甘油酸支路　糖酵解是红细胞获得能量的唯一途径,这一途径使红细胞获得细胞活动所必需的 ATP。在红细胞中的糖酵解途径中还存在经 2,3-二磷酸甘油酸转变为 3-磷酸甘油酸的侧支途径,称为 2,3-二磷酸甘油酸支路。正常情况下,2,3-二磷酸甘油酸对二磷酸甘油酸变位酶的负反馈作用大于对 3-磷酸甘油酸激酶的抑制作用,2,3-二磷酸甘油酸支路仅占糖酵解的 15% ~ 50%。但是,由于红细胞中 2,3-二磷酸甘油酸磷酸酶的活性较低,使 2,3-二磷酸甘油酸的生成大于分解,造成红细胞内 2,3-二磷酸甘油酸含量很高。2,3-二磷酸甘油酸可与血红蛋白结合,降低血红蛋白对氧的亲和力。

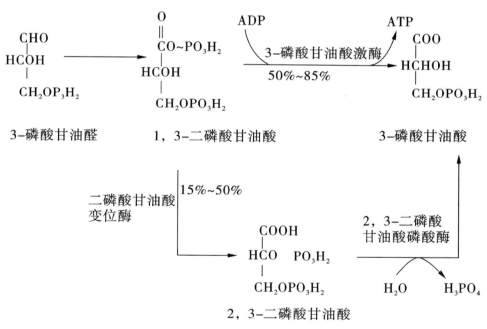

　　2. 磷酸戊糖途径　红细胞内磷酸戊糖途径占葡萄糖代谢的 5% ~ 10%,主要功能是产生 $NADPH+H^+$。

　　3. 红细胞内糖代谢的生理意义　红细胞内糖酵解生成的 ATP 可用于维持细胞膜钠泵的正常运转,通过消耗 ATP 将 Na^+ 泵出、K^+ 泵入细胞,维持红细胞内外的离子平衡、细胞的容积和双面凹的盘状形态。ATP 也用于维持细胞膜上钙泵的正常运行,将细胞内的 Ca^{2+} 泵出血浆,维持红细胞的低钙状态。缺乏 ATP 时,钙泵不能正常运转,钙聚集并沉积在红细胞膜上,使红细胞膜变得僵硬而没有弹性,在流经狭窄的脾窦时易被破坏。通过 ATP 供能能够维持红细胞膜脂质与血浆脂蛋白中脂质的交换,还可用于谷胱甘肽和 NAD^+ 的合成,以及葡萄糖活化生成 6-磷酸葡萄糖,启动糖酵解过程。

　　经 2,3-二磷酸甘油酸支路产生的 2,3-二磷酸甘油酸是调节血红蛋白(Hb)运氧功能的重要因素。2,3-二磷酸甘油酸与 Hb 的 β 亚基形成盐键,使 Hb 分子的 T 构象更趋稳定,降低 Hb 与 O_2 的亲和力。当血流经氧分压(PO_2)较高的肺部时,2,3-二磷酸甘油酸影响不明显,而当血流经过 PO_2 较低的组织时,2,3-二磷酸甘油酸显著增加 O_2 的释放,以供组织需要。人体通过改变红细胞内的2,3-二磷酸甘油酸浓度来调节对组织的供氧。

NADPH+H^+ 是红细胞的重要还原物质,在细胞抗氧化作用方面发挥重要作用,有效保护红细胞膜蛋白、血红蛋白和酶蛋白的—SH,使红细胞免遭外源性或内源性氧化剂的损害,维持红细胞的正常功能。磷酸戊糖途径是红细胞产生 NADPH+H^+ 的唯一途径。

(二)脂代谢

成熟红细胞没有合成脂肪酸的能力,但脂类物质的不断更新却是红细胞生存的必要条件。红细胞通过 ATP 供能的方式使红细胞膜脂质与血浆脂蛋白的脂质进行交换,以保证红细胞膜脂质的组成、结构和功能正常。

(三)血红蛋白的合成与调节

红细胞的主要成分是血红蛋白(hemoglobin,Hb),约占其湿重的32%。血红蛋白由珠蛋白和血红素组成。血红素是含铁的卟啉化合物,由4个吡咯环组成。

1. 血红素的生物合成　血红素主要在骨髓幼红细胞和网织红细胞中合成,合成血红素的基本原料是甘氨酸、琥珀酰 CoA 及 Fe^{2+}。体内大多数组织均具有合成血红素的能力,但合成的主要部位是骨髓和肝。合成的起始和终末阶段在线粒体内进行,而中间阶段在细胞质进行。成熟红细胞不含线粒体,故不能合成血红素。血红素的生物合成可分为四个步骤:

(1)δ-氨基-γ-酮戊酸的生成　在线粒体内,甘氨酸与琥珀酰 CoA 缩合生成δ-氨基-γ-酮戊酸(δ-aminolevulinate,ALA)。反应由 ALA 合成酶催化,辅酶为磷酸吡哆醛。ALA 合成酶是血红素合成的限速酶,受血红素的反馈调节。

```
COOH                                          辅酶 A +CO₂        COOH
 |                                                               |
CH₂                                                             CH₂
 |                              CH₂NH₂                           |
CH₂            +                 |            ─────────────→    CH₂
 |                              COOH          ALA 合酶           |
C ~ SCoA                                      (磷酸吡哆醛)      C ══O
 ‖                                                               |
 O                                                              CH₂NH₂

琥珀酰 CoA                      甘氨酸                           ALA
```

(2)胆色素原的生成　线粒体内合成的 ALA 转入细胞质,在 ALA 脱水酶的作用下,两分子的 ALA 脱水缩合生成具有环状结构的胆色素原。ALA 脱水酶含有—SH,对铅等重金属的抑制作用十分敏感。

(3)尿卟啉原与粪卟啉原的生成　首先由4分子胆色素原脱氨缩合生成1分子线状四吡咯,后者再经环化、脱羧、氧化等反应生成原卟啉Ⅸ。

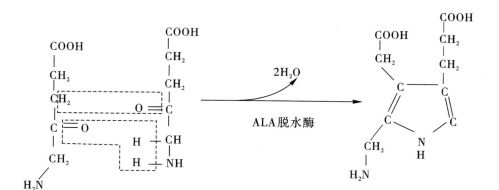

2 ALA   胆色素原(PBG)

（4）血红素的合成 在线粒体内,原卟啉Ⅸ与 Fe^{2+} 螯合生成血红素,此反应由亚铁螯合酶催化。血红素生成后,由线粒体进入细胞质与珠蛋白结合形成血红蛋白。血红素的合成过程见图 15-5。

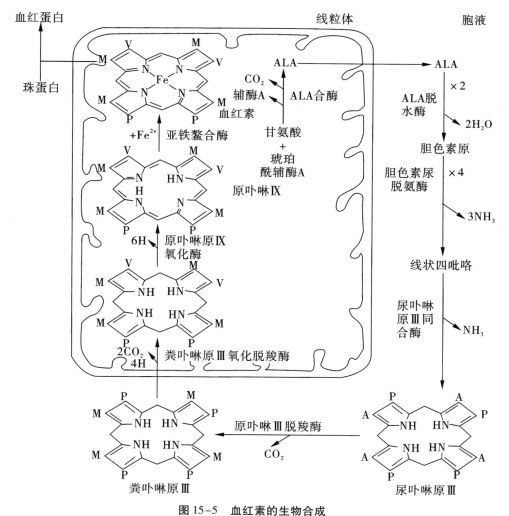

图 15-5 血红素的生物合成

血红素的合成受血红素的反馈抑制调节。血红素生成过多时,可自发氧化成高铁血红素。高铁血红素不仅阻遏 ALA 合酶的合成,还能直接抑制 ALA 合酶的活性,减少血红素的生成。ALA 合酶易受到其他化合物的诱导和阻遏作用。促红细胞生成素(erythropoietin,EPO)由肾皮质的间质细胞合成,可诱导 ALA 合酶的合成,加速有核红细胞的成熟以及血红素和血红蛋白的合成,促进原始红细胞的繁殖和分化。5β-二氢睾酮是睾丸酮在肝内的还原产物,也能诱导 ALA 合酶的生成。某些药物和杀虫剂可诱导肝 ALA 合酶的合成,原因是这些物质的生物转化作用需要细胞色素 P_{450},而细胞色素 P_{450} 的辅基是铁卟啉化合物。由此通过肝 ALA 合酶合成的增加,适应生物转化的要求。

2. 血红蛋白的合成　血红蛋白中的珠蛋白的合成与一般蛋白质相同,珠蛋白的合成受血红素的调控。血红素的氧化产物高铁血红素能促进血红蛋白的合成。

珠蛋白和血红素缔合组成血红蛋白。血红素不但是血红蛋白的辅基,还是肌红蛋白、过氧化氢酶、过氧化物酶及细胞色素酶类的辅基。

二、白细胞的代谢

白细胞呈球形,直径在 $7 \sim 20\ \mu m$ 之间,是机体防御系统的重要组成部分,通过吞噬和产生抗体等方式抵御和消灭入侵的病原微生物。人体的白细胞由粒细胞、淋巴细胞和单核-吞噬细胞三大系统组成。正常人每立方毫米的血液中含白细胞 $4\,000 \sim 10\,000$ 个,其中粒细胞 $50\% \sim 75\%$,淋巴细胞 $20\% \sim 40\%$,单核细胞 $1\% \sim 7\%$。白细胞的代谢与白细胞的功能密切相关。

(一)糖代谢

同红细胞一样,糖酵解是白细胞的主要供能途径。在中性粒细胞中,约有 10% 的葡萄糖通过磷酸戊糖途径进行代谢,产生大量的 $NADPH+H^+$。$NADPH+H^+$ 经氧化酶递电子体系使 O_2 被还原,产生大量的超氧阴离子(O_2^-)。超氧阴离子再进一步转变成 H_2O_2,$OH\cdot$ 等自由基,起杀菌作用。

(二)脂代谢

中性粒细胞不能从头合成脂肪酸。单核-吞噬细胞受多种刺激因子激活后,可将花生四烯酸转变成血栓噁烷和前列腺素。在脂氧化酶的作用下,粒细胞和单核-吞噬细胞可将花生四烯酸转变成白三烯,它是速发型过敏反应中产生的慢反应物质。

(三)氨基酸和蛋白质代谢

粒细胞中,氨基酸的浓度较高,尤其含有较高的组氨酸代谢产物——组胺,组胺释放参与变态反应。由于成熟粒细胞缺乏内质网,故蛋白质合成量很少。而单核-吞噬细胞的蛋白质代谢很活跃,能合成多种酶、补体和各种细胞因子。

小　结

血液由液态的血浆与混悬在其中的红细胞、白细胞和血小板等有形成分组成。血浆的主要成分是水、无机盐、有机小分子和蛋白质等。血浆中的蛋白质浓度为 $60 \sim 80\ g/L$,具有多种重要的功能,其中含量最多的是清蛋白,浓度为 $35 \sim 55\ g/L$,能结合并转运许多物质,在血浆胶体渗透压形成中起重要作用。

血液凝固是指血液由流动的液体变成不能流动的胶冻状凝块的过程。血液凝固常发生在外伤出血或血管内膜受损时,是机体的一种自我保护机制。血液凝固时血浆中进行了系列酶促级联反应,原来溶解于血浆的纤维蛋白原转变成不溶性的纤维蛋白,网罗红细胞形成血凝块。血液凝固是止血过程的重要组成部分。血浆与组织中直接参与凝血的物质称为凝血因子,体内的抗凝血成分主要有抗凝血酶-Ⅲ、蛋白 C 系统和组织因子途径抑制物。凝血过程可分为凝血酶原复合物的形成、凝血酶的生成和纤维蛋白的形成 3 个基本步骤。凝血酶原复合物可通过内源性和外源性凝血途径生成,两条途径的主要区别在于启动方式和参与的凝血因子不相同。参加内源性凝血途径凝血因子全部来自血液内,具体是指从因子Ⅻ激活,到因子Ⅹ激活的过程。外源性凝血途径是是从组织因子暴露于血液开始,到因子Ⅹ被激活为止。无论内源性凝血途径还是外源性凝血途径,一旦形成Ⅹa,都进入凝血的共同途径,即凝血酶的生成和纤维蛋白的形成。

红细胞发育的过程中,经历了原始红细胞、早幼红细胞、中幼红细胞、晚幼红细胞和网织红细胞等阶段,最后成为成熟的红细胞。在这一发育过程中,红细胞的形态和代谢过程发生了一系列的改变。成熟的红细胞除了质膜和细胞质外,无其他细胞器,因此不能进行核酸、蛋白质的合成以及糖的有氧氧化,所以红细胞内的代谢变化比一般细胞简单。成熟的红细胞主要以葡萄糖作为能量物质,其中 90% ~95% 经糖酵解途径和 2,3-二磷酸甘油酸支路进行代谢,只有 5% ~10% 的葡萄糖通过磷酸戊糖途径进行代谢,经 2,3-二磷酸甘油酸支路产生的 2,3-二磷酸甘油酸是调节血红蛋白运氧功能的重要因素。

红细胞的主要成分是血红蛋白,由珠蛋白和血红素组成。血红素主要在骨髓幼红细胞和网织红细胞中合成,合成血红素的基本原料是甘氨酸、琥珀酰 CoA、Fe^{2+},关键酶是 ALA 合酶。血红素的合成受血红素的反馈抑制调节。血红素生成过多时,可自发氧化成高铁血红素。高铁血红素不仅阻遏 ALA 合酶的合成,还能直接抑制 ALA 合酶的活性,减少血红素的生成。ALA 合酶易受到其他化合物的诱导和阻遏作用。

（王　辉）

思考题

1.血浆蛋白按生理功能分为几类,有哪些性质和功能?

2.凝血过程包括哪些步骤? 两条凝血途径有什么区别和联系?

3.抗凝血成分包括哪几类? 如何发挥作用?

4.纤溶系统包括哪些物质? 如何发挥作用?

5.血红素合成原料、关键酶是什么? 影响其合成的因素都有哪些?

6.成熟红细胞代谢有什么特点? 糖酵解和磷酸戊糖途径对成熟红细胞的功能发挥有何重要性?

第十六章

肝的生物化学

　　肝是体内具有多种代谢功能的重要器官,不仅在糖类、脂类、蛋白质、维生素以及激素等物质代谢中发挥作用,还具有分泌、排泄和生物转化等重要功能。肝的复杂功能与肝独特的组织结构及生物化学组成有关。肝具有肝动脉和门静脉双重血液供应,肝动脉提供丰富的氧和其他组织代谢产物,门静脉则提供消化道吸收的营养物质。肝有肝静脉和胆道两条输出通道,肝静脉与体循环相通,可以将消化道吸收的营养物质和肝处理的代谢产物运到肝外组织。胆道系统与肠道相通,使肝内的代谢产物(如胆汁酸、胆汁酸盐、胆色素等)随胆汁分泌入肠道。肝有丰富的血窦,血液流经此处时速度缓慢,增加肝细胞与血液的接触面积和时间,有利于进行物质交换。肝细胞内含有丰富的细胞器和酶类,其中有些酶是肝组织特有的,如合成尿素及酮体的酶系几乎仅存在于肝细胞。上述组织结构和化学组成特点是肝具有多种代谢功能的结构和物质基础。

第一节　肝在物质代谢中的作用

一、肝在糖代谢中的作用

　　肝在糖代谢中主要作用是通过调节肝糖原的合成与分解、糖异生作用来维持血糖浓度的相对恒定,确保全身各组织,特别是大脑和红细胞的能量供应。

　　饱食后,自肠道吸收进入门静脉血液中的葡萄糖浓度升高,肝细胞能迅速摄取葡萄糖并合成糖原储存,使血糖浓度不致过高。肝糖原的储存量占肝重的 5% ~6%,约 100 g。空腹血糖浓度下降时,肝糖原迅速分解为 6-磷酸葡萄糖,由肝特有的葡萄糖-6-磷酸酶催化水解成葡萄糖,以补充血糖。空腹 8~12 h 后,肝糖原几乎耗尽,此时肝的糖异生作用增强,将乳酸、甘油和生糖氨基酸等转变为葡萄糖,维持血糖浓度。空腹 24~48 h,糖异生达到最大速率。

二、肝在脂类代谢中的作用

　　肝在脂类的消化、吸收、分解、合成及运输等过程中均具有重要作用。

（一）肝产生胆汁酸促进脂类的消化吸收

胆汁酸盐是胆汁的主要成分,在肝脏由胆固醇转变而来。胆汁酸盐能乳化脂类,帮助脂类物质和脂溶性维生素的消化吸收。肝胆疾病的患者,肝合成、分泌、排泄胆汁的能力下降;胆道梗阻时,胆汁排出障碍,患者可出现脂类食物消化吸收不良、厌油腻、脂肪泻和脂溶性维生素缺乏症等临床表现。

（二）肝是脂肪酸和脂肪代谢的主要器官

肝细胞富含合成脂肪酸和促进脂肪酸氧化的酶,是脂肪酸合成和 β-氧化的重要器官。另外,肝对从食物中吸收的脂肪酸进行饱和度和碳链长度的改造,以适应机体的需要。进入肝细胞的游离脂肪酸主要有两条去路,一是在细胞质中酯化合成甘油三酯和磷脂;二是进入线粒体内进行 β-氧化,生成乙酰 CoA 及酮体。饱食及糖的供应充足时,进入肝细胞的脂肪酸主要酯化生成甘油三酯及磷脂,并以 VLDL 的形式分泌入血,供肝外组织器官摄取与利用。若肝合成甘油三酯的量超过其合成与分泌 VLDL 的能力,甘油三酯会积存于肝内。另外,肝可以合成甘油三酯,但不能储存甘油三酯,当 VLDL 的合成与分泌受到影响时,甘油三酯便在肝中过量积存,如肝功能障碍和磷脂合成障碍时均可影响 VLDL 的合成和分泌,导致脂肪运输障碍而在肝中堆积形成脂肪肝。饥饿或糖的供应不足时,脂肪酸进入线粒体进行 β-氧化,并在肝内合成酮体。生成酮体是肝特有功能,肝不能氧化酮体,只能运输到肝外组织尤其是脑和肌肉氧化利用。

（三）肝是胆固醇合成和转化的主要场所

肝是机体合成胆固醇的主要场所,约占体内总合成量的 3/4。肝还合成并分泌磷脂酰胆碱-胆固醇脂酰基转移酶(lecithin cholesterol acyl transferase,LCAT),该酶可催化血浆胆固醇酯化为胆固醇酯。体内胆固醇约有一半在肝转变成胆汁酸盐,随胆汁排入肠道,这是胆固醇在体内代谢转化的主要去路。肝也是胆固醇的重要排泄器官,粪便中的胆固醇除来自肠黏膜脱落细胞外,均来自肝。

（四）肝是磷脂和脂蛋白合成的主要场所

胆固醇、甘油三酯、磷脂以 VLDL 的形式分泌入血,供其他组织器官摄取与利用。HDL 及所含的载脂蛋白 C Ⅱ 也由肝合成。此外,肝还是降解 LDL 的主要器官。当肝功能受损、磷脂合成障碍、脂蛋白合成减少,使肝内脂肪输出障碍,可导致脂肪肝。

三、肝在蛋白质代谢中的作用

肝在人体蛋白质合成和分解代谢中均起重要作用。

（一）肝在蛋白质合成中的作用

肝除了合成自身的组织结构蛋白质外,还合成多种蛋白质分泌到血浆中,如全部的清蛋白、凝血酶原、纤维蛋白原、载脂蛋白(apo A、B、C、E)和部分球蛋白(α_1、α_2、β 球蛋白)。血浆清蛋白是许多脂溶性物质(游离脂肪酸、胆红素等)的非特异性运输载体,在维持血浆胶体渗透压方面也起重要作用。正常成人肝每日合成 12 g 左右的清蛋白,几乎占肝合成蛋白质总量的 1/4。每克清蛋白可使 18 mL 水保持在血液循环中,当血浆清蛋白含量低于 30 g/L 时,约有半数病人会出现水肿或腹水。正常人血浆清蛋白(A)与球蛋白(G)的比值为1.5~2.5。肝功能严重受损时,清蛋白合成减少,血浆清蛋白浓度降低,可出现A/G比值下降,甚至倒置,这种变化可严重肝功能障碍的辅助诊断指标。此外,由于大部分凝血因子、凝血酶原等与凝血有关的物质由肝合成,肝细胞严重受损时,出现凝血时间延长和出血倾向。

(二)肝在氨基酸代谢中的作用

除了支链氨基酸外,几乎所有氨基酸的分解代谢都主要在肝中进行。肝细胞中含有丰富的参与氨基酸代谢的酶类,其中丙氨酸氨基转移酶(ALT)在肝细胞活性最高。当肝细胞受损、任何原因引起肝细胞膜通透性增加或肝细胞坏死时,肝细胞内的酶进入血液,引起血中相应酶活性异常增高,可作为某些疾病的辅助诊断指标。如临床上常测定血清ALT的活性,助于急性肝病的诊断。肝在处理氨基酸分解代谢的有毒产物氨的过程中也占有重要的地位。肝是合成尿素的唯一器官,无论是氨基酸分解代谢产生的氨,还是肠道细菌作用产生并吸收的氨,均可在肝通过鸟氨酸循环将氨合成尿素,随尿排出体外。肝也可将氨转变为无毒的谷氨酰胺。严重肝病患者肝合成尿素的能力下降,可导致血氨升高,这是导致肝性脑病发生的重要生化机制之一。

四、肝在维生素代谢中的作用

肝在维生素的吸收、储存、运输和代谢方面均起重要作用。

肝合成的胆汁酸盐能乳化脂类,促进脂类物质消化和脂溶性维生素的吸收,慢性肝胆疾病患者可伴有脂溶性维生素吸收障碍,导致相应维生素缺乏症。

肝含有丰富的维生素A、维生素K、维生素B_1、维生素B_2、维生素B_6、维生素B_{12}、泛酸和叶酸,维生素A、维生素E、维生素K和维生素B_{12}主要储存于肝。肝中维生素A的含量占体内总量的95%。肝几乎不储存维生素D,但具有合成维生素D结合蛋白的能力。血浆中85%的维生素D代谢物与维生素D结合蛋白结合而运输。因此严重肝病时,维生素D结合蛋白合成减少,可造成血浆总维生素D代谢物水平降低。

肝参与多种维生素的转化。在肝中将维生素B_1转化为焦磷酸硫胺素(TPP);维生素PP转化为NAD^+和$NADP^+$;泛酸转化为辅酶A;胡萝卜素转变为维生素A;维生素D_3在肝中羟化成为25-羟维生素D_3。

五、肝在激素代谢中的作用

肝是激素灭活的主要器官。多种激素主要在肝被分解转化、降低或失去生物活性。严重肝病时,由于激素的灭活作用降低,血液中雌激素、醛固酮、抗利尿激素等水平增高,可出现男性乳房女性化,蜘蛛痣,肝掌及水、钠潴留引起水肿等现象。

第二节 肝的生物转化作用

非营养物质在体内既不能作为构成组织细胞的成分,又不能氧化供能,但其中许多物质对人体有一定的生物学效应或具有毒性。非营养物质来源广泛,根据体内的非营养性物质来源不同,分为内源性和外源性两类。内源性非营养物质指体内代谢产生的各种生物学活性物质,如激素、神经递质和其他胺类等,也包括有毒性的物质如胆红素、氨等。外源性非营养物质指由外界进入体内的各种异物,如药物、食品添加剂、色素、毒物以及从肠道吸收的腐败产物如胺、酚、吲哚等。机体需要及时将体内非营养物质清除,才能保证各种生理活动的正常进行。

一、生物转化概念

机体对内、外源性的非营养物质进行代谢转变的过程称为生物转化(biotransformation)。通过生物转化作用,使非营养物质水溶性增加(极性增强),易于随胆汁或尿液排出体外。肝是生物转化的主要器官。肝细胞微粒体、细胞质、线粒体等部位均存在有关生物转化的酶类。其他组织如肾、胃肠道、肺、皮肤及胎盘等也可进行一定的生物转化。

二、生物转化的主要反应类型

体内非营养物质的种类繁多,生物转化的途径各异,按发生化学反应的性质归纳为两相反应,第一相反应包括氧化(oxidation)、还原(reduction)和水解(hydrolysis)反应,第二相反应为结合反应(conjugation)。许多物质通过第一相反应,极性增强,亲水性增加,可以排出体外。但有些化合物经过第一相反应后水溶性和极性改变不明显,须与葡萄糖醛酸、硫酸等极性更强的物质结合,进行第二相反应,增加其水溶性,以利于排出体外。

(一)第一相反应

1. 氧化反应　氧化反应是最多见的生物转化反应类型。肝细胞的微粒体、线粒体和细胞质中含有不同氧化酶系,可以催化不同类型的氧化反应。

(1)加单氧酶系　加单氧酶(monooxygenase)系存在于微粒体中,是目前所知道的底物最广泛的生物转化酶类,进入人体的外来化合物一半以上经此酶氧化。此酶还参与体内许多生物活性物质的合成和转化过程,如参与维生素 D_3 羟化成为活性的 $1,25-(OH)_2-D_3$、类固醇激素和胆汁酸盐的合成过程都需要加单氧酶的羟化作用等。

加单氧酶系由 $NADPH+H^+$、$NADPH-$细胞色素 P_{450} 还原酶及细胞色素 P_{450} 组成。反应的基本特点是能直接激活氧分子,使一个氧原子加入底物分子,生成羟基化合物或环氧化物;另一个氧原子被 NADPH 还原为水,故又称为羟化酶或混合功能氧化酶。催化反应式如下:

$$RH+O_2+NADPH+H^+ \rightarrow ROH+NADP^++H_2O$$

(2)单胺氧化酶系　单胺氧化酶(monoamine oxidase,MAO)系是存在于肝细胞线粒体中的一类黄素蛋白。可氧化脂肪族和芳香族胺类,催化胺类氧化脱氨基生成相应的醛,后者进一步在胞质中醛脱氢酶催化下氧化成酸。蛋白质腐败作用产生的组胺、酪胺、色胺、尸胺和腐胺等可在单胺氧化酶的催化下氧化脱氨生成相应的醛类,降低胺对机体的毒害作用。

$$RCH_2NH_3+O_2+H_2O \rightarrow RCHO+NH_3+H_2O_2$$

(3)醇脱氢酶与醛脱氢酶系　肝细胞微粒体和细胞质含有醇脱氢酶(alcohol dehydrogenase,ADH)和醛脱氢酶(aldehyde dehydrogenase,ALDH),均以 NAD^+ 为辅酶,将醇类氧化成醛类,醛类氧化成酸类。如乙醇进入人体后,主要在肝的醇脱氢酶催化下氧化成乙醛,乙醛再经过醛脱氢酶催化生成乙酸。

$$RCH_2OH+NAD^+ \rightarrow RCHO+NADH+H^+$$

$$RCHO+NAD^++H_2O \rightarrow RCOOH+NADH+H^+$$

需要注意的是,长期饮酒或慢性乙醇中毒除经 ADH 系统氧化外,还会启动肝微粒体乙醇氧化系统(microsomal ethanol oxidizing system,MEOS),MEOS 是乙醇-P$_{450}$加单氧酶,产物是乙醛,仅在血中乙醇浓度很高时起作用。MEOS 活化会导致脂质过氧化产生羟乙基自由基,引发肝细胞氧化损伤。ADH 和 MEOS 不同作用见表 16-1。

表 16-1　ADH 和 MEOS 的比较

	ADH	MESO
肝细胞内定位	细胞质	微粒体
底物与辅酶	乙醇、NAD$^+$	乙醇、NADPH、O$_2$
对乙醇的 K_m 值	2 mmol/L	8.6 mmol/L
乙醇的诱导作用	无	有
与乙醇氧化相关的能量变化	氧化磷酸化释能	耗能

2. 还原反应　肝细胞微粒体中含有硝基还原酶和偶氮还原酶,均为黄素蛋白酶类,分别催化硝基化合物和偶氮化合物从 NADPH 接受氢,还原成相应的胺类。

硝基苯　　　　　　亚硝基苯　　　　　　苯胲　　　　　　　　苯胺

偶氮苯　　　　　　　　　　　　　　　　　　　　　　　　　　苯胺

3. 水解反应　肝细胞的微粒体和细胞质中含有多种水解酶,可催化酯类、酰胺类和糖苷类化合物的水解反应,使其减少或丧失生物活性。这些水解产物通常还需进一步反应(大多是结合反应),才能排出体外。例如,镇痛退热药阿司匹林(乙酰水杨酸),首先是水解反应而失活,然后是结合反应后排出体外。

乙酰水杨酸　　　　　　　水杨酸　　　　　　羟基水杨酸　　　　葡糖 醛酸苷 等结合产物

(二)第二相反应

结合反应是体内最重要的生物转化方式。含有羟基、巯基、氨基或羧基的非营养物质均可与葡萄糖醛酸、硫酸、谷胱甘肽、乙酰 CoA 和甘氨酸等结合,以葡萄糖醛酸、硫酸和酰基结合最为普遍。

1.葡萄糖醛酸结合反应　葡萄糖醛酸结合是结合反应中最为普遍和重要的结合方式。在肝细胞微粒体中含有高活性的葡萄糖醛酸基转移酶,以尿苷二磷酸葡萄糖醛酸(uridine diphosphate glucuronicacid,UDPGA)为活性供体,催化葡萄糖醛酸基转移到含羟基、巯基、氨基和羧基的化合物上,生成相应的葡萄糖醛酸苷,使其极性增加易于排出体外。有数千种亲脂的内源性和外源性物质可与葡萄糖醛酸结合,如胆红素、类固醇激素、吗啡和苯巴比妥类药物等均可进行此结合反应。

2.硫酸结合反应　硫酸结合是较常见的一种结合反应。在肝细胞质中的硫酸转移酶(sulfotransferase,SULT)催化下,将 3'-磷酸腺苷-5'-磷酰硫酸的硫酸基转移到醇、苯酚或芳香胺类化合物,生成相应的硫酸酯,使其水溶性增强,易于排出体外。雌酮就是通过此结合反应而灭活。

3.乙酰基化反应　肝细胞质中含有乙酰基转移酶(acetyltransferase),催化乙酰基转移到各种含氨基或肼的非营养物质(如磺胺、异烟肼、苯胺等)分子上,生成相应的乙酰基化合物,乙酰基的直接供体是乙酰 CoA。抗结核病药物异烟肼在肝内乙酰化而失活。大部分磺胺类药物也通过乙酰化反应灭活。

4.谷胱甘肽结合反应　谷胱甘肽结合是细胞应对亲电子性异源物的重要防御反

应,在肝细胞胞质富含谷胱甘肽 S-转移酶(glutathione S-transferase,GST),可催化谷胱甘肽(GSH)与有毒的环氧化物或卤代化合物结合,生成谷胱甘肽的结合产物。主要参与对致癌物、环境污染物、抗肿瘤药物以及内源性活性物质的生物转化作用。

环氧萘 　二氢萘醇谷胱甘肽 　S-萘硫醚氨酸

5. 甘氨酸结合反应 甘氨酸主要参与含羧基非营养物质的生物转化。含羧基化合物在酰基 CoA 连接酶催化下与辅酶 A 结合形成酰基 CoA,后者在肝细胞线粒体酰基转移酶催化下,与甘氨酸结合,生成相应的结合产物。例如,苯甲醇在醇脱氢酶和醛脱氢酶的连续催化下生成苯甲酸,苯甲酸经甘氨酸结合反应生成马尿酸,随尿液排出体外;胆酸和脱氧胆酸与甘氨酸结合生成结合型胆汁酸,亦属此类反应。

苯甲酸 　苯甲酰CoA

苯甲酰 CoA 　甘氨酸 　马尿酸

6. 甲基结合反应 甲基化反应主要代谢内源性化合物。肝细胞胞质和微粒体中含有多种甲基转移酶,由 S-腺苷甲硫氨酸(SAM)提供甲基,催化含有羟基、巯基和氨基的化合物甲基化。其中,胞质中可溶性儿茶酚-O-甲基转移酶(catechol-O-methyl-transferase,COMT)具有重要的生理意义。COMT 催化儿茶酚和儿茶酚胺的羟基甲基化,生成有活性的儿茶酚化合物。同时 COMT 也参与生物活性胺如多巴胺类的灭活等。尼克酰胺可甲基化生成 N-甲基尼克酰胺。

尼克酰胺 　N-甲基尼克酰胺

(三)生物转化的特点

1. 反应类型的多样性 一种非营养物质可因结构上的差异,在体内进行多种生物转化途径,生成不同的代谢产物,体现了生物转化反应类型的多样性特点。例如,乙酰水杨酸水解生成水杨酸,少量直接排出,大部分水杨酸既可与甘氨酸结合,又可与葡萄糖醛酸结合。生成多种结合产物而排泄。

2. 反应过程的连续性 许多物质的生物转化反应非常复杂,有些非营养物质只需经过一种转化反应即可顺利排出,但大多数非营养物质需连续进行数种反应才能实现生物转化目的,反映了生物转化反应的连续性特点。

3.解毒与致毒的双重性　通过生物转化作用,许多非营养物质的生物活性降低或消失,某些有毒的物质毒性降低或消除,对机体具有保护作用。但是,不能简单地把生物转化等同于解毒作用。如多环芳烃类化合物苯丙芘,本身没有致癌作用,经过生物转化后成为致癌物 7,8-环氧苯并芘。黄曲霉毒素 B_1 也无致癌作用,进入人体内经生物转化可生成具有强致癌活性的环氧化物。一些药物如环磷酰胺、水合氯醛、乙酰水杨酸等需经过生物转化后才能成为有活性的药物。因此,肝的生物转化具有解毒与致毒双重性。

三、影响生物转化作用的因素

肝的生物转化作用受体内外多种因素的影响,包括年龄、性别、营养状况、疾病及诱导物等。

(一)年龄、性别和营养状况等因素的影响

年龄对生物转化作用的影响很明显。新生儿肝中生物转化酶系的发育还不够完善,酶的活性不高,非营养物质的转化能力较弱,对药物或毒物的耐受力差。葡萄糖醛酸转移酶在出生后才逐渐增加,8 周才达到成人水平。老年人器官功能逐渐衰退,肝细胞数量减少,肝代谢药物的酶活性降低或诱导反应减弱,药物代谢转化能力下降,导致老年人血浆药物的清除率降低,药物在体内的半衰期延长。因此,临床上对新生儿及老年人的药物用量应较成人低,许多药物对儿童和老人慎用或禁用。某些生物转化反应有明显的性别差异。例如女性体内醇脱氢酶活性高于男性,女性对乙醇的代谢处理能力比男性强。蛋白质的摄入会增加肝细胞整体生物转化酶的活性,提高生物转化效率,故营养状况也会一定程度影响到肝生物转化的效率。

(二)肝脏疾病的影响

严重的肝病可明显影响生物转化作用。肝实质损伤时会直接影响肝生物转化酶类的合成,各种转化酶的活性降低,使肝处理药物、毒物、防腐剂等非营养物质的能力下降。例如严重肝病时微粒体加单氧酶系活性可降低 50%。肝细胞损害导致NADPH 合成减少亦影响肝对血浆药物的清除率。加上肝血流的减少,病人对许多药物及毒物的摄取及灭活速度下降,导致药物的治疗剂量与毒性剂量之间的差距减小,很容易造成肝损害,故对肝病患者用药应特别谨慎。

(三)对生物转化酶类的诱导作用

某些药物或毒物可诱导生物转化过程中相关酶的合成,使肝的生物转化能力增强,称为药物代谢酶的诱导作用。如苯巴比妥能诱导加单氧酶系的合成,长期服用苯巴比妥的患者,会因药物转化速度加快而产生耐药性。因加单氧酶较低的专一性,长期服用此类药物的患者,对非那西丁、氨基比林等药物的转化及耐受能力均会增强。苯巴比妥也诱导葡萄糖醛酸基转移酶的合成,促进游离胆红素向结合胆红素的转变,加速了胆红素的代谢。

第三节　胆汁与胆汁酸代谢

　　肝除了具有生物转化作用外,还具有分泌和排泄功能。胆汁既是肝分泌功能的产物,又是肝排泄功能的载体。作为分泌功能的产物,胆汁的乳化作用可以促进脂类物质的消化吸收。作为排泄功能的载体,胆汁将体内的代谢产物如胆红素、胆固醇及经肝生物转化的产物排入肠腔,随粪便排出体外。

一、胆汁

　　胆汁(bile)是由肝细胞分泌的一种液体,储存于胆囊,通过胆管系统流入十二指肠。正常人肝每天分泌胆汁 300 ~ 700 mL,肝初分泌的胆汁清澈透明,呈金黄色或橘黄色,称作肝胆汁。肝胆汁进入胆囊后,胆囊壁吸收其中的水分和其他一些成分而浓缩,并分泌黏液掺入胆汁,形成胆囊胆汁,胆囊胆汁颜色呈暗褐或棕绿色。

　　胆汁的成分除水外,溶于其中的固体物质有胆汁酸、胆色素、胆固醇、磷脂、脂肪酸、蛋白质及无机盐等。其中胆汁酸盐占胆囊胆汁固体物质总量的50% ~ 70%。胆汁还含有多种酶类,进入机体的药物、毒物、食品添加剂及重金属盐等都可随胆汁排出。除胆汁酸盐和部分酶参与消化、吸收以外,磷脂与胆汁中胆固醇的溶解状态有关,其他成分都属于排泄物,可随胆汁排入肠道,并随粪便排出体外。

二、胆汁酸的代谢

(一)胆汁酸的分类

　　胆汁酸(bile acids)按来源分为初级胆汁酸(primary bile acids)和次级胆汁酸(secondary bile acids)。在肝细胞以胆固醇为原料合成的胆汁酸称为初级胆汁酸,包括胆酸、鹅脱氧胆酸以及与甘氨酸或牛磺酸结合的产物。次级胆汁酸是初级胆汁酸进入肠道后,在细菌作用下第 7 位 α-羟基脱氧生成的,包括脱氧胆酸、石胆酸及这两种胆汁酸在肝中与甘氨酸或牛磺酸的结合产物。胆汁酸按结构分类可分为游离胆汁酸(free bile acid)和结合胆汁酸(conjugated bile acid)两大类,游离胆汁酸包括胆酸、鹅脱氧胆酸、脱氧胆酸和少量石胆酸,结合胆汁酸是游离胆汁酸与甘氨酸或牛磺酸结合的产物,包括甘氨胆酸、牛磺胆酸、甘氨鹅脱氧胆酸和牛磺鹅脱氧胆酸。人类胆汁中的胆汁酸以结合型为主,其中甘氨胆酸与牛磺胆酸的比例为 3∶1。无论游离胆汁酸还是结合胆汁酸,其分子内部都既含亲水基团,又含疏水基团,故胆汁酸的立体构型具有亲水和疏水两个侧面。

(二)胆汁酸的代谢

　　1.初级胆汁酸的生成　以胆固醇作为原料在肝细胞中合成初级胆汁酸,是胆固醇代谢的主要去路。正常人每日合成 1 ~ 1.5 g 胆固醇,其中 0.4 ~ 0.6 g 在肝转变为胆汁酸后随胆汁排入肠道。催化胆汁酸合成的酶类主要分布于微粒体和细胞质。胆固醇首先在胆固醇 7α-羟化酶催化下生成 7α-羟胆固醇,再经过还原、羟化、侧链的断裂、加辅酶 A 等多步反应,最终生成初级游离胆汁酸,即胆酸、鹅脱氧胆酸,它们分别与甘氨酸或牛磺酸结合生成初级结合胆汁酸,以胆汁酸钠盐或钾盐的形式随胆汁入肠。胆固醇7α-羟化酶是胆汁酸合成的限速酶,受胆汁酸的负反馈调节,糖皮质激素、生长激素可提高该酶的活性。7α-羟化酶也是一种加单氧酶,维生素C对此种羟化反应有促进作用。此外,甲状腺激素能通过激活侧链氧化的酶系,促进肝细胞的胆汁酸合成。

2. 次级胆汁酸的生成　初级胆汁酸随胆汁分泌进入肠道,在协助脂类物质消化吸收后,在小肠下段和结肠上端细菌的作用下,结合胆汁酸水解脱去甘氨酸或牛磺酸,形成初级游离胆汁酸,再在细菌作用下进行7α位脱羟基,转变成次级游离胆汁酸,即胆酸转变为脱氧胆酸、鹅脱氧胆酸转变为石胆酸。次级游离胆汁酸亦可在肝与甘氨酸或牛磺酸结合形成次级结合胆汁酸。在合成次级胆汁酸的过程,亦可产生少量熊脱氧胆酸,它和鹅脱氧胆酸均具有溶解胆结石的作用,此外熊脱氧胆酸在慢性肝炎治疗时具有抗氧化应激作用,可用于降低肝内由于胆汁酸潴留引起的肝损伤,改善肝功能以减缓疾病进程。

3. 胆汁酸的肠肝循环　进入肠道的胆汁酸约95%被重吸收。结合胆汁酸在小肠下部被主动重吸收,游离胆汁酸在小肠各部和大肠被动重吸收。胆汁酸的重吸收主要依靠主动重吸收方式完成。石胆酸主要以游离型存在,故大部分不被吸收而排出。正常人每日从粪便排出的胆汁酸为0.4～0.6 g。由肠道重吸收的胆汁酸经过门静脉入肝,在肝脏游离胆汁酸被重新转变为结合胆汁酸,与新合成的初级结合胆汁酸一同随胆汁排入小肠,此循环过程称为胆汁酸的肠肝循环(enterohepatic circulation of bile acid)。未被重吸收的胆汁酸(主要为石胆酸)直接随粪便排出。

胆汁酸的肠肝循环具有重要生理意义。肝每天合成的胆汁酸仅0.4～0.

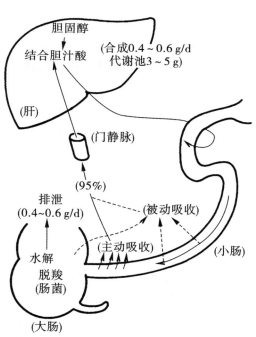

图 16-1　胆汁酸的肠肝循环

6 g,肝内胆汁酸的代谢池有胆汁酸3～5 g,而维持脂类物质消化吸收,需要肝每天合成16～32 g,依靠胆汁酸的肠肝循环可弥补胆汁酸的合成不足。人体每日进行6～12次的肠肝循环,从肠道吸收的胆汁酸总量可达12～23 g。肠肝循环使有限的胆汁酸最大限度地发挥对脂类的乳化作用,以保证脂类的消化吸收。

（三）胆汁酸的生理功能

1. 促进脂类的消化和吸收　胆汁酸分子内既含有亲水性的羟基、羧基、磺酸基等,又含有疏水的烃核和甲基。在立体构型上,两类基团位于环戊烷多氢菲的两侧,构成亲水和疏水的两个侧面,能降低油/水两相之间的表面张力,使脂肪等在水中乳化成直径为3～10 μm的混合微团,增大了脂肪酶与脂肪的接触面积,有利于脂类的消化吸收。

2.抑制胆汁中胆固醇的析出 人体内大量胆固醇随胆汁经肠道排出体外。胆固醇难溶于水,在胆汁中胆汁酸盐和磷脂酰胆碱的协同作用下,胆固醇形成可溶性的微团,不致结晶沉淀析出。胆汁中胆固醇的溶解度与胆汁酸盐和磷脂酰胆碱与胆固醇的相对比例有密切关系,如胆汁酸和磷脂酰胆碱与胆固醇的比值降低(小于 10∶1),极易发生胆固醇沉淀析出,形成胆结石。不同胆汁酸对结石形成的作用不同,鹅脱氧胆酸和熊脱氧胆酸可使胆固醇结石溶解,但胆酸和脱氧胆酸则无此作用,故临床上常用鹅脱氧胆酸和熊脱氧胆酸治疗胆固醇结石。

第四节 胆色素代谢与黄疸

胆色素(bile piment)是体内含铁卟啉化合物的主要分解代谢产物,包括胆红素(bilirubin)、胆绿素(biliverdin)、胆素原(bilinogen)和胆素(bilin)。除胆素原外的其他化合物均有颜色,随胆汁排泄,故统称为胆色素。胆红素是胆色素的主要成分。胆红素呈橙红色,有亲脂疏水的特性,极易透过细胞膜进入血液,可造成神经系统不可逆的损伤。近年来有研究发现,生理浓度的胆红素具有抗氧化功能,能清除自由基,抑制脂类和脂蛋白过氧化等作用。

一、胆红素的生成与转运

体内含铁卟啉结构的化合物有血红蛋白、肌红蛋白、细胞色素、过氧化氢酶和过氧化物酶等。正常成人每天生成 250~350 mg 胆红素,其中 70%~80% 来源于衰老红细胞中血红蛋白的分解,其他部分来自非血红蛋白中含铁卟啉化合物的分解。

(一)胆红素的生成

红细胞的平均寿命约 120 d,衰老红细胞被肝、脾和骨髓的单核吞噬细胞识别并吞噬,释放出血红蛋白。正常成人每天释放 6~8 g 血红蛋白。血红蛋白分解为珠蛋白和血红素,珠蛋白可水解为氨基酸,再进行氨基酸的代谢;血红素在微粒体血红素加氧酶的催化下,消耗 O_2 和 NADPH,释放出 CO、Fe^{3+},生成胆绿素。Fe^{3+} 可供机体再利用或以铁蛋白形式储存。CO 部分可经呼吸道排出。胆绿素在胆绿素还原酶催化下迅速还原生成胆红素。血红素加氧酶是血红素氧化及胆红素形成的限速酶。

(二)胆红素在血中的运输

胆红素是亲脂疏水分子,能自由通过细胞膜进入血液。在血液中胆红素主要与血浆清蛋白结合而运输。胆红素与清蛋白的结合,既增加了胆红素的溶解度而有利于运输,又限制胆红素自由通过细胞膜,避免对组织细胞的毒性作用。研究证明,每个清蛋白分子有一个高亲和力胆红素结合部位和一个低亲和力胆红素结合部位,可结合两分子胆红素。正常人血清胆红素的含量为 3.4~17.1 μmol/L(0.2~1.0 mg/100 mL),而每 100 mL 血浆中清蛋白能结合胆红素 25 mg,故正常人血浆清蛋白足以结合血浆中几乎全部的胆红素,但胆红素与清蛋白的结合是非特异性、非共价可逆性的。某些有机阴离子如镇痛药、磺胺类药、抗生素、利尿剂等可竞争性地与清蛋白结合,使胆红素游离,过多的游离胆红素易透过细胞膜进入细胞,尤其易于与富含脂质的脑部基底核的神经细胞结合,干扰脑的正常功能,称为胆红素脑病(bilirubin encephalopathy)或核黄疸(kernicterus)。新生儿尤其是早产儿血脑屏障发育不全,游离胆红素很容易进入脑组织形成核黄疸,因此,对有黄疸倾向的病人或新生儿要慎用此类药物。

血浆胆红素尚未进入肝进行结合反应,故称为未结合胆红素(unconjugated bilirubin),也称为游离胆红素或间接胆红素。这种胆红素与清蛋白结合,不能自由通过肾小球滤过膜,所以即使血中含量升高的时候,尿中也不会出现这种胆红素。

二、胆红素在肝内的转变

胆红素在肝内的转变包括肝细胞对胆红素摄取、转化和排泄过程。

(一)肝细胞对胆红素的摄取

血中胆红素以胆红素-清蛋白复合体的形式运输到肝,在肝血窦中胆红素与清蛋白分离,肝细胞膜表面具有胆红素的特异性受体,对胆红素有很强的亲和力,因此胆红素可迅速地被肝细胞摄取。肝细胞中有 Y 蛋白和 Z 蛋白两种胆红素的配体蛋白(ligandin),与胆红素结合形成复合物,以复合物形式被运输至滑面内质网进一步代谢转化。肝细胞对胆红素的摄取过程是一个可逆的耗能过程。如果肝细胞处理胆红素的能力下降,或者生成胆红素过多,超过了肝细胞处理胆红素的能力,则已进入肝细胞的胆红素还可返流入血,使血中胆红素水平增高。肝细胞中的 Y 蛋白含量丰富,对胆红素的亲和力强,是肝细胞内结合转运胆红素的主要配体蛋白。新生儿出生 7 周后,Y 蛋白才达到成人水平,这是新生儿出现生理性黄疸的主要原因。

(二)肝细胞对胆红素的转化作用

胆红素以胆红素-配体蛋白复合体的形式转运至滑面内质网,在 UDP 葡萄糖醛酸基转移酶的催化下,由二磷酸尿苷葡萄糖醛酸(UDPGA)提供葡萄糖醛酸基团,生成葡萄糖醛酸胆红素(bilirubin glucuronide),即结合胆红素(conjugated bilirubin),也称为直接胆红素。胆红素分子可与两分子的葡萄糖醛酸结合,主要生成双葡萄糖醛酸胆红素(70% ~80%),也有少量单葡萄糖醛酸胆红素生成。少量胆红素与硫酸根、甲基、乙酰基、甘氨酸等结合。结合胆红素水溶性增强,易于随胆汁排出,不易透过细胞膜,毒性明显降低。苯巴比妥类药物可诱导葡萄糖醛酸转移酶的生成。

表 16-3　两种胆红素的理化性质比较

	未结合胆红素	结合胆红素
与血浆清蛋白亲和力	大	小
与葡萄糖醛酸结合	未结合	结合
水溶性	小	大
细胞膜通透性及毒性	大	小
经肾随尿排出	无	有

（三）肝对胆红素的排泄

结合胆红素在肝经高尔基复合体、溶酶体排入毛细胆管，随胆汁排入肠腔。结合胆红素在毛细胆管内的浓度远高于肝细胞内，故胆红素由肝内排出是一个逆浓度梯度的耗能过程，也是肝处理胆红素的薄弱环节，被认为是肝代谢胆红素的限速步骤。此排泄过程一旦发生障碍，结合胆红素便可返流入血，使血中结合胆红素水平增高。

三、胆红素在肠道内的转化

结合胆红素随胆汁排入肠道后，在肠道细菌的作用下，脱去葡萄糖醛酸，转变成游离胆红素，再逐步还原为中胆素原（mesobilirubinogen）、粪胆素原（stercobilinogen）和尿胆素原（urobilinogen），大部分随粪便排出。在结肠下段，无色的胆素原经空气氧化为黄褐色粪胆素，这是粪便的主要颜色。当胆道完全阻塞时，结合胆红素进入肠道受阻，不能生成胆素原和胆素，故粪便呈现灰白色。

生理情况下，小肠下段生成的胆素原大部分随粪便排出，有 10% ~ 20% 被肠黏膜细胞重吸收，经门静脉入肝。其中大部分再随胆汁排入肠道，形成胆素原的肠肝循环（enterohepatic urobilinogen cycle）。少量胆素原进入体循环，通过肾随尿中排出。尿中的胆素原接触空气后也被氧化成尿胆素，成为尿的主要颜色。

图 16-2 为胆红素生成、转运、转变、排泄等代谢全过程。

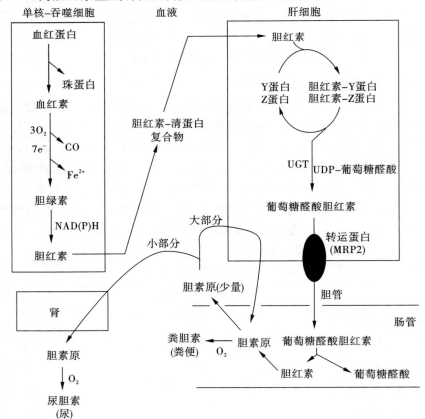

图 16-2　胆红素的代谢概况

四、血清胆红素与黄疸

肝对胆红素有强大的处理能力,正常情况下血中胆红素含量甚微,正常人血清总胆红素小于 $17.1\ \mu mol/L(<1\ mg/dL)$,其中未结合胆红素占 $4/5$,其余为结合胆红素。当体内胆红素生成过多,或肝摄取、结合、排泄的过程发生障碍,可引起血中胆红素浓度升高,称为高胆红素血症(hyperbilirubinemia)。胆红素为金黄色,扩散入组织,造成皮肤和巩膜黄染,称为黄疸(jaundice)。血清总胆红素为 $17.1\sim34.2\ \mu mol/L(1\sim2\ mg/dL)$ 时,肉眼不易观察到黄染,称为隐性黄疸(jaundice occult)。

根据血清胆红素增高的原因不同,将黄疸分为三类。

(一)溶血性黄疸

溶血性黄疸是由于各种原因导致红细胞大量破坏,单核吞噬系统产生的胆红素过多,超过肝细胞的摄取转化和排泄能力,造成血清游离胆红素浓度过高。输血不当、药物和某些疾病(如恶性疟疾、过敏等)均可引起溶血性黄疸。

(二)肝细胞性黄疸

肝细胞性黄疸是由于肝细胞功能障碍,对胆红素摄取、转化和排泄的能力降低所致,常见于各种肝炎、肝肿瘤和肝硬化等疾病。

(三)阻塞性黄疸

各种原因引起的胆汁排泄通道受阻,使胆小管和毛细胆管内压力增大破裂,致使结合胆红素逆流入血,造成血浆胆红素升高,这种黄疸称为阻塞性黄疸。阻塞性黄疸常见于胆管炎症、肿瘤、结石或先天性胆管闭锁等疾病。

3 种黄疸的病因,血、尿、便的改变见表 16-2。

表 16-2　3 种类型黄疸的比较

	溶血性黄疸	肝细胞性黄疸	阻塞性黄疸
黄疸发生机制	红细胞破坏过多引起胆红素生成过多	肝细胞损伤导致处理胆红素能力下降	胆道梗阻引起胆红素排泄受阻
血总胆红素	增高	增高	增高
血未结合胆红素	高度增高	增高	改变不大
血结合胆红素	改变不大	增高	高度增高
尿胆红素	阴性	阳性	强阳性
尿胆素原	增多	改变不大	减少或消失
粪胆素原	增多	减少	减少或消失

小　结

肝是体内具有多种代谢功能的重要器官,不仅在糖类、脂类、蛋白质、维生素以及激素等物质代谢中发挥作用,还具有分泌、排泄和生物转化等重要功能。肝在糖代谢中主要作用是通过调节肝糖原的合成、分解和糖异生作用,维持血糖浓度的相对恒定。肝在脂类的消化、吸收、运输、合成和分解中均起重要作用。肝将胆固醇转化成的胆汁酸,帮助脂类进行消化、吸收。肝合成的 VLDL、HDL 及 LCAT 参与脂类和胆固醇的运输。肝是合成酮体的重要器官,也是体内合成磷脂和胆固醇的重要器官。肝除了合成自身的组织结构蛋白质外,还合成多种蛋白质分泌到血浆中,如全部的清蛋白、凝血酶原、纤维蛋白原、载脂蛋白(apo A、B、C、E)和部分球蛋白(α_1、α_2、β 球蛋白)。除了支链氨基酸外几乎所有氨基酸分解代谢都主要在肝中进行。肝是合成尿素的唯一器官,无论是氨基酸分解代谢产生的氨,还是肠道细菌作用产生并吸收的氨,均可在肝通过鸟氨酸循环将氨合成尿素。肝在维生素的吸收、储存、运输和代谢方面均起重要作用。肝是激素灭活的主要器官。机体对内、外源性的非营养物质进行代谢转变的过程称为生物转化。通过生物转化作用,使非营养物质水溶性增加(极性增强),易于随胆汁或尿液排出体外。肝是生物转化的主要器官。按发生化学反应的性质将生物转化归纳为两相反应:第一相反应包括氧化、还原和水解反应,第二相反应为结合反应。许多物质通过第一相反应,极性增强,亲水性增加,可以排出体外。但有些化合物经过第一相反应后水溶性和极性改变不明显,须与葡萄糖醛酸、硫酸等极性更强的物质结合,进行第二相反应,增加其水溶性,以利于排出体外。

胆汁既是肝分泌功能的产物,也是肝排泄功能的载体。胆汁的乳化作用可以促进脂类物质的消化吸收。作为排泄功能的载体,胆汁将体内的代谢产物如胆红素、胆固醇及经肝生物转化的产物排入肠腔,随粪便排出体外。胆汁酸在肝细胞由胆固醇转变而来,是胆固醇代谢的主要去路。胆汁酸按来源分为初级胆汁酸和次级胆汁酸。在肝细胞合成的胆汁酸称为初级胆汁酸,包括胆酸、鹅脱氧胆酸,以及与甘氨酸或牛磺酸结合的产物。次级胆汁酸是初级胆汁酸进入肠道后,在细菌作用下脱氧生成的,包括脱氧胆酸、石胆酸,以及这两种胆汁酸与甘氨酸或牛磺酸的结合产物。胆汁酸按结构分类可分为游离胆汁酸和结合胆汁酸两大类,游离胆汁酸包括胆酸、鹅脱氧胆酸、脱氧胆酸和少量石胆酸,结合胆汁酸是游离胆汁酸与甘氨酸或牛磺酸结合的产物,包括甘氨胆酸、牛磺胆酸、甘氨鹅脱氧胆酸和牛磺鹅脱氧胆酸。除了石胆酸以外,95% 的胆汁酸经肠肝循环反复被利用,保证脂类消化吸收的顺利进行。

胆色素是含铁卟啉化合物在体内的主要分解代谢产物,包括胆红素、胆绿素、胆素原和胆素。衰老红细胞的血红蛋白分解产物是胆色素的主要来源。血红素在单核吞噬系统的血红素加氧酶催化下生成胆绿素,进一步还原成胆红素。胆红素在血中与清蛋白结合而运输。在肝细胞内,胆红素与配体蛋白 Y 或 Z 结合,运至内质网与葡萄糖醛酸结合成为结合胆红素,随胆汁排入肠道,在肠道细菌作用下还原为胆素原,遇空气氧化成为胆素。体内胆红素生成过多,或肝摄取、结合、排泄胆红素的过程发生障碍,可引起血中胆红素浓度升高,称为高胆红素血症。胆红素为金黄色,扩散入组织,造成皮肤和巩膜黄染,称为黄疸。临床上将黄疸分为溶血性黄疸、肝细胞性黄疸和阻塞性黄疸。

(燕晓雯)

思考题

1. 简述肝在人体物质代谢中的作用。

2. 生物转化的主要类型有哪些？为什么不能简单地把肝的生物转化作用等同于解毒作用？

3. 简述胆汁酸的生理功能。

4. 简述胆汁酸肠肝循环及生理意义。

5. 简述胆色素代谢的过程。

6. 结合胆红素与未结合胆红素有什么区别？

7. 黄疸分为哪几种类型？各类型有何特点？

第十七章
细胞增殖与细胞凋亡的分子机制

细胞增殖(cell proliferation)、分化和死亡是生物体的基本生命过程。人体生命从一个细胞(受精卵)开始,经过不断分裂增殖和细胞分化,发育成为个体。细胞增殖是指细胞数量的增加,细胞分化则指增加细胞的种类。在胚胎早期,细胞增殖是增加细胞数量的主要方式。随着生物体的发育,增殖受到限制,一些分化的细胞继续增殖,另一些细胞不可逆地失去增殖的能力,成为终末分化的细胞。终末分化细胞虽然不具有增殖能力,但可以在很长的时间内具有生物功能。在整个发育过程中,细胞增殖的能力都与分化状态紧密相关。与生物体生长发育相关的另一种重要细胞活动是程序性细胞死亡(programmed cell death,PCD),也称为凋亡(apoptosis),是机体清除废用的细胞以适应内外环境变化的过程。细胞增殖、分化和凋亡都是生物体正常生存所必需的,具有完整的精密准确的调控机制。这些调控机制失去平衡或出现紊乱,将导致疾病的发生。

第一节　细胞增殖及其调控

细胞增殖是细胞通过生长和分裂产生子代细胞,并使子代细胞获得与母细胞相同或几乎相同遗传特性的过程。细胞增殖的结果导致的细胞数目的增加,是个体生长发育的重要过程。细胞通过细胞周期完成分裂,进行增殖,把遗传信息一代一代传下去,保持物种的延续性和稳定性。单细胞生物以细胞分裂的方式产生新的个体,多细胞生物则以细胞分裂的方式产生新的细胞,补充体内衰老和死亡的细胞。多细胞生物由一个受精卵,经过细胞的分裂和分化,最终发育成一个新的多细胞个体。因此,细胞增殖是生物体生长、发育、繁殖和遗传的基础。

一、细胞周期

有丝分裂是真核生物细胞增殖的主要方式,多细胞生物体以有丝分裂的方式增加体细胞的数量。体细胞有丝分裂是周期性的,表现出细胞周期的特征。细胞周期(cell cycle)是指连续分裂的细胞,从上一次分裂结束到下一次分裂完成所经历的整个过程,是细胞增殖周期的简称。细胞周期分为分裂期(metaphase,M phase)和分裂间期(interphase)两个主要阶段,分裂期即有丝分裂期,简称 M 期。细胞的有丝分裂期主要表现为形态学上连续变化的过程,经过前、中、后、末期四个时期,在光学显微镜下可观察到细胞一分为二的过程,同时将 DNA 遗传物质精确地等分到两个子细胞中。分裂间期实际上是新细胞的生长期,包括 G_1、S 和 G_2 期,间期发生 DNA 遗传物质的精确复制和整个细胞结构组分加倍,主要表现在分子水平上的变化。细胞分裂间期 G_1 期是细胞生长和 DNA 合成准备期,细胞大量合成 RNA 和蛋白质,为 DNA 合成准备材料及所需要的调节蛋白和酶等。S 期是 DNA 合成期(DNA synthetic phase),此期主要进行 DNA 复制,使细胞 DNA 含量及其所携带的遗传信息增加了一倍。G_2 期是有丝分裂的准备期,细胞开始合成进入 M 期所必需的 RNA 和蛋白质。在细胞周期内,分裂期和分裂间期两个阶段所占的时间相差较大,一般分裂间期占细胞周期的 90% ~ 95%;分裂期占细胞周期的 5% ~ 10%。

完整的细胞周期包括上述四个时期,细胞沿 $G_1 \rightarrow S \rightarrow G_2 \rightarrow M$ 期的路线运转。细胞分裂间期是新细胞周期的开始,这个时期细胞内部发生复杂的变化,为细胞分裂期准备了条件。利用放射性核素标记自显影技术证明,间期细胞的最大特点是完成 DNA 复制和相关蛋白质的合成。不同生物体的细胞,甚至同一生物体的不同细胞的细胞周期可能有很大差别,有些细胞可能缺失细胞周期中的某些阶段。多数哺乳动物细胞的细胞周期在 10 ~ 30 小时之间。人体的迅速分裂细胞的细胞周期约 24 h,G_1 期持续 11 h、S 期 8 h、G_2 期 4 h、M 期 1 h(图 17-1)。而迅速生长的酵母细胞只需 90 min 就完成整个细胞周期。但是,在一群细胞中的不同细胞并不完全同步,甚至细胞周期持续时间差别很大,一个细胞可能比邻近细胞分裂早很多。

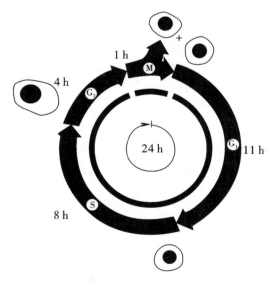

图 17-1　哺乳动物细胞的细胞周期各阶段持续时间

多细胞生物体中各类细胞增殖行为有很大差异,从细胞增殖角度,可将真核生物细胞分为三类:① 增殖细胞群,如骨髓造血干细胞、表皮及胃肠黏膜上皮细胞,这类细胞在细胞周期中连续运转,始终保持活跃的分裂能力;②不增殖细胞群,指不可逆的脱离细胞周期不再分裂的细胞,又称终末细胞,如成熟红细胞、神经细胞、心肌细胞等高度分化细胞;③休眠细胞群,又称暂不增殖细胞群,如肝细胞、淋巴细胞、肾小管上皮细胞等,这是一类分化并执行特定功能的细胞。在通常情况下处于休眠期(G_0 期),但在某些因素刺激下可重新进入细胞周期。处于 G_0 期的细胞不分裂,也不生长。细胞可以离开细胞周期几天、几周,甚至可以几年,但仍具有被诱导重新进入 G_1 期的能力。

二、细胞周期调控机制

细胞增殖是多阶段、多因子参与的精确有序调节过程。在这一过程中,细胞内进行一系列顺序发生的生化反应和结构功能的变化,这是不同基因按照时间顺序活化和表达的结果。许多蛋白质因子作为细胞周期调控蛋白组成了一套完整的细胞周期调控系统,参与细胞周期的调节,以保证细胞周期中不同时相的正确转换。当细胞内、外环境发生改变时,这些蛋白质因子能够发生适应性变化,完成相应的调节机制,保证遗传物质的准确传递。

(一)细胞周期蛋白与细胞周期蛋白依赖性激酶

1983 年英国科学家 T Hunt 发现,海胆受精卵卵裂过程中有一种蛋白质的含量随细胞周期发生规律变化,每一轮从 G_1 期开始合成,G_2/M 期达到高峰,M 期结束后突然消失,待下一轮间期又重新合成。由于这类蛋白质含量的变化与细胞周期有关,故命名为细胞周期蛋白(cyclin)。

1. 细胞周期蛋白 这类蛋白质的含量随着细胞周期的转换而发生变化,由于变化具有周期性,故称为细胞周期蛋白。已发现的细胞周期蛋白是一个大家族,不同种属的细胞周期蛋白具有高度的保守性。脊椎动物的细胞周期蛋白分为几组,以 $A_{1\sim2}$、$B_{1\sim3}$、C、$D_{1\sim3}$、$E_{1\sim2}$、F、G、H 命名。各类细胞周期蛋白均含有一段约 100 个氨基酸残基的保守序列,称为细胞周期蛋白盒(cyclin box),是与相应的细胞周期蛋白依赖性激酶(CDK)特异性结合的区域。细胞周期蛋白与 CDK 的结合不仅激活 CDK,还决定 CDK 在何时、何处、将何种底物磷酸化,推动细胞周期进程和转换。细胞周期的不同阶段由不同的细胞周期蛋白驱动。G_1 期的 cyclin C、cyclin D、cyclin E 与相应的 CDK 作用可缩短 G_1 期,推动 G_1/S 转换;M 期的 cyclin B 与其 CDK 结合可促进 G_2/M 期转换。

细胞周期蛋白的含量在有丝分裂晚期急剧下降,说明细胞内存在着降解这些蛋白分子的机制。已知有丝分裂期细胞周期蛋白的 N 端有一段序列与自身降解有关,称为降解盒(destruction box)。当这类细胞周期蛋白合成后,由泛素连接酶催化将泛素连接到降解盒区域,在细胞周期蛋白 N 端发生多泛素化(poly-ubiquitination)反应,由细胞的蛋白酶体迅速降解(图 17-2)。

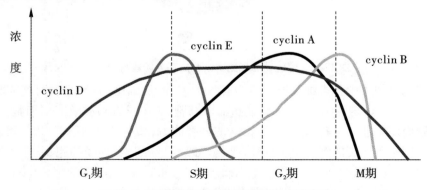

图 17-2 细胞周期蛋白在细胞周期中的表达

2. 细胞周期蛋白依赖性激酶　是一类调节细胞周期的丝氨酸/苏氨酸蛋白激酶,由于其活性受细胞周期蛋白的影响,故称为细胞周期蛋白依赖性激酶(cyclin-dependent kinase,CDK)。CDK 的通过催化靶蛋白磷酸化而发挥作用,磷酸化位点是丝氨酸或苏氨酸残基。例如 CDK 催化核纤层蛋白磷酸化,导致核纤层解体,核膜消失;催化组蛋白 H_1 磷酸化,导致染色体的凝缩等,这些作用的最终结果是细胞周期的不断运行。CDK 单独存在时不表现激酶活性,只有与细胞周期蛋白结合时才表现出激酶活性,即形成 CDK-细胞周期蛋白复合体,真核生物细胞周期的调节就依赖于该复合体的完成。在 CDK-细胞周期蛋白复合体中,CDK 为催化亚基,而细胞周期蛋白为调节亚基,其浓度在细胞周期的不同时期升高和降低,并决定 CDK-细胞周期蛋白复合体催化特异性(表 17-1)。

表 17-1　某些 CDK 与细胞周期蛋白的配对关系及执行功能的时期

CDK 种类	可能结合的周期蛋白	执行功能的可能时期
$CDK_1(p34^{cdc2})$	A, B_1, B_2, B_3	G_2/M
CDK_2	A, D_1, D_2, D_3, E	$G_1/S, S$
CDK_3		G_1/S
CDK_4	D_1, D_2, D_3	G_1/S
CDK_5	D_1, D_3	
CDK_6	D_1, D_2, D_3	G_1/S
CDK_7	H	
CDK_8	C	

3. 细胞周期蛋白依赖性激酶抑制因子　细胞周期蛋白对细胞周期进行正向调节,而在细胞中还存在着抑制细胞周期的因子,称为细胞周期蛋白依赖性激酶抑制因子(CDK inhibitor,CKI)。当 CKI 与 CDK 结合后,阻止了 CDK 与细胞周期蛋白结合,抑制 CDK-细胞周期蛋白复合体的活性。根据这些因子与 CDK 相互作用的特异性和序列同源性,把 CKI 分为两个家族,一是激酶 4 抑制因子(inhibitors of kinase 4,INK4)家族,包括 p15(INK4b)、p16(INK4a)、p18(INK4c)和 p19(INK4d)。另一类是 CDK 抑制蛋白(CDK inhibitory protein,CIP)/KIP 家族,包括 p21,p27 和 p57。

(二)细胞周期的检测点

细胞周期是一系列有序的事件,不同种类的细胞周期蛋白及 CDK 之间适时的结合可引发细胞周期进程中特定事件的发生,促成 G_1 期向 S 期,G_2 期向 M 期,M 期的中期向后期等关键过程不可逆的转换。为保证细胞染色体数目的完整性及细胞周期正常运转,细胞中存在着一系列监控系统,对细胞周期发生的重要事件及出现的故障加以检测,只有当这些事件完成或故障修复后,才允许细胞周期进一步运行,该监控系统即为检测点(checkpoint),又称监控点或关卡。整个细胞周期中有三个关键的关卡:G_1/S 期检测点、G_2/M 期检测点和有丝分裂中-后期检测点。这些过程都是不可逆的,由此决定了细胞周期进程的单向性。细胞周期中不同时相的细胞周期蛋白-CDKs 复合体有所不同。它们顺序产生、降解,协调一致地控制着细胞周期的进行(图 17-3)。

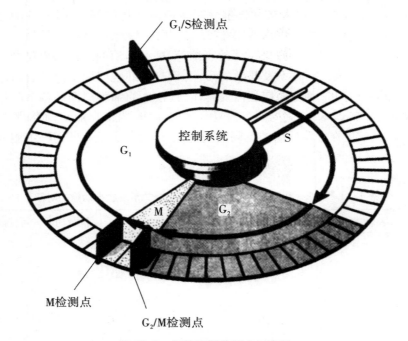

图 17-3　细胞周期检测点示意图

1. G_1/S 期检测点　细胞由 G_1 期向 S 期转化主要受 G_1 期 CDK 激酶控制。细胞受到刺激开始复制时,G_1 期 CDK 复合体首先表达,激活调节 DNA 合成相关的酶类及编码 S 期 CDK 复合体基因表达的转录因子。G_1 晚期,G_1 期 CDK 复合体诱导 S 期抑制因子的降解,使 S 期 CDK 复合体得到活化,刺激细胞进入 S 期。G_1/S 期检测点在哺乳动物中称为限制点(restriction point)或 R 点,是 G_1 期特有的检测点。越过该点的细胞将进入 S 期,开始 DNA 复制,标志着细胞进入增殖阶段。因此,R 点是控制细胞由静止状态的 G_1 期进入 DNA 合成期的关键点。需要检测的内容主要是:①DNA 是否受到损伤;②细胞外环境是否适宜;③细胞体积是否足够大。如果细胞 DNA 损伤,检测点发挥作用,将细胞阻止在 G_1 期,同时诱导修复基因的转录,以避免由于损伤基因的复制导致的基因突变和染色体高频率重排。P53 和 pRb 是 G_1 期主要的调控蛋白,通过一系列信号转导,诱导持续有时是永久性的 G_1 期阻滞。

2. G_2/M 检测点　G_2 到 M 期的转换过程主要受 CDK1 激酶即促细胞成熟因子(Mature Promoting Factor,MPF)的调控。M 期的 CDK 复合体是在 S 期和 G_2 期合成的,但在 DNA 合成完成之前,此复合体无活性。在 M 期的 CDK 复合体被激活后引起染色质致密化、核膜破裂、有丝分裂纺锤体组装、染色体在赤道板排列等 M 期的进程。G_2/M 检测点的功能是阻止带有 DNA 损伤的细胞进入 M 期,确保细胞基因组的完整性和稳定性。如果被检测的内容不符合细胞周期进展的要求,细胞将被阻滞在该期,直至相关事件完整无损的执行完毕。

3. 有丝分裂中-后期检测点　当所有的染色体与纺锤体微管联接完毕,有丝分裂期 CDK 复合体激活细胞分裂后期促进复合体(anaphase promoting complex,APC),通过泛素介导的作用,促进分裂后期抑制因子的降解,细胞进入有丝分裂后期,姐妹染色体分离到相反的纺锤体极。分裂后期的晚期,APC 指导有丝分裂期细胞周期蛋白的降解,有丝分裂期 CDK 活性下降,在分裂末期分离的染色体开始松散,子代细胞核形成,随后胞质分裂,产生两个子细胞。在细胞有丝分裂过程中,该检测点是保证染色体正确分离的重要机制之一。它监控纺锤体微管与染色体动粒之间的连接,并促使有丝分裂中姐妹染色体间张力的形成。如果动粒没有正确连接到纺锤体,将抑制 APC 的活性,引起细胞周期中断。

细胞周期调控的方式,除转录调控细胞周期调节蛋白有序表达外,还涉及两种翻译后机制:一是蛋白磷酸化,二是泛素依赖的蛋白降解。蛋白降解是不可逆的,保证了细胞周期过程的单向性。磷酸化则是可逆的,广泛表现于酶活性和多蛋白复合体组装的调节。蛋白质磷酸化修饰与降解紧密联系,很多蛋白质由于磷酸化而成为蛋白降解的靶子,同时磷酸化还参与调节蛋白质降解机制。很多蛋白激酶及其调节因子在细胞周期的特定阶段被降解。另一方面,蛋白激酶和磷酸酶活性决定了特定时间内某一蛋白质的磷酸化状态。

第二节　细胞凋亡及其调控

细胞凋亡(apoptosis)是机体细胞在生理或病理状态下发生自发的、程序化的死亡过程,它的发生受到机体的严密调控。apoptosis 一词源于希腊文,原意指树叶自树枝或花瓣自花卉中凋谢的现象。20 世纪 70 年代以来,人们越来越清楚地认识到细胞凋亡对多细胞生物生长发育和正常生命活动的重要性,发现许多疾病的发生都与细胞凋亡异常相关,细胞凋亡的研究也成为当今生命科学研究中最引人注目的领域之一。

一、细胞凋亡的生物学特征

细胞凋亡是一种特殊的细胞死亡形式,具有不同于细胞坏死(necrosis)的发生机制和特征。1951 年,Glucksman 发现细胞在生物发育中的特定时空内发生死亡,首次提出程序化细胞死亡(programmed cell death,PCD)的概念。1972 年,Kerr 等首次提出细胞凋亡这一名词,命名在肝静脉结扎后肝细胞出现的染色质碎裂、细胞质固缩的特殊死亡形式。

(一)细胞凋亡的形态学特点

无论在生理或病理状态下,细胞凋亡往往表现为在正常细胞群体中单个细胞的死亡,单个凋亡细胞与周围细胞分离。凋亡细胞开始形成细胞质空泡,后与胞膜融合,导致膜发泡,空泡自细胞排出,水分丧失、细胞容积减少、密度增加,固缩成圆形或椭圆形。细胞凋亡最显著的形态学变化发生在细胞核。细胞核染色质浓集、固缩成球状,或重新分布于核膜下呈圆形或新月形。细胞膜和核膜保持完整。随后线粒体等细胞器也发生超浓缩,并向核周"崩溃"形成一个或多个块状结构、"致密球体"或向外"发芽"形成葡萄串样小球体。同时细胞核解体,细胞膜下陷,包裹着核碎片和细胞器形成凋亡小体(apoptotic body)。凋亡小体形成是细胞凋亡的主要形态学特征,也是鉴别细胞凋亡与坏死的最可靠指标之一。在细胞凋亡末期,凋亡小体被邻近组织细胞,主要是巨噬细胞清除。因此,细胞凋亡不会导致周围组织损伤和炎症反应,这对于组织自稳态的维持十分重要,细胞坏死则因溶酶体水解酶的释放而造成邻近组织的损伤和炎症反应(图17-4,表17-2)。

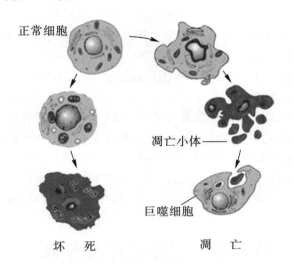

图17-4 细胞凋亡与细胞坏死过程模式图

表17-2 细胞凋亡与细胞坏死的区别

区别点	细胞凋亡	细胞坏死
性质	生理或病理性	病理性或剧烈损伤
诱导因子	特异诱导凋亡信号	毒素、严重缺氧、缺乏 ATP 等
组织反应	吞噬细胞吞噬凋亡小体或细胞	细胞内容物溶解释放
范围	单个散在细胞	成群细胞或大片组织
细胞	细胞皱缩、体积变小、细胞连接丧失	肿胀、体积变大
细胞核	皱(固)缩、DNA 片段化	弥漫性降(分)解
溶酶体	完整	破裂
线粒体	自身吞噬、通透性增加、细胞色素 c 释放	肿胀、破裂
细胞膜	保持完整,一直到形成凋亡小体	破损或通透性增加
染色质	凝聚,在核膜下呈半月状等	呈絮状
凋亡小体	有,被邻近的巨噬细胞等吞噬	无
基因组DNA	有控降解,电泳图谱呈梯状	随机降解,电泳图谱呈连续刷子状

(二)细胞凋亡的生物化学特点

凋亡细胞的生物化学变化比较复杂,其中染色质 DNA 片段化断裂和蛋白质降解尤为明显。

1. 非随机性 DNA 降解　凋亡细胞最突出的生化特征是染色质 DNA 的有控降解。细胞凋亡过程中,核酸内切酶被激活,基因组 DNA 首先被降解为 200～300 kb 的片段,进一步降解产生寡核小体片段,其大小相当于核小体(160～200 bp)的倍数,因此凋亡细胞基因组 DNA 在电泳图谱上呈现连续的阶梯状的条带(DNA ladder)。这些条带是凋亡细胞 DNA 片段化的结果,也是常用的细胞凋亡的鉴定方法之一。

2. 细胞膜磷脂酰丝氨酸外翻　正常细胞的膜脂分布呈现不对称性,胆碱类磷脂如磷脂酰胆碱、鞘磷脂大多分布在膜外层,而氨基类磷脂如磷脂酰丝氨酸和磷脂酰乙醇胺则多分布在膜内层。在凋亡细胞,磷脂酰丝氨酸由细胞膜内层转向膜外层,这种现象是早期细胞凋亡的重要特征。

3. 细胞质蛋白交联与降解　凋亡细胞的 mRNA 和蛋白质合成减少,编码组织谷氨酰胺酶的基因被诱导表达,该酶催化形成稳定和广泛的细胞质蛋白交联,在胞膜下形成壳状结构,使凋亡小体稳定,防止生物活性物质释放至细胞外而引起炎症反应。同时,细胞凋亡发生过程也是蛋白酶级联切割的过程,其中半胱氨酸天冬氨酸特异性蛋白酶(caspase)能选择性切割某些蛋白质,破坏其结构和功能,起凋亡执行器的作用。

(三)细胞凋亡的生物学意义

细胞凋亡贯穿于生物有机体全部生命活动过程之中,在维持机体正常生理功能和自身稳定方面具有重要作用,是机体正常生长发育所必需的。

1. 参与机体发育过程的调节　多细胞生物的生长发育过程中,细胞增殖和凋亡都是维持机体细胞群增长与死亡平衡的重要方式。在胚胎发育时期,特定种类的细胞在完成使命后通过凋亡被淘汰,代之以新的细胞类型,正是这种井然有序的组织细胞的生死交替,使胚胎得以发生、发育和成熟。指(趾)和关节腔的形成就是发育过程中指(趾)间或关节腔内细胞凋亡的结果。妊娠期接触某些药物或感染病毒可能导致细胞凋亡过程异常,个体不能正常发育,发生畸形或不能存活。在成年个体中,通过细胞凋亡清除衰老细胞并代之新生的细胞,维持特定组织器官的细胞类型和细胞数量的相对恒定,如皮肤、黏膜及血细胞的更新,以及女性月经周期中子宫内膜的脱落与更新等。

细胞凋亡与神经退行性疾病

神经退行性疾病如阿尔茨海默病、帕金森病、色素性视网膜炎、肌萎缩性侧索硬化症、脊肌萎缩症等都与细胞凋亡有关。动物实验及尸检均表明,阿尔茨海默病造成神经元丧失的原因主要是细胞凋亡。过量神经元凋亡致使大脑皮层大面积萎缩,脑回变窄,脑沟增宽,脑室扩大,表现出痴呆的临床表现。在肌萎缩性侧索硬化症患者也显示神经元凋亡抑制蛋白相关基因突变,导致脊髓前角运动神经元凋亡,出现神经性萎缩。

笔记栏

2. 参与免疫细胞活化过程的调节 依赖细胞凋亡进行新旧细胞交替最有代表性的例子就是人类免疫系统。在淋巴细胞发育成熟过程中,约 95% 的细胞发生凋亡。胸腺淋巴细胞在发育过程中,通过一系列阳性选择和阴性选择形成 CD4$^+$ 辅助性 T 淋巴细胞和 CD8$^+$ 抑制性 T 淋巴细胞的过程,都是通过细胞凋亡实现的。为了防止过高的免疫应答,受抗原刺激活化的 T 淋巴细胞通过激活细胞死亡过程而走向凋亡。

3. 参与衰老、受损细胞的清除 及时清除受损或衰老细胞,对维持多细胞生物生命至关重要。某些受损或功能丧失的细胞,如成纤维细胞、肝细胞等,通过凋亡途径被清除,并由新生细胞取代,以维持组织内环境的稳定。细胞凋亡也参与清除分裂后期排列与分布异常的细胞,如神经元、心肌细胞等,以预防疾病的发生。受损后发生突变的细胞如 DNA 损伤不能得到修复,可通过凋亡将细胞清除。受病毒感染的细胞通过凋亡使 DNA 发生降解,整合于其中的病毒 DNA 也随之破坏,阻止病毒的复制。宿主细胞也可利用凋亡途径清除病原微生物,防止其扩散。但病原微生物感染所致的细胞凋亡也是导致某些疾病(如艾滋病)发病的原因。

细胞凋亡与感染性疾病

病毒感染导致宿主靶细胞发生凋亡,是机体预防病毒扩散的防御机制之一。病毒感染所产生的细胞病变与细胞凋亡有关。艾滋病是由 HIV 感染所致,HIV 感染不仅激活受感染的 CD4$^+$ 细胞凋亡信号系统,而且表达的糖蛋白 gp120 能与未被 HIV 感染的 CD4$^+$ 细胞的受体结合,间接造成未感染的 CD4$^+$ 细胞凋亡。HIV 也可诱导其他免疫细胞(如 B 淋巴细胞、CD8$^+$ 淋巴细胞、巨噬细胞)凋亡,造成机体免疫功能严重缺陷。

二、细胞凋亡的分子机制和凋亡关键基因

(一)细胞凋亡的酶学基础

不同种类、不同生长发育阶段的细胞具有不同的细胞凋亡途径,这在很大程度上是由于早期诱发凋亡的分子机制的差别。凋亡一经起始,各类早期凋亡信号都汇集到一条共同的凋亡执行通路,导致细胞产生相似的形态学和生物化学改变,最终形成凋亡小体被吞噬清除。细胞内部一系列蛋白酶和核酸酶的活化是凋亡进程中的核心事件。

1. Caspase 家族 Caspase 是一组存在于细胞质中的结构相关的半胱氨酸天冬氨酸特异性蛋白酶,它们作用的共同点是特异地剪切天冬氨酸残基羧基一侧的肽键。Caspase 一词是 cysteine-aspartic specific protease 的缩写,这种高度特异性在蛋白酶中是很少见的。该家族成员在凋亡过程中起核心作用,选择性地切割细胞中的某些蛋白

质,导致细胞的损伤和解体,是细胞凋亡的介导者与执行者(表 17-3)。

表 17-3　Caspase 超家族成员及其相应底物

名称及其别名	底物
Caspase1(ICE)	Pro-ILβ;pro-caspase3,7
Caspase2(Nedd-2/ICE1)	
Caspase3(apopain/CPP32/Yama)	PARP;SREBP;DFF;DNA-PK
Caspase4(Tx/ICE2/ICE$_{rel}$-Ⅱ)	
Caspase5(ICE$_{rel}$-Ⅲ/TY)	
Caspase6(Mch2)	Lamin A;keatin 18
Caspase7(ICE-LAP3/Mch3/CMH-1)	PARP;pro-caspase6;DFF
Caspase8(FLICE/MACH/Mch5)	
Caspase9(ICE-LAP6/Mch6)	
Caspase10(Mch4/FLICE2)	PARP
Caspase11(ICE3)	

　　在细胞凋亡因素刺激下,Caspases 在细胞内通过不同的途径活化。Caspase 一经活化,凋亡即不可避免。细胞发生凋亡时,起始 Caspase 首先被活化,切割并激活下游的 Caspase 分子,形成逐步扩大的级联反应,直至效应 Caspase 活化。活化的 Caspase 通过切断与周围细胞的联络、重组细胞骨架、阻断 DNA 复制和修复、破坏 DNA 和核结构、诱导凋亡小体的形成等,最终导致细胞凋亡。随着细胞凋亡研究的深入,人们也发现细胞中存在不依赖 Caspase 的凋亡途径。

　　2.核酸内切酶　核酸内切酶(endonuclease)是一种 DNA 酶(DNase),是最早被证实与细胞凋亡相关的酶,核酸内切酶活化后,在核小体连接处切割染色体,形成 180～200 bp 为最小单位的核酸寡聚体片段。此类核酸内切酶主要包括 DNaseⅠ、DNaseⅡ、NUC18 等。

　　3.蛋白激酶　蛋白激酶(protein kinase)是一类催化蛋白质发生磷酸化的酶。蛋白质的磷酸化/去磷酸化化学修饰是调节蛋白质活性的主要方式,在细胞信号转导中具有重要作用。已发现与细胞凋亡相关的蛋白激酶包括蛋白激酶 C 与 DNA 依赖性蛋白激酶。

　　(二)细胞凋亡的基因调控
　　细胞凋亡是基因调控下的自我消亡过程。接受凋亡刺激的细胞,经过一系列信号传递,作用到凋亡相关的基因,通过影响细胞内、外离子和蛋白酶等化学物质的改变,最终导致细胞凋亡。细胞凋亡过程具有高度保守性,从低等无脊椎动物到人体细胞所克隆出的凋亡相关基因都具有很高的同源性。根据功能不同,将调控细胞凋亡的基因分为两大类:一类是促进细胞凋亡的基因,另一类是抑制细胞凋亡的基因。

1. 促进凋亡的基因

（1）*ced*-3 和 *ced*-4 基因　最早在线虫中发现的促进细胞凋亡基因，其活化对启动和维持细胞凋亡过程都是必需的。如果这两个基因发生突变，细胞则不进入凋亡，而且可以分化存活。后发现人白细胞介素-1-β-转化酶（interleukin-1-β-converting enzyme，ICE）与之结构相似，有约 30% 的同源性，是一种半胱氨酸蛋白酶，现属 Caspase 家族。

（2）*p53* 基因　野生型 *p53* 是一种抑癌基因，在细胞周期的 G_1 期发挥检测点的作用，监视细胞基因组 DNA 的完整性。如发现 DNA 损伤，*p53* 即上调 *p21* 基因的表达，使细胞停留在 G_1 期，为细胞 DNA 的修复提供时间。一旦修复失败，则在其他因素的配合下诱导细胞凋亡。*p53* 是否诱导凋亡，与细胞的类型、DNA 损伤程度、生长因子的参与、癌基因的表达等多种因素有关。

（3）*fas* 基因　又称 APO-1/CD95，属于 TNF 受体家族。*fas* 基因编码产物 Fas 蛋白是分子量 45 kD 的跨膜蛋白，分布在胸腺细胞、激活的淋巴细胞和巨噬细胞的细胞膜上。Fas 蛋白与 Fas 配体结合后，可激活 Caspase，导致细胞凋亡。由于 Fas 蛋白可将死亡信号从细胞膜传递到细胞内，又被称之为死亡受体。

2. 抑制凋亡的基因

（1）*bcl*-2 基因　Bcl-2 是 B cell lymphoma/leukemia-2 基因的缩写，是第一个确认有抑制细胞凋亡作用的基因。已相继发现了 15 个存在于哺乳动物细胞的 Bcl-2 同源蛋白，在线粒体参与的凋亡途径中起调控作用，控制线粒体中细胞色素 c 等凋亡因子的释放。Bcl-2 家族成员都含有 1～4 个 Bcl-2 同源结构域（BH1～4），并通常有一个羧基端跨膜结构域。根据结构和功能将 Bcl-2 基因家族分为两类，一类属于抑制凋亡的如 Bcl-2、Bcl-XL、Bcl-W 和 Mcl-1；另一类则是促进凋亡的，如 Bax、Bcl-Xs、Bad、Bik、Bak、Bid、Hrk 等（表 17-4）。

表 17-4　Bcl-2 家族成员与功能

成员名称	功能
Bcl-2	凋亡抑制剂，可和 Bax 及 Bak 结合
Bcl-X	其 L 型抑制凋亡，S 型促进凋亡，与 Bax 及 Bak 结合
Bcl-W	凋亡抑制剂
Bax	凋亡抑制剂，可与 Bcl-2，Bcl-XL，E1B19K 结合
Bak	凋亡抑制剂，亦可作抑制剂，可与 Bcl-2，Bcl-X 和 E1B19K 结合
Mcl-1	凋亡抑制剂
Bad	凋亡抑制剂，与 Bcl-2 和 Bcl-X_L 结合
Ced-9	线虫中的凋亡抑制剂，Bcl-2 的同源物
E1B19K	腺病毒凋亡抑制剂，与 Bax 和 Bak 结合

Bcl-2 家族对细胞凋亡的调节作用，是各种 Bcl-2 家族蛋白共同作用的结果，如 Bcl-XL 等通过 BH4 结构域与凋亡活化因子 1（Apaf-1）结合，阻止后者对 Caspase-9

的活化;而 Bik 等则与 Bcl-XL 结合而抑制上述作用;另一方面,含有 BH1、BH2 结构域的蛋白质能够在细胞器(如线粒体)膜上形成性质不同的孔道,保护或破坏细胞器的结构和功能。

(2)*survivin* 基因　Survivin 是凋亡抑制蛋白(inhibitor of apoptosis protein, IAP)家族的成员,在胚胎期和胎儿期表达非常丰富,而在成年机体,除胎盘和胸腺细胞有微弱表达外,其他组织很难检测到其表达。转基因技术证明,Survivin 与 Caspase 特异性结合,抑制 Caspase 3 和 Caspase 7 的活性,阻断各种刺激诱导的细胞凋亡过程。

(3)*livin* 基因　Livin 是凋亡抑制蛋白家族的新成员。Livin 的 N 端的 BIR 结构域是抗凋亡活性的必需结构。依靠 BIR 结构域,Livin 与 Caspase 家族结合,尤其是与 Caspase 3 结合,阻断凋亡受体和线粒体相关凋亡途径,抑制细胞凋亡。Livin 在大多数正常组织不表达,在妊娠的胚胎滋养层细胞和间质细胞有表达,但在多种肿瘤细胞中高表达。

(三)细胞凋亡的信号转导途径

细胞凋亡是由基因调控的程序化细胞死亡过程,除少数情况下细胞凋亡可自发产生外,多数情况下是受凋亡诱导因素作用才启动细胞凋亡的。诱导细胞凋亡的因素很多,如电离辐射、高温和肿瘤化疗药物等。激素和生长因子是细胞生长不可缺少的因素,细胞生长环境中激素和生长因子过多或过少造成的不平衡,也可导致细胞凋亡。另外,细菌、病毒等病原微生物感染以及其产生的毒素也可诱导细胞凋亡。

不同的凋亡信号引发不同的凋亡信号转导通路。根据信号来源,可将细胞凋亡的信号转导通路分成三条,即死亡受体介导的细胞凋亡途径、线粒体相关的细胞凋亡途径和细胞核凋亡诱导途径。各途径在某些位点有交叉汇合,特别是前两条途径最终都汇集于下游的 Caspase 的激活。

1. 死亡受体介导的细胞凋亡途径　又称外源性凋亡途径。细胞外的许多信号分子可以与细胞表面相应的死亡受体(death receptor, DR)结合,激活细胞凋亡信号通路,导致细胞凋亡。哺乳动物的死亡受体属于肿瘤坏死因子受体(TNFR)超家族,主要成员有 Fas/Apo-1/CD95、DR-4/TRAIL-R1、DR3/WSL-1/ Apo-3/TRAMP 等,配体包括 TNFα、FasL/CD95L、TRAIL 等。Fas 的配体 FasL(Fas ligand)与 Fas 结合后,诱导 Fas 胞质区内的死亡结构域(death domain, DD)结合 Fas 结合蛋白(FADD),FADD 再募集并结合 Caspase-8 前体,形成 Fas-FADD-Caspase-8 前体组成的死亡诱导信号复合物(death inducing signaling complex, DISC),Caspase-8 前体经自身剪切活化,进一步激活执行死亡功能的效应蛋白 Caspase-3、Caspase-6、Caspase-7 等,导致细胞凋亡。

2. 线粒体相关的细胞凋亡途径　又称内源性凋亡途径,是线粒体释放细胞色素 c 所介导的细胞凋亡过程。线粒体不仅是细胞生物氧化的调控中心,在细胞凋亡中也处于调控的重要位置。许多凋亡信号都可以引起线粒体的损伤和膜渗透性改变。定位于线粒体膜的 Bcl-2 家族蛋白如 Bcl-2、Bax、Bcl-XL 等在线粒体膜孔通透性调控方面起关键作用,Bcl-2 通过阻止细胞色素 c 从线粒体释放抑制凋亡;而 Bax 则通过与线粒体上的膜通道结合,促使细胞色素 c 的释放而促进凋亡。释放到细胞质的细胞色素 c 在 dATP 存在的条件下与 Apaf-1 一起与 Caspase-9 的前体结合,导致 Caspase 9 的活化,引发 Caspase 级联效应,引起细胞凋亡。

3. 细胞核凋亡诱导途径　以 *p53* 为中心的核凋亡信号途径及其转换机制在细胞

凋亡的诱发中具有重要作用。在正常细胞中,*p53* 在细胞的含量受到细胞严密的监控。当细胞在 DNA 损伤、纺锤丝断裂、癌基因异常激活、缺氧等情况下,*p53* 表达上调,或细胞原有的 *p53* 被活化,一方面通过与 *p16*、*p21* 以及视网膜母细胞瘤蛋白(Rb)等作用引起细胞周期停滞,另一方面通过促进 *bax*、*fas* 等基因表达,诱导细胞凋亡。

三、细胞凋亡与疾病

多细胞生物在生理状态下,存在细胞增殖与凋亡的平衡,这种平衡一旦被破坏,将导致疾病的发生。许多临床疾病的发生都与细胞凋亡有密切的关系,例如肿瘤、自身免疫性疾病、神经退行性病变及一些病毒感染性疾病等。细胞凋亡过度或不足均可能导致疾病。细胞凋亡不足与自身免疫性疾病、肿瘤以及结肠息肉等有关;细胞凋亡过度则引起神经退行性病变、免疫排斥反应、艾滋病和某些血液系统疾病等。

基于细胞凋亡异常在疾病发病机制中的作用,可以将细胞凋亡的发生和调控机制引入疾病治疗。通过诱导或抑制细胞凋亡逆转疾病的进程,发挥治疗作用。对于细胞凋亡不足引起的疾病,通过诱导细胞凋亡实施的治疗方法是十分有效的。肿瘤的常规治疗中,放疗和化疗药物(如阿霉素、5-氟尿嘧啶等)都能够有效地诱导肿瘤细胞凋亡。基因治疗的相关技术更是为凋亡相关基因直接用于肿瘤治疗奠定了基础。针对细胞凋亡过度导致的疾病,可以通过抑制细胞凋亡达到治疗目的。将具有细胞凋亡抑制作用的物质直接导入病变组织,或将相关基因导入病变细胞内表达,可以有效地抑制靶细胞的凋亡,达到治疗疾病的目的。这一策略已在神经退行性病变的治疗中得到一定程度的应用,但疗效和可能带来的毒副作用有待进一步评价。

小　结

细胞通过细胞周期完成分裂,进行增殖。细胞周期是指连续分裂的细胞,从上一次分裂结束到下一次分裂完成所经历的整个过程。细胞周期分为分裂期和分裂间期 2 个主要阶段。分裂期简称 M 期,是在光学显微镜下可观察到细胞一分为二的过程,同时将 DNA 遗传物质精确地等分到两个子细胞中。分裂间期包括 G_1、S 和 G_2 期,间期发生 DNA 复制和细胞结构组分加倍。完整的细胞周期包括上述 4 个时期,细胞沿 $G_1 \rightarrow S \rightarrow G_2 \rightarrow M$ 期的路线运转。细胞增殖是多阶段、多因子参与的精确有序调节过程,是不同基因按照时间顺序活化和表达的结果。细胞周期蛋白和细胞周期蛋白依赖性激酶(CDK)作为细胞周期调控蛋白组成了一套完整的细胞周期调控系统,参与细胞周期的调节,保证细胞周期中不同时相的正确转换。脊椎动物的细胞周期蛋白分为几组,以 $A_{1 \sim 2}$、$B_{1 \sim 3}$、C、$D_{1 \sim 3}$、$E_{1 \sim 2}$、F、G、H 命名。各类细胞周期蛋白与相应的 CDK 特异结合不仅激活 CDK,还决定 CDK 在何时、何处、将何种底物磷酸化,推动细胞周期进程和转换。G_1 期的 cyclin C、cyclin D、cyclin E 与相应的 CDK 作用可缩短 G_1 期,推动 G_1/S 转换;M 期的 cyclin B 与其 CDK 结合可促进 G_2/M 期转换。另外,细胞中还存在着抑制细胞周期的因子,称为细胞周期蛋白依赖性激酶抑制因子(CKI)。当 CKI 与 CDK 结合后,阻止了 CDK 与细胞周期蛋白结合,抑制 CDK-细胞周期蛋白复合体的活性。为保证染色体数目的完整性和细胞周期正常运转,细胞中存在着一系列监控系统,对细胞周期发生的重要事件及出现的故障加以检测,只有当这些事件完成或故障修复后,才允许细胞周期进一步运行,该监控系统即为检测点。整个细胞周期中主要有 3 个关键检测点,即 G_1/S 期检测点、G_2/M 期检测点和有丝分裂中-后期检测点。这些过程都是不可逆的,由此决定了细胞周期进程的单向性。

细胞凋亡指细胞在生理或病理状态下发生的一种自发的、程序化的死亡过程,它的发生受到机体的严密调控。细胞凋亡是一种特殊的细胞死亡形式,具有不同于细胞坏死的发生机制和特征,表现为在正常细胞群体中单个细胞的死亡,单个凋亡细胞与周围细胞分离。细胞凋亡最显著的形态学变化是细胞核染色质浓集、固缩成球状,细胞膜和核膜保持完整。细胞器发生超浓缩,细胞膜下陷,包裹着核碎片和细胞器形成凋亡小体。凋亡小体主要被巨噬细胞清除,不导致周围组织损伤和炎症反应。凋亡细胞的生物化学变化比较复杂,其中染色质 DNA 片段化断裂和蛋白质降解尤为明显。细胞凋亡是基因调控下的自我消亡过程。根据功能不同,将调控细胞凋亡的基因分为两大类:一类是促进细胞凋亡的基因,如线虫的 *ced-3* 和 *ced-4* 基因、*p53* 基因和 *fas* 基因等;另一类是抑制细胞凋亡的基因,如 *bcl-2* 基因、*survivin* 基因和 *livin* 基因等。多数细胞凋亡受凋亡诱导因素启动,诱导细胞凋亡的因素很多,如电离辐射、高温、肿瘤化疗药物以及激素和生长因子不平衡等。不同的凋亡信号引发不同的凋亡信号转导通路。根据信号来源将细胞凋亡的信号转导通路分为三条,即死亡受体介导的细胞凋亡途径、线粒体相关的细胞凋亡途径和细胞核凋亡诱导途径。各途径在某些位点有交叉汇合,特别是前两条途径最终都汇集于下游的 Caspase 的激活。细胞凋亡贯穿于生物有机体全部生命活动过程之中,在维持机体正常生理功能和自身稳定方面具有重要作用,是机体正常生长发育所必需的。

（刘　彬）

思考题

1. 细胞周期由那几个时相组成? 各个时相的特点是什么?
2. 细胞周期蛋白和细胞周期蛋白依赖性激酶是如何通过相互作用调节细胞周期的?
3. 试述细胞周期检测点调节的位置及意义。
4. 细胞凋亡与细胞坏死的区别是什么?
5. 细胞凋亡有哪些形态学改变和生物化学特征?
6. 细胞凋亡的调控基因可分为哪两类? 试各举一例说明。
7. 细胞凋亡有哪些信号转导途径?

第十八章

癌基因、抑癌基因和生长因子

正常细胞的增殖、分化以及凋亡,受多种基因编码产物的调控,以维持细胞的分裂和分化,使之处在一个可控范围内。机体内细胞的增殖受两大类基因信号的控制。癌基因(oncogene)一类是正调控信号,其表达产物促进细胞生长和增殖,阻碍细胞分化,支持细胞存活。抑癌基因(tumor suppressor gene)属于负调控信号,抑制细胞增殖,促进细胞分化,促进细胞的衰老和程序性死亡。正常情况下,两类基因表达产物相互协调,调控机体细胞的正常生长、增殖、分化和凋亡。当这两类基因中任何一种或它们共同发生变化时,都可能导致细胞增殖调控失衡,自主生长能力加强,持续地分裂与增殖,最终恶变(canceration),成为肿瘤细胞。

第一节　癌基因

癌基因是基因组内存在的正常基因,其表达产物,与细胞增殖密切相关。癌基因最初在导致肿瘤发生的病毒中被鉴定。后来发现,这些所谓的癌基因,存在于人和动物的正常的基因组内,所以癌基因又称为细胞癌基因(cellular oncogene,c-onc),或原癌基因(proto-oncogene,pro-onc),其表达产物是细胞正常生理功能的重要组成部分,在正常机体内并不具有致癌活性。所以,使用"癌基因"往往容易引起误解,而科学权威杂志 science,nature 等,建议弃用癌基因的概念,而代之以具体的基因名称,如MYC、RAF、RAS 等。目前认为,广义的"癌基因"是指能编码生长因子、生长因子受体、细胞内信号转导分子以及与生长有关的转录调节因子等的基因。

癌基因研究与诺贝尔奖

1911 年,科学家 FP. Rous 将鸡肉瘤组织匀浆的无细胞滤液通过皮下注射给健康的鸡,发现接受注射的鸡罹患肉瘤,提示肿瘤的发生是由病毒传播的。但在当时此发现并未被认可,以致 Rous 在后来的 20 年内放弃了肿瘤研究。直到后来以 Rous 命名的病毒 RSV（rous sarcoma virus）得到分离，Rous 的工作才得到承认。1966 年，Rous 以 87 岁的高龄获得诺贝尔生理医学奖。

确认癌基因与肿瘤发生相关的分子机制，来自于后来的两个发现。一是 1970 年 Temin 发现了逆转录酶（1975 年诺贝尔生理医学奖）。二是 Bishop 和 Varmus 发现，病毒中导致肿瘤发生的 *src* 基因来源于宿主的正常基因组（1989 年诺贝尔生理医学奖），由此才认识到，细胞中的原癌基因活化是肿瘤发生的重要原因。

一、病毒癌基因和细胞癌基因

（一）病毒癌基因

1911 年，F. Rous 医生首次提出病毒引起肿瘤。"癌基因"一词出现在文献中，则是 G. Todaro 和 R. Heubner 在 1969 年发表的一篇文章里。第一个被确认的癌基因，是 G. S. Martin 于 1970 年代对鸡肉瘤病毒 RSV 发现的 src 基因。Martin 比较了具备转化能力和不具备转化能力的 RSV 基因组，发现前者多了一个 src 基因。将这一 src 基因导入正常细胞，细胞即发生癌变。以后又陆续在其他逆转录病毒中发现了一些使宿主患肿瘤的基因。为区别于后来发现的细胞癌基因，将这一类存在于病毒的癌基因，定名为病毒癌基因（v-onc），如 v-src 等。

1976 年，J. M. Bishop 和 H. E. Varmus 证实，癌基因 src 其实是激活了的细胞内的原癌基因（c-src）。二人因此于 1989 年获诺贝尔生理医学奖（图 18-1）。目前发现的病毒癌基因有 30 多种，主要是 RNA 病毒，多数是逆转录病毒，如 RSV。也可见于 DNA 病毒，如乙肝病毒。

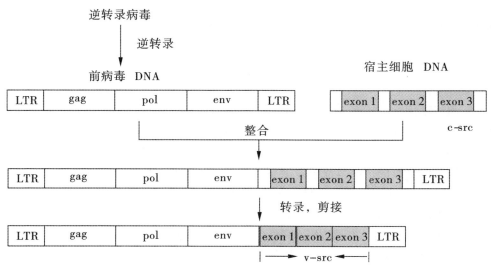

图 18-1 病毒 v-src 来源于宿主 c-src

(二)细胞癌基因

细胞癌基因在进化上高度保守,自单细胞的酵母,无脊椎动物,到脊椎动物乃至人类的正常细胞都存在这些基因,对正常细胞的生存、生长、发育和分化起着重要的作用。但在某些因素,如放射性、有害的化学物质等的作用下,细胞癌基因结构发生异常,或基因的表达发生异常,导致细胞生长增殖和分化的异常,细胞产生恶变,从而演变为肿瘤细胞。依据基因产物的功能,可将细胞癌基因进行分类(表18-1)。

表 18-1　人体内细胞癌基因分类及功能

分类	癌基因名称	相关的癌或肿瘤	基因产物功能
生长因子,有丝分裂原	c-sis	胶质母细胞瘤,纤维肉瘤,骨肉瘤,乳癌,黑色素瘤	PDGF-2,细胞增殖
受体酪氨酸激酶	EGFR HER-2 FMS、KIT	乳癌,胃肠道间质瘤,非小细胞肺癌,胰腺癌	EGF 受体,增殖 EGF 受体类似物,增殖 M-CSF 受体,SCF 受体,增殖
膜结合的酪氨酸激酶	SRC、ABL	鸡肉瘤,慢性粒细胞白血病	与膜受体结合转导信号
胞内酪氨酸激酶	TRK	结肠癌,乳癌,黑色素瘤,卵巢癌,胃癌,头颈癌,胰腺癌,肺癌,脑癌,血癌	胞内转导信号
胞内丝/苏氨酸激酶	RAF	恶性黑色素瘤,乳突甲状腺癌,结直肠癌,卵巢癌	MAPK 通路信号分子
膜结合的 GTP 结合蛋白	RAS	胰腺和结肠的腺癌,甲状腺瘤,髓性白血病	MAPK 通路信号分子
核内转录因子	MYC FOS、JUN	恶性 T 细胞淋巴瘤,急髓白,乳癌,胰腺癌,视网膜瘤,小细胞肺癌	促进增殖相关基因的表达

细胞癌基因在结构上多具有相似性,功能上也相互关联,分属于几个基因家族。重要的癌基因家族包括 RAS、SRC、ERB 和 MYC 等。

1. SRC 家族　包括 SRC、ABL、LCK 等多个基因。SRC 是在引起肉瘤的病毒中发现的。该基因家族的产物具有酪氨酸蛋白激酶活性,常位于细胞膜内侧,接受酪氨酸蛋白激酶受体(如 PDGF 受体)的活化信号而被激活,促进增殖信号的转导。这些酶因突变导致的持续活化,是引发肿瘤发生的主要原因。

2. MYC 家族　包括 C-MYC、N-MYC、L-MYC 等基因。最初是在禽骨髓细胞瘤病毒(avian myelocytomatosis virus)发现的。这些基因编码的产物都是一些核内转录因子,能直接调节其他基因的转录。如 C-MYC 编码的 49 kD 的 Myc 蛋白,可以与 Max 蛋白组成异二聚体,与特定基因的顺式元件结合后,促进基因的转录。Myc 蛋白作用的靶基因产物多是细胞增殖信号分子,所以细胞内的高 Myc 含量,能促使细胞增殖。

3. RAS 家族　包括 H-RAS、K-RAS、N-RAS 等。H-RAS 最初在 Harvey 大鼠肉瘤(Harvey Rat sarcoma)中克隆。K-RAS 基因突变是恶性肿瘤中最常见的基因突变之一,约 80% 的胰腺癌患者的肿瘤组织中,可发现 K-RAS 突变。RAS 基因编码小 G 蛋白,正常的 G 蛋白都能非共价结合 GTP,并具有缓慢的 GTP 酶活性,使其所携带的 GTP 水解,而突变的 RAS 基因的产物,失去了 GTP 酶活性,使 G 蛋白持续具有活性,导致细胞持续分裂。

二、细胞癌基因产物功能

细胞癌基因编码的蛋白质分子,多是参与调控细胞增殖、生长、分化等过程。根据这些蛋白质分子在细胞信号转导中的作用,分以下几类。

(一)生长因子类

生长因子多是蛋白质分子,是细胞外的细胞增殖信号。通过激活细胞膜受体,生长因子信号传到细胞内引起细胞分裂或增殖。如果细胞持续受细胞外的生长因子的信号刺激,细胞增殖就会失控。人的细胞癌基因 c-sis 编码血小板衍生生长因子(PDGF)的 β 链,作用于 PDGF 受体后,激活细胞内的 PLC-IP$_3$/DAG-PKC 途径,促进细胞增殖。目前已知属于生长因子类癌基因的还有表皮生长因子(epidermal growth factor, EGF)和转化生长因子-α(transformation growth factor-a, TGF-α)家族成员的 erb-B、成纤维细胞生长因子(fibroblast growth factor, FGF)家族成员的 int-2、hst 和 fgf-5 和类胰岛素生长因子 I (insulin like growth factor I, IGF I)等。

(二)生长因子受体类

这类细胞癌基因编码产物是与细胞增殖调控有关的跨膜受体,能接受细胞外的生长因子信号并将其传递至细胞内,如 erb-B 编码表皮生长因子受体(EGFR)胞质部分;neu 编码表皮生长因子受体(EGFR);c-fms 编码巨噬细胞集落刺激因子受体(CSF-MR)、V-kit 编码血小板衍生生长因子受体(PDGFR)等。此类受体膜内侧的结构域通常都有蛋白酪氨酸激酶活性,被胞外信号激活后,催化下游蛋白信号分子内的酪氨酸残基发生磷酸化,进而传导信号,促进细胞增殖。另一些原癌基因如 c-mos 和 raf 等,编码的受体胞内部分则具有丝氨酸/苏氨酸激酶活性。

(三)细胞内信号转导分子类

生长因子与膜受体结合后,通过胞内一系列信息传递物质,将信号传递到胞内或核内,促进细胞增殖。这类癌基因编码的信号传递蛋白,如细胞癌基因 src、abl 等的编码产物都是细胞内非受体酪氨酸激酶,这些胞内酪氨酸激酶与跨膜受体发生对接而被激活,催化下游信号蛋白的酪氨酸磷酸化,将细胞增殖信号传递。mos、ros 及 raf 等编码丝氨酸/苏氨酸激酶,是细胞增殖信号转导相关的胞内蛋白激酶。ras 的基因产物则是小 G 蛋白,参与细胞增殖信号在细胞内的转导过程。

(四)核转录因子类

某些原癌基因的表达产物定位于细胞核内,可与 DNA 上某些特定的调控元件结合,对转录进行调控,起转录因子的作用。细胞癌基因 myc、fos、jun 等的基因产物就是核内转录因子,在生长因子调控细胞增殖的过程中发挥重要作用。

(五)细胞周期调控蛋白类

生长因子促细胞增殖可通过调节细胞周期实现。细胞周期调控系统由细胞周期蛋白(cyclin)、细胞周期蛋白依赖激酶(cyclin-dependent kinase, cdk)和 cdk 抑制因子(cdk inhibitor, CDI)三类蛋白家族组成。有些原癌基因本身就是细胞周期蛋白的成员,如 PRAD 1 就是 cyclin D1 的基因。有的原癌基因产物可直接诱导 cyclin 的表达,如适量的 c-myc 可诱导 cyclin D1 的表达。

(六)细胞凋亡调控因子类

细胞凋亡调控是维持细胞正常增殖状态和细胞数量的重要机制。细胞增殖过度、细胞凋亡的减少或这两种情况的叠加均可导致细胞数的过度积累,可能是肿瘤形成的重要原因。bcl-2 基因编码的蛋白质分子量约 25 kDa,具有阻止细胞凋亡、延长细胞寿命的作用。绝大多数非霍奇金淋巴瘤中均能见到易位活化的 bcl-2 基因表达。

三、原癌基因活化的机制

原癌基因是细胞基因组的正常成分。正常情况下,在不同组织、细胞的不同发育阶段和不同的细胞周期阶段,原癌基因的表达受到严格的时间、空间和次序方面的控制,不但不会导致细胞癌变,还具有调节正常细胞分裂、增殖、成熟、分化等过程的重要作用。细胞癌基因在物理、化学及生物因素的作用下发生突变,表现为表达产物的质和量的异常,或在时空表达方式上的改变,使细胞生长信号转导偏离正常,获得不受控制的异常增殖能力,导致细胞的恶性转化。正常原癌基因转变为具有细胞恶性转化能力的癌基因的过程,称为原癌基因的活化。细胞癌基因活化的机制主要有 4 种。

(一)点突变

原癌基因在受到物理、化学和生物等因素的作用后,常在基因的某一位点发生单个碱基的变异,主要是基因置换,称点突变(point mutation)。点突变如造成原癌基因产物蛋白的重要氨基酸的替换会严重影响其空间结构的形成,进一步影响原癌基因对细胞增殖的调控作用。一般认为,原癌基因点突变后促进细胞增殖作用可能与下述机制有关:

1. 表达蛋白质的活性增强,对细胞增殖的促进作用也增强。

2. 表达蛋白质的稳定性增加,在胞内累积的浓度增加,促进细胞增殖的时间和强度也随之增加。

3. 引起 RNA 的错误剪接而改变表达蛋白质的结构和功能。

原癌基因 ras 的激活是一个典型的例子。正常细胞中 H-ras 原癌基因第一个外显子的第 12 位密码子是编码甘氨酸的 GGC,而在肿瘤细胞中,H-ras 基因的第 12 位密码子则为编码缬氨酸的 GTC,即第 35 碱基由 G 突变为 T,使 H-ras 基因编码的 P21 蛋白第 12 位氨基酸残基由甘氨酸转变为缬氨酸,导致 P21 蛋白失去结合和水解 GTP 的作用,GTP 酶活性下降,造成突变的 P21 蛋白持续有活性,结果使原癌基因表达的正常产物变成了致癌产物。由此可见,基因及所编码的蛋白质之间微小的结构差异能导致功能上极大的差别。现在已知 ras 家族除了 12 位密码子的碱基发生点突变外,在13、59、61 位密码子的碱基上也常发生点突变。此种现象可见于膀胱癌、乳腺癌、结肠癌、肺癌、胰腺癌、宫颈癌、胃癌和白血病等肿瘤。

（二）获得异常的启动子或增强子

与正常细胞相比,恶性细胞中某些原癌基因的转录活性明显增强,如在多种人源性肿瘤的细胞株中,c-myb 和 c-myc 基因转录水平显著增加,其原因之一就是这些基因获得了强的启动子与增强子。

当逆转录病毒感染细胞后,病毒基因组所携带的长末端重复序列(long terminal repeat,LTR)插入到细胞原癌基因附近或内部,由于长末端重复序列中含有强的启动子和增强子,可以启动下游邻近基因的转录和影响附近结构基因的转录水平,使原癌基因过度表达或由不表达转变为表达,导致细胞发生恶变。最典型的就是 RSV 病毒导致的淋巴瘤。RSV 病毒是逆转录病毒,感染宿主细胞后,若其 LTR 整合到宿主细胞的 c-myc 基因附近,为原癌基因提供了强的启动子,使 c-myc 的表达比正常时增高几十甚至上百倍,结果原癌基因活化成致癌基因。此外,c-erbB、rasH、c-fos 和 c-nou 都可因启动子或增强子的插入而激活。

（三）基因扩增

细胞癌基因因某种机制而发生基因扩增,在原染色体上复制出多个拷贝,导致表达水平增加,表达产物异常增多,加速细胞增殖。在临床肿瘤病例或实验性动物肿瘤中,某些肿瘤中相应癌基因表达蛋白量增加几十倍到上千倍。人类恶性肿瘤的癌基因扩增现象也比较常见,如在神经母细胞瘤 N-myc 扩增达 250 倍,人类急性粒细胞白血病的 HL60 细胞株、结肠癌及小细胞肺癌中均证实有 c-myc 基因的扩增,乳癌中发现有 her2 基因的扩增。

（四）染色体易位

染色体易位会造成原癌基因的易位和重排,原癌基因从所在染色体的正常位置上转移到另一染色体的某一位置上,调控环境发生改变。如果原癌基因转移到某些强的启动子或增强子附近,使原来无活性或低活性的癌基因过度表达,引起细胞恶变。在很多肿瘤中均可见到异染色体,易位的基因可以是原癌基因的一部分,也可以是整个基因。人 Burkitt 淋巴瘤中,原来 8 号染色体上的 c-myc 基因,因染色体易位,被转移到 14 号染色体的免疫球蛋白重链基因的强启动子下,导致 MYC 蛋白大量表达。有些白血病细胞中发现融合的异常基因 bcr-abl,致使癌细胞中的 ABL 蛋白的酪氨酸激酶活性持续增高。

（五）甲基化程度降低

真核生物基因表达调控中,DNA 分子中的甲基化(methylation)对于保持其双螺旋结构的稳定,阻抑基因的转录具有重要作用。甲基化程度高,基因表达降低;去甲基化,则可使基因激活,表达增加。H-ras、c-myc 等一些原癌基因低甲基化是细胞癌变的重要特征。在结肠癌和小细胞肺癌中 c-ras 基因比邻近正常细胞的 c-ras 甲基化水平明显偏低,提示某些原癌基因因甲基化程度降低而被激活。

第二节　抑癌基因

抑癌基因,又称肿瘤抑制基因,也是调节细胞正常生长和增殖的基因。与癌基因相反,抑癌基因是生长和增殖的负性调节因素,表达产物抑制细胞增殖,促进细胞分化和凋亡。这类基因发生突变或缺失,就会失去对细胞增殖的调节作用,引起细胞的增殖失控。

一、抑癌基因的概念

20世纪60年代,H. Harris开创了杂合细胞的致癌性研究,将正常细胞与肿瘤细胞融合,得到的杂合细胞不具有肿瘤细胞的无限分裂的特性。将导入了正常细胞染色体的肿瘤细胞接种到动物,也不产生肿瘤,提示正常细胞有抑制肿瘤的基因,即抑癌基因。

Rb基因(retinoblastoma gene)是第一个被发现和鉴定的抑癌基因,因最初发现于儿童的视网膜母细胞瘤(retinoblastoma, Rb)而获得此名。A. Knudson对Rb的流行病学研究发现,家族性的Rb患者多是婴幼儿早发,且是双侧眼睛肿瘤;非家族性的散发患者往往发病较晚,多是单侧眼睛肿瘤。家族性患者从父母获得的一对等位RB基因中,一个是正常的(野生型)基因,另一个是失活的,正常的RB基因再突变失活,RB基因功能就会全部丧失,导致早期发生Rb。散发Rb患者从父母获得的一对RB等位基因都是野生型的,只有在RB等位基因都突变失活,才可能使RB基因功能丧失,所以肿瘤发病晚。因此,Knudson提出了Rb发病的"二次打击学说",认为家族性和散发型患者癌细胞的突变起源于同一发病基因。在家族性病例中,首次"打击"(突变)已存在于种系细胞中,是从亲代遗传的一份有缺陷Rb基因拷贝,故胎儿所有体细胞均含有Rb基因突变。如果该儿童视网膜组织的任一细胞Rb基因受到第二次"打击"(突变),即可造成该细胞的两个等位基因全部丢失,细胞发生癌变。而在散发型病例中,两次突变均需发生在同一视网膜母细胞内,使两份正常的Rb等位基因均突变而失活。这种机会一般较少(1/30 000)。Rb基因的发现首次向人们展示,在家族中呈显性遗传的疾病,其基因作用方式却是隐性的。虽然Rb基因是在少见的儿童视网膜母细胞瘤中被发现和鉴定的,但在成人的某些常见肿瘤,如膀胱癌、乳腺癌及肺癌中也发现它的丧失或失活。

二、重要的抑癌基因及其功能

抑癌基因编码产物的功能主要是抑制细胞增殖、诱导细胞分化、维持基因组稳定、触发或诱导细胞凋亡。总体上,抑癌基因是一类对细胞增殖起负调控作用的基因,只有在两个等位基因都缺失或表达缺陷后才会显示促进肿瘤发生的作用,因此抑癌基因的发现和分离都比较困难。目前公认的抑癌基因有十多种,其基因产物及功能见表18-2。

表 18-2　抑癌基因及其功能

名称	染色体定位	相关肿瘤	编码产物及功能
TP53	17p13.1	多种肿瘤	转录因子 p53,细胞周期负调节,DNA 损伤后凋亡
RB	13q14.2	Rb,骨肉瘤	转录因子 p105 Rb
PTEN	10q23.2	胶质瘤,膀胱癌,前列腺癌,子宫内膜癌	磷脂类信使的去磷酸化,抑制 PI-3K-Akt 通路
P16	9p21	肺癌,乳癌,胰腺癌,食道癌,黑素瘤	p16 蛋白,细胞周期检查点负调节
P21	6p21	前列腺癌	抑制 CDK1、2、4 和 6
APC	5q22.2	结肠癌,胃癌等	G 蛋白,细胞黏附,信号转导
DCC	18q21	结肠癌	细胞黏附分子
NF1	7q12.2	神经纤维瘤	GTP 酶激活剂
NF2	22q12.2	神经鞘膜瘤,脑膜瘤	连接膜与细胞骨架的蛋白
VHL	3p25.3	小细胞肺癌,宫颈癌,肺癌	转录调节蛋白
WT1	11p133	肾母细胞瘤	转录因子

(一)RB 基因

RB 基因是世界上第一个被克隆并测序的抑癌基因。RB 基因位于人 13 号染色体 q14 段,含 27 个外显子,转录出 4.7 kb 的 mRNA,编码 925 个氨基酸残基的蛋白质,分子量 105 kD(P105)。RB 蛋白产物定位于核内,有磷酸化和非磷酸化两种形式。非磷酸化形式的 RB 蛋白为活性形式,有促进细胞分化和抑制细胞增殖的作用。Rb 蛋白的磷酸化作用随着细胞周期发生改变。在细胞周期的不同阶段,Rb 蛋白的磷酸化状态不同。S 期磷酸化程度最高,而在细胞有丝分裂后进入 G_1 期时,磷酸化程度最低。

Rb 基因对肿瘤的抑制作用与转录因子 E2F-1 有关。E2F-1 是一类刺激转录作用的活性蛋白。在 G_0、G_1 期,低磷酸化型的 Rb 蛋白与 E2F-1 结合成复合物,使 E2F-1 处于非活化状态;在 S 期,Rb 蛋白被磷酸化而与 E2F-1 解离,使 E2F-1 变成游离状态,促进细胞立即进入增殖阶段。如 Rb 基因缺失或突变,丧失结合和抑制 E2F-1 的能力,细胞增殖活跃,易导致肿瘤发生。在某些病毒转化的宿主细胞中,DNA 肿瘤病毒蛋白与 Rb 蛋白形成复合物,使细胞摆脱 Rb 蛋白的负调节控制,细胞发生恶性表型转化,可能是病毒致癌机制之一。已发现视网膜母细胞瘤、骨肉瘤、乳腺癌、前列腺癌、食管癌和小细胞肺癌等许多肿瘤均表现出 Rb 基因缺失或突变。如将野生型 Rb 基因导入体外培养的上述肿瘤细胞,可使这些恶性细胞的生长受到抑制,证实了 Rb 的肿瘤抑制基因作用。

(二)p53 基因

p53 基因发现于 1979 年,因其编码的蛋白质分子量为 53 kD 而命名。p53 基因含 11 个外显子,转录出 2.8 kb 的 mRNA。p53 蛋白有 393 个氨基酸残基,结构上分 N 端的酸性区、中间疏水区和 C 端碱性区,活性受磷酸化调控。p53 基因是迄今为止发现的与人类肿瘤相关性最高的基因,50% 以上的人类肿瘤与 p53 基因变异有关。

正常细胞中 p53 蛋白表达水平很低,半衰期很短,仅 10 min 左右,所以很难检测出来,但在生长增殖的细胞中,p53 蛋白表达水平增至 5～100 倍及以上。野生型 p53 蛋白在维护细胞正常生长、抑制恶性增殖中发挥重要作用。据估计人类基因组中可能存在成百上千个 p53 蛋白结合位点。受 p53 蛋白调节的基因包括细胞周期调节、血管生长、DNA 修复、分化、信号转导和凋亡等基本生命过程的众多基因。值得注意的是,作为细胞内重要的"基因卫士",p53 基因时刻监控基因组的完整性。一旦某些致突变因素导致 DNA 损伤,可迅速诱导 p53 表达。P53 蛋白可与 p21 基因特定序列结合促进 p21 基因的表达,P21 蛋白通过抑制 CDK 的活性使细胞周期停止在 G_1 期,并与复制因子 A 相互作用参与 DNA 复制,启动细胞 DNA 修复系统。如果修复失败,P53 蛋白可启动细胞凋亡的过程,诱导 DNA 损伤细胞死亡,保证细胞中遗传物质的忠实性和稳定性,防止细胞的恶性转化。如果 p53 基因发生突变则丧失监控 DNA 损伤和阻滞细胞周期的能力,增加细胞基因组的不稳定性,导致突变频率增加,使细胞发生恶性转化。突变本身也使 p53 基因具备了癌基因的功能,如野生型 P53 可与突变型 P53 蛋白结合而失活,不能结合 DNA,使得一些癌基因转录失控导致肿瘤的发生。已发现 P53在大多数的人类癌症如白血病、淋巴瘤、肉瘤、脑瘤、乳腺癌、胃肠道癌及肺癌等癌症中呈失活现象。另外,p53 基因突变在肿瘤进展中可进一步发挥作用。缺乏 P53 的肿瘤细胞不能凋亡,维持了肿瘤细胞的生存,也增加了对化疗药物和放射治疗的耐药性和抵抗性。因此,P53 失活对肿瘤细胞生存的这些作用,解释了人类恶性肿瘤中 P53 突变高频率发生的机制。

第三节　生长因子

生长因子(growth factors)是一类由细胞分泌的类似于激素的信号分子,多是肽类或蛋白质,具有调节靶细胞生长和分化的作用。生长因子作用机制复杂,与细胞生长、分化、免疫、创伤愈合等多种生理及病理状态有关,越来越受到人们的重视。目前已知的生长因子有数十种。可根据生长因子的来源或功能进行分类。生长因子可来源于多种组织,作用的靶细胞也各不相同。作用对象比较单一的有红细胞生成素(erythropoietin,EPO)和血管内皮生长因子(vascular endothelial growth factor,VEGF),分别作用于红细胞系和血管内皮细胞。有的生长因子能广泛作用于多种靶组织细胞,如成纤维细胞生长因子(fibroblast growth factor,FGF)。表 18-3 列举了常见生长因子及其来源和功能。

生长因子主要通过以下三种模式作用于靶细胞:①内分泌(endocrine)方式,生长因子自细胞分泌出来后,通过血液运输抵达并作用于的靶细胞,如 PDGF 源于血小板,作用于结缔组织细胞;②旁分泌(paracrine)方式,分泌细胞产生的生长因子分泌到细胞外液后,一般不进入血液循环,只通过组织液扩散到邻近靶细胞;③自分泌(autocrine)方式,细胞分泌出生长因子后,作用于分泌细胞自身或同类细胞。生长因子以后两种作用模式为主。

表18-3 常见生长因子

生长因子名称	组织来源	功能
表皮生长因子(EGF)	唾液腺、巨噬细胞、血小板等	促进表皮和上皮细胞生长,尤其是消化道上皮细胞的增殖
肝细胞生长因子(HGF)	间质细胞	促细胞分化和细胞迁移
红细胞生成素(EPO)	肾	调节红细胞的发育
类胰岛素生长因子(IGF)	血清	促硫酸盐掺入软骨组织,促软骨细胞分裂,对多种细胞起胰岛素样作用
神经生长因子(NGF)	颌下腺含量高	营养交感和某些感觉神经元,防止神经元退化
血小板衍生生长因子(PDGF)	血小板、平滑肌细胞	促间质和胶质细胞生长,促血管生成
转化生长因子α(TGF-α)	肿瘤细胞、巨噬细胞、神经细胞	类似EGF,促细胞恶性转化
转化生长因子β(TGF-β)	肾、血小板	对某些细胞起促进和抑制双向作用
血管内皮生长因子(VEGF)	低氧应激细胞	促血管内皮增殖和新生血管分化

一、生长因子的作用机制

生长因子的化学本质是肽类或蛋白质信号分子,主要通过生长因子受体将信号转导到细胞内,发挥对靶细胞的调节作用。生长因子受体是一类跨膜糖蛋白,包括3个肽段:①膜外结构域是与配体生长因子结合的部位;②跨膜区是单次跨膜的α螺旋结构;③胞质内结构域受体信号转导的关键部位,大多数都具有酪氨酸蛋白激酶活性,部分受体有丝/苏氨酸蛋白激酶活性。生长因子与受体结合后,激活胞内的酪氨酸蛋白激酶,催化下游底物蛋白发生磷酸化,磷酸化的胞内蛋白信号分子往往又作为激酶,催化并激活更下游的信号蛋白分子,将信号瀑布式放大,产生生物学效应。各种生长因子的具体信号传递途径不同,但无论通过哪一条途径,最终均导致核内转录因子的活化,引发基因转录,达到调节细胞生长与分化的作用。

生长因子的生物学效应,主要体现在促进细胞生长、分化和促进个体发育等方面。大多数生长因子有促进细胞生长的功能,如PDGF能促进成纤维细胞、神经胶质瘤细胞、平滑肌细胞等从G_0期转为G_1期,继而进入S期。大多生长因子不仅对某种特定细胞产生效应,同时可对其他类型细胞产生各种不同效应,如NGF对神经细胞的生长有促进作用,但对成纤维细胞的DNA合成有抑制作用。TGF-β对成纤维细胞有促进生长的作用,但对其他大多数细胞有抑制作用。另外,多数生长因子除具有调节靶细胞的生长外,还有其他功能。如HGF除促进肝细胞生长外,还可促进上皮细胞的扩散和迁移。一种生长因子作用于靶细胞可以影响其他生长因子的功能,各种生长因子的生物学作用常有重叠,彼此间存在协同或拮抗作用,构成复杂的生长因子网络。

二、生长因子与疾病

生长因子及其受体相关基因在体内表达调控失衡可导致疾病的发生,某些疾病的发展过程也伴随着一些生长因子基因表达产物的作用。目前对生长因子的基因结构及其编码产物已有明确的了解,不少生长因子已经用于临床,如创伤愈合,神经系统损伤,神经退行性疾病的治疗等。癌基因、抑癌基因和生长因子与疾病的关系是从肿瘤的发病机制研究开始的,随着研究的深入,人们发现不仅肿瘤发病与生长因子有关,包括某些心血管疾病等许多疾病发病也与生长因子密切相关。

(一)生长因子与肿瘤

肿瘤的发生发展除与癌基因的异常活化或抑癌基因的异常失活密切相关外,与生长因子及其受体的高度活化也紧密相关。如 EGF、VEGF、IGF,以及 PDGF 等的过度表达,均可诱发肿瘤发生。

许多恶性肿瘤,如非小细胞肺癌、乳癌等均出现 EGF/EGFR 的过度表达。EGF/EGFR 的过度表达或异常活化,常能引起细胞的恶性转化,与多种肿瘤的发生发展、恶性程度以及预后密切相关。EGF 还参与了肿瘤的血管的生成,其过度表达更促进了肿瘤进展。EGF 促肿瘤的一个重要机制,就是活化 Ras-MAPK 通路,促进细胞的有丝分裂进程,参与许多肿瘤的发生和发展。

(二)生长因子与心血管疾病

1.动脉粥样硬化　动脉粥样硬化是一种以细胞增殖和变性为主要特征的病变。研究发现,癌基因和抑癌基因与动脉粥样硬化密切相关。在动脉粥样硬化斑块内,受损伤细胞的癌基因表达比正常组织高 5~12 倍。癌基因的高表达,产生过量的 PDGF,作用于 PDGF 受体,导致组织细胞增生,引起血管管壁斑块形成。

2.原发性高血压　原癌基因的功能是调节细胞生长、分化和增殖。高血压病人的血管平滑肌和成纤维细胞增生,血管变窄、变厚,导致外周阻力增加。平滑肌细胞的增生与癌基因关系极大。其中 FOS 和 MYC 原癌基因的激活,是平滑肌增生的重要的启动因素。FOS 对平滑肌增生的调控发生在转录水平,而 MYC 原癌基因对平滑肌增生的调控发生在转录后水平。原发性高血压大鼠心肌细胞和平滑肌细胞内的 MYC 基因的表达比对照动物的高 50%~100%,显示 MYC 原癌基因的激活与高血压有关。高血压的发生,也与抑癌基因的变化有关。原发性高血压大鼠血管平滑肌细胞中野生型的 p53 基因的表达低于正常动物,基因有甲基化倾向,也测出有 p53 基因的突变。

3.心肌肥厚　长期的高血压病人的血管阻力持续增加,左心压力负荷过重、左心肌细胞增殖、肥大,基质胶原合成增加,最终导致心肌肥厚。在此过程中,许多癌基因,许多癌基因,包括 RAS,MYB,MYC 以及 FOS 等,有过量表达。生长因子在心肌肥厚中的作用十分关键,在心肌负荷与心肌反应间起着中介和信息传递的作用。如 IGF,TGF 及 FGF 等,可以引发原癌基因过表达,在心肌肥厚发生过程中发挥十分关键的作用。

小　结

机体内细胞的增殖受两大类基因信号的控制。癌基因是一类正调控信号,表达产物促进细胞生长和增殖,阻碍细胞分化,支持细胞存活。抑癌基因为一类负调控信号,抑制细胞增殖,促进细胞分化,衰老和程序性死亡。正常情况下,两类基因表达产物相互协调,调控机体细胞正常生长、增殖、分化和凋亡。当这两类基因中任何一种或它们共同发生变化时,都可能导致细胞增殖调控失衡,自主生长能力加强,持续地分裂与增殖,最终恶变成为肿瘤细胞。

癌基因表达产物与细胞增殖密切相关。癌基因存在于人和动物的正常的基因组内,又称为细胞癌基因或原癌基因,表达产物是细胞正常生理功能的重要组成部分,在正常机体内并不具有致癌活性,多是参与调控细胞增殖、生长、分化等过程和环节。根据癌基因表达产物在细胞信号转导中的作用,分以下六类:①细胞外生长因子;②生长因子受体;③细胞内信号转导分子;④核转录因子;⑤细胞周期调控蛋白类;⑥细胞凋亡调控因子类。正常原癌基因转变为具有细胞恶性转化能力的癌基因的过程,称为原癌基因的活化。细胞癌基因活化的机制主要有 5 种:①点突变;②获得异常的启动子或增强子;③基因扩增;④染色体易位;⑤甲基化程度降低。

抑癌基因,又称肿瘤抑制基因,也是调节细胞正常生长和增殖的基因。与癌基因相反,抑癌基因是生长和增殖的负性调节因素,表达产物抑制细胞增殖,促进细胞分化和凋亡。这类基因发生突变或缺失,就会失去对细胞增殖的调节作用,引起细胞的增殖失控。抑癌基因是一类对细胞增殖起负调控作用的基因,因此抑癌基因的发现和分离都比较困难。

癌基因和抑癌基因的作用特点是,癌基因是显性的,而抑癌基因是隐性的。癌基因等位基因中的一个基因突变,就可能导致细胞的恶性转化;而抑癌基因,只有在两个等位基因都缺失或表达缺陷后才会显示促进肿瘤发生的作用。

生长因子是一类由细胞分泌的类似于激素的信号分子,多是肽类或蛋白质,具有调节靶细胞生长和分化的作用。生长因子作用机制复杂,与细胞生长、分化、免疫、创伤愈合等多种生理及病理状态有关。生长因子主要通过内分泌、旁分泌和自分泌三种模式作用于靶细胞,以后两种作用模式为主。生长因子的化学本质是肽类或蛋白质信号分子,主要通过生长因子受体将信号转导到细胞内,发挥对靶细胞的调节作用。生长因子受体是一类跨膜糖蛋白,包括膜外结构域、跨膜区和胞质内结构域 3 个肽段,胞质内结构域受体信号转导的关键部位,大多数都具有酪氨酸蛋白激酶活性。各种生长因子的具体信号传递途径不同,但无论通过哪一条途径,最终均导致核内转录因子的活化,引发基因转录,达到调节细胞生长与分化的作用。

(张贵星)

思考题

1.癌基因表达产物分哪几类?各类产物的细胞内作用如何?癌基因激活的机制有哪些?

2.如何从基因角度来认识恶性肿瘤的发生与发展?

3.请利用 Kundson 提出的"二次打击"学说,解释遗传缺陷造成某些肿瘤高发的机制。

4.生长因子如何调节细胞的生命活动?

参考文献

[1]查锡良,药立波. 生物化学与分子生物学[M]. 8 版. 北京:人民卫生出版社,2013.

[2]贾弘禔,冯作化. 生物化学与分子生物学[M]. 2 版. 北京:人民卫生出版社,2010.

[3]姚文兵. 生物化学[M]. 北京:人民卫生出版社,2011.

[4]府伟灵,徐克前. 临床生物化学检验[M]. 5 版. 北京:人民卫生出版社,2014.

[5]张惠中. 临床生物化学[M]. 北京:人民卫生出版社,2009.

[6]潘文干. 生物化学[M]. 北京:人民卫生出版社,2013.

[7]高全国. 生物化学[M]. 3 版. 北京:人民卫生出版社,2012.

[8]朱玉贤. 现代分子生物学[M]. 北京:高等教育出版社,2013.

[9]刘彬,刘友勋. 医学生物化学与分子生物学[M]. 北京:人民卫生出版社,2016.

[10]刘彬,谷兆侠,张学武. 医学生物化学与分子生物学[M]. 郑州:郑州大学出版社,2008.

[11]刘新光,罗德生. 生物化学:案例版[M]. 北京:科学出版社,2007.

[12]解军,侯筱宇. 生物化学[M]. 北京:高等教育出版社,2014.

小事拾遗：--

学习感想：--

　　学习的过程是知识积累的过程，也是提升能力、稳步成长的阶梯，大家的注释、理解汇集成无限的缘分、友情和牵挂，请简单手记这一过程中的某些"小事"，再回首时定会有所发现、有所感悟！

姓名：_____

本人于20_____年_____月至20_____年_____月参加了本课程的学习

此处粘贴照片

任课老师：_____ _____   班主任：_____

班长或学生干部：_____ _____ _____

我的教室（请手写同学的名字，标记我的座位以及前后左右相邻同学的座位）